Le Stelle
Collana a cura di Corrado Lamberti

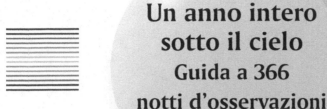

Un anno intero
sotto il cielo
Guida a 366
notti d'osservazioni

Patrick Moore

Con 80 Figure

Tradotto dall'edizione originale inglese:
The Observer's Year di Patrick Moore
Copyright © Springer-Verlag London Limited 2005
Springer is a part of Springer Science+Business Media
All Rights Reserved

Versione in lingua italiana: © Springer-Verlag Italia 2007

Traduzioni di:
Ester Giannuzzo ed Emiliano Ricci

Edizione italiana a cura di:

Springer-Verlag Italia   Gruppo B Editore
Via Decembrio, 28   Via Tasso, 7
20137 Milano   20123 Milano
springer.com   www.lestelle-astronomia.it

Springer fa parte di
Springer Science+Business Media

ISBN 978-88-470-0541-9 Springer-Verlag Italia
ISBN 978-88-89-308-16-5 Sirio

Foto nel logo: rotazione della volta celeste; l'autore è il romano Danilo Pivato, astrofotografo italiano
di grande tecnica ed esperienza
Progetto grafico della copertina: Simona Colombo, Milano
Impaginazione: Erminio Consonni, Lenno (CO)
Stampa: Geca, Cesano Boscone, Milano

Indice

Introduzione

Se qualcuno di voi dovesse pensare che, in fondo, il cielo notturno è sempre uguale a se stesso, sappia che compie un grossolano errore. In realtà, ci sono 365 notti ogni anno (366 in un anno bisestile), e per l'astronomo non ve ne sono due che siano identiche.

Ciò che mi propongo di fare in questo libro è scorrere un anno intero evidenziando alcuni oggetti di particolare interesse per ciascuna notte. Può trattarsi di una stella doppia, una variabile o una nebulosa; può essere un pianeta, o persino la Luna in qualche suo aspetto particolare. (Chi non avesse familiarità con i termini astronomici consulti il glossario alla fine del libro.)

Diciamo subito che non avete bisogno di un telescopio grande e costoso. A occhio nudo è possibile vedere una sorprendente quantità di oggetti, e un binocolo la incrementa ulteriormente; in effetti, un buon binocolo è ideale per un principiante, molto meglio di un piccolo telescopio.

Esistono due tipi di telescopi: rifrattori e riflettori. Un rifrattore raccoglie la luce per mezzo di una lente di vetro chiamata *obiettivo*; la luce attraversa il tubo del telescopio e viene condotta al piano focale, dove si forma un'immagine che viene poi ingrandita da una seconda lente, chiamata *oculare*. Notate che è l'oculare a essere responsabile dell'ingrandimento effettivo, e ogni telescopio dovrebbe essere dotato di vari oculari per produrre ingrandimenti differenti. La funzione primaria dell'obiettivo è quella di raccogliere la luce: più grande è l'obiettivo, più luminosa risulta l'immagine, e maggiore è l'ingrandimento che può essere utilizzato. In generale, è sconsigliabile spendere molti soldi per un rifrattore con un obiettivo di diametro inferiore a 75 mm.

In un riflettore, la luce attraversa un tubo aperto e incide su uno specchio curvo. La radiazione viene rimandata indietro dentro il tubo su un secondo, piccolo specchio piano; i raggi di luce vengono quindi deviati lateralmente al tubo, dove l'immagine si forma al fuoco e viene poi ingrandita come nel caso precedente. (Questa struttura è conosciuta come configurazione newtoniana, poiché è stata inventata da Sir Isaac Newton; esistono anche altri sistemi ottici, ma non è necessario preoccuparcene per il momento.) A parità di dimensioni, una lente è più efficiente di uno specchio, e con un riflettore newtoniano la minima apertura realmente utile per lo specchio principale è di 15 cm. Naturalmente, telescopi più piccoli sono meglio di niente, ma sono condannati a prestazioni limitate.

Il costo di un telescopio può sembrare elevato: per un buon strumento si devono spendere diverse centinaia di euro. Tuttavia, se trattato correttamente, un telescopio durerà una vita, e in fin dei conti costa come un paio di biglietti ferroviari tra Roma e Milano.

Un binocolo è formato da due piccoli rifrattori uniti insieme, in modo da poter usare entrambi gli occhi. I binocoli non costano molto, e in astronomia sono parecchio utili. Il loro principale svantaggio è lo scarso potere d'ingrandimento, ma un binocolo 7x50 (la sigla significa che ingrandisce di 7 volte e che ciascun obiettivo ha un diametro di 50 mm), per esempio, garantisce un divertimento infinito.

Nelle pagine che seguono mi sono limitato a considerare oggetti visibili a occhio nudo, oppure con binocoli o piccoli telescopi. Comunque, non tutto fila liscio. L'inquinamento luminoso del cielo è il primo dei problemi: chi oggi abita in una città non potrà mai apprezzare la bellezza della Via Lattea. Poi c'è la Luna che, quando è vicina al Plenilunio, rende invisibili tutte le stelle eccetto le più brillanti. Può quindi risultare utile dare le fasi lunari per i prossimi anni (pag. vii-viii), in modo da sapere preventivamente se in una data notte la luce lunare rappresenterà un serio impedimento o meno.

I tempi che troverete in tutto il libro, salvo che sia diversamente indicato indicato, sono espressi in Tempo Universale (TU), che è il tempo del meridiano di Greenwich. Per avere il tempo corrispondente segnato dal nostro orologio, qui in Italia, basterà aggiungere 1h, oppure 2h quando è in vigore l'Ora Estiva. Per esempio, le 17h TU in Italia sono le 18h in inverno (Tempo Medio Europa Centrale, TMEC) e le 19h fra aprile e ottobre.

Spero che apprezzerete il viaggio che vi propongo di fare attraverso l'intero anno, iniziando, come ovvio, con il giorno di Capodanno, il 1° gennaio.

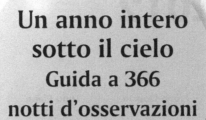

Un anno intero sotto il cielo
Guida a 366 notti d'osservazioni

Fasi della Luna 2007–2012

2007

Luna Nuova	h	m	Primo Quarto	h	m	Luna Piena	h	m	Ultimo Quarto	h	m
gen. 19	4	01	gen. 25	23	02	gen. 3	13	58	gen. 11	12	45
feb. 17	16	15	feb. 24	7	56	feb. 2	5	46	feb. 10	9	52
mar. 19	2	43	mar. 25	18	17	mar. 3	23	18	mar. 12	3	55
apr. 17	11	37	apr. 24	6	36	apr. 2	17	16	apr. 10	18	05
mag. 16	19	28	mag. 23	21	03	mag. 2	10	10	mag. 10	4	28
giu. 15	3	14	giu. 22	13	16	giu. 1	1	04	giu. 8	11	43
lug. 14	12	04	lug. 22	6	30	giu. 30	13	49	lug. 7	16	54
ago. 12	23	03	ago. 20	23	55	lug. 30	0	48	ago. 5	21	20
set. 11	12	45	set. 19	16	49	ago. 28	10	36	set. 4	2	33
ott. 11	5	01	ott. 19	8	34	set. 26	19	46	ott. 3	10	06
nov. 9	23	04	nov. 17	22	33	ott. 26	4	52	nov. 1	21	19
dic. 9	17	41	dic. 17	10	18	nov. 24	14	30	dic. 1	12	45
						dic. 24	1	16	dic. 31	7	51

2008

Luna Nuova	h	m	Primo Quarto	h	m	Luna Piena	h	m	Ultimo Quarto	h	m
gen. 8	11	38	gen. 15	19	46	gen. 22	13	35	gen. 30	5	03
feb. 7	3	45	feb. 14	3	34	feb. 21	3	31	feb. 29	2	19
mar. 7	17	15	mar. 14	10	46	mar. 21	18	41	mar. 29	21	48
apr. 6	3	56	apr. 12	18	32	apr. 20	10	26	apr. 28	14	13
mag. 5	12	19	mag. 12	3	48	mag. 20	2	12	mag. 28	2	57
giu. 3	19	23	giu. 10	15	04	giu. 18	17	31	giu. 26	12	10
lug. 3	2	19	lug. 10	4	35	lug. 18	8	00	lug. 25	18	42
ago. 1	10	13	ago. 8	20	21	ago. 16	21	17	ago. 23	23	50
ago. 30	19	59	set. 7	14	05	set. 15	9	14	set. 22	5	05
set. 29	8	13	ott. 7	9	05	ott. 14	20	03	ott. 21	11	55
ott. 28	23	14	nov. 6	4	04	nov. 13	6	18	nov. 19	21	31
nov. 27	16	55	dic. 5	21	26	dic. 12	16	38	dic. 19	10	30
dic. 27	12	23									

2009

Luna Nuova	h	m	Primo Quarto	h	m	Luna Piena	h	m	Ultimo Quarto	h	m
gen. 26	7	56	gen. 4	11	57	gen. 11	3	27	gen. 18	2	46
feb. 25	1	36	feb. 2	23	14	feb. 9	14	50	feb. 16	21	38
mar. 26	16	07	mar. 4	7	46	mar. 11	2	38	mar. 18	17	48
apr. 25	3	23	apr. 2	14	34	apr. 9	14	56	apr. 17	13	37
mag. 24	12	12	mag. 1	20	45	mag. 9	4	02	mag. 17	7	27
giu. 22	19	36	mag. 31	3	23	giu. 7	18	12	giu. 15	22	15
lug. 22	2	35	giu. 29	11	29	lug. 7	9	22	lug. 15	9	54
ago. 20	10	02	lug. 28	22	00	ago. 6	0	55	ago. 13	18	56
set. 18	18	45	ago. 27	11	43	set. 4	16	03	set. 12	2	16
ott. 18	5	34	set. 26	4	50	ott. 4	6	11	ott. 11	8	56
nov. 16	19	14	ott. 26	0	43	nov. 2	19	15	nov. 9	15	56
dic. 16	12	03	nov. 24	21	40	dic. 2	7	31	dic. 9	0	14
			dic. 24	17	37	dic. 31	19	13			

x

2010

Luna Nuova	h	m	Primo Quarto	h	m	Luna Piena	h	m	Ultimo Quarto	h	m
gen. 15	7	12	gen. 23	10	54	gen. 30	6	18	gen. 7	10	40
feb. 14	2	52	feb. 22	0	43	feb. 28	16	38	feb. 5	23	49
mar. 15	21	02	mar. 23	11	01	mar. 30	2	26	mar. 7	15	42
apr. 14	12	30	apr. 21	18	20	apr. 28	12	19	apr. 6	9	37
mag. 14	1	05	mag. 20	23	43	mag. 27	23	08	mag. 6	4	16
giu. 12	11	15	giu. 19	4	30	giu. 26	11	31	giu. 4	22	14
lug. 11	19	41	lug. 18	10	11	lug. 26	1	37	lug. 4	14	36
ago. 10	3	09	ago. 16	18	15	ago. 24	17	05	ago. 3	4	59
set. 8	10	30	set. 15	5	50	set. 23	9	18	set. 1	17	22
ott. 7	18	45	ott. 14	21	28	ott. 23	1	37	ott. 1	3	53
nov. 6	4	52	nov. 13	16	39	nov. 21	17	28	ott. 30	12	46
dic. 5	17	36	dic. 13	13	59	dic. 21	8	14	nov. 28	20	37
									dic. 28	4	19

2011

Luna Nuova	h	m	Primo Quarto	h	m	Luna Piena	h	m	Ultimo Quarto	h	m
gen. 4	9	03	gen. 12	11	31	gen. 19	21	21	gen. 26	12	57
feb. 3	2	31	feb. 11	7	18	feb. 18	8	35	feb. 24	23	26
mar. 4	20	46	mar. 12	23	45	mar. 19	18	10	mar. 26	12	07
apr. 3	14	32	apr. 11	12	05	apr. 18	2	44	apr. 25	2	47
mag. 3	6	50	mag. 10	20	33	mag. 17	11	09	mag. 24	18	52
giu. 1	21	02	giu. 9	2	10	giu. 15	20	13	giu. 23	11	48
lug. 1	8	54	lug. 8	6	29	lug. 15	6	39	lug. 23	5	02
lug. 30	18	40	ago. 6	11	06	ago. 13	18	57	ago. 21	21	54
ago. 29	3	04	set. 4	17	39	set. 12	9	27	set. 20	13	38
set. 27	11	09	ott. 4	3	15	ott. 12	2	06	ott. 20	3	30
ott. 26	19	56	nov. 2	16	38	nov. 10	20	16	nov. 18	15	09
nov. 25	6	10	dic. 2	9	52	dic. 10	14	36	dic. 18	0	48
dic. 24	18	06									

2012

Luna Nuova	h	m	Primo Quarto	h	m	Luna Piena	h	m	Ultimo Quarto	h	m
gen. 23	7	39	gen. 1	6	14	gen. 9	7	30	gen. 16	9	08
feb. 21	22	35	gen. 31	4	10	feb. 7	21	54	feb. 14	17	04
mar. 22	14	37	mar. 1	1	21	mar. 8	9	39	mar. 15	1	25
apr. 21	7	18	mar. 30	19	41	apr. 6	19	19	apr. 13	10	50
mag. 20	23	47	apr. 29	9	58	mag. 6	3	35	mag. 12	21	47
giu. 19	15	02	mag. 28	20	16	giu. 4	11	11	giu. 11	10	41
lug. 19	4	24	giu. 27	3	30	lug. 3	18	52	lug. 11	1	48
ago. 17	15	54	lug. 26	8	56	ago. 2	3	27	ago. 9	18	55
set. 16	2	11	ago. 24	13	54	ago. 31	13	58	set. 8	13	15
ott. 15	12	02	set. 22	19	41	set. 30	3	19	ott. 8	7	33
nov. 13	22	08	ott. 22	3	32	ott. 29	19	49	nov. 7	0	36
dic. 13	8	42	nov. 20	14	31	nov. 28	14	46	dic. 6	15	31
			dic. 20	5	19	dic. 28	10	21			

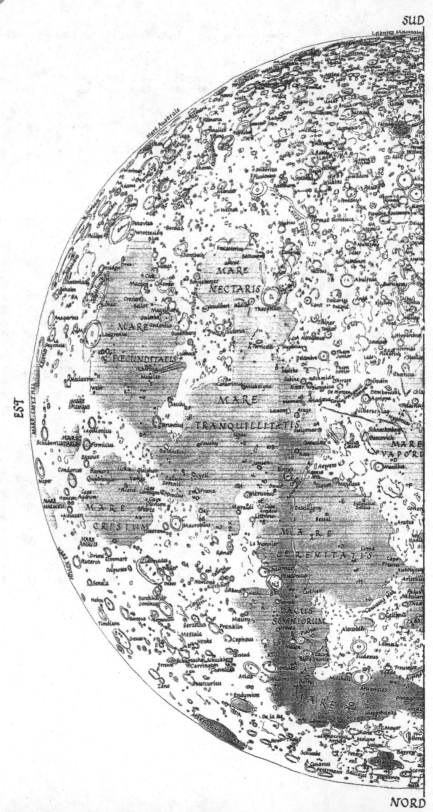

SUD

NORD

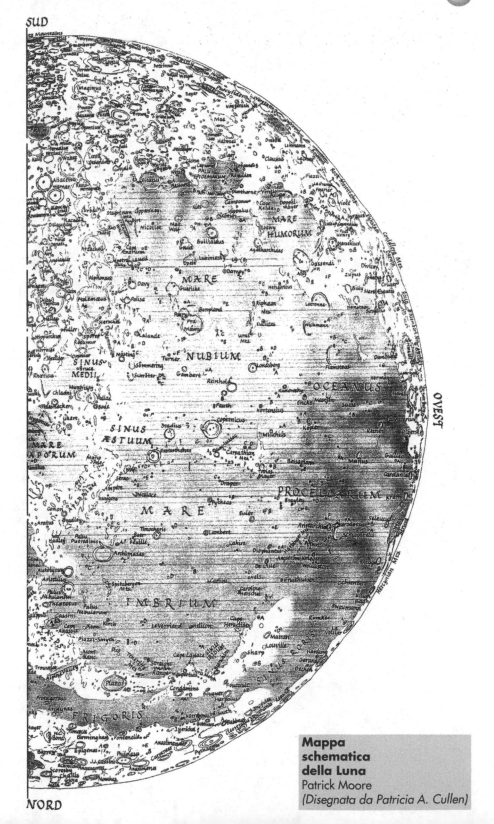

SUD

OVEST

NORD

Mappa schematica della Luna
Patrick Moore
(Disegnata da Patricia A. Cullen)

Gennaio

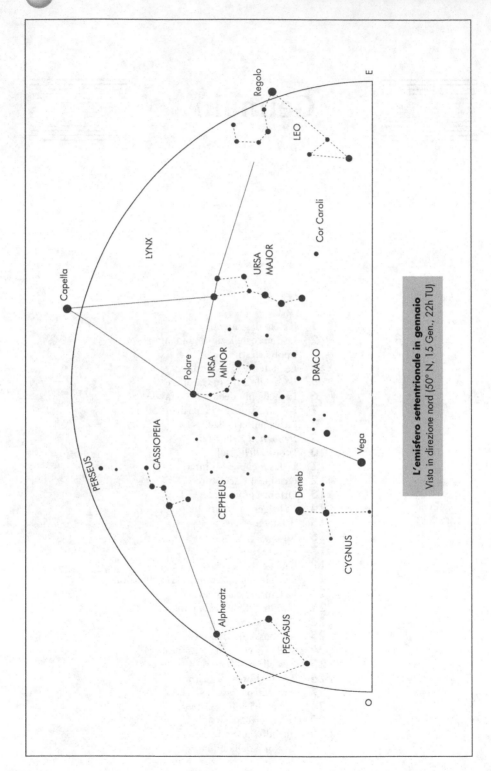

L'emisfero settentrionale in gennaio
Vista in direzione nord (50° N, 15 Gen., 22h TU)

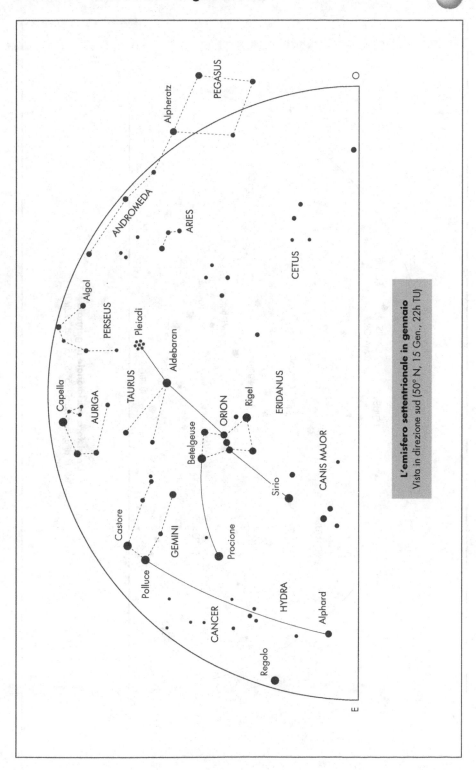

L'emisfero settentrionale in gennaio
Vista in direzione sud (50° N, 15 Gen., 22h TU)

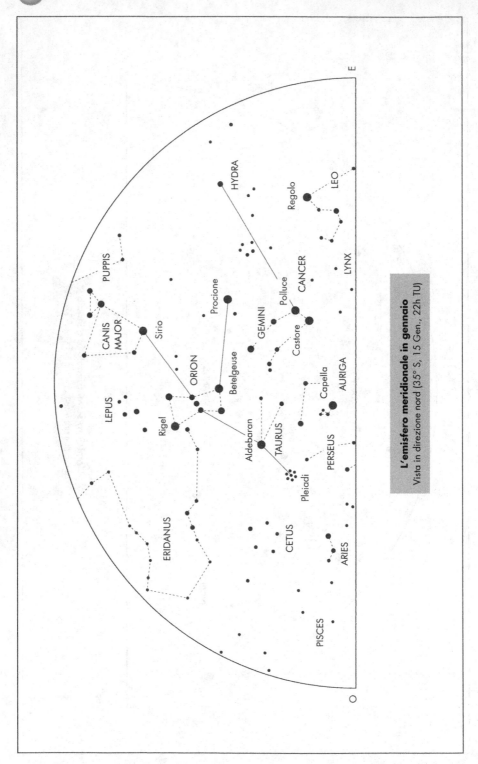

L'emisfero meridionale in gennaio
Vista in direzione nord (35° S, 15 Gen., 22h TU)

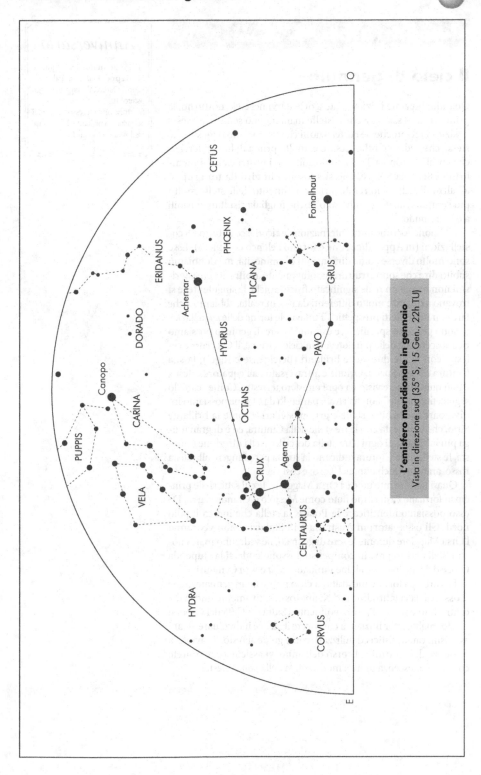

L'emisfero meridionale in gennaio
Vista in direzione sud [35° S, 15 Gen., 22h TU]

1 Gennaio

Il cielo di gennaio

Anniversario

Il 1° gennaio 1801 padre Giuseppe Piazzi, a Palermo, scoprì Cerere, il maggiore degli asteroidi.
Sfortunatamente, esso non è mai abbastanza brillante da risultare visibile a occhio nudo.

Quando imparate inizialmente a orientarvi nel cielo notturno, la prima cosa da sapere è che le stelle mantengono sempre le stesse posizioni reciproche; le costellazioni che osserviamo oggi sono le stesse che vedeva Giulio Cesare e, molto prima di lui, i guerrieri che combatterono a Troia. Sono soltanto i nostri vicini, i membri del Sistema Solare, che si spostano in giro da un gruppo all'altro di stelle. Ciò rende il riconoscimento delle stelle molto più semplice, anche perché solo poche migliaia risultano visibili a occhio nudo.

L'Unione Astronomica Internazionale riconosce in tutto 88 costellazioni (in Appendice A ne è fornito l'elenco completo). Esse sono molto diverse come dimensioni e luminosità, ma dobbiamo subito dire che sono strutture assolutamente arbitrarie: gli asterismi non hanno un reale significato fisico, poiché le singole stelle si trovano a distanze molto differenti da noi; in realtà, abbiamo a che fare con meri effetti prospettici. Tuttavia, le forme delle costellazioni sono piuttosto specifiche, e durante le sere di gennaio possiamo riconoscere una delle più notevoli in cielo: Orione, il Cacciatore celeste, con le sue due stelle brillanti (Betelgeuse e Rigel), la sua Cintura e la sua Spada. Orione è attraversato dall'equatore celeste, e può quindi essere visto da ogni emisfero terrestre. Come "cartello segnaletico celeste" non ha rivali: partendo da Orione possiamo individuare molte altre stelle e gruppi stellari – come la brillante Sirio, che è allineata con le tre stelle della Cintura, ed è di gran lunga più luminosa di ogni altra stella del cielo. Nella direzione opposta, le stelle della Cintura indicano la strada per giungere alla stella rosso-arancio Aldebaran, nel Toro; e così via.

Quasi ugualmente utile è l'Orsa Maggiore, le cui sette stelle principali formano l'asterismo noto come Mestolo o Grande Carro. Da esso possiamo identificare la Polare, la stella che indica il polo nord. Gli osservatori in Australia o in Sudafrica non vedranno l'Orsa Maggiore durante le sere di gennaio, né vedranno mai la nostra Stella Polare; ma in compenso possono godersi la stupenda Croce del Sud, insieme ai due Puntatori, *alfa* e *beta* Centauri.

Le carte qui fornite mostrano il cielo notturno in gennaio come si osserva dalla latitudine 50° N, approssimativamente quella del centro Europa, e 35° S, corrispondente a Sidney o Città del Capo. Il modo migliore per iniziare a conoscere il cielo è individuare alcuni asterismi caratteristici ed utilizzarli come guide al resto. Se avrete la pazienza di seguirmi nel corso dell'anno, vi assicuro che finirete con una conoscenza pratica molto solida della volta celeste.

2 Gennaio

Le due costellazioni più famose

Nonostante lo splendore di Orione, non c'è dubbio che le due costellazioni meglio conosciute del cielo siano l'Orsa Maggiore nell'emisfero settentrionale e la Croce del Sud in quello meridionale. Entrambe sono visibili stanotte, ma quale delle due osserverete dipende dall'emisfero in cui vi trovate!

Dalle latitudini europee, l'Orsa Maggiore sarà a nord-est dopo il tramonto. Le sue sette stelle principali formano l'asterismo del Mestolo, o Grande Carro; per quanto non siano eccezionalmente brillanti, è impossibile sbagliarsi nel riconoscerle, anche perché da noi non tramontano mai. Esse sono:

Orsa Maggiore

Lettera greca	Nome	Magnitudine	Luminosità (Sole=1)	Distanza (anni luce)
α alfa	Dubhe	1,8	60	75
β beta	Merok	2,4	28	62
γ gamma	Phod	2,4	50	75
δ delta	Megrez	3,3	17	65
ε epsilon	Alioth	1,8	60	62
ζ zeta	Mizor	2,1	56+1	59
η eta	Alkaid	1,9	450	108

È necessario a questo punto un breve chiarimento. La magnitudine apparente di una stella è una misura di quanto appare brillante: minore è la magnitudine, più brillante è la stella; così Alkaid (1,9) è più luminosa di Phad (2.4). Le distanze sono misurate in anni luce. Un anno luce è la distanza percorsa da un raggio di luce in un anno, circa 9500 miliardi di chilometri. La tabella mostra che Alkaid è la più lontana delle sette stelle; essa e Dubhe stanno viaggiando nello spazio in direzione opposta a quella delle altre cinque.

Le stelle in ciascuna costellazione sono denominate con lettere greche, un sistema adottato nel 1603 e che ha resistito alla prova del tempo. L'alfabeto greco è fornito in Appendice C.

Dall'Australia o dal Sudafrica non vedrete il Grande Carro, ma in compenso ci sarà la Croce del Sud ben alta in cielo, forse più simile a un aquilone che a una "X". Le sue stelle principali sono:

Croce del Sud

Lettera greca	Nome	Magnitudine	Luminosità (Sole=1)	Distanza (anni luce)
α alfa	Acrux	0,8	3200+2000	360
β beta	–	1,2	8200	425
γ gamma	–	1,6	120	88
δ delta	–	2,8	1320	260

Le stelle della Croce sono molto più brillanti di quelle del Carro, e più vicine tra loro; accanto a esse si trovano altre due stelle brillanti, *alfa* e *beta* Centauri. Delle stelle della Croce, tre sono bianco-bluastre e la quarta (*gamma* Crucis) è rosso-arancio; lo si nota facilmente già a occhio nudo, ma il binocolo evidenzia il contrasto magnificamente.

In seguito parlerò ancora dei colori delle stelle.

3 Gennaio

I poli celesti

Nell'imparare a orientarvi in cielo, è ovviamente utile acquisire familiarità con le stelle che potete sempre osservare dal vostro sito osservativo. Le stelle che non tramontano mai sono dette *circumpolari*. Così l'Orsa Maggiore è circumpolare dall'Italia, mentre la Croce del Sud lo è dalla Nuova Zelanda.

Proprio come l'equatore terrestre divide il globo in due emisferi, così l'equatore celeste divide il cielo in due emisferi, nord e sud. Verso nord, l'asse di rotazione terrestre punta al polo nord celeste, indicato entro un grado di distanza dalla relativamente brillante Stella Polare, nell'Orsa Minore (Piccolo Carro). La Polare sembra rimanere quasi perfettamente ferma in cielo, mentre tutto il resto le gira intorno una volta ogni 24 ore. È facile da localizzare, ma in caso di difficoltà può essere individuata utilizzando due delle stelle del Grande Carro, Merak e Dubhe, come puntatori.

Per un osservatore situato al polo nord della Terra, la Polare si troverebbe direttamente sulla sua verticale; dall'equatore terrestre essa si trova adagiata sull'orizzonte, e a sud dell'equatore non può mai essere vista. Esiste un corrispondente polo sud celeste, ma sfortunatamente non è bene indicato: la stella più vicina ad esso visibile a occhio nudo, la *sigma* nella costellazione dell'Ottante, è sotto la quinta magnitudine, quindi non è affatto facile da identificare. La presenza di foschia o di luci artificiali la rende invisibile. L'intera regione del polo sud è in effetti marcatamente povera di stelle; il polo stesso si trova circa a metà strada tra la Croce del Sud e la brillante Achernar, una stella dell'Eridano (il Fiume).

È un peccato che la *sigma* Octantis sia così insignificante. I navigatori dell'emisfero australe invidiano la Stella Polare a quelli dell'emisfero boreale.

Da Sydney o Città del Capo la Croce del Sud è circumpolare, mentre Achernar sfiora appena l'orizzonte alla sua minima altezza. Durante le sere di gennaio la Croce si trova a sud-est, mentre Achernar è alta a sud-ovest.

4 Gennaio

Le meteore Quadrantidi

La notte del 3-4 gennaio è interessante ogni anno, poiché in essa si registra il picco di un'importante pioggia di meteore, quella delle Quadrantidi.

Una meteora è un piccolo pezzo di materiale, tipicamente più piccolo di un granello di sabbia, che orbita intorno al Sole: è parte della coda di polveri di una cometa. Se una di queste particelle penetra nell'atmosfera della Terra, muovendosi a una velocità che può raggiungere i 70 km/s, urta le molecole di aria e per l'attrito si riscalda talmente da bruciare in quella effimera stria luminosa che chiamiamo *stella cadente*. Essa si estingue completamente già prima di essere penetrata fino a circa 65 km di quota, e termina il suo viaggio verso il suolo sotto forma di polvere ultra-fine. Ciò che vediamo come una stella cadente non è la piccola particella stessa, ma gli effetti che essa produce durante la sua caduta attraverso l'atmosfera.

Le meteore tendono a orbitare attorno al Sole in sciami. Ogni volta che la Terra passa attraverso uno sciame raccogliamo un elevato numero di particelle, e il risultato è una pioggia di stelle cadenti. Le meteore di ogni particolare sciame sembrano provenire tutte da un punto preciso del cielo, noto come *radiante* della pioggia meteorica. Questo è un effetto puramente prospettico: le meteore della pioggia viaggiano nello spazio su traiettorie parallele.

Le meteore di stanotte sembrano provenire da un punto nella costellazione del Boote, il Bifolco, non lontano dal Grande Carro; esse sono conosciute come Quadrantidi perché le stelle in questa regione erano una volta raggruppate in una costellazione separata, il Quadrante, che è poi stata eliminata dalle mappe moderne. La pioggia meteorica ha un massimo molto breve, per quanto alcune Quadrantidi possano essere viste fin dal 1° gennaio e fino al 6 del mese. La ricchezza di una pioggia di meteore viene misurata dal *tasso orario zenitale* (*ZHR – zenithal hourly rate*). Esso è definito come il numero di meteore che possono essere osservate a occhio nudo da un osservatore in condizioni ideali, con il radiante allo zenit. In pratica, queste condizioni non sono mai verificate, quindi il tasso reale osservato è sempre inferiore allo ZHR teorico; in ogni caso, esso è un riferimento utile. Lo ZHR medio delle Quadrantidi è circa 60 (una meteora al minuto, mediamente): sono meteore blu con splendide scie, ma l'osservatore deve essere molto attento perché l'attività di picco dura al massimo per alcune ore soltanto.

5 Gennaio

Il Cavallo e il suo Cavaliere

Guardate attentamente Mizar, o *zeta* Ursæ Majoris, la seconda stella nella coda dell'Orsa Maggiore (o, se volete, il manico del

Mestolo). Proprio vicino a essa si trova una stella molto più debole, Alcor, di quarta magnitudine. La sua separazione angolare da Mizar è superiore a 700 secondi d'arco, ed è quindi piuttosto facile da vedere a occhio nudo quando il cielo è sufficientemente buio e limpido. Al telescopio, si vede che la stessa Mizar è a sua volta una stella doppia, con una componente decisamente più brillante dell'altra. La separazione tra le due è appena superiore a 14 secondi d'arco, cioè fuori dalla portata di un binocolo, ma un telescopio anche piccolo ne fornirà un'eccellente visione. La coppia Mizar-Alcor è spesso chiamata "il Cavallo e il suo Cavaliere".

Esistono due tipi di stelle doppie. Le *doppie ottiche* non sono realmente associate tra loro: si tratta di due stelle che si trovano casualmente quasi nella stessa direzione, viste dalla Terra, ma a distanze diverse. Nella gran parte dei casi, invece, le stelle doppie sono sistemi fisicamente legati, o *sistemi binari*, le cui componenti orbitano intorno al comune centro di massa. Mizar è di questo tipo, anche se le componenti sono molto lontane tra loro – ben oltre 48 miliardi di chilometri – e il periodo di rivoluzione raggiunge le migliaia di anni. Anche Alcor è un membro del gruppo, che si trova almeno un quarto di anno luce lontano dalla coppia principale.

È piuttosto sorprendente scoprire che gli arabi di un migliaio di anni fa considerassero Alcor un oggetto difficile da vedere a occhio nudo, mentre oggi ciò non pone alcuna difficoltà; ecco un piccolo mistero. Una delle soluzioni proposte è che la stella a cui si riferivano gli arabi non fosse affatto Alcor, ma un astro molto più debole (di ottava magnitudine) che si trova tra Alcor e la coppia principale, non è associato al gruppo stellare e si colloca assai più lontano. Pare che sia stato menzionato per la prima volta nel 1671 da un astronomo chiamato Georg Eimmart, e poi nuovamente nel 1723 da un osservatore tedesco sconosciuto che lo considerò una sua nuova scoperta e lo chiamò Sidus Ludovicianum in onore di Ludovico V, Langravio di Hesse.

Se la stella di Ludovico fosse un po' più brillante, sarebbe davvero un test per la visione a occhio nudo, ma le osservazioni smentiscono che sia variabile, poiché il gruppo è stato osservato assiduamente negli ultimi due secoli e ogni eventuale fluttuazione di luminosità sarebbe stata notata. Quindi il mistero rimane, e non sappiamo ancora perché gli arabi considerassero Alcor così sfuggente. Se il cielo è limpido stanotte, uscite e guardatela voi stessi!

6 Gennaio

La stella più debole nel Grande Carro

Persino una rapida occhiata al Grande Carro mostra che una delle sette stelle, Megrez o *delta* Ursæ Majoris, è molto più debole delle altre. La sua magnitudine è ben inferiore a 3, mentre tutte le altre hanno magnitudini superiori a 2,5.

La magnitudine, come abbiamo visto, è una misura della luminosità apparente di una stella (non la si confonda con la sua reale luminosità, poiché le stelle si trovano tutte a distanze diverse da noi: una stella può risultare brillante o perché è relativamente vicina, oppure perché è intrinsecamente molto luminosa). La stella più brillante del cielo, Sirio, è di magnitudine –1,5; le stelle più deboli normalmente visibili a occhio nudo sono di magnitudine +6, mentre i rivelatori elettronici utilizzati con i grandi telescopi possono scendere fino a +30. Convenzionalmente, le 21 stelle più brillanti sono classificate come astri di prima magnitudine. Sulla stessa scala, la magnitudine del Sole è circa –27 e quella della Luna Piena circa –12,7.

L'occhio nudo può facilmente rivelare una differenza di un decimo di magnitudine, e la relativa debolezza di Megrez, se la si confronta con le altre stelle del Carro, è abbastanza evidente. Tuttavia in alcuni dei vecchi cataloghi Megrez era stimata brillante quanto le altre. Può essersi verificata un'effettiva variazione?

Quasi certamente la risposta è no. Megrez è una stella normale e sembra essere assolutamente stabile, quindi non dovrebbe mostrare alcuna variazione di luce, neppure su lunghissimi periodi. Conosciamo molte stelle variabili, ma Megrez non è una di esse. Non è mai molto saggio confidare eccessivamente nelle vecchie stime a occhio nudo, per quanto nel caso di Megrez sembri più probabile che si tratti di un errore di interpretazione piuttosto che di pura osservazione.

7 Gennaio

L'Orsa Minore e i guardiani del polo

Una volta che avete individuato l'Orsa Maggiore e la Stella Polare, è semplice rintracciare la configurazione dell'Orsa Minore. Non è dissimile nella forma a una versione molto debole e distorta del Grande Carro; partendo dalla Polare, la figura si incurva, puntando nella direzione di Mizar e Alkaid.

Le sette stelle dell'Orsa Minore sono:

Orsa Minore				
Lettera greca	Nome	Magnitudine	Luminosità (Sole=1)	Distanza (anni luce)
α alfa	Polaris	2,0	6000	680
β beta	Kocab	2,1	110	95
γ gamma	Pherkad			
	Major	3,0	230	225
δ delta	Yildun	4,4	28	143
ε epsilon	–	4,2	65	200
ζ zeta	Alifa	4,3	16	108
η eta	Alasco	4,9	8	90

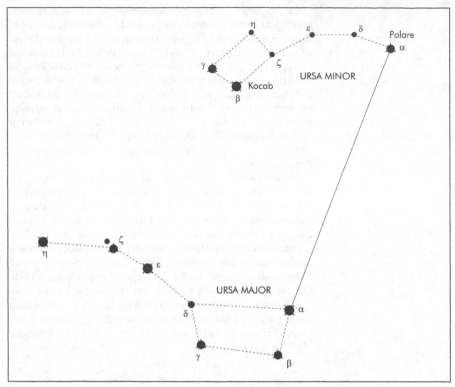

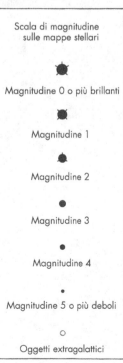

Scala di magnitudine
sulle mappe stellari

Magnitudine 0 o più brillanti

Magnitudine 1

Magnitudine 2

Magnitudine 3

Magnitudine 4

Magnitudine 5 o più deboli

Oggetti extragalattici

Ho fornito in tabella i vecchi nomi propri ma, con l'eccezione della Polare, e talvolta di Kocab, essi non vengono praticamente mai usati. A nessuna stella viene dato un nome oggi. Esistono varie agenzie senza scrupoli che affermano di essere in grado di dare un nome alle stelle (a fronte del pagamento di una somma di denaro, ovviamente!), ma sono completamente fasulle, e i nomi che assegnano non sono riconosciuti da alcun organismo ufficiale. Sfortunatamente, molte persone ogni anno vengono allettate e ingannate.

La Polare ha variazioni di luce tenui, con fluttuazioni inferiori al decimo di magnitudine: troppo piccole per essere avvertibili a occhio nudo. Al telescopio si vede che possiede una compagna di nona magnitudine, con una separazione angolare superiore ai 18 secondi d'arco: un rifrattore di 75 mm la mostra facilmente, ma è ben oltre la portata di un binocolo.

Beta e *gamma* sono note comunemente come i "guardiani del polo". *Beta* è notevole a causa del colore: a occhio nudo appare di una tonalità arancione; il binocolo evidenzia il colore molto chiaramente. Questo significa che la sua superficie è decisamente più fredda di quella del nostro Sole, che è giallo. La *beta* è comunque molto più grande e luminosa del Sole.

A eccezione della Polare e dei guardiani, le stelle del Piccolo Carro sono così deboli che la foschia o un'intensa luce lunare le nascondono completamente. Non esistono altri aspetti di interesse immediato nell'Orsa Minore.

Come abbiamo visto, non vi è alcuna stella brillante al polo sud, né alcun "guardiano". La stella relativamente brillante più vicina al polo sud è la *beta* Hydri, nella costellazione del Piccolo Serpente: è di magnitudine 2,8, ma si trova a più di 12° dal polo stesso.

8 Gennaio

La leggenda delle Orse

È stato detto che il cielo notturno è un grande libro illustrato. Le configurazioni che noi usiamo per le costellazioni sono essenzialmente quelle degli antichi Greci; se avessimo seguito, per esempio, i sistemi dei cinesi o degli egiziani le nostre mappe apparirebbero molto diverse, per quanto le stelle siano sempre le stesse. Anche i nomi sono arbitrari, e sono poche le costellazioni che hanno una netta somiglianza con gli oggetti che intendono rappresentare: ecco una delle molte ragioni per cui l'astrologia è una sciocchezza.

Tolomeo, l'ultimo dei grandi astronomi dell'epoca classica, elencò 48 costellazioni, e tutte vengono ancora utilizzate, anche se in gran parte dei casi con confini diversi.

Molti gruppi stellari di Tolomeo hanno nomi mitologici, legati a leggende. Una di esse riguarda le due Orse. Si narra che Callisto, figlia del re Licaone di Arcadia, fosse molto bella, persino più bella di Giunone, la regina dell'Olimpo. Quest'ultima era così gelosa di Callisto che perfidamente la tramutò in un orso. Anni dopo, Arcade, il figlio di Callisto, incontrò l'orso andando a caccia. Naturalmente non aveva idea che si trattasse della madre, perduta ormai da lungo tempo, e stava per ucciderla quando Giove, il re degli dei, intervenne. Trasformò anche Arcade in un orso, afferrò entrambi gli animali per la coda e li lanciò in alto, nel cielo, dove vivono tuttora.

Come abbiamo già rimarcato, le stelle di una particolare costellazione non sono fisicamente associate l'una con l'altra: si tratta solo di effetti prospettici. Eppure le vecchie leggende sono affascinanti, e sempre interessanti da raccontare.

Se avessimo seguito il sistema egiziano non ci sarebbero Orse nel cielo. Avremmo però almeno un Coccodrillo e un Ippopotamo!

9 Gennaio

Lunokhod 2 sulla Luna

Il veicolo sovietico *Luna 21* venne lanciato verso la Luna l'8 gennaio 1973. Era una missione ambiziosa: conteneva un *rover*, *Lunokhod 2*, progettato per spostarsi sulla superficie lunare, prendendo immagini e mandando a Terra i dati. Non si trattava del primo esperimento del genere: *Lunokhod 1* era stato spedito sulla Luna a bordo della *Luna 17*, il 10 novembre 1970, ed era stato un grande successo, avendo inviato più di 20 mila immagini dalla superficie lunare.

Lunokhod 2 era simile. Il punto designato per l'atterraggio si trovava alla latitudine 24° N e alla longitudine 30°,5 O, vicino al cratere Le Monnier che, avendo una parete degradata, sembra in realtà una baia. Il viaggio verso la Luna non conobbe problemi, e *Lunokhod 2* atterrò come previsto. Iniziò subito a funzionare, percorse 10 km e inviò 80 mila immagini di qualità notevolmente buona. Fu una vera sorpresa quando, il 3 giugno, le autorità sovietiche annunciarono che l'esperimento era giunto al termine. Potrebbero certamente essersi verificati malfunzionamenti, ma all'epoca i sovietici non fornivano molte informazioni.

Lunokhod 2 si trova ancora felicemente sulla Luna. Sappiamo esattamente dov'è, e lì rimarrà finché qualche futuro astronauta non lo raccoglierà per portarlo in un museo lunare, che certamente costruiremo. Tappa essenziale della storia dell'esplorazione lunare, il *Lunokhod 2* ha aperto la strada ai *rover* successivi, i più recenti dei quali (2004) sono *Spirit* e *Opportunity*, che hanno esplorato la superficie di Marte. Non dimenticate quindi *Lunokhod 2*, quel veicolo pioniere di oltre trent'anni fa!

10 Gennaio

I colori delle stelle

È molto facile cogliere la differenza di colori tra i due puntatori alla Stella Polare, Merak e Dubhe: la prima è assolutamente bianca, la seconda decisamente arancio. Come abbiamo visto, le differenze di colore indicano differenze nella temperatura superficiale: dunque Dubhe è più fredda del nostro Sole, mentre quest'ultimo è più freddo di Merak. Questo ci porta a uno strumento fondamentale per la ricerca astronomica: lo spettroscopio. Mentre un telescopio raccoglie la luce, uno spettroscopio la scompone.

La radiazione non è così semplice come potrebbe sembrare: per esempio, un fascio di luce solare è una miscela di tutti i colori dell'arcobaleno. La luce è inoltre la propagazione di un'onda, e il suo colore dipende dalla lunghezza d'onda, cioè

Classificazione spettrale			
Tipo	Colore	Temperatura superficiale (°C)	Esempi
W	Bianco-bluastro	Fino a 80.000	Zeta Puppis (raro)
O	Bianco-bluastro	40.000–35.000	Regor (raro)
B	Bluastro	25.000–12.000	Rigel, Alkaid
A	Bianco	10.000–8000	Merak, Vega
F	Giallastro	7500–6000	Polare, Procione
G	Giallo	6000–5000	Sole, Capella
K	Arancio	5000–3400	Arturo, Aldebaran
M	Rosso-arancio	3400–3000	Betelgeuse, Antares
R	Rossastro	2600	V Arietis
N	Rossastro	2500	R Leporis
S	Rossastro	2600	Chi Cygni

dalla distanza tra due creste d'onda successive. All'interno della radiazione visibile, il rosso possiede la massima lunghezza d'onda e il violetto la minima; l'arancio, il giallo, il verde e il blu cadono tra questi due estremi.

Fate passare un fascio di luce solare attraverso un prisma di vetro ed esso ne sarà scomposto: ne uscirà una striscia ad arcobaleno, dal rosso all'estremità ad alte lunghezze d'onda fino al violetto, all'estremità a basse lunghezze d'onda. Questa striscia sarà attraversata da righe scure, ciascuna delle quali è il segno distintivo di una particolare sostanza. Per esempio, ci sono due righe scure nella parte gialla della striscia che sono originate dal sodio (uno dei componenti principali del sale da cucina) e non possono essere prodotte da nient'altro; quindi possiamo affermare che esiste del sodio sul Sole.

Il Sole è una stella ordinaria e tutte le stelle producono spettri di questo tipo, ma che non sono tutti uguali: ancora una volta, ciò dipende dalle loro temperature superficiali. Le stelle sono convenzionalmente classificate in base al proprio spettro in categorie definite, ciascuna designata da una lettera maiuscola dell'alfabeto. Questi *tipi spettrali* sono mostrati nella tabella sopra.

La gran parte delle stelle si trova nella sequenza da B a M. Ogni tipo contiene sottodivisioni, da 0 a 9; così la Polare è di tipo F8, a tre quarti della distanza da F a G.

11 Gennaio

Le fasi dei pianeti interni

Entro la metà di gennaio si sarà verificato un deciso cambiamento nel cielo rispetto all'inizio dell'anno. Alla stessa ora di sera gli osservatori boreali vedranno l'Orsa Maggiore un po' più alta e il "quadrato" di Pegaso un po' più basso, mentre per quelli australi la Croce avrà guadagnato in altezza. Naturalmente, le posizioni dei pianeti visibili si saranno spostate rispetto allo sfondo stellare.

Mercurio e Venere hanno un proprio peculiare comportamento. Essi sono conosciuti come pianeti *interni* o *inferiori*, non certo perché secondari in qualche aspetto, ma perché sono gli unici pianeti del Sistema Solare che si trovano più vicini al Sole di noi.

Il diagramma mostra le orbite di Venere e della Terra (non in scala, ma per il nostro scopo questo non ha importanza). Nella posizione 1 Venere si trova più o meno tra la Terra e il Sole: ci mostra la parte non illuminata, quindi è "nuovo" e non possiamo vederlo. Mentre si sposta lungo l'orbita appare nel cielo mattutino, verso est prima dell'alba, ed è una falce crescente, finché non raggiunge la posizione 2, quando ha la forma di una Luna al Primo Quarto: questa posizione è chiamata *elongazione occidentale*, e l'epoca effettiva della mezza fase è detta *dicotomia*. Raggiunge quindi i tre quarti di fase (gibbosa); quando arriva alla posizione 3 è Pieno, ma si trova allora allineato al Sole e quindi a tutti gli effetti è impossibile da vedere. Riappare poi come un oggetto gibboso nel cielo occidentale dopo il tramonto, raggiungendo la mezza fase (*elongazione orientale*) alla posizione 3, e quindi diventa decrescente finché non ritorna alla posizione 1.

Le fasi di Venere sono osservabili con un binocolo o con un qualunque telescopio; le persone dalla vista molto acuta possono vedere la falce a occhio nudo.

Mercurio si comporta allo stesso modo, ma è molto meno visibile e le fasi sono ben oltre la portata dei binocoli. È necessario un telescopio di buone dimensioni per mostrarle veramente bene.

Venere è grande quasi quanto la Terra, ed è circondato da una densa atmosfera che riflette bene la radiazione solare, cosicché risulta molto brillante; nelle migliori condizioni può proiettare un'ombra. Mercurio invece non è mai molto prominente, e rimane sempre molto vicino al Sole, per cui esistono molte persone che non lo hanno mai osservato in vita loro.

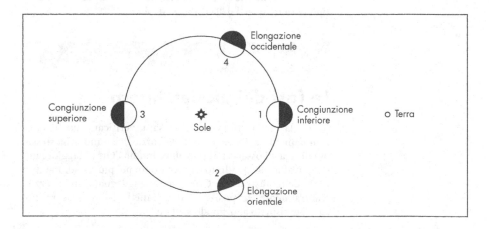

12 Gennaio

Orione, il Cacciatore

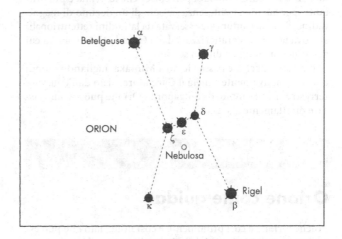

Finora ci siamo concentrati su stelle che si trovano nella regione più settentrionale del cielo, e sono quindi inaccessibili dall'estremo sud. Passiamo adesso a Orione, che è verosimilmente la più bella costellazione di tutto il cielo. Si osserva in modo ottimale in gennaio, ed è visibile da ogni punto della Terra perché è attraversata dall'equatore celeste. Per gli osservatori europei Orione è alto verso sud dopo il tramonto; dall'Australia, dalla Nuova Zelanda o dal Sudafrica è alto verso nord.

Vi sono sette stelle brillanti nella costellazione, due delle quali, Rigel e Betelgeuse, sono tra le più luminose del cielo. Le principali sono elencate nella tabella.

Le due stelle più importanti sono molto diverse: Rigel è (solitamente) notevolmente più brillante di Betelgeuse, per quanto le sia stata assegnata la lettera *beta* anziché la *alfa*; è bianco-bluastra. Betelgeuse è rosso-arancio e, benché più fredda di Rigel, compensa questo fatto con la propria dimensione: il suo diametro è dell'ordine di 400 milioni di chilometri, così esteso che potrebbe ingoiare l'intera orbita terrestre intorno al Sole. È

Orione					
Lettera greca	Nome	Magnitudine	Luminosità (Sole=1)	Distanza (anni luce)	Tipo spettrale
α alfa	Betelgeuse	0,4, variabile	15.000	310	M2
β beta	Rigel	0,1	60.000	910	B8
γ gamma	Bellatrix	1,6	2200	360	B2
δ delta	Mintaka	2,2	22.000	2350	O9.5
ε epsilon	Alnilam	1,7	23.000	1200	B0
ζ zeta	Alnitak	1,8	19.000	1100	O9.5
κ kappa	Saiph	2,1	49.000	2100	B0.5

una stella decisamente variabile, e per quanto possa talvolta giungere quasi a eguagliare Rigel, normalmente è alcuni decimi di magnitudine più debole.

Alnilam, Alnitak e Mintaka compongono la Cintura del Cacciatore: sono tutte bianco-bluastre. È interessante confrontare Alnilam con Alnitak: si percepisce che la prima è più brillante, per quanto la differenza sia solo di un decimo di magnitudine. Sotto la Cintura (se osservata da latitudini settentrionali) si trova la Spada, caratterizzata dalla Grande Nebulosa, su cui avrò ancora molto da dire in seguito.

L'equatore celeste passa vicino a Mintaka, tagliando quindi approssimativamente a metà il Cacciatore; visto dall'equatore terrestre (per esempio, da Singapore), Orione può a volte passare direttamente allo zenit.

13 Gennaio

Orione come guida

Poiché Orione è così prominente e così utile, dato che può essere visto da tutti i luoghi della Terra, è impagabile come "guida del cielo". Questo può quindi essere il momento di andare a conoscere qualche nuova stella, poiché Orione è così ben posi-

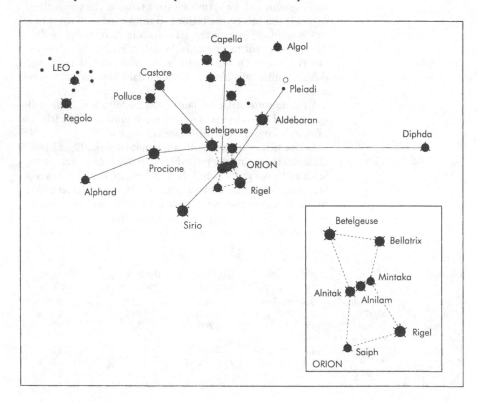

zionato – e le stelle divengono molto più interessanti quando si conoscono.

Iniziamo con il cielo visto dagli osservatori dell'emisfero nord, con Orione alto in cielo verso sud. Ricordate che, le sue stelle poiché sono così brillanti, possono essere individuate anche con un'intensa luce lunare; sono molto più luminose di quelle del Grande Carro.

Verso il basso, le tre stelle della Cintura puntano verso Sirio, nel Cane Maggiore, che è la più brillante di tutte le stelle, per quanto non possa competere in luminosità con Venere, Giove o Marte (quando è al suo massimo). Sirio si distingue immediatamente: la sua magnitudine è –1,5, il che significa che è di 1,6 magnitudini più brillante di Rigel (benché, come accade spesso in astronomia, le apparenze ingannino: Sirio svetta su Rigel perché dista solo 8,6 anni luce; è una tra le stelle più vicine). Nella direzione opposta – verso l'alto – la Cintura indica la direzione di Aldebaran, nel Toro, di magnitudine 0,8; come Betelgeuse, Aldebaran è rosso-arancio, ma neanche lontanamente altrettanto grande o luminosa. Continuate la linea che dalla Cintura passa attraverso Aldebaran e arriverete al bellissimo ammasso stellare delle Pleiadi, o le Sette Sorelle, che a prima vista appare come un bagliore diffuso: un'osservazione più attenta mostra però che è composto da stelle.

Tracciate poi una linea immaginaria da Bellatrix a Betelgeuse e curvatela leggermente: vi condurrà a Procione, nel Cane Minore, che è di magnitudine 0,4. Essa è bianca e, come Sirio, relativamente vicina: la sua distanza da noi è di 11,4 anni luce.

Il prolungamento di una linea da Rigel a Betelgeuse vi farà raggiungere Castore e Polluce, i Gemelli Celesti; Polluce (magnitudine 1,1) è notevolmente più brillante di Castore (1,6) ed è arancione, mentre Castore è bianca.

Quasi allo zenit durante le notti invernali si trova la luminosissima Capella, nell'Auriga: la sua magnitudine è 0,1, ed è solo leggermente più brillante di Rigel, ma vista da noi sembra molto più prominente semplicemente perché è più alta in cielo. È gialla, come il Sole; vicino a essa si trova un piccolo triangolo di stelle, conosciute complessivamente come Hædi, i Capretti – due membri del quale sono oggetti molto importanti, come vedremo in seguito. Capella è una delle due stelle di prima magnitudine che possono raggiungere lo zenit osservando dall'Italia; Vega è l'altra.

Dall'emisfero sud gli asterismi sono gli stessi, ma la Cintura punta verso l'alto per indicare Sirio e verso il basso per Aldebaran, mentre Capella è sempre molto bassa; nella regione più meridionale della Nuova Zelanda, non sorge affatto. La brillante Canopo, inferiore in luminosità soltanto a Sirio, non è lontana dallo zenit. Infine, notate la Via Lattea, che può essere vista da entrambi gli emisferi e attraversa il cielo da un orizzonte all'altro. Purtroppo, chi abita in città non la vedrà, perché è offuscata dalle luci artificiali, ma quando il cielo è buio essa è davvero magnifica.

14 Gennaio

La leggenda di Orione

Poiché Orione è una delle 48 costellazioni originali di Tolomeo, è ovvio che ci sia una leggenda su di essa. In realtà ce ne sono diverse, ma in ogni versione vi si scorge la figura di un grande cacciatore.

La bravura di Orione era indubbia, ma egli era anche uno spaccone, e affermava che nessuna creatura sulla faccia della Terra avrebbe potuto tenergli testa. Questo offese gli dei dell'Olimpo, che decisero di dargli una punizione esemplare. Certamente era in grado di affrontare gli animali feroci, ma gli insetti? Così, uno scorpione strisciò fuori dal terreno, punse Orione nel calcagno e lo uccise.

Gli dei a volte possono anche essere misericordiosi, e in questa occasione fu così. Orione fu riportato in vita e lanciato in cielo, dove brilla ancora in tutta la sua gloria. Era forse giusto che anche lo scorpione dovesse essere elevato al rango celeste, e fu fatto; ma fu collocato così lontano da Orione da non permettere che i due si incontrassero ancora: dall'Italia, Orione e lo Scorpione non si trovano mai sopra l'orizzonte contemporaneamente.

Naturalmente dobbiamo sempre ricordare che le stelle principali di Orione non hanno alcuna reale associazione tra loro. Betelgeuse dista poco più di 300 anni luce da noi, Rigel poco più di 900. È vero che si trovano in letteratura anche valori alquanto diversi, che pongono Betelgeuse a più di 500 anni luce, ma in ogni caso è chiaro che Rigel è lontana da Betelgeuse giusto quanto lo siamo noi, dall'altra parte. Se stessimo osservando da un punto diverso della Galassia, Rigel e Betelgeuse potrebbero anche trovarsi da parti opposte del cielo.

Le stelle di Orione sono talmente lontane che i loro movimenti individuali, o "moti propri", sono molto piccoli (si veda il 21 agosto); ciò nonostante, la forma della costellazione non si manterrà uguale indefinitamente, né sarebbe stata riconoscibile un milione di anni fa. All'epoca, la stella più brillante del cielo era Saiph, che splendeva con una luminosità superiore a quella attuale di Venere e che sarebbe stata vista nell'emisfero nord, mentre adesso si trova ampiamente a sud dell'equatore celeste.

15 Gennaio

Betelgeuse

Betelgeuse non è forse la stella più brillante di Orione, ma è certamente la più bella. Il suo colore rosso-arancio è sorprendente persino a occhio nudo, ed è ben evidenziato dal binocolo. L'astronomo del diciannovesimo secolo William Lassell la definì "una gemma estremamente brillante. Particolarmente bella nel colore, come un ricco topazio, è diversa in splendore e tonalità da ogni altra stella che ho visto".

È classificata come una supergigante, ma nonostante il suo enorme diametro non è così massiccia come si potrebbe pensare: non più di 15 volte il nostro Sole. Questo significa che è relativamente rarefatta, almeno negli strati esterni, e in effetti le stelle grandi sono sempre meno dense di quelle più piccole. Se poteste mettere una stella gigante e una nana sui due piatti di una grande bilancia, sarebbe un po' come confrontare un pallino di piombo con una meringa.

Un tempo si pensava che Betelgeuse dovesse essere una stella molto giovane, ma adesso sappiamo che questo non è corretto: è anzi molto avanti nella propria evoluzione e si può definire un "vecchio pensionato" stellare. Ha esaurito la sua scorta iniziale di "carburante" e sta facendo ricorso alle proprie riserve. È anche instabile: si dilata e si contrae, cambiando allo stesso tempo la sua emissione di radiazione. Le variazioni sono lente, ma abbastanza considerevoli e quasi regolari, con un periodo approssimativo dell'ordine di 5 anni e tre quarti. Al suo massimo di luminosità Betelgeuse può eguagliare Rigel o Capella ed essere confrontabile con Aldebaran; normalmente è più o meno pari a Procione.

Il metodo per stimare la magnitudine di una stella variabile consiste nel confrontarla con altre stelle che non fluttuano in luminosità. Sfortunatamente Betelgeuse è una stella difficile da valutare a occhio nudo con tali tecniche, perché dovrebbe essere paragonata a un'altra stella che non sia troppo diversa in luminosità, e i soli confronti utili sono Capella (magnitudine 0,1), Rigel (anch'essa 0,1), Procione (0,4) e Aldebaran (0,8). Dobbiamo poi tenere conto degli effetti della cosiddetta *estinzione*: la radiazione proveniente da una stella bassa sull'orizzonte dovrà passare attraverso uno spesso strato di atmosfera terrestre, e ne sarà indebolita; l'effetto può essere molto forte, come si può vedere dalla tabella seguente:

Estinzione	
Altezza (gradi)	Estinzione (magnitudini)
1	3
2	2,5
4	2
10	1
17	0,5
20	0,3
43	0,1
Sopra i 43° l'estinzione può tranquillamente essere trascurata.	

Per Betelgeuse non è facile trovare una stella di confronto a un'altezza simile; dall'Italia, per esempio, essa è sempre più alta di Rigel, mentre dall'Australia è sempre più bassa. Comunque, con un po' di pratica è possibile effettuare stime affidabili, ed è

sempre interessante tenere traccia di Betelgeuse man mano
che, lentamente, si illumina e poi si affievolisce (si dice "tracciare la sua curva di luce").

Molte supergiganti rosse sono variabili in modo analogo; in
seguito parlerò ancora di loro. Betelgeuse è la più brillante
perché è la stella di questo tipo più vicina.

16 Gennaio

Rigel

Abbiamo guardato la spalla del gigante Orione; rivolgiamo adesso lo sguardo al suo piede, contrassegnato dalla brillante Rigel.
Anche questo nome è arabo e proviene da *"rijl jauzah al yusra"*,
che è stato tradotto come "la gamba sinistra del gigante".

Rigel è solo settima tra le stelle di maggiore luminosità apparente del cielo, ma in intensità pura supera di gran lunga quasi
tutte le rivali ed è eguagliata solo da Canopo. Tuttavia è molto
lontana – poco più di 900 anni luce. Ovviamente questo valore
è affetto da qualche incertezza, ma sicuramente l'ordine di
grandezza è corretto: dunque Rigel deve essere circa 60 mila
volte più luminosa del Sole.

Rigel è bianca, con una temperatura superficiale di circa
10.000 °C. La temperatura al centro è davvero molto elevata e
può salire fino a circa 100 milioni di gradi, cosicché Rigel è una
stella di grande potenza. La sua aspettativa di vita è molto inferiore a quella del Sole, perché sta emettendo radiazione a un
ritmo talmente elevato che nella condizione attuale non può
sopravvivere per più di pochi milioni di anni, mentre passeran-
no diverse migliaia di milioni di anni prima che qualcosa di
drammatico capiti al nostro tranquillo Sole.

Rigel non è sola nello spazio: possiede una debole compagna, poco sopra la settima magnitudine, che sarebbe un oggetto di facile osservazione per un binocolo se non fosse così so-
verchiata dallo splendore della primaria. La separazione
angolare tra le due è di 9,5 secondi d'arco. Le due stelle sono
realmente associate, cosicché non abbiamo a che fare con un
mero effetto ottico, ma la separazione reale è migliaia di volte
superiore alla distanza tra il Sole e la Terra. Un modesto telescopio (per esempio un rifrattore di 75 mm) mostrerà facilmente la stella compagna; per quanto possa apparire insignificante, è ben oltre 100 volte più brillante del Sole. È
effettivamente una doppia molto stretta.

Rigel è così luminosa da essere in grado di illuminare nubi
di gas e polveri che si trovano a molte centinaia di anni luce di
distanza da essa. Non è il tipo di stella che potremmo aspettarci di trovare al centro di un sistema planetario, ma se fosse accompagnata da un pianeta, i suoi abitanti godrebbero di un
Sole veramente magnifico.

Anniversario

1786: Scoperta della cometa di Encke.

17 Gennaio

Le comete

Questo è il giorno, o meglio la notte, di un anniversario: nel 1786 l'astronomo francese Pierre Méchain scoprì con un piccolo telescopio una delle comete più famose del Sistema Solare.

Le comete appartengono al Sistema Solare, ma non sono grossi corpi solidi come i pianeti: consistono essenzialmente in un pezzo di ghiaccio mescolato con "pietrisco", grande solo pochi chilometri. Quando si trovano molto lontano dal Sole sono inerti, ma quando vi si avvicinano, ne vengono riscaldate e il ghiaccio inizia a sublimare: la cometa produce una *chioma* di gas e polveri, e molto spesso una o più *code* che si estendono in direzione opposta al Sole.

I pianeti si muovono intorno al Sole in orbite che non differiscono molto dalla forma circolare. Non è così per le comete. In genere, le loro orbite sono molto ellittiche, e i periodi di rivoluzione variano da alcuni anni fino a milioni di anni. Naturalmente, l'apparizione delle comete con periodo molto lungo non può essere prevista, ed esse tendono sempre a prenderci di sorpresa, perché vengono osservate soltanto una volta nell'arco di un periodo lunghissimo: per esempio, la cometa Hyakutake, spettacolarmente apparsa per qualche settimana nel 1996, non tornerà da noi per i prossimi 15 mila anni. La ancora più brillante cometa Hale-Bopp del 1997 era passata l'ultima volta nella regione più interna del Sistema Solare circa 4000 anni fa. Tuttavia esistono anche molte comete di breve periodo che ritornano regolarmente dopo solo pochi anni.

18 Gennaio

Una Lepre in cielo

Orione, così ci racconta la leggenda, era particolarmente appassionato di caccia alla lepre, e così sembra giusto che una lepre debba essere posta accanto a lui in cielo. Il piccolo animale si trova sotto il piede del Cacciatore visto dall'emisfero nord; per gli osservatori meridionali, naturalmente, la Lepre è più alta di Orione.

Non è brillante, ma abbastanza facile da identificare. Le sue stelle più luminose sono mostrate nella tabella della pagina seguente.

Lepre					
Lettera greca	Nome	Magnitudine	Luminosità (Sole=1)	Distanza (anni luce)	Tipo spettrale
α alfa	Arneb	2,6	7500	945	F0
β beta	Nihol	2,8	600	316	G2
γ gamma	–	3,6	2	26	F6
δ delta	–	3,8	58	145	G8
ε epsilon	–	3,2	10	160	K5
ζ zeta	–	3,5	17	78	A3
η eta	–	3,7	17	65	F0
μ mu	–	3,3	180	215	89

Il binocolo mostrerà che la *epsilon* ha una tonalità decisamente arancione. Se avete un telescopio osservate la *gamma*: troverete che è doppia. La stella secondaria è di sesta magnitudine e la separazione supera i 96 secondi d'arco, cosicché questa è una coppia molto semplice da distinguere.

Ancora con un telescopio, prolungate la linea che congiunge *alfa* e *beta* finché non arrivate alla prima stella abbastanza brillante, che non ha assegnata alcuna lettera greca ed è nota semplicemente come 41 Leporis; la sua magnitudine è 5,5. Nello stesso campo telescopico vi è una macchia nebulosa, che si rivela essere un *ammasso globulare*, un insieme sferico di stelle, forse un milione in tutto; fu scoperto nel 1780 da Pierre Méchain. Risulterà visibile con un piccolo telescopio, ed è al limite della portata di un grande binocolo. È molto lontano: lo vediamo come era circa 43.000 anni fa.

Nel 1781 Charles Messier, l'amico-rivale di Méchain, stilò un catalogo di oltre 100 ammassi stellari e nebulose. L'ammasso globulare nella Lepre era il numero 79 nella sua lista, e ci riferiamo ancora a esso come a M79.

Forse l'oggetto più interessante nella Lepre è la stella variabile R Leporis. Generalmente è ben al di sotto della visibilità a occhio nudo, ma quando è al suo massimo può essere facilmente osservata con un binocolo e l'identificazione è praticamente certa: il suo intenso colore rosso ha condotto a chiamarla la Stella Cremisi. Il periodo (cioè l'intervallo tra due massimi successivi) è di 432 giorni e l'intervallo di magnitudine è tra 5,9 e 10,5, cosicché la Stella Cremisi è sempre visibile con un telescopio di 75 mm. Dista più di 100 anni luce ed è almeno 500 volte più luminosa del Sole.

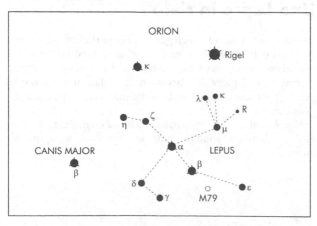

19 Gennaio

La Colomba, il Bulino e la declinazione

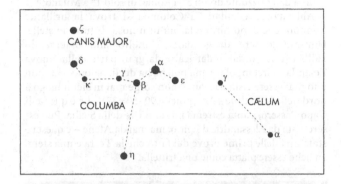

A sud della Lepre – sotto di essa osservando dall'emisfero nord, sopra osservando dall'emisfero sud – si trova un'altra piccola costellazione, la Colomba. Accanto a essa si trova Cælum, il Bulino, che non contiene alcuna stella brillante, né alcun oggetto interessante.

La Colomba è caratterizzata da una linea irregolare di stelle, le più brillanti delle quali sono la *alfa* (magnitudine 2,6) e la *beta* (3,1). Alquanto a sud di questa linea si trova *eta* Columbæ, di magnitudine 4,0, che fa appena capolino sopra l'orizzonte italiano. La sua declinazione è 43° S, o –43°.

Sulla Terra la posizione di un punto particolare è data dalla sua latitudine e longitudine. La latitudine è la distanza angolare dall'equatore, valutata dal centro del globo; così Roma si trova approssimativamente alla latitudine +42° o 42° N, Atene a +38°, Alessandria d'Egitto a +31°, Johannesburg in Sudafrica a –28° e così via; Singapore, a +1°, si trova praticamente sull'equatore. La latitudine del polo nord è +90° e quella del polo sud –90°.

In cielo l'equivalente della latitudine è la *declinazione*, definita come la distanza angolare di una stella (o di un altro oggetto) dall'equatore celeste. Così, Betelgeuse è a declinazione +7° (in cifra tonda; effettivamente la declinazione è +7° 24'), Rigel a –8°, Mizar nel Grande Carro a +55° e così via. Se la Polare si trovasse esattamente al polo nord, la sua declinazione sarebbe +90°; in realtà è +89° 16'. L'altezza del polo celeste è sempre pari alla latitudine dell'osservatore sulla superficie terrestre, cosicché da Roma il polo nord celeste si troverà 42° sopra l'orizzonte; da Singapore è virtualmente sull'orizzonte, ed è invisibile dalle latitudini meridionali; ovviamente, l'altezza del polo sud celeste può essere misurata nello stesso modo.

Consideriamo adesso quella che viene chiamata *colatitudine*, definita come la latitudine dell'osservatore sottratta da 90°; così per Roma la colatitudine sarà 48° (poiché 90–42=48). Ogni stella la cui declinazione è a nord di +48° sarà circumpolare per Roma, ossia non tramonterà mai; ogni stella a sud della declinazione −48° non sorgerà mai. Quindi Mizar è circumpolare da Roma, ma Betelgeuse no.

La stella più luminosa della Colomba, la *alfa*, si trova alla declinazione −34°. Questo significa che può essere vista da Roma, anche se sarà sempre piuttosto bassa. La *eta* Columbæ (−43°) spunta dall'orizzonte di soli 5° a Roma, di solo 1° a Milano.

Abbastanza a sud della Colomba si trova la brillante Canopo, che dopo Sirio è la più luminosa di tutte le stelle. Durante le sere di gennaio è molto alta osservando dall'Australia o dal Sudafrica, e da gran parte della Nuova Zelanda è circumpolare, ma poiché ha declinazione −53° non può mai essere vista da Roma; non sorge mai in alcun luogo a nord della latitudine +37° (poiché 90−53=37), che è quella di Capo Passero, punta estrema meridionale della Sicilia. Può essere vista da Alessandria d'Egitto, ma mai da Atene – e questa è stata una delle prime prove del fatto che la Terra è una sfera, anziché essere piatta come una frittella.

20 Gennaio

La Cintura e la Spada

Uno degli aspetti più peculiari di Orione è la sua Cintura, formata da tre stelle calde e brillanti: *delta* (Mintaka), *epsilon* (Alnilam) e *zeta* (Alnitak). Sono tutte migliaia di volte più luminose del Sole, e hanno tutte temperature superficiali dell'ordine di 20.000 °C. Alnilam è la più brillante (benché di poco rispetto ad Alnitak). Mintaka ha una compagna di sesta magnitudine con una separazione angolare superiore a 52 secondi d'arco; la stella secondaria è oltre la portata dei binocoli, ma è molto facile da vedere con un piccolo telescopio.

A partire dalla Cintura si estende la Spada, che è visibile a occhio nudo come una macchia nebulosa. Qui si trova la Grande Nebulosa, M42 (oggetto numero 42 del catalogo di Charles Messier), l'oggetto più bello del suo genere.

Nebula in latino significa "nube", e la Spada è in effetti una nube nello spazio, ma non è composta, come le nubi che conosciamo, di vapore acqueo: consiste di un gas molto tenue – principalmente idrogeno – insieme a grani di polvere. Si trova a più di 1000 anni luce e supera ampiamente i 30 anni luce di diametro. Risplende a causa delle stelle calde presenti nella zona. Ci sono quattro stelle principali nel gruppo conosciuto ufficialmente come della *theta* Orionis, ma sempre chiamato il Trapezio a causa del modo in cui i quattro astri sono disposti. Essi possono essere osservati facilmente con un piccolo telescopio, e non esiste nient'altro di simile in cielo.

Le stelle del Trapezio sono molto calde, e la loro radiazione non solo illumina la Nebulosa, ma fa sì che il materiale nebulare emetta anche una certa quantità di luce. Una nebulosa di questo tipo è chiamata *nebulosa a emissione* o regione HII. Per altre nebulose, illuminate da stelle meno calde, la radiazione che ci perviene è puramente frutto di riflessioni; è di questo tipo la nebulosità intorno all'ammasso stellare delle Pleiadi.

Non possiamo vedere attraverso la Nebulosa, ma sappiamo che nel profondo interno esistono stelle molto brillanti che ci sono permanentemente nascoste. Sappiamo anche che la Nebulosa è un'incubatrice stellare, all'interno della quale vengono continuamente create nuove stelle. Più di 4500 milioni di anni fa, il nostro Sole è nato dentro una nebulosa proprio in questo modo.

Il gas che compone la Nebulosa è incredibilmente rarefatto, molti milioni di volte più dell'aria che noi stiamo respirando. È stato calcolato che se poteste prendere una "carota" larga 2,5 cm alla base, che attraversi per intero la nube, da una parte all'altra, il peso totale del materiale racchiuso sarebbe appena sufficiente a bilanciare il peso di una moneta da 2 euro. Tuttavia, la Nebulosa è così estesa che la massa totale è davvero imponente.

Possono essere osservate molte altre nebulose gassose, ma M42 ne è l'esempio supremo. In realtà è solo la parte più brillante di una enorme *nube molecolare* che copre gran parte della costellazione. È affascinante da osservare e costituisce il soggetto favorito dagli astrofotografi.

21 Gennaio

Caratteristiche della Luna

Quando la Luna è gibbosa, dopo il Primo Quarto, i suoi crateri e le sue montagne si manifestano in modo eccellente. Molte delle caratteristiche più osservate, come il Mare Crisium, sono illuminate dal Sole, e i raggi che si diramano da Tycho e Copernicus non dominano ancora la scena rendendo alcuni crateri difficili da identificare.

Un cratere si osserva in modo ottimale quando non è lontano dal *terminatore*, che è il confine tra l'emisfero lunare illuminato e quello in ombra. In tale epoca, le pareti del cratere proietteranno ombre sul fondo più basso; un cratere davvero bellissimo può diventare praticamente invisibile quando il Sole è alto su di esso. Le raggiere, come quella di Tycho, sono sedimenti superficiali, privi di dimensione verticale: quindi sono evidenti vicino alla fase Piena, mentre non appaiono con una bassa illuminazione. Orientarsi nell'osservazione della Luna richiede tempo. Il metodo migliore è fare una lista di formazioni adatte e poi disegnarle con l'ausilio di un telescopio in un certo numero di condizioni di illuminazione diverse. Potreste essere sorpresi osservando quanto grandemente cambi il loro aspetto.

22 Gennaio

L'ascensione retta

Abbiamo visto che la declinazione di Betelgeuse è approssimativamente +7° e quella di Rigel –8°. La declinazione è l'equivalente celeste della latitudine terrestre. Però abbiamo bisogno anche di un equivalente della longitudine terrestre, ed esso è chiamato *ascensione retta*.

Sulla Terra lo zero della longitudine è il cerchio massimo del globo terrestre che passa per entrambi i poli e per l'Osservatorio di Greenwich, alla periferia di Londra. La longitudine è la distanza angolare del luogo verso est o verso ovest dal meridiano di Greenwich: così la longitudine Roma è 12°,5 E, quella di Atene è 24° E, quella di Tokyo 139° E, quella di New York 74° O e così via. Lo zero effettivo viene stimato da un particolare strumento a Greenwich, conosciuto come lo Strumento dei Transiti di Airy. Mettetevi a cavallo della linea e avrete un piede nell'emisfero est e l'altro in quello ovest.

È necessario un punto zero anche per l'equivalente celeste della longitudine, e fortunatamente ne esiste uno a portata di mano. Il Sole compie un giro completo del cielo in un anno, ma non si sposta lungo l'equatore celeste, poiché l'asse di rotazione terrestre è inclinato di 23°,5 rispetto alla perpendicolare all'orbita. Quindi il cammino apparente annuale del Sole rispetto alle stelle, chiamato *eclittica*, giace su un piano inclinato dello stesso angolo rispetto all'equatore. Intorno al 21 marzo di ogni anno (la data non è proprio costante, a causa dei capricci del nostro calendario) il Sole attraversa l'equatore, spostandosi da sud verso nord: questo punto di intersezione è noto come *equinozio vernale (primaverile)*, o *primo punto d'Ariete*. (Esso non è contrassegnato da alcuna stella brillante, ma anticamente si trovava nella costellazione dell'Ariete, da cui il nome). Sei mesi dopo, intorno al 22 settembre, il Sole attraversa nuovamente l'equatore, questa volta spostandosi da nord verso sud: questo è l'*equinozio autunnale*, o *punto Libra*.

È l'equinozio primaverile che viene preso come zero per l'ascensione retta (AR), e l'AR di una stella o di un altro oggetto è definita come la distanza angolare da questo punto. Comunque, essa non viene generalmente espressa in gradi, ma in unità di tempo. L'equinozio vernale culminerà – cioè raggiungerà la sua massima altezza in cielo – una volta ogni 24h. L'ascensione retta di un oggetto è data dal tempo che intercorre tra la culminazione dell'equinozio vernale e quella dell'oggetto. Betelgeuse culmina 5h 55m dopo l'equinozio vernale, quindi la sua AR è 5h 55m.

L'equinozio vernale ora non si trova più nell'Ariete. La posizione dell'equatore celeste varia lentamente, a causa di un effetto noto come *precessione*, e l'equinozio si è adesso spostato nella costellazione adiacente dei Pesci, benché noi utilizziamo ancora il vecchio nome. Le ascensioni rette e le declinazioni delle stelle variano pochissimo da un anno all'altro, ma quelle dei nostri vicini più prossimi, i membri del Sistema Solare, cambiano molto e in continuazione.

23 Gennaio

Ammassi in Cassiopea

Torniamo al cielo dell'estremo nord. L'Orsa Maggiore è ancora a nord-est, e può essere utilizzata per individuare Cassiopea, che è anch'essa circumpolare osservata dall'Italia. Per localizzarla, prolungate la linea che dai due puntatori arriva alla Polare proseguendo per una distanza circa uguale. Non è possibile sbagliare nel riconoscerla, perché, anche se le sue stelle principali non sono particolarmente brillanti, formano una figura a "W" o "M" ben distinta. Esse sono elencate nella tabella.

La Via Lattea passa attraverso Cassiopea e l'intera regione è molto ricca di stelle deboli, quindi è ben meritevole di essere esplorata con il binocolo. Vi sono anche diversi ammassi stellari aperti che, benché invisibili a occhio nudo, sono facili da osservare con un binocolo o con un piccolo telescopio.

Uno di essi è M52 (oggetto numero 52 del catalogo di Charles Messier), che è allineato con la *alfa* e la *beta*. Le sue stelle principali sono calde e bianche: quindi, per gli standard cosmici è abbastanza giovane. M103, nello stesso campo binoculare della *delta*, si trova anch'esso nella lista di Messier, ma non è particolarmente prominente, e non si sa quale sia il motivo per cui Messier lo considerò degno di essere incluso nell'elenco.

Più di un secolo dopo Messier, l'astronomo danese J.L.E. Dreyer compilò un catalogo molto più esteso, il *New General Catalogue* (NGC), che contiene tutti gli oggetti di Messier e molti altri. Nel 1995 io ho pubblicato il *Caldwell Catalogue*, che include molti degli oggetti brillanti omessi da Messier, e non c'è ragione per cui le numerazioni C (Caldwell) non dovrebbero essere utilizzate qui. Lo faremo.

Cassiopea					
Lettera greca	Nome	Magnitudine	Luminosità (Sole=1)	Distanza (anni luce)	Tipo spettrale
α alfa	Shedir	2,2 (variabile?)	200	120	K0
β beta	Chaph	2,2	14	42	F2
γ gamma	–	2 (variabile)	6000	780	B0 pec
δ delta	Ruchbah	2,7	11	62	A5
ε epsilon	Segin	3,4	1200	520	B3

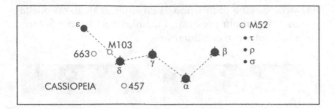

L'ammasso NGC 663 (C10) è facile da individuare, nello stesso campo binoculare a basso ingrandimento di *delta* ed *epsilon*. Di maggiore interesse è NGC 457 (C13), che si trova tra la *delta* e la stella di quarta magnitudine *theta*. La sua distanza pare essere dell'ordine di 9000 anni luce, e il diametro è almeno di 30 anni luce; esso contiene diverse migliaia di stelle. All'estremità sud-orientale dell'ammasso si trova la stella *phi* Cassiopeiae. Se è un membro effettivo dell'ammasso (ed esistono seri dubbi al riguardo), deve essere luminosa almeno quanto Canopo. L'ammasso è un oggetto facile per un binocolo.

24 Gennaio

Stelle variabili in Cassiopea

Tra le cinque stelle della "W" di Cassiopea, una (*gamma*) è decisamente variabile in luminosità e un'altra (*alfa*) lo è probabilmente. *Gamma* non ha mai avuto un nome proprio riconosciuto, ma è particolarmente interessante, e ha dato il suo nome a un'intera classe di variabili.

Normalmente è appena sotto la seconda magnitudine, ma a volte è soggetta a esplosioni che la rendono notevolmente più brillante. Questo è accaduto nel 1936, e nell'aprile 1937 la magnitudine era salita a 1,6, portandola a essere molto più luminosa della Polare. Si è poi affievolita, e nel 1940 era sotto la terza magnitudine. Ha quindi lentamente recuperato in luminosità, e nelle ultime decine di anni la magnitudine ha oscillato intorno a 2,2.

Il suo spettro è di tipo B, ma è ufficialmente classificata come "peculiare" perché l'emissione continua è attraversata da alcune righe brillanti, oltre che da righe scure. Ciò che evidentemente accade è che durante un'esplosione la stella scaraventa via gusci di materiale, ritornando alla propria luminosità normale quando il materiale si disperde. Si conoscono altre stelle simili, ma *gamma* Cassiopeiæ è la più brillante di esse.

Alfa, spesso nota ancora con il nome proprio di Shedir, è di tipo K, e il binocolo mostra che è decisamente arancione. Da tempo si sospetta che sia leggermente variabile: nei cataloghi ufficiali la sua magnitudine è data pari a 2,2, ma le mie stime indicano che fluttua leggermente di alcuni decimi di magnitudine. La *beta* è una stella normale che non varia, ed è sempre utile confrontare

Anniversario

1986: La sonda *Voyager 2* giunge a Urano.

1990: Lancio di *Hagomoro*, la prima sonda giapponese verso la Luna.

1994: Lancio di *Clementine*, riuscita missione lunare statunitense.

alfa, *beta* e *gamma*; solitamente l'ultima è la più luminosa, ma non sempre. Poiché esse sono vicine tra loro in cielo, non è necessario preoccuparsi dell'estinzione atmosferica.

È degna di nota anche una stella molto più debole, la *rho* Cassiopeiae, che si trova vicino alla *beta* ed è fiancheggiata da entrambi i lati da *tau* e *sigma*, ciascuna di magnitudine 4,9. Solitamente *rho* è circa di quinta magnitudine, ma in rare, imprevedibili occasioni può scendere sotto la soglia di visibilità a occhio nudo, rimanendo debole per diversi mesi. Questo è accaduto l'ultima volta nel 2004, e un nuovo minimo può iniziare in ogni momento.

Il punto interessante riguardo alla *rho* è che nessuno sa bene che tipo di variabile sia: non sembra corrispondere ad alcuna categoria standard. È molto lontana – almeno 1500 anni luce – e anche molto luminosa: deve essere più di 100.000 volte più potente del Sole. Confrontatela con la *tau* e la *sigma* e stimate la sua magnitudine. Questo è il tipo di osservazioni che può essere utilmente effettuato dagli astrofili: se la *rho* inizia a declinare, ciò probabilmente verrà notato prima da un astrofilo; una volta che il minimo è iniziato, esso verrà attentamente studiato dagli astronomi professionisti con il loro sofisticato equipaggiamento moderno.

25 Gennaio

La stella di Tycho

Abbiamo osservato diverse stelle variabili in Cassiopea. Fermiamoci adesso per dire qualcosa su una stella straordinaria che certamente non vedrete stasera, anche se per qualche tempo, nel 1572, fu così brillante da poter essere vista a occhio nudo anche in piena luce diurna. Si accese vicino alla stella *kappa* Cassiopeiæ, non lontano dalla "W" della costellazione. (La *kappa* è essa stessa molto lontana e almeno 50.000 volte più luminosa del Sole, ma non ha nessun aspetto particolarmente degno di nota.)

L'11 novembre 1572 un giovane astronomo danese, Tycho Brahe, stava passeggiando quando guardò in alto verso Cassiopea e vide qualcosa che subito catturò la sua attenzione. Con le sue parole:

> In serata, dopo il tramonto, quando, secondo le mie abitudini, stavo contemplando le stelle nel cielo limpido, ho notato che una stella nuova e insolita, superiore in luminosità a tutte le altre, brillava quasi direttamente sopra la mia testa; e poiché conoscevo perfettamente, quasi dall'infanzia, tutte le stelle del cielo (non è molto difficile acquisire questa conoscenza), era piuttosto evidente per me che non vi era mai stata prima alcuna stella in quel punto del cielo, cioè nessuna stella così vistosamente brillante come questa. Non mi sono vergognato di dubitare dell'attendibilità dei miei stessi occhi. Ma quando ho osservato che anche altri, avendo loro indicato quel punto, potevano vede-

re che vi si trovava realmente una stella, non ho avuto ulteriori dubbi. Un vero miracolo, o il più grande di quelli che sono avvenuti nell'intera natura dall'inizio del mondo, oppure certamente uno che deve essere classificato tra quelli riconosciuti dai Sacri Oracoli.

Ovviamente Tycho non aveva alcuna idea della reale natura della stella. Essa rimase molto brillante per alcuni mesi, infine scese sotto la visibilità a occhio nudo. Adesso sappiamo che si trattava di una supernova – una tremenda esplosione stellare che ebbe come risultato la distruzione totale di una stella. Esistono due tipi distinti di supernova, ma siamo sicuri che questa era di tipo I, perché i suoi residui possono ancora essere identificati sotto forma di "sbuffi" di gas e materiale nebulare; tali residui sono radioemittenti, e in effetti per questa via sono stati inizialmente individuati in epoca moderna.

Le supernovæ sono rare nella nostra Galassia, e durante gli ultimi mille anni ne sono state viste con certezza solo quattro, le stelle negli anni 1006, 1054, 1572 e 1604. Ne sono state trovate spesso in altre galassie, e per gli astronomi rivestono immensa importanza. Non sappiamo quando accadrà la prossima esplosione nella nostra Galassia; possono passare molti secoli prima di vedere qualcosa che eguagli la magnificenza della Stella di Tycho.

26 Gennaio

Aurore boreali e australi

Le *aurore polari*, o luci polari (aurora boreale nell'emisfero nord, aurora australe in quello sud) sono dovute a particelle cariche originate dalle tempeste magnetiche sul Sole. Queste particelle attraversano la distanza di 150 milioni di chilometri tra il Sole e la Terra ed entrano nelle regioni più alte della nostra atmosfera; il risultato è che l'aria inizia a risplendere, un po' come il filamento di una lampadina. Poiché le particelle sono elettricamente cariche, tendono a muoversi verso i poli magnetici terrestri; questo è il motivo per cui le aurore si vedono meglio ad alte latitudini. Andate a Tromsø, nella Norvegia settentrionale, e potrete aspettarvi di vedere le aurore almeno 240 notti all'anno, ma la frequenza scende a sole 25 notti all'anno nella Scozia centrale e a non più di una o due notti nell'Inghilterra meridionale. Dalle latitudini equatoriali è praticamente impossibile vedere aurore, per quanto si narri che un evento sia stato osservato a Singapore. Le luci polari australi sono abbastanza comuni in luoghi come le isole Falkland e la regione più meridionale della Nuova Zelanda.

Le aurore possono avere varie forme: bagliori, archi (con o senza raggi), strisce, drappeggi. Spesso si vedono colori vividi in rapido movimento.

Le altezze delle aurore variano, ma in generale si pensa che la massima attività si sviluppi intorno a 110 km sul livello del mare. Talvolta sono state segnalate aurore molto basse, ma non si è proprio sicuri di ciò. C'è chi dice di aver sentito suoni associati alle aurore, e persino odori, ma non esiste alcuna prova: sarebbe difficile spiegare i suoni, e le aurore odorose appaiono ancora meno plausibili di quelle rumorose.

La frequenza delle aurore dipende da ciò che sta accadendo sul Sole. Ogni 11 anni circa il Sole ha un picco di attività, con molte macchie scure note come *macchie solari*, e violente esplosioni chiamate *flare* (brillamenti); quando il Sole si trova nella condizione più calma possono non comparire macchie per molti giorni consecutivi. L'ultimo minimo solare si è verificato nel 1996-97, e il massimo successivo intorno al cambio di secolo. Il nuovo millennio è stato infatti accolto da un gran numero di stupendi spettacoli di luci polari.

27 Gennaio

Il re Cefeo

Tra le costellazioni importanti dell'estremo nord dobbiamo ancora citare Cefeo, che si trova più o meno tra Cassiopea e l'Orsa Minore. Era una delle 48 costellazioni originali di Tolomeo. Le stelle principali sono elencate nella tabella sotto.

Cefeo è ovviamente circumpolare. Il polo nord celeste si sposta molto lentamente in cielo, ed è interessante notare che nell'arco di poche migliaia di anni la nuova stella polare non sarà più la nostra attuale *alfa* Ursæ Minoris, ma la *gamma* Cephei.

Cefeo non è difficile da individuare; non dovreste avere problemi nel localizzare il quadrato alquanto distorto formato da *alfa*, *beta*, *iota* e *zeta*. Prestate particolare attenzione al semplice piccolo triangolo di *delta*, *epsilon* e *zeta*. Per gli astronomi,

Cefeo					
Lettera greca	Nome	Magnitudine	Luminosità (Sole=1)	Distanza (anni luce)	Tipo spettrale
α alfa	Alderomin	2,4	14	46	A7
β beta	Alphirk	3,2	2200	750	B2
γ gamma	Alrai	3,2	10	59	K1
δ delta	–	3,5–4,4 var.	6000 var.	1340	F8
ε epsilon	–	4,2	15	98	F0
ζ zeta	–	3,3	5000	7000	K1
η eta	–	3,5	4,5	46	K0
ι iota	–	3,5	82	130	K1
μ mu	–	3,4–5,1 var.	53.000	1560	M2

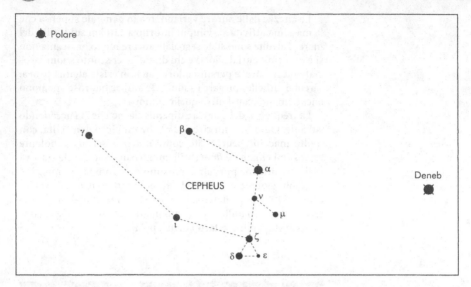

delta Cephei è una delle stelle più importanti del cielo; parlerò più diffusamente di essa domani.

28 Gennaio

Stelle variabili in Cefeo

Torniamo alla *delta* Cephei che, come abbiamo visto, forma un piccolo triangolo con la *epsilon* (4,2) e la *zeta* (3,3). La *delta* è una stella variabile, con un'escursione di magnitudine che va da 3,5 a 4,4. Non è difficile stimare la sua luminosità confrontandola con *zeta* ed *epsilon*; con una certa pratica, le stime possono essere rese accurate almeno fino al decimo di magnitudine.

Il periodo della *delta* Cephei è di 5,37 giorni. Esso è assolutamente costante: la stella è regolare come un orologio, quindi è sempre possibile prevedere quale sia la sua luminosità in ogni dato momento. È una delle molte stelle con questo comportamento, ma poiché è stata la prima di questo tipo a essere identificata (da John Goodricke nel 1783), queste variabili sono note come Cefeidi.

Nel 1912, una famosa astronoma americana, Henrietta Leavitt, stava studiando immagini di Cefeidi in una galassia vicina, la Piccola Nube di Magellano, quando notò qualcosa davvero di molto interessante: le Cefeidi con periodi più lunghi erano sempre più brillanti di quelle con periodi più brevi. Possiamo dire che le stelle della Piccola Nube si trovano a tutti gli effetti alla stessa distanza da noi, proprio come a ogni fine pratico è abbastanza corretto dire che Bologna e Firenze sono alla stessa distanza da New York. Ne conseguiva che le Cefeidi con periodo maggiore erano realmente più luminose delle altre: esisteva dunque una relazione definita tra periodo e luminosità reale. Questo significava che una volta misurato il periodo poteva essere trovata la luminosità – e da questa la distanza della stella.

La scoperta di Henrietta Leavitt rappresentò qualcosa di grandioso: le Cefeidi sono "candele standard" nello spazio, e poiché sono giganti molto luminose possono essere viste a grande distanza. Senza di esse saremmo molto meno sicuri delle nostre misure di distanza per le galassie molto lontane dalla nostra Via Lattea.

Tuttavia, non tutte le variabili hanno un comportamento così regolare come la *delta* Cephei. Una stella che non varia con regolarità è la *mu* Cephei, che può essere individuata a una certa distanza dal centro della linea che congiunge il "triangolo" alla *alfa*. *Mu* è così intensamente rossa che è stata soprannominata la Stella Granata: essa fluttua tra le magnitudini 3,4 e 5,1, ma senza un periodo ben definito. Normalmente la magnitudine è paragonabile a quella della adiacente *nu* (4,3). La *mu* Cephei è una supergigante rossa dello stesso tipo di Betelgeuse in Orione; è in realtà molto più luminosa, ma anche molto più lontana. Il binocolo ne mostra il colore magnificamente; è stato detto che *mu* Cephei assomiglia un po' a un carbone ardente che splende in cielo.

29 Gennaio

La Lucertola celeste

Le forme delle costellazioni sono strane. I vari gruppi sono molto diversi sia per dimensioni che per importanza, e alcuni dei più piccoli sono così deboli che è difficile giustificare la loro esistenza autonoma. Abbiamo già parlato di alcuni di essi: Cælum, il Bulino, ne è un buon esempio; come esercizio per stanotte, vi raccomando di rivedere le note sul 19 gennaio e identificare di nuovo Cælum. È vero, non contiene niente di immediato interesse, ma è sempre utile conoscere l'intero cielo. Ricordate le parole di Tycho Brahe: "Non è molto difficile acquistare questa conoscenza".

Un'altra costellazione molto debole è Lacerta, la Lucertola: è stata creata da Hevelius di Danzica nelle sue mappe stellari del 1690, ed è sopravvissuta fino al giorno d'oggi. Confina con Cefeo, e può essere localizzata utilizzando due delle stelle del famoso triangolo di *delta*, *epsilon* e *zeta*: una linea che da *zeta* passa attraverso *epsilon* e viene prolungata arriverà alla struttura a diamante che contraddistingue la parte principale di Lacerta. Solo le due stelle più brillanti del diamante hanno una denominazione con lettere greche: *alfa* (magnitudine 3,8) e la arancione *beta* (4,4). Gli altri due membri del gruppo sono indicati semplicemente come 4 e 5 Lacertæ.

La Lucertola è attraversata dalla Via Lattea; contiene un ammasso aperto, NGC 7243 (C16), che forma un triangolo equilatero con *alfa* e *beta*: non si può dire che sia cospicuo, e non vi è nulla di speciale in esso. Può essere individuato con un binocolo, ma non facilmente; un telescopio lo risolve senza difficoltà.

30 Gennaio

Introduzione a Eridano

Eridano, il Fiume, è una delle costellazioni più grandi: copre un'area totale di 1138 gradi quadrati (contro i soli 125 gradi quadrati di Cælum), ed è enormemente lunga. Inizia vicino a Rigel in Orione e finisce non lontano dalla regione del polo sud celeste. Questo significa che solo una parte di essa è visibile dalle latitudini italiane e che la sua stella più luminosa, Achernar, risulta sempre invisibile, per quanto sia spettacolare per gli osservatori dell'emisfero australe verso sud-ovest in gennaio. Dalla Nuova Zelanda Achernar è circumpolare, e dall'Australia e dal Sudafrica tramonta solo per poco tempo. Le stelle più brillanti di Eridano accessibili dall'Italia sono la

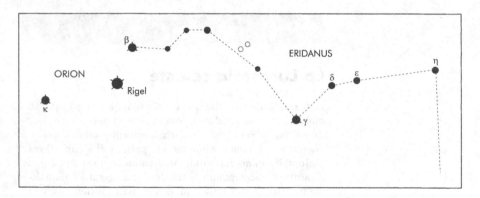

Anniversario

1910: Massima luminosità della cometa Daylight, che fu la cometa più brillante del XX secolo; scoperta il 13 gennaio da alcuni cercatori di diamanti in Sudafrica, divenne rapidamente così luminosa da poter essere vista in piena luce diurna. Il 15 gennaio l'astronomo R.T.A. Innes la osservò bene quando si trovava a soli 4°,5 dal bordo del Sole e la descrisse come un oggetto bianco come la neve, con una coda lunga 1°. Era spettacolare da ogni punto di vista; il 30 gennaio la coda raggiunse la massima lunghezza, almeno 30°. Giunse al perielio il 17 gennaio, con magnitudine −4; si affievolì, scendendo sotto la visibilità a occhio nudo, durante la prima settimana di febbraio, ma fu seguita telescopicamente fino al 15 luglio, quando la magnitudine era scesa a 16,5. Ha un'orbita ellittica; poiché il periodo è di circa 4 milioni di anni, non verrà osservata di nuovo nella nostra epoca. Era molto più brillante della cometa di Halley, che avrebbe raggiunto il proprio massimo poche settimane dopo, ed è verosimile che molte persone che dicevano di ricordare la cometa la Halley nel 1910 in realtà avessero visto la cometa Daylight.

beta (magnitudine 2,8) e la *gamma* (2,9), entrambe ben visibili questa sera.

Eridano è connessa alla leggenda della corsa di Fetonte: Fetonte era un ragazzo figlio di madre mortale ma di padre immortale – nientemeno che Elio, il dio Sole. Egli persuase il padre a consentirgli di guidare il carro del Sole per un giorno attraverso il cielo, ma i risultati furono disastrosi: i cavalli bianchi che tiravano il carro si imbizzarrirono, e poiché Fetonte ne perse il controllo, il carro precipitò, incendiando la Terra. Giove, re degli dei, non ebbe alternativa se non colpire il ragazzo con un fulmine, facendolo cadere nelle acque del fiume Eridano.

Questa è una versione. Altre identificano il fiume con il Nilo o il Po. In ogni caso, è facile da individuare in cielo, benché contenga poche stelle brillanti e solo una, Achernar, che è eccezionalmente luminosa. La declinazione di Achernar è –57° e quella di *beta* –5°, cosicché complessivamente Eridano si estende per oltre 50°.

Anniversario

1966: Lancio della sonda russa *Luna 9* verso la Luna. Fu un tentativo di atterraggio morbido con ripresa di fotografie direttamente dalla superficie lunare. La missione ebbe successo: il 3 febbraio *Luna 9* scese nell'Oceanus Procellarum e furono ottenute immagini eccellenti.

---

31 Gennaio

La storia della Luna

Poiché la Luna domina il cielo notturno per una parte di ogni mese, e poiché questo è un importante anniversario lunare, sembra logico dire qui qualcosa sul nostro satellite.

Luna 9 fu lanciata il 31 gennaio 1966 ed effettuò un perfetto atterraggio morbido sulla Luna il 3 febbraio seguente, nel punto a latitudine 7°,1 N e 64° O dell'Oceanus Procellarum. I precedenti tentativi russi di atterraggi morbidi erano falliti (*Luna 5*, maggio 1965; *Luna 7*, ottobre 1965; *Luna 8*, dicembre 1965).

Vi era stata una teoria, largamente condivisa in America, secondo la quale i mari lunari dovevano essere ricoperti da un profondo strato di polvere morbida. Un astronomo, Thomas Gold, si spinse ad affermare che ogni navicella lunare "sarebbe sprofondata completamente, insieme a tutto il proprio equipaggiamento". *Luna 9* dimostrò che questo era falso: la superficie era abbastanza solida da sostenere il peso di una sonda spaziale.

Luna 9 spedì indietro immagini eccellenti e una grande quantità di informazioni. Il contatto fu infine perso il 7 febbraio, ma non prima che fossero stati chiariti diversi punti di vitale importanza. Adesso sappiamo molto della storia passata della Luna.

La sua età è praticamente la stessa della Terra, 4,6 miliardi di anni. Inizialmente, era così calda che gli strati esterni erano liquefatti fino a una profondità di molti chilometri; i materiali meno densi restarono in superficie, e nel corso del tempo produssero la crosta. Poi, tra 4400 e 4000 milioni di anni fa, giunse l'epoca del "grande bombardamento", quando la pioggia di meteoriti formò i bacini più antichi, come il Mare Tranquillitatis. Il bacino Imbrium risale a circa 3850 milioni di anni fa. Una volta cessato il grande bombardamento, si ebbe un periodo di diffusa attività vulcanica, con il magma che fuoriusciva da sotto la crosta riversandosi nei bacini per produrre formazioni come il Mare Orientale. Crateri simili a Plato, con fondo oscuro, furono anch'essi inondati in quest'epoca. I flussi di lava cessarono poi improvvisamente, e da allora sulla Luna si è verificata poca attività, a eccezione della formazione di occasionali crateri da impatto come Tycho e Copernicus. A tutti gli effetti la Luna appare oggi come doveva apparire quasi un miliardo di anni fa.

Febbraio

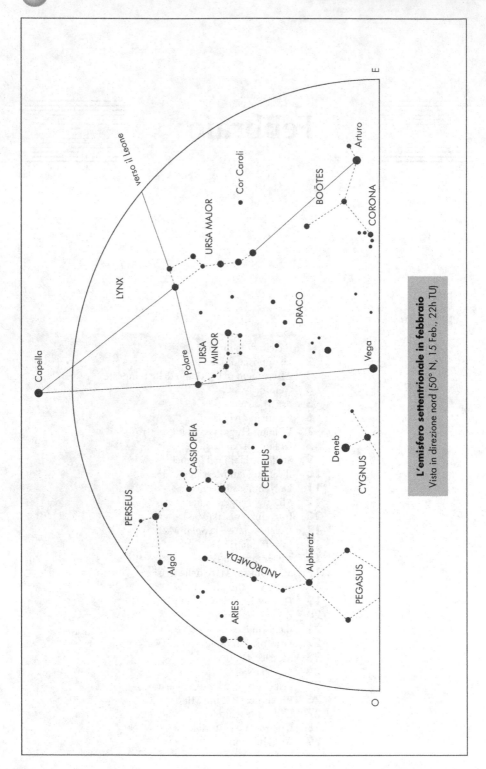

L'emisfero settentrionale in febbraio
Vista in direzione nord (50° N, 15 Feb., 22h TU)

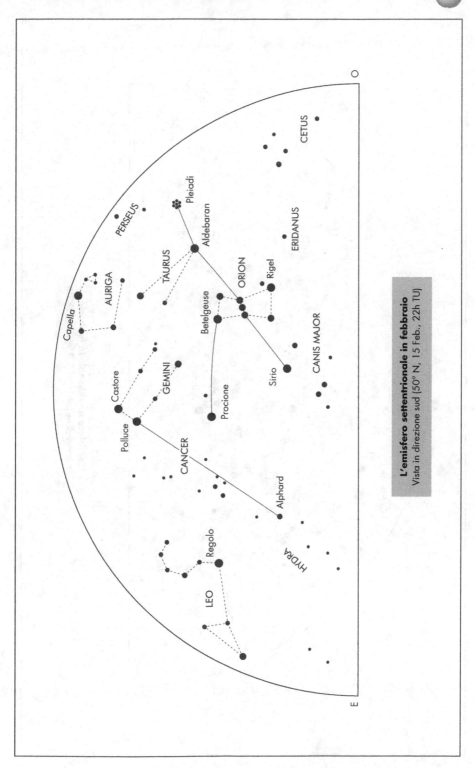

L'emisfero settentrionale in febbraio
Vista in direzione sud (50° N, 15 Feb., 22h TU)

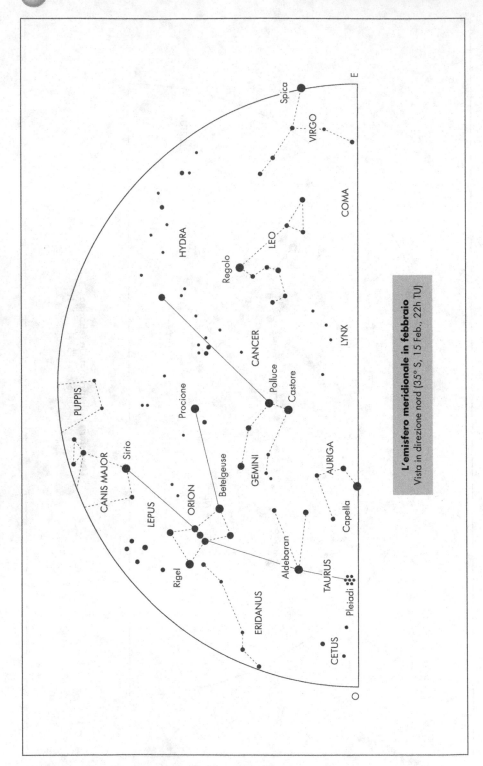

L'emisfero meridionale in febbraio
Vista in direzione nord (35° S, 15 Feb., 22h TU)

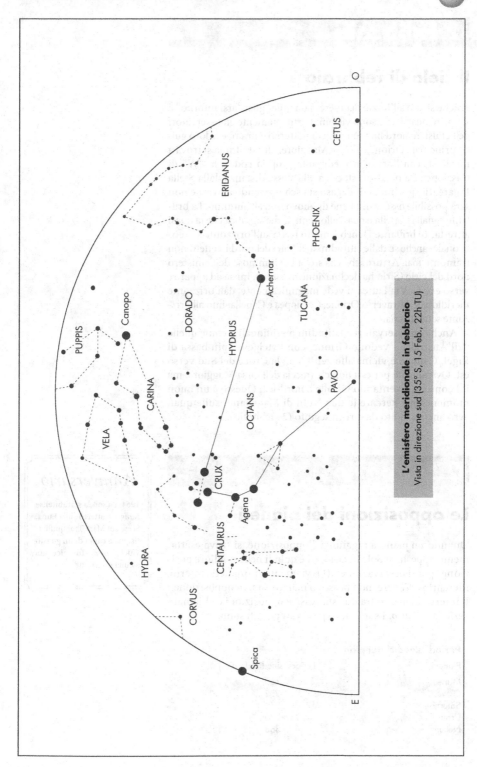

L'emisfero meridionale in febbraio
Vista in direzione sud (35° S, 15 Feb., 22h TU)

1 Febbraio

Il cielo di febbraio

Poiché siamo all'inizio del mese, sarà utile "guardarsi intorno" e scoprire quali stelle sono visibili. Fortunatamente gli osservatori dell'emisfero nord hanno nel cielo notturno entrambe le loro guide principali, Orione e l'Orsa Maggiore. Quest'ultima si trova a nord-est, con l'orsa "in piedi sulla propria coda"; la "W" di Cassiopea è a nord-ovest, circa alla stessa distanza dalla Stella Polare. Il "quadrato" di Pegaso sta scomparendo a ovest e non sarà possibile osservarlo bene di nuovo fino all'autunno. La brillante e gialla Capella è quasi allo zenit, il che significa che la quasi altrettanto brillante Deneb è molto bassa sull'orizzonte settentrionale, anche se dalle latitudini dell'Italia del nord in effetti non tramonta mai. Arturo, che è la stella più luminosa dell'emisfero nord del cielo (Sirio ha declinazione negativa), inizia ad apparire verso est. La Via Lattea si vede magnificamente, dall'orizzonte meridionale, attraverso Orione, Cassiopea e Capella, fino all'orizzonte settentrionale.

Anche gli osservatori a latitudini meridionali – come quelle dell'Australia – vedono Orione, con Betelgeuse più bassa di Rigel. Canopo è vicina allo zenit, con la Croce del Sud verso est. Ovviamente per essi non c'è traccia dell'Orsa Maggiore, ma il Leone sta diventando visibile a nord-est. Questo è un buon momento per cercare le due Nubi di Magellano, sulle quali avrò ancora molto da dire in seguito (24 febbraio).

2 Febbraio

Le opposizioni dei pianeti

Quando un pianeta raggiunge l'opposizione, si trova esattamente opposto al Sole in cielo, ed è quindi nella migliore posizione per l'osservazione. (Ovviamente i pianeti interni, Mercurio e Venere, non possono mai trovarsi in opposizione.) L'intervallo medio tra due successive opposizioni è chiamato *periodo sinodico*. I suoi valori per i vari pianeti sono:

Periodi sinodici dei pianeti	
Pianeta	Periodo sinodico (giorni)
Marte	780
Giove	399
Saturno	378
Urano	370
Nettuno	368

Anniversario

1964: La sonda statunitense *Ranger 6* atterrò sulla Luna. Scese sul Mare Tranquillitatis, ma a causa di un guasto video non fu ricevuta alcuna immagine.

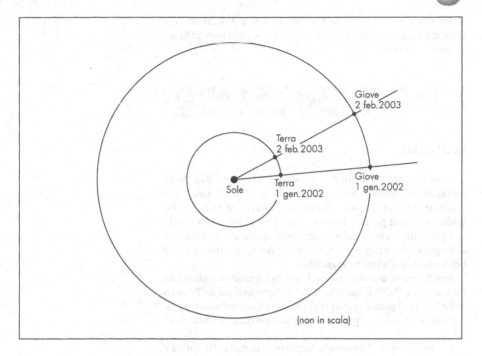

(non in scala)

Il diagramma mostra la situazione considerando Giove: il 1°
gennaio 2002 si verificò un'opposizione. Un anno dopo la
Terra aveva completato un'intera orbita, ma Giove ne aveva
percorso solo un breve tratto, perché il suo periodo orbitale è
di quasi 12 anni. Alla Terra è quindi necessario del tempo per
"raggiungerlo", e in media Giove arriva all'opposizione poco
più di un mese più tardi ogni anno: 1° gennaio 2002, 2 febbraio
2003, 4 marzo 2004, 3 aprile 2005 e così via. Tra il 2005 e il
2010 Giove si troverà nell'emisfero sud del cielo, raggiungendo
la sua massima declinazione meridionale nel 2008.

Anniversario

1966: *Luna 9* atterrò sulla
Luna.

1967: Lancio di *Lunar*
sull'*Orbiter 3*.

3 Febbraio

Atterraggio nell'Oceano delle Tempeste

Il 3 febbraio 1966 *Luna 9* atterrò sull'Oceanus Procellarum e
fornì la prima prova che la superficie lunare è piacevolmente
solida. I mari lunari sono meno segnati da crateri rispetto ai
brillanti altopiani, e non c'è dubbio che essi una volta fossero
mari di lava liquida. Alcuni, come il Mare Imbrium e il Mare
Serenitatis, sono essenzialmente circolari, mentre altri sono
molto più irregolari. L'Oceanus Procellarum appartiene alla seconda categoria: è il più grande dei mari e l'unico a cui sia stato
dato il titolo di "oceano": la sua area è maggiore di quella del

Mediterraneo. Esso contiene il brillante cratere Aristarchus e il cratere a raggiera Kepler; è connesso al Mare Imbrium, al Mare Nubium e al Sinus Roris.

4 Febbraio

Gemini

La costellazione dei Gemelli confina con Orione ed è facile da individuare, principalmente a causa della presenza dei suoi due brillanti astri principali, Castore e Polluce. Si trova nello Zodiaco, quindi per essa possono transitare i pianeti; è in effetti la più settentrionale delle costellazioni zodiacali, e anche una delle più estese e importanti. Le stelle principali sono elencate nella tabella della pagina seguente.

Benché vi sia una differenza di appena mezza magnitudine tra Castore e Polluce, quest'ultima è sempre inclusa nell'elenco delle "stelle di prima grandezza", mentre Castore non lo è. Le ragioni di questa discriminazione appaiono decisamente oscure!

La costellazione dei Gemelli è attraversata dalla Via Lattea e l'intera regione è molto ricca di oggetti, cosicché è ben meritevole di essere esplorata con un binocolo o con un telescopio ad ampio campo.

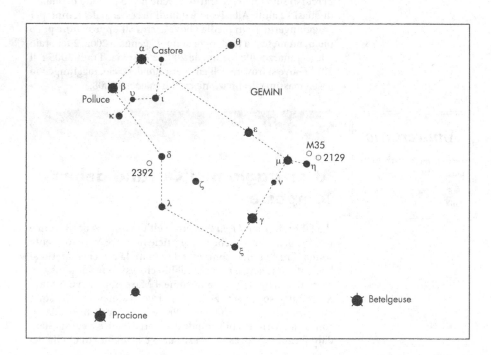

Gemelli					
Lettera greca	Nome	Magnitudine	Luminosità [Sole=1]	Distanza (anni luce)	Tipo spettrale
α alfa	Castore	1,6	36	46	A0
β beta	Polluce	1,1	60	36	K0
γ gamma	Alhena	1,9	82	35	A0
δ delta	Wasal	3,5	14	59	F2
ε epsilon	Mebsuta	3,0	5200	680	G8
ζ zeta	Mekbuda	3,7 max	5200	1400	G0
η eta	Propus	3,1 max	120	186	M3
θ theta	–	3,6	82	166	A3
ι iota	–	3,8	60	163	K0
κ kappa	–	3,6	58	147	G8
λ lambda	–	3,6	17	81	A3
μ mu	Tejat	2,9	120	230	M3
ξ xi	Alzirr	3,4	46	75	F5

5 Febbraio

Fra Mauro

Fra Mauro è il membro più grande di un gruppo di crateri situati nel Mare Nubium (mare delle nuvole). Era stato l'obiettivo della sfortunata missione dell'*Apollo 13*. Ha un diametro di 80 km e le sue pareti sono basse e spaccate. Accanto si trova Bonpland (58 km di diametro), in uno stato di conservazione un po' migliore; Parry (42 km di diametro) è invece più regolare. Queste formazioni hanno confini comuni e sono attraversate da molte vallate. Più a sud si trova Guericke (53 km di diametro), con pareti incomplete che sono crollate verso nord e in alcuni punti sono quasi state spianate dalla lava del Mare.

Gruppi di formazioni circondate da pareti sono abbastanza comuni nei mari lunari; la distribuzione complessiva non è casuale. Le basse pareti dei membri del gruppo di Fra Mauro fanno sì che essi divengano molto scuri solo sotto un'illuminazione solare radente.

I nomi ad essi assegnati hanno un qualche interesse. Fra Mauro (?-1459) era un monaco veneziano principalmente ricordato per la sua eccellente mappa del mondo; Aimé Bonpland (1773-1858) era un medico, esploratore e naturalista francese; Otto von Guericke (1602-1686) era un ingegnere e naturalista tedesco, mentre Sir William Edward Parry (1790-1855) era un esploratore britannico dell'Artide che compì un coraggioso ma sfortunato tentativo di raggiungere il polo nord via nave e slitta.

6 Febbraio

I gemelli diversi

Benché Castore e Polluce si trovino accanto in cielo, non esiste alcuna reale associazione tra loro: Castore è oltre 10 anni luce più lontano da noi. Comunque esiste una famosa leggenda mitologica su di essi. Castore e Polluce erano gemelli, ma vi era una differenza importante tra loro: Polluce era immortale, mentre Castore non lo era. Quando Castore venne ucciso in battaglia, Polluce pregò che gli si consentisse di condividere la propria immortalità con il fratello – così entrambi vennero portati in cielo.

Le due stelle differiscono anche nel colore: Castore è bianca ed è in realtà un sistema multiplo, mentre Polluce è decisamente arancione. Il contrasto è evidente persino a occhio nudo, e il binocolo lo mostra molto bene. Questo significa naturalmente che Polluce ha tra le due la fotosfera più fredda – un aspetto su cui avrò altro da dire quando discuteremo gli spettri stellari.

Come abbiamo visto, Polluce è più brillante di mezza magnitudine, ma è stato suggerito che potrebbe non essere stato sempre così. Entrambe le stelle furono catalogate da Tolomeo, l'ultimo grande astronomo dell'epoca classica, che le stimò di magnitudine 2. Mille anni dopo, altrettanto fecero gli arabi, le cui stime di magnitudine erano in generale molto buone. Quando Johann Bayer assegnò alle stelle una denominazione con lettere greche, nel 1603, chiamò Castore *alfa* e Polluce *beta*, mentre nel 1700 John Flamsteed, il primo astronomo reale britannico, stimò Castore di prima magnitudine e Polluce di seconda. Dall'inizio del diciannovesimo secolo non vi è stato più dubbio sulla superiorità di Polluce.

Recentissima è la scoperta di un pianeta attorno a Polluce: la sua massa è circa 3 volte quella di Giove.

Il resto della costellazione dei Gemelli è formato da linee di stelle che si estendono da Castore e Polluce nella direzione generica di Orione; Alhena, o *gamma* Geminorum, non molto inferiore alla prima magnitudine, si trova tra Polluce e Betelgeuse. Esistono diversi interessanti oggetti telescopici nella costellazione, come pure due variabili, *eta* e *zeta*, le cui fluttuazioni possono essere seguite a occhio nudo.

7 Febbraio

William Huggins e i suoi spettroscopi

Questo giorno rappresenta un anniversario memorabile: il 7 febbraio 1824 nacque William Huggins. Huggins non fu mai un astronomo professionista: costretto a entrare nella ditta di

Anniversario

1824: Nascita di Sir William Huggins, il grande spettroscopista astronomico. Huggins fu un grande pioniere; fu nominato baronetto nel 1897 e fu presidente della *Royal Astronomical Society*. Visse fino al 1910.

tessuti della famiglia, solo quando fu in grado di ritirarsi dall'attività potè dedicare tutto il suo tempo all'astronomia.

Costruì un Osservatorio a Tulse Hill, alla periferia di Londra, e si concentrò sulla spettroscopia astronomica. Uno spettroscopio scompone la luce, e una stella normale produce una striscia colorata attraversata da righe scure, ciascuna delle quali è caratteristica di un particolare elemento chimico. Huggins scoprì che le stelle potevano essere divise in categorie definite in base ai loro colori: una stella rossa presenta uno spettro molto diverso da quello di una stella bianca; per esempio, l'arancione Polluce ha uno spettro che si distingue facilmente da quello di una stella bianca come Castore. Un lavoro simile venne effettuato in Italia dall'astronomo gesuita padre Angelo Secchi, e le stelle furono inserite in quattro categorie distinte (il più dettagliato sistema di classificazione di Harvard giunse molto dopo):

I   Stelle bianche o bluastre, con ampie righe spettrali scure dell'idrogeno. Esempio: Sirio.
II Stelle gialle, con righe dell'idrogeno meno prominenti, maggiore evidenza di righe dovute a metalli. Esempi: Capella, il Sole.
III Stelle arancione, con complessi spettri a bande. Esempio: Betelgeuse.
IV Stelle rosse, con righe prominenti del carbonio. Erano tutte sotto la magnitudine 5 e molte di esse si rivelarono variabili. R Cygni nel Cigno ne è un buon esempio.

E le nebulose? Alcune, come la Grande Nebulosa in Andromeda, sembravano composte da stelle, ma altre, come la nebulosa nella Spada di Orione, apparivano più come macchie gassose. Huggins capì che poteva scoprirne la natura: lo spettro di un gas luminoso a bassa pressione non produce un arcobaleno, ma piuttosto righe luminose isolate. Quando Huggins esaminò le nebulose simili a quella di Orione vide solo righe luminose e questo dimostrò che le nebulose stesse erano effettivamente gassose. Invece, lo spettro delle "nebulose stellari" si dimostrò composto dagli spettri combinati di molti milioni di stelle: oggi sappiamo che sono galassie situate molto lontano dalla Via Lattea.

8 Febbraio

La famiglia di Castore

Guardate ancora i Gemelli: a occhio nudo sembrano stelle normali, una arancione, l'altra bianca. Ma con un telescopio le cose appaiono diverse: si vede che Castore è doppia. Come Mizar nell'Orsa Maggiore, è formata da due componenti, una notevolmente più brillante dell'altra: le magnitudini sono rispettivamente 1,9 e 2,9.

Quello di Castore è stato il primo sistema binario ad essere riconosciuto come tale. Nel 1803 Sir William Herschel era occupato nel tentativo di misurare le distanze stellari con il metodo della parallasse, e uno dei suoi obiettivi era Castore. Egli non riuscì a valutarne la distanza (il primo successo in questo campo giunse più tardi, nel 1838, con la determinazione da parte di Bessel della distanza della debole stella 61 Cygni), ma scoprì che le due componenti di Castore stavano orbitando intorno al loro comune centro di massa. Oggi sappiamo che il periodo orbitale è di 420 anni e che in media la distanza effettiva tra le due è di circa 13 miliardi di chilometri. Un telescopio di 75 mm le mostrerà bene; la separazione apparente è di 2,5 secondi d'arco.

Ma questo è solo l'inizio: ciascuna componente è a sua volta una binaria stretta – troppo stretta per essere risolta con i normali telescopi, cosicché si devono utilizzare metodi indiretti. La componente più brillante (Castore A) è composta da due stelle, ciascuna circa il doppio del Sole in diametro, distanti ben oltre 6,4 milioni di chilometri; esse orbitano una intorno all'altra in 9,2 giorni. La compagna (Castore B) ha ciascuna delle due stelle componenti di diametro pari a 1,5 volte quello del Sole, con una separazione intorno a 5 milioni di chilometri e un periodo di 2,9 giorni. Per completare il quadro, esiste un terzo membro del gruppo, Castore C, che orbita intorno alle componenti principali con un periodo lunghissimo, dell'ordine di 10 mila anni, a una distanza di 160 miliardi di chilometri. Anche questa è una binaria stretta; ciascuna stella componente ha un diametro di circa 960 mila chilometri (contro 1.384.000 km del nostro Sole). Entrambe le componenti sono deboli, rosse e sotto la nona magnitudine, quindi non sono affatto facili da localizzare persino con un telescopio. I normali telescopi non le mostrano separate: si trovano a meno di 3,2 milioni di chilometri di distanza l'una dall'altra, e il loro periodo orbitale è di appena 19,5 ore.

È interessante notare che le due componenti di Castore C sembrano eclissarsi a vicenda regolarmente mentre orbitano intorno al loro comune centro di massa e quindi la luminosità vista dalla Terra cambia; Castore C ha perciò la designazione tipica di una stella variabile: YY Geminorum.

Castore, quindi, è un'intera famiglia di stelle, formata da sei componenti, quattro calde e bianche, due deboli e rosse. Le stelle multiple non sono affatto rare, ma Castore ne è un esempio particolarmente significativo. Certamente, è piuttosto diverso dalla sua solitaria "gemella" arancione.

9 Febbraio

Stelle variabili nei Gemelli

Rimanendo ancora con la "costellazione della settimana", i Gemelli, abbiamo altri due oggetti interessanti: entrambi sono stelle variabili e possono essere studiati a occhio nudo.

La prima stella è la *eta* Geminorum, talvolta ancora chiamata con l'antico nome proprio di Propus: si trova vicino alla *mu*, che è una stella rossastra di tipo M e di magnitudine 2,9. La *eta*, anch'essa di tipo M, varia su un intervallo di magnitudine che va da 3,1 a 3,9, quindi non è mai luminosa quanto la *mu*.

La *eta* appartiene alle cosiddette *variabili semiregolari,* perché ha un periodo approssimativo di 233 giorni – cioè esiste un intervallo di 233 giorni tra un massimo e il successivo – ma non è mai prevedibile e talvolta fluttua in modo piuttosto irregolare. In ogni caso, le variazioni sono lente e dovreste osservarla per almeno una settimana prima di poter notare un qualche cambiamento definito. A parte la *mu*, utili stelle di confronto sono la *xi* Geminorum (magnitudine 3,4) e la *zeta* Tauri (3,0).

La seconda variabile è la *zeta*, che si trova approssimativamente tra Alhena e Polluce. Qui l'intervallo di magnitudine è tra 3,7 e 4,1. La stella è una variabile Cefeide (guardate le note del 28 gennaio), quindi sappiamo sempre come si comporterà. Utili stelle di confronto sono la *delta* (magnitudine 3,5), la *lambda* (3,6), la *iota* (3,8) e la *upsilon* (4,1).

Seguite queste due stelle da una notte all'altra e sarà possibile tracciarne una curva di luce. Le stelle variabili sono molto comuni nella Galassia. È una fortuna per noi che il Sole sia così equilibrato e stabile.

Anniversario

1974: La sonda russa *Mars 4* mancò Marte di oltre 1900 km. Era stata lanciata il 21 luglio 1973.

1990: La sonda *Galileo*, in viaggio verso Giove, sfiorò Venere a meno di 16 mila chilometri di distanza, inviando alcuni dati.

10 Febbraio

Il catalogo di Messier e M35

Ci sono molti oggetti interessanti nella costellazione dei Gemelli, che è ancora in una posizione molto buona per l'osservazione durante la serata – anche da Paesi come l'Australia e il Sudafrica, dove non è mai molto alta sull'orizzonte. Stanotte consideriamo un ammasso stellare, Messier 35 (M35 in breve).

Charles Messier era un astronomo francese interessato principalmente alla scoperta di comete. Continuava però a essere ingannato da ammassi stellari e nebulose (che possono essere confusi con le comete), e alla fine stilò una lista di questi "oggetti da evitare". Ironia della sorte, noi utilizziamo ancora la lista di Messier, ma pochi ricordano le comete che lui scoprì.

M35 si trova nel "piede" dei Gemelli, vicino alla *mu* e alla variabile *eta*. L'ammasso è visibile a occhio nudo, benché non sia troppo facile distinguerlo all'interno della Via Lattea. Il binocolo ne mostra molte stelle e un telescopio ne rivela dozzine; il numero totale ammonta a diverse centinaia e il diametro reale dell'ammasso è dell'ordine di 30 anni luce; si pensa che si trovi a circa 2850 anni luce da noi. È un tipico ammasso aperto, senza una forma definita, ma al telescopio è uno spettacolo stupendo.

Nella stessa regione si trova un altro ammasso aperto: non era stato catalogato da Messier, ma è contenuto nel *New General Catalogue* stilato da J.L.E. Dreyer, per cui lo conosciamo come NGC 2129. Contiene circa 40 stelle e non rappresenta un difficile oggetto telescopico. Fra l'altro, il catalogo di Dreyer non è più "nuovo": è stato compilato più di un secolo fa.

Nel 1995 io ho stilato il *Caldwell Catalogue*, elencando 109 oggetti che non erano stati inseriti da Messier, e sembra che adesso questi numeri C stiano divenendo di uso generale. (Il nome Caldwell deriva dal mio cognome, che è effettivamente Caldwell-Moore. Per ovvie ragioni non potevo utilizzare numeri M.)

11 Febbraio

La Nebulosa Eskimo

Prima di lasciare i Gemelli, proviamo a individuare un oggetto molto più sfuggente, NGC 2392 (C39), la cosiddetta Nebulosa Eskimo; stavolta avrete bisogno di un telescopio di una certa dimensione. La nebulosa si trova circa a metà strada tra *kappa* e *lambda* Geminorum, ma la sua magnitudine integrata non supera di molto la nona, e io, per esempio, non sono mai stato in grado di vederla con il binocolo. Telescopicamente appare come una piccola macchia sfocata; per evidenziarne i dettagli è necessario fotografarla con strumenti potenti. È talvolta chiamata Nebulosa Clown, per quanto personalmente io preferisca il più dignitoso Eskimo; fu scoperta da Sir William Herschel nel 1787.

È una *nebulosa planetaria*, ma il nome è fuorviante, poiché non ha assolutamente niente a che vedere con un pianeta e non è realmente una nebulosa: è una stella molto vecchia che ha espulso i suoi strati più esterni; la stella stessa è circa di decima magnitudine ed è molto piccola (per gli standard stellari), molto densa e molto calda. La sua distanza da noi è dell'ordine di 3000 anni luce.

È in qualche modo una sfida: guardate se riuscite a identificarla! La posizione è: AR 07h 29m, declinazione +20° 55'.

12 Febbraio

Messaggeri per Venere

> ### *Anniversario*
>
> 1961: Lancio di *Venera 1*, la prima missione interplanetaria della storia.

Oggi ricorre un altro importante anniversario: il 12 febbraio 1961 fu lanciata la prima di tutte le navicelle spaziali interplanetarie, *Venera 1*. Fu inviata dai sovietici dalla loro base di lancio di Baikonur, in quello che oggi è il Kazakhstan (allora, naturalmente, era nella vecchia Unione Sovietica). Era diretta verso Venere.

Venere è il più vicino dei pianeti; può passare a meno di 38,5 milioni di chilometri da noi, molto più vicino di quanto Marte possa mai fare. Comunque, non possiamo semplicemente aspettare che i due globi vengano a trovarsi alla minima distanza per lanciare un razzo che lo raggiunga. Questo significherebbe utilizzare carburante per l'intero viaggio, e nessun veicolo potrebbe verosimilmente trasportarne abbastanza. Ciò che si deve fare è mettere la navicella su una traiettoria che la faccia "andare in folle" (ovvero a motore spento) verso Venere, senza bisogno di alcun carburante aggiuntivo: questa è tecnicamente chiamata caduta libera. E, naturalmente, la Terra stessa è in caduta libera intorno al Sole.

Questo è ciò che fecero i sovietici. Sfortunatamente, la missione non fu un successo: il contatto con *Venera 1* fu perso a una distanza di 7,4 milioni di chilometri e non fu mai riattivato. È probabile che la sonda abbia oltrepassato Venere a metà maggio del 1961 a una distanza di 96 mila chilometri, ma non lo sapremo mai con certezza; presumibilmente sta ancora orbitando intorno al Sole, ma non abbiamo speranza di ritrovarla. Fu soltanto l'anno seguente che giunse il successo, con il passaggio ravvicinato della sonda americana *Mariner 2,* che fu lanciata il 27 agosto 1962 e passò a 34.700 km da Venere il 14 dicembre successivo. Da allora vi sono state molte missioni verso Venere, ma non dobbiamo dimenticare questi tentativi pionieristici di quasi cinquant'anni fa.

13 Febbraio

Introduzione alla Via Lattea

Questo è un buon periodo dell'anno per iniziare a guardare la Via Lattea. Idealmente avete bisogno di una notte senza Luna, e la Luna non rappresenterà un disturbo il 13 febbraio negli anni 2007 e 2008, e addirittura sarà praticamente nuova nel 2010.

Che stiate osservando dal nord o dal sud dell'equatore terrestre, la Via Lattea attraversa tutto il cielo e passa vicino allo zenit; attraversa i Gemelli, che è stata la nostra "costellazione della settimana", ma raggiunge la massima luminosità nel Cigno e nel Sagittario, regioni celesti di scarsa visibilità nelle notti di febbraio. La Via Lattea è composta da stelle, e ve ne sono così tante, apparentemente così vicine tra loro, da poter sembrare a richio di urtarsi l'una con l'altra.

Questo non è vero: come accade spesso in astronomia, le apparenze ingannano e le stelle della Via Lattea non sono effettivamente ammassate insieme. Abbiamo a che fare solo con un effetto ottico: la Galassia è una struttura appiattita e il Sole, con la Terra e gli altri pianeti, si trova dentro quel piano, cosicché quando guardiamo lungo il suo "spessore" principale vediamo molte stelle, prospetticamente accatastate una dietro l'altra. Questo è ciò che causa l'effetto "Via Lattea". L'intero sistema ha un diametro di circa 100 mila anni luce e il Sole si trova a poco meno di 30 mila anni luce dal centro, situato al di là delle bellissime nubi stellari del Sagittario.

Se potesse essere vista da "sopra" o da "sotto" il disco, la Galassia mostrerebbe i suoi bracci di spirale, come una girandola. Il Sole si trova vicino all'estremità di uno di questi bracci.

14 Febbraio

Il ciclo solare e la *Solar Max*

Finora non abbiamo praticamente detto nulla del Sole, quindi è il momento di volgerci al cielo diurno: il Sole potrà essere un membro marginale della Galassia, ma per noi è fondamentale..

Il Sole è molto grande in confronto alla Terra: il suo diametro è di 1.384.000 km e il suo enorme globo potrebbe contenere più di un milione di Terre. Esso splende non perché stia bruciando come un tizzone di carbone, ma a causa delle reazioni nucleari che avvengono nel suo profondo interno; come per altre stelle dello stesso tipo, il "carburante" principale è l'idrogeno.

Il Sole presenta un ciclo di attività relativamente regolare: ogni 11 anni ha un picco di attività, con molte macchie solari e brillamenti (*flare*), poi si calma, finché al minimo possono esservi molti giorni consecutivi senza alcuna macchia (come è accaduto, per esempio, nell'aprile e nel maggio 1997); dopo di che, l'attività inizia a crescere di nuovo. Non abbiamo ancora una piena comprensione di questo ciclo, ed è stato per ottenere informazioni aggiuntive che la sonda *Solar Maximum Mission* ("*Solar Max*" o SMM) fu lanciata nel 1980. Il Sole aveva raggiunto il minimo di attività nel 1976, quindi mancava poco al prossimo massimo, e la SMM fu programmata per sfruttare questo fatto. Durante il volo si verificarono seri problemi operativi, ma una missione di riparazione degli astronauti dello Shuttle sistemò le cose, e la *Solar Max* continuò a operare quasi fino all'epoca del minimo successivo. Giunse alla fine della sua carriera nel dicembre 1989, quando ricadde nell'atmosfera terrestre.

Il ciclo non è completamente regolare e 11 anni sono solo un valore medio. L'ultimo massimo si è verificato intorno all'inizio del nuovo millennio, un periodo interessante per gli studiosi del Sole. Ricordate comunque sempre che il Sole è pericoloso, e l'osservazione diretta con un qualunque telescopio o binocolo è assolutamente da sconsigliare, anche con l'aggiunta di un filtro scuro. Parlerò molto più diffusamente di questo in seguito.

> *Anniversario*
>
> 1980: Lancio della sonda *Solar Maximum Mission* ("*Solar Max*"). Fu una missione a lungo termine progettata per studiare il Sole. Fu riparata in orbita nell'aprile 1984, quando fu trainata dentro lo *Space Shuttle*, revisionata e rilanciata; andò infine fuori uso nel dicembre 1989.

15 Febbraio

Insetti lunari?

Oggi onoriamo la memoria di Galileo, il primo grande "astronomo telescopico", che osservò la Luna nel 1610 con il suo strumento appena costruito e ne descrisse montagne e crateri.

> *Anniversario*
>
> 1564: Nascita di Galileo.
>
> 1858: Nascita di W.H. Pickering.

Ma prima consideriamo un altro astronomo le cui idee sulla Luna erano, a dir poco, non convenzionali.

William Henry Pickering lavorò all'Harvard Observatory, in America, dove il fratello Edward era direttore. Nel 1904 produsse un eccellente atlante fotografico lunare e poi, tra il 1919 e il 1924, effettuò un dettagliato studio del cratere lunare Eratosthenes, che si trova all'estremità meridionale della catena montuosa Apennines; è largo 61 km e molto profondo, con alte pareti terrazzate e un imponente picco centrale. Al suo interno Pickering vide strane macchie scure che sembravano spostarsi nel corso di ciascuna lunazione. Pickering ritenne che fossero prodotte da una bassa vegetazione o persino da sciami di insetti, e in un articolo pubblicato nel 1924 si spinse anche oltre:

> Per quanto questa ipotesi di vita lunare possa sembrare un po'
> fantasiosa e l'evidenza su cui è fondata fragile, è però basata stret-
> tamente sull'analisi della migrazione delle foche da pelliccia delle
> Isole Pribiloff. [...] La distanza coinvolta è di circa 32 km e viene
> completata in 12 giorni. Questo comporta una velocità media di
> circa 2 metri al minuto, che come abbiamo visto implica animali
> piccoli.

Pickering credeva che l'atmosfera della Luna fosse abbastanza densa da supportare semplici forme di vita, ma adesso sappiamo che questo non è vero: l'attrazione gravitazionale della Luna è così debole che non è stata in grado di trattenere una significativa atmosfera, e oggi la Luna è un mondo senza aria. Le macchie in Eratosthenes sono evidenti e possono essere viste con un piccolo telescopio: non si spostano, né sono dovute ad alcuna forma vivente; non c'è mai stata alcuna forma di vita sulla Luna.

Eratosthenes stesso è uno dei più bei crateri lunari, ed è prominente praticamente sotto ogni angolo di illuminazione solare. Gli Apennines lunari formano una parte del contorno del grande e regolare Mare Imbrium (mare delle piogge).

Anniversario

1996: Lancio della *NEAR* (*Near Earth Asteroid Rendezvous*, incontro ravvicinato con un asteroide NEO) verso il pianetino Eros.

16 Febbraio

Atterraggio su Eros

La sonda *NEAR* fu in seguito rinominata *Shoemaker*, in onore del grande astronomo e geologo Eugene Shoemaker. Nel febbraio 2000 entrò in orbita intorno a Eros, che è un piccolo asteroide lungo meno di 32 km: è stato il primo asteroide di cui si è scoperto che attraversa l'orbita di Marte e che può passare a soli 24 milioni di chilometri dalla Terra.

Il 12 febbraio 2001 la sonda *Shoemaker* effettuò un atterraggio controllato su Eros, inviando immagini eccellenti di crateri, catene montuose e blocchi di roccia. Eros è apparentemente un corpo molto antico, composto principalmente di ferro e silicati contenenti magnesio. Il periodo di rotazione è di 5 ore.

Gli ultimi segnali dalla sonda furono ricevuti il 28 febbraio 2001.

17 Febbraio

Missioni sul Mare delle Crisi

Uno dei mari lunari più importanti è il Mare Crisium, che si vede facilmente anche a occhio nudo. Non è lontano dal bordo lunare ed è isolato dal sistema dei mari principale. Misura 448 x 557 km, quindi è poco meno esteso dell'Italia. È piuttosto regolare nel profilo; il diametro maggiore è in direzione est-ovest, e non nord-sud come ci appare a causa della prospettiva. Entro il suo contorno troviamo diversi crateri, i più grandi dei quali sono Picard (34 km di diametro) e Peirce (19 km di diametro). A una certa distanza a sud di esso si trova il cratere di 48 km Apollonius, ed era vicino a questo punto che il 17 febbraio 1972 scese la sonda automatica sovietica *Luna 20*. La posizione esatta era a latitudine 3°,5 nord e longitudine 56°,6 est.

Luna 20 era un nuovo tipo di navicella spaziale. Essa atterrò, fece alcune trivellazioni nella superficie lunare, raccolse campioni e poi decollò nuovamente, tornando senza problemi sulla Terra il 25 febbraio. Questa era una tecnica perfezionata dai sovietici e rappresentò un notevole primato, per quanto certamente non abbia compensato il fatto di non essere riusciti a mandare un uomo sulla Luna prima che lo facessero gli americani.

Dopo di essa è stata inviata un'altra sonda per raccogliere campioni: *Luna 24,* il 9 agosto 1976, che atterrò proprio dentro il Mare Crisium (latitudine 12°,8 nord, longitudine 52°,2 est), trivellò la superficie fino a due metri di profondità e ritornò sulla Terra il 22 agosto.

Anniversario

1972: Atterraggio di *Luna 20* sulla Luna .

18 Febbraio

Stelle scintillanti

Iniziamo questa sera guardando Sirio, l'astro principale del Cane Maggiore. È facile capire perché Sirio è spesso chiamata Stella del Cane: è allineata con la Cintura di Orione, ai piedi del cacciatore; non può essere confusa con altre stelle perché è la più luminosa di tutte. Dalle latitudini italiane è abbastanza bassa in direzione sud; dall'Australia, dalla Nuova Zelanda o dal Sudafrica è molto alta e in effetti non lontana dallo zenit.

Sirio è una stella bianca, ma è sufficiente una rapida occhiata per accorgersi che non risplende costantemente: scintilla, e nel frattempo fa balenare luce di vari colori dell'arcobaleno. Questo effetto è noto comunemente come luccichio, tecnicamente come *scintillazione*. Ma lo scintillio non ha alcun legame diretto con le stelle stesse: è meramente un effetto dell'atmosfera instabile della Terra che, per così dire, "disperde" la radiazione stellare proveniente dal vuoto dello spazio.

Una stella bassa in cielo scintillerà più di una alta, perché la sua luce deve attraversare uno strato più spesso di atmosfera. Tutte le stelle luccicano in qualche misura, ma questo effetto è molto evidente in Sirio, proprio perché è estremamente brillante.

Si dice spesso che un pianeta non scintilla: questo non è del tutto vero, ma certamente un pianeta scintilla meno di una stella, perché si presenta come un piccolo disco anziché come un singolo punto di luce.

La scintillazione può essere un bell'effetto di per sé, ma per un astronomo è qualcosa di irritante: più stabile è l'immagine e meglio è. Naturalmente, dallo spazio e dalla superficie della Luna non si vede alcuna scintillazione.

19 Febbraio

De revolutionibus

Quando la Luna è quasi Piena, lo scenario lunare è dominato dai sistemi di raggiere brillanti che si diramano da alcuni crateri. Queste raggiere sono sedimenti superficiali e non proiettano ombre; quindi, non appaiono se c'è una bassa illuminazione solare, ma quando il Sole è alto tendono a sovrastare molti dei delicati dettagli superficiali. Esistono diversi sistemi di raggiere, ma due sono particolarmente prominenti: quelli che partono da Tycho, negli altopiani meridionali della Luna, e da Copernicus, nel Mare Nubium.

Il cratere Copernicus è massiccio e terrazzato; è stato soprannominato "il re della Luna". Ha un diametro di 90 km, con un gruppo montuoso centrale. Le pareti sono brillanti e le raggiere si estendono per una notevole lunghezza sulla superficie lunare. È facile da identificare con il binocolo.

Il suo nome deriva da uno degli uomini più famosi nella storia della scienza, Mikolaj Kopernik, da sempre conosciuto da noi con il nome latinizzato di Copernico. Nacque il 19 febbraio 1473 nella piccola città di Toruú, in Polonia.

Egli iniziò molto presto a dubitare della verità della "teoria tolemaica", in cui la Terra è considerata il centro dell'Universo mentre tutto il resto le orbita intorno, e si rese conto che molti degli aspetti farraginosi del sistema potevano essere eliminati con il semplice espediente di togliere la Terra dalla propria orgogliosa posizione centrale, mettendovi invece il Sole. La sua teoria era probabilmente quasi completa già nel 1533, ma egli era riluttante a pubblicarla perché sapeva che la Chiesa l'avrebbe considerata eretica (e Copernico era un ecclesiastico). Così la tenne segreta, ma alla fine si persuase a dare il suo assenso alla pubblicazione del libro, che apparve nel 1543, poco prima della morte dell'autore. Il titolo era *De revolutionibus orbium cælestium,* "Sulla rivoluzione dei corpi celesti".

I suoi timori erano ampiamente giustificati: la Chiesa fu accanitamente ostile, e il suo atteggiamento generale fu riassunto appropriatamente da Martin Lutero, che tuonò: "Questo sciocco cerca di capovolgere l'intera arte dell'astronomia!". Il libro fu inserito nell'indice pontificio delle pubblicazioni proibite, dove rimase per molti anni.

Copernico aveva fatto molti errori, e il suo unico reale contributo consisteva nel sostituire la Terra con il Sole al centro del sistema, ma è giusto affermare che il *De revolutionibus* segnò l'inizio di quella che possiamo chiamare la fase moderna dell'astronomia, benché la rivoluzione di pensiero non fu completa fino all'opera di Isaac Newton, quasi centocinquanta anni dopo la morte di Copernico.

20 Febbraio

Il Cane Maggiore

Il Cane Maggiore, il più vecchio dei cani del cacciatore Orione, è ovviamente dominato da Sirio, ma è una costellazione grande e importante già di per sé. Le sue stelle principali sono elencate nella tabella.

Sembra strano scoprire che tra esse Sirio è quasi la meno luminosa! Se Wezea si trovasse ad appena 8,6 anni luce da noi (come Sirio) proietterebbe intense ombre. Adhara è appena sotto la prima magnitudine, ed emette con particolare intensità nelle onde corte. È interessante notare che la *gamma* Canis Majoris è sotto la quarta magnitudine, quindi l'usuale schema di assegnazione delle lettere greche qui è stato abbandonato.

Cane Maggiore					
Lettera greca	Nome	Magnitudine	Luminosità (Sole=1)	Distanza (anni luce)	Tipo spettrale
α alfa	Sirio	−1,5	26	8,6	A1
β beta	Mirzam	2,0	7200	720	B1
δ delta	Wezea	1,9	132.000	3060	F8
ε epsilon	Adhara	1,5	5000	490	B2
ζ zeta	Phurad	3,0	450	290	B3
η eta	Altidra	2,4	52.500	2500	B5
o^2 omicron^2	–	3,0	43.000	2800	B3

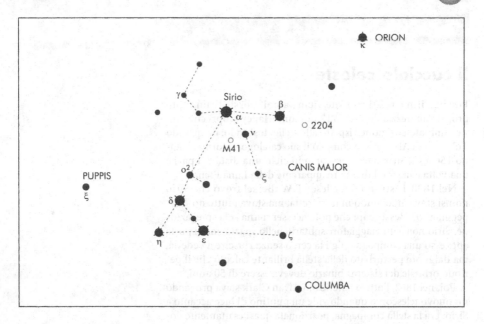

La declinazione di Sirio è circa −16°, quindi può essere vista da ogni Paese abitato: persino da luoghi come le città artiche di Tromsø in Norvegia o Fairbanks in Alaska sorge sull'orizzonte, per quanto, in effetti, non di molto. Il nome Sirio deriva da una parola greca che sta per "scottante". Per gli egiziani essa rivestiva un'importanza particolare: era adorata come la Stella del Nilo. Così la sua prima apparizione nel cielo mattutino ogni anno ("alba eliacale" o "sorgere eliaco") segnava l'imminenza delle piene annuali del Nilo, da cui dipendeva l'intera economia egizia. Piuttosto sorprendentemente, i greci e i romani la consideravano una stella portatrice di sfortuna, e nell'*Eneide* Virgilio si riferisce a essa come alla stella che "reca siccità e malattie ai pallidi mortali", benché più tardi lo scrittore romano Geminus affermasse che "si crede generalmente che Sirio provochi il caldo dei Giorni del Cane, ma questo è un errore, poiché la stella segna semplicemente l'epoca dell'anno in cui è maggiore il calore del Sole".

A parte *alfa* Centauri, Sirio è la più vicina tra le stelle molto brillanti. Ha un diametro di circa 2,7 milioni di chilometri, superiore a quello del nostro Sole; è anche più calda, con una temperatura superficiale di 10 mila °C; il suo tipo spettrale è A1. È pari a 26 Soli per luminosità, e tuttavia gli astronomi la classificano ancora come una stella nana. Al telescopio è uno spettacolo magnifico, e si dice che somigli a un diamante splendente.

21 Febbraio

Il cucciolo celeste

Poiché Sirio è relativamente vicina a noi, possiede un moto proprio apprezzabile. Nel 1712 Edmond Halley scoprì che aveva cambiato posizione rispetto alle stelle di sfondo: da quando Tolomeo di Alessandria compilò il suo catalogo, intorno all'anno 150 a.C., Sirio aveva percorso in cielo una distanza pari a una volta e mezza il diametro apparente della Luna Piena.

Nel 1838, l'astronomo tedesco F.W. Bessel trovò che Sirio non si stava muovendo in linea retta, ma stava piuttosto "serpeggiando". Bessel capì che poteva esservi una sola spiegazione: Sirio non è un viaggiatore solitario nello spazio, ma si porta appresso una compagna. Egli la cercò senza riuscire a vederla, ma dal moto perturbato della stella brillante calcolò che il periodo orbitale del sistema binario doveva essere di 50 anni.

Poi, nel 1862, l'ottico americano Alvan Clark stava provando un nuovo telescopio quando vide un puntino di luce accanto a Sirio: era la stella compagna, posizionata quasi esattamente dove Bessel aveva previsto che dovesse trovarsi. Ufficialmente è chiamata Sirio B, ma poiché Sirio stessa è la Stella del Cane, spesso ci si riferisce alla compagna come al Cucciolo. È 10 mila volte meno luminosa della sua primaria e non è molto facile da localizzare, semplicemente per la sua vicinanza ad essa: la separazione angolare non supera mai i 12 secondi d'arco. In realtà, non è debolissima, e se potesse essere osservata splendere da sola sarebbe alla portata di un buon binocolo.

Fu ipotizzato che dovesse essere grande, rossa e fredda, ma nel 1915 il suo spettro fu analizzato da W.S. Adams con il riflettore da 1,5 m di Mount Wilson, in California, e il risultato fu sorprendente. Lungi dall'essere fredda, la Stella Cucciolo è estremamente calda. Deve quindi essere piccola, e sappiamo oggi che il suo diametro è inferiore a quello di un pianeta come Urano o Nettuno. Poiché ha una massa comparabile a quella del Sole, deve essere molto densa. Se potessimo portare sulla Terra un centimetro cubo del suo materiale, questo peserebbe 125 kg; la densità è infatti 125 mila volte maggiore di quella dell'acqua.

Sirio B è una *nana bianca*, una stella che ha esaurito tutto il proprio "combustibile" nucleare ed è collassata: i suoi atomi si sono "schiacciati" e distrutti, e sono "ammassati" insieme praticamente senza spazio libero. Nel futuro continuerà semplicemente a brillare debolmente finché non avrà emesso tutta la propria luce e il proprio calore, e diventerà una stella morta, una nana nera, che non emette alcuna radiazione.

Oggi conosciamo molte altre nane bianche, ma Sirio B è la più famosa di tutte.

22 Febbraio

I dintorni del Sole

Finora abbiamo detto poco del Sole, ma questo può essere un buon momento per iniziare a discuterne, perché il 22 febbraio è l'anniversario della nascita di un grande osservatore solare francese, Pierre Jules César Janssen.

L'osservazione del Sole deve essere intrapresa con cautela: non guardate per nessun motivo direttamente a esso con alcun telescopio o binocolo, neanche con l'aggiunta di un filtro scuro; mettere a fuoco la luce e (peggio) il calore del Sole sul vostro occhio provocherebbe certamente una cecità permanente. Il solo metodo serio è quello di utilizzare il telescopio per proiettare l'immagine del Sole su uno schermo bianco tenuto o fissato dietro l'oculare. In tal modo, è facile vedere le macchie scure note come *macchie solari*. Janssen comunque era più interessato a ciò che sta intorno al Sole, la sua atmosfera estesa che non può essere vista nella luce del giorno se non durante i brevi momenti di un'eclisse totale, quando la Luna passa davanti al Sole oscurandolo.

Utilizzando uno spettroscopio, Janssen era in grado di isolare la sola radiazione proveniente dall'idrogeno, e poté studiare quella che più tardi venne chiamata *cromosfera*, situata sopra la brillante fotosfera, come pure le masse di gas che venivano chiamate "fiamme rosse" e sono ora denominate *protuberanze*. Possiamo dire che questo successo, nel 1868, segnò l'inizio della ricerca moderna sul Sole.

23 Febbraio

Messier 41

Il Cane Maggiore è così dominato da Sirio che talvolta tendiamo a dimenticare che contiene anche dell'altro! In realtà, vi si trovano diversi oggetti molto interessanti, e uno di questi è un ammasso aperto, l'oggetto numero 41 del catalogo di Messier. Con un cielo sufficientemente buio è visibile facilmente a occhio nudo.

Per localizzarlo partite da Sirio e individuate poi la stella di quarta magnitudine nu^2, che appare decisamente rossastra se vista al binocolo o al telescopio (ma non a occhio nudo, dato che è troppo debole perché il colore sia osservabile senza un ausilio ottico). M41 si trova nello stesso campo binoculare di nu^2, formando un triangolo con essa e con Sirio. È conosciuto da molto tempo: fu notato la prima volta nella notte tra il 16 e il 17 febbraio 1702 dal primo Astronomo Reale, John Flamsteed.

L'ammasso dista circa 2400 anni luce e ha un diametro di 20 anni luce, benché non presenti confini netti. Contiene almeno 80 stelle, e probabilmente più di 100. Dal suo centro, contrassegnato da una stella rossastra, si diramano "bracci" curvi. Un oculare a basso ingrandimento associato al telescopio lo mostra bene, e anche un buon binocolo è in grado di risolverne le stelle, quindi merita davvero di essere osservato.

24 Febbraio

Supernovae

Anniversario

1987: Scoperta della supernova SN 1987A nella Grande Nube di Magellano.

La Grande Nube di Magellano è uno degli oggetti più importanti del cielo. È una galassia indipendente, distante 169 mila anni luce, ed è un satellite della nostra Galassia. È cospicua osservata a occhio nudo, ma sfortunatamente per gli osservatori italiani si trova all'estremo sud, quindi è inaccessibile da ogni parte d'Europa. La sua declinazione è quasi 70° S, quindi per vederla dovreste andare a sud della latitudine 20° N. Occupa principalmente la costellazione del Dorado, il Pesce Spada, e durante le notti di febbraio ha una buona posizione per l'osservazione da Paesi come l'Australia e la Nuova Zelanda.

Contiene oggetti di tutti i tipi, tra cui stelle nane e giganti, binarie, variabili, ammassi aperti e globulari, novae e nebulose gassose. Vi è anche stata osservata una supernova, scoperta il 24 febbraio 1987 da Ian Shelton all'Osservatorio di Las Campanas, in Cile, e conosciuta ufficialmente come SN 1987A. Al massimo giunse alla magnitudine 2,3, ma ora è diventata molto debole.

Le supernovæ sono tra le esplosioni stellari più colossali note in natura. Vi sono due tipi principali di supernovæ. Una supernova di *tipo I* inizia come un sistema binario, una componente del quale è una nana bianca; quest'ultima raccoglie materia dalla propria compagna meno densa, diventa instabile e si fa letteralmente "saltare in aria". Una supernova di *tipo II* è il risultato del collasso di una stella molto massiccia che esaurisce il "combustibile" nucleare; il collasso è seguito da un "rimbalzo" e l'onda d'urto scaraventa nello spazio gran parte del materiale della stella, lasciando solo un piccolissimo nucleo super-denso formato da neutroni. La SN 1987A era di tipo II e al picco di luminosità era brillante quanto 250 milioni di Soli. La sua progenitrice non era una supergigante rossa, come nella gran parte dei casi, ma una supergigante blu, catalogata come Sanduleak −69°202.

La SN 1987A è la supernova più vicina osservata da quando è stato inventato il telescopio, ed è anche l'unica che si sia resa visibile a occhio nudo, dopo la supernova nell'Ofiuco del 1604. Sono state osservate molte supernovae in galassie lontane, ma tutte troppo distanti da noi per poter essere studiate in dettaglio; quindi la SN 1987A si è dimostrata di immensa importanza per gli astronomi.

25 Febbraio

Fritz Zwicky e le sue supernovae

Come abbiamo visto, la supernova 1987A nella Grande Nube di Magellano si trovava troppo a sud per essere vista dall'Europa. Gli osservatori settentrionali comunque hanno a disposizione un bel resto di supernova da osservare: la Crab Nebula (Messier 1, o Nebulosa Granchio), accanto alla stella di terza magnitudine *zeta* Tauri. Il binocolo la mostra come una debole macchia, ma le fotografie prese con grandi telescopi ne rivelano la complessa struttura. È tutto ciò che è rimasto della supernova esplosa nel 1054, che divenne così brillante da poter essere vista a occhio nudo persino in piena luce diurna, e rimase visibile per mesi prima di affievolirsi. La nebulosa contiene un oggetto molto piccolo e denso noto come *pulsar*, fatto di neutroni; sta ruotando al ritmo di 30 volte al secondo e rappresenta la "fonte di energia" della nebulosa.

Grande pioniere della ricerca sulle supernovæ fu uno svizzero, Fritz Zwicky, che nacque il 14 febbraio 1898 in Bulgaria, (in effetti, spese gran parte della vita negli Stati Uniti, mantenendo però la nazionalità svizzera). Egli elaborò la teoria delle supernovæ di tipo I e collegò le supernovæ con le *stelle di neutroni*. Riteneva di poter identificare le esplosioni in galassie lontane, e una ricerca fotografica condotta con il telescopio Schmidt di 122 cm di Monte Palomar, in California, dimostrò che aveva ragione. Effettuò molte ricerche importanti anche in altri campi, ma è principalmente ricordato come "cacciatore" di supernovæ. Morì l'8 febbraio 1974.

26 Febbraio

Procione e il Cane Minore

Il secondo dei cani di Orione, il Cane Minore, è una costellazione molto piccola: contiene solo due stelle abbastanza brillanti.

Procione è facile da trovare usando Orione come guida; è l'ottava stella più luminosa del cielo e anche una delle stelle più vicine a noi: tra gli astri di prima magnitudine, solo *alfa*

Cane Minore					
Lettera greca	Nome	Magnitudine	Luminosità (Sole=1)	Distanza (anni luce)	Tipo spettrale
α *alfa*	Procione	0,4	7	11,4	F5
β *beta*	Gomeisa	2,9	106	137	B8

Centauri e Sirio sono più prossime. Il suo diametro è di circa 5,6 milioni di chilometri e come Sirio ha per compagna una nana bianca, benché debole e difficile da osservare, ben oltre la portata di un piccolo telescopio. Procione si trova a meno di 6° dall'equatore celeste e durante le sere di febbraio è prominente sia dalle località settentrionali che da quelle meridionali. Non vi sono altri oggetti di interesse immediato nel Cane Minore.

27 Febbraio

L'Idra Maschio

Proprio come esiste un "piccolo cane" in cielo, esiste anche un "piccolo serpente", l'Idra Maschio; ma mentre il Cane Minore non è lontano dall'equatore, l'Idra Maschio si trova all'estremo sud e non è mai visibile da alcuna regione dell'Europa. Al suo interno troviamo tre stelle principali.

La costellazione è alta per l'Australia o la Nuova Zelanda, e una delle sue stelle principali, la *alfa*, è semplice da trovare perché si trova vicino alla brillante Achernar, in Eridano. Non vi si trovano oggetti interessanti, ma possiamo notare che la *beta* è la stella più vicina al polo celeste sud che sia anche abbastanza

Anniversario

1826: Scoperta della cometa di Biela da parte di W. von Biela; si tratta piuttosto di una riscoperta, poiché era già stata vista nel 1772 e nel 1806. Aveva un periodo di 6,75 anni, ma al passaggio del 1846 si divise in due parti, che furono osservate per l'ultima volta nel 1852. La cometa si è certamente disintegrata, ma per alcuni anni successivi all'evento fu visto un cospicuo sciame meteorico con il radiante nel punto in cui la cometa avrebbe dovuto trovarsi.

1897: Nascita del grande astronomo francese Bernard Lyot, che inventò il corono-grafo e divenne direttore del-l'Osservatorio di Meudon. Egli si specializzò nello stu-dio del Sole dando molti im-portanti contributi all'astro-nomia. Morì nel 1953 al ritorno da una spedizione effettuata per osservare un'eclisse totale di Sole.

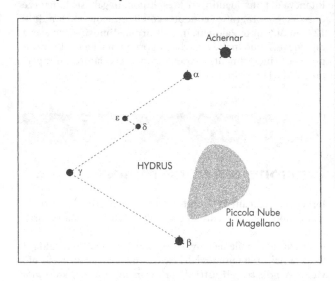

Idra Maschio					
Lettera greca	Nome	Magnitudine	Luminosità (Sole=1)	Distanza (anni luce)	Tipo Spettrale
α alfa	–	2,9	8	36	F0
β beta	–	2,8	3	21	G1
γ gamma	–	3,2	118	160	M0

brillante, benché si trovi alla bellezza di 12° di distanza dal polo stesso.

28 Febbraio

Una stella equatoriale

L'equatore celeste divide il cielo in due emisferi. Non molte stelle più brillanti della terza magnitudine vi si trovano vicino; una di esse è Mintaka o *delta* Orionis, nella Cintura di Orione. La sua declinazione è –00° 18' 27".

Essa può essere utilizzata per misurare il diametro angolare di un campo telescopico. Il metodo consiste nel valutare il tempo impiegato dalla stella ad attraversare il campo; espresso in minuti e secondi e moltiplicato per 15, darà il diametro angolare del campo in primi e secondi d'arco. Così, se Mintaka impiega 1m 3s ad attraversare il campo, quest'ultimo ha un diametro angolare di 15' 45". Un'altra stella che può essere usata nello stesso modo è la *zeta* Virginis (declinazione –00° 35' 45").

Anniversario

1843: Il 27 febbraio 1843, quella che si ritiene essere stata la cometa più brillante dell'epoca moderna si trovava al perielio ed era visibile accanto al Sole in piena luce diurna. Era una di quelle comete che "sfiorano" il Sole, parte di un gruppo noto ufficialmente come "famiglia di Kreutz". I calcoli indicano che potrebbe tornare tra 540 anni. Fu vista per l'ultima volta, come un debole puntino luminoso, il 19 aprile 1843.

29 Febbraio

Anni bisestili

La natura spesso è un po' approssimativa. Così, le stagioni terrestri non si ripropongono ogni 365 giorni esatti: trascorrono invece 365,2422 giorni da equinozio a equinozio, o, per dirla in modo più colloquiale, 365 giorni e un quarto. Questo significa che l'anno civile di 365 giorni è in realtà troppo breve di un quarto di giorno. Se non facessimo niente al riguardo, festività come il Natale si sposterebbero rispetto alle stagioni e dopo qualche tempo ci troveremmo a festeggiare il Natale quando è estate nell'emisfero nord e inverno nell'emisfero sud.

Duemila anni fa, Giulio Cesare si consigliò con un astronomo, Sosigene, e revisionò il calendario attribuendo all'anno 46 a.C. nientemeno che 445 giorni per recuperare l'accordo con le stagioni; non è sorprendente che sia stato soprannominato l'"anno della confusione". Un giorno in più fu aggiunto al mese più breve, febbraio, ogni quattro anni; questo compensò il fatto che l'anno civile è troppo breve di un quarto di giorno. Gli anni di 366 giorni furono chiamati *anni bisestili* e si decise che fossero bisestili tutti gli anni esattamente divisibili per 4.

Rimaneva però un piccolo errore (circa 78 decimillesimi di giorno all'anno, equivalenti a circa 15 giorni ogni 2000 anni), che fu corretto dalla riforma introdotta nel 1582 da papa Gregorio XIII, rendendo gli anni "secolari" (1700, 1800, 1900, 2000 ecc.) bisestili solo se potevano essere divisi anche per 400. Così il 1900 non è stato bisestile, ma il 2000 sì. In questo modo, la correzione è di 3 giorni in meno ogni 400 anni, ossia di 15 giorni ogni 2000 anni.

All'epoca in cui questo "calendario gregoriano" fu adottato in Italia, il vecchio "calendario giuliano" aveva accumulato un errore di 10 giorni; così, nel 1582, papa Gregorio decretò che il 4 ottobre dovesse essere immediatamente seguito dal 15 ottobre. Una tipica domanda trabocchetto è: "Cosa accadde a Roma il 10 ottobre 1582?"; la risposta è: "Niente, perché quel giorno non è mai esistito!"

Marzo

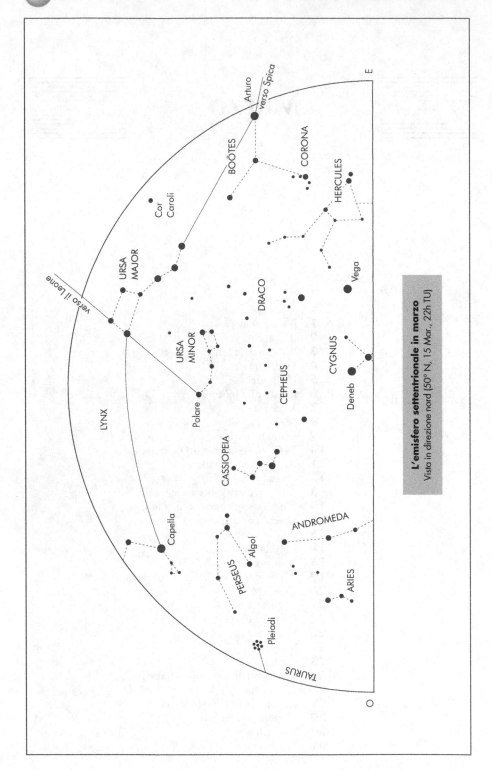

L'emisfero settentrionale in marzo
Vista in direzione nord (50° N, 15 Mar., 22h TU)

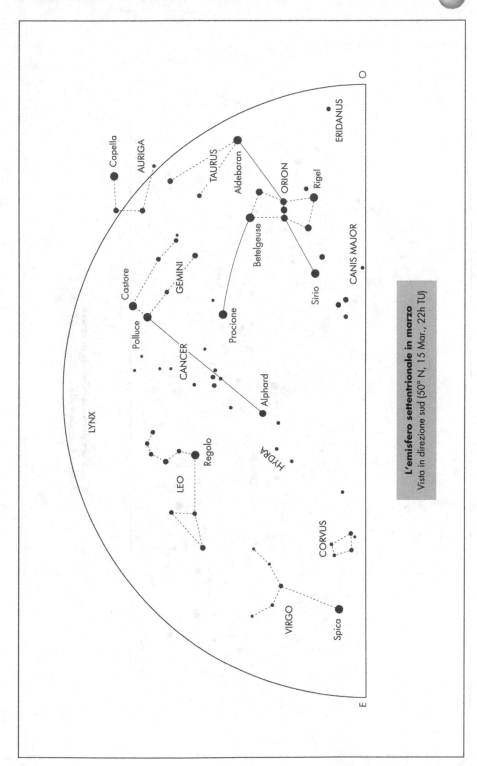

L'emisfero settentrionale in marzo
Vista in direzione sud (50° N, 15 Mar., 22h TU)

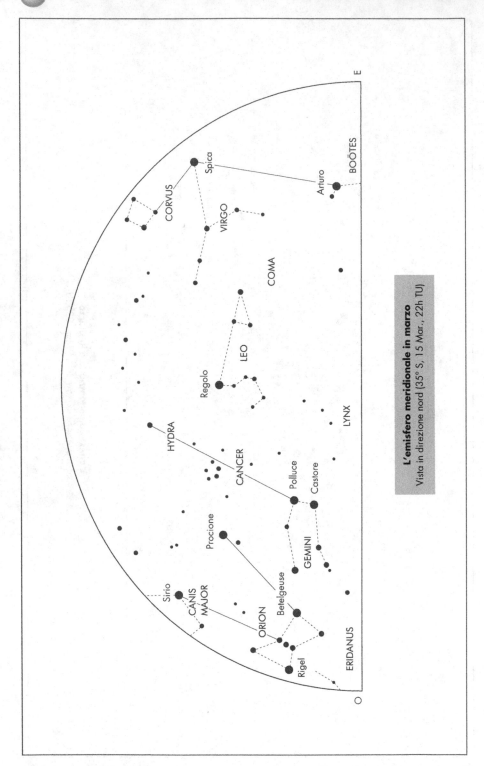

L'emisfero meridionale in marzo
Vista in direzione nord (35° S, 15 Mar., 22h TU)

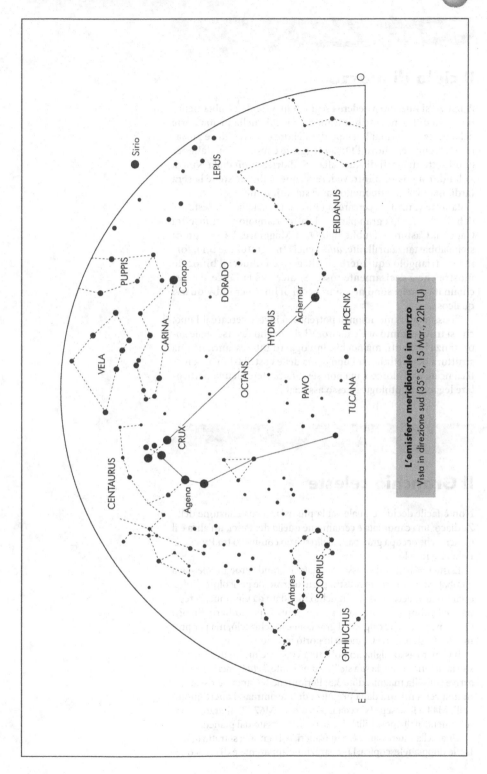

L'emisfero meridionale in marzo
Vista in direzione sud (35° S, 15 Mar., 22h TU)

1 Marzo

Il cielo di marzo

A marzo si iniziano a vedere i segni di un grande cambiamento nel cielo notturno: Orione è ancora visibile nella prima parte della notte, ma ormai il tempo di migliore osservabilità è passato. Dall'emisfero nord l'Orsa Maggiore è molto alta; dalle regioni settentrionali di Australia e Sudafrica (non dalla Nuova Zelanda) si possono intravedere alcune delle sue stelle la sera tardi, ma ovviamente molto basse sull'orizzonte.

Stanotte vi invito a cercare la Lince, una costellazione estesa e debole che occupa gran parte del vasto triangolo racchiuso tra Capella, Castore e Dubhe nell'Orsa Maggiore. La sua unica stella abbastanza brillante, *alfa* Lyncis (magnitudine 3,1), forma un triangolo equilatero con Regolo e Polluce; il binocolo mostra che è decisamente rossa. Si dice che la Lince sia così chiamata perché sono necessari occhi di lince per individuarvi qualcosa.

Gli osservatori meridionali potrebbero invece cercare il Lupo, che si trova accanto al Centauro. Vi si trovano diverse stelle abbastanza brillanti, ma pochissimi oggetti interessanti, né una struttura ben definita. Il Lupo è una delle costellazioni originali elencate da Tolomeo, ma non sembra esistere alcuna particolare leggenda mitologica a esso associata.

2 Marzo

Il Granchio celeste

Non è facile decidere quale sia la più oscura costellazione dello Zodiaco: una candidata è certamente quella dei Pesci, un'altra è il Cancro, che occupa gran parte dello spazio compreso tra Procione, Polluce e Regolo.

Esiste una leggenda a essa associata: il grande eroe Ercole stava combattendo contro un mostro particolarmente pericoloso, l'Idra, quando fu attaccato da un granchio mandato da Giunone, la regina dell'Olimpo, che aveva i suoi motivi per odiare Ercole. Ovviamente Ercole calpestò il granchio e lo schiacciò, ma per premiarlo dei suoi sforzi Giunone lo portò in cielo.

Il Cancro assomiglia un po' a una versione molto debole e distorta di Orione, ma la sua stella più brillante, *beta* Cancri, o Altarf, arriva solo alla magnitudine 3,5. Perlomeno il Cancro è riscattato in una certa misura dalla presenza di due ammassi aperti molto belli, M44 o Praesepe (si veda il 5 marzo) e M67 (28 marzo), e naturalmente dalla possibilità di essere attraversato dai pianeti.

Una stella interessante è *zeta* Cancri, o Tegmine: si tratta di una facile doppia telescopica; la separazione apparente è di circa 6 se-

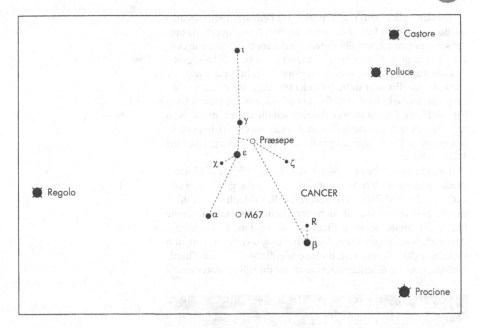

condi d'arco e il periodo orbitale di 1150 anni. La componente più brillante è a sua volta una binaria, con magnitudini di 5,7 e 6,2, separazione di 0,6 secondi d'arco e periodo orbitale di 60 anni. Esiste una terza componente molto più debole a 288 secondi d'arco, e potrebbe esservi ancora un'altra stella nel sistema. Un piccolo telescopio offre una buona osservazione della coppia principale; il membro più luminoso del gruppo è circa 3 volte più brillante del Sole

3 Marzo

Anniversario

1969: Lancio di *Apollo 9*: si trattava di una navicella in orbita intorno alla Terra, utilizzata per provare le tecniche del progetto *Apollo*, e non andò sulla Luna.

Ritorno sulla Luna

Considerato l'anniversario di *Apollo 9*, osserviamo nuovamente la Luna, che dopotutto è l'oggetto del cielo più gratificante per chi possiede un piccolo telescopio. Così si presenterà il 3 marzo nei prossimi anni, dal 2007 al 2015:

2007: Luna Piena. Dominanti i sistemi a raggiera.

2008: Esile falce lunare visibile al mattino, mancano 4 giorni alla Luna Nuova.

2009: Manca un giorno al Primo Quarto: posizione eccellente.

2010: Gibbosa: tra Luna Piena e Ultimo Quarto.

2011: Manca un giorno alla Luna Nuova: praticamente invisibile.

2012: Illuminata per tre quarti in fase crescente.

2013: Quasi all'Ultimo Quarto.

2014: Sottile falce crescente, visibile nel cielo serotino a occidente.

2015: Due giorni alla Luna Piena (e all'apogeo).

Abbiamo già notato che il confine tra l'emisfero illuminato e quello oscuro della Luna è chiamato *terminatore*: è qui che le ombre sono maggiormente allungate, e un cratere che si trovasse esattamente su questa linea sarebbe molto prominente. In seguito, quando il Sole è più alto su quella regione, le ombre si accorciano e il cratere può diventare difficile da identificare, a meno che non abbia pareti molto brillanti o un fondo molto scuro. Quando la Luna è quasi Piena, l'intera scena è dominata dalle strisce luminose, o *raggiere*, che si diramano radialmente da alcuni crateri, in particolare quelle di Tycho negli altopiani meridionali e di Copernico nel Mare Nubium.

Il metodo migliore per orientarvi sulla superficie della Luna è quello di scegliere un certo numero di crateri e disegnarli ogni volta che risultano visibili: sarete sorpresi dalle evidenti variazioni di aspetto persino nell'arco di poche ore. Alcune formazioni – come Plato, dal fondo scuro e diametro di 96 km, e il brillante Aristarchus – possono essere individuate ogni volta che vengono illuminate dal Sole, ma altre, molto evidenti con una bassa illuminazione, possono diventare davvero molto difficili da osservare..

4 Marzo

I mari lunari

Ci stiamo ancora concentrando sulla Luna: le note di ieri vi hanno descritto il suo aspetto attuale, quindi consideriamo adesso le caratteristiche più evidenti della superficie lunare, ossia i *mari*.

Si tratta di grandi zone scure, che coprono gran parte dell'emisfero lunare rivolto verso la Terra – ricordate che la Luna ci mostra sempre la stessa "faccia", perché il suo periodo orbitale è esattamente uguale a quello di rotazione (27,3 giorni). Questo significa che i mari mantengono sempre le stesse posizioni apparenti sul disco. Sono stati dati loro nomi romantici che usiamo ancora, perché comprensibilmente i primi osservatori ritenevano che le aree scure fossero realmente dei mari e quelle brillanti fossero terre asciutte. Da molto tempo sappiamo che non è così: la mancanza di un'atmosfera sulla Luna impedisce che possa esistervi acqua liquida e i "mari" non sono mai stati bacini di acqua, benché certamente devono essere stati un tempo mari di lava. Quasi tutti formano un sistema collegato, ma un grande mare, il Mare Crisium, ne è chiaramente separato. I mari principali sono elencati nella tabella della pagina a fronte.

Alcuni di questi bacini sono abbastanza regolari nel profilo e contornati da montagne; così il vasto Mare Imbrium confina in parte con i Montes Alpes e i Montes Apennines. Altri sono di forma irregolare. Essi sono facili da identificare a occhio nudo; la superficie non è realmente piana, ma vi si trovano meno crateri rispetto alle regioni chiare della Luna.

I mari lunari	
Mare Crisium	Mare delle Crisi
Mare Fecunditatis	Mare della Fecondità
Mare Frigoris	Mare del Freddo
Mare Humboldtianum	Mare di Humboldt
Mare Humorum	Mare degli Umori
Mare Imbrium	Mare delle Piogge
Mare Nectaris	Mare del Nettare
Mare Nubium	Mare delle Nubi
Mare Orientale	Mare Orientale
Oceanus Procellarum	Oceano delle Tempeste
Mare Serenitatis	Mare della Serenità
Mare Smythii	Mare di Smyth
Mare Tranquillitatis	Mare della Tranquillità
Mare Vaporum	Mare dei Vapori
Lacus Somniorum	Lago dei Sogni
Polus Somnii	Palude del Sonno
Sinus Æstuum	Baia dei Calori
Sinus Iridum	Baia degli Arcobaleni
Sinus Medii	Baia Centrale
Sinus Roris	Baia della Rugiada

Le rocce raccolte dagli astronauti hanno confermato che non c'è mai stata acqua sulla Luna. I mari erano di lava fusa in passato, intorno a quattro miliardi di anni fa; l'attività vulcanica era molto intensa e spesso la lava sommergeva i crateri situati al fondo dei mari, o livellava le pareti dei crateri rivolti verso i mari, formando delle baie.

Anniversario

1979: La sonda *Voyager 1* passò alla distanza di 348 mila chilometri da Giove. Era stata lanciata nel 1977 e inviò informazioni dettagliate, in particolare quelle relative alla scoperta di attività vulcanica su Io, satellite di Giove. *Voyager 1* proseguì per incontrare Saturno nel 1980 e sta ora lasciando il Sistema Solare.

5 Marzo

L'Alveare

Il Praesepe, nel Cancro (oggetto numero 44 del catalogo di Messier), è spesso giustamente descritto come uno dei più begli ammassi aperti visibili dall'emisfero settentrionale. Perde il confronto soltanto con le Pleiadi ed è un oggetto ben evidente anche a occhio nudo in ogni momento dell'anno, eccetto quando il cielo è velato o la Luna eccessivamente brillante. Era ben noto in epoca antica, tanto che intorno al 280 a.C. due astronomi greci, Arato e Teofrasto, scrissero che se il Præsepe sembrava debole, o non era visibile, allora stava per piovere, anche se il cielo era apparentemente privo di nubi.

L'ammasso si trova quasi al centro del vasto triangolo formato da Procione, Polluce e Regolo, e può essere identificato facilmente perché è affiancato su ciascun lato da due stelle, la *delta* Cancri (magnitudine 3,9) e la *gamma* Cancri (4,7). Il Praesepe è spesso soprannominato "la Mangiatoia", cosicché *delta* e *gamma* rappresentano gli "asinelli" (Aselli); ma il soprannome più comune per il Praesepe è "l'Alveare".

Esso contiene diverse dozzine di stelle ed è facilmente risolvibile. Per molti versi, la migliore osservazione si effettua con il binocolo, perché l'area coperta è estesa (70 primi d'arco) e non può essere compresa facilmente nel piccolo campo di un normale telescopio. Dista 525 anni luce e non è associato agli Aselli, che sono molto più vicini a noi.

Il Praesepe è un ammasso molto bello: è quindi difficile comprendere perché gli antichi cinesi gli assegnarono lo sgradevole nome di "le anime dei cadaveri accumulati".

6 Marzo

Il cielo e il binocolo

Abbiamo notato che la vista più spettacolare del Praesepe si ottiene con il binocolo, ed è vero che per alcuni aspetti un buon binocolo è astronomicamente molto più valido di un piccolo telescopio. Lo svantaggio principale è naturalmente l'impossibilità di variare gli ingrandimenti, e per l'attività astronomica i binocoli "zoom" non sono pienamente soddisfacenti.

Se volete acquistarne uno, un binocolo 7 x 50 rappresenta una scelta ragionevole. (Questo significa che l'ingrandimento è 7 e ciascuna lente obiettivo ha un diametro di 50 mm.) L'ingrandimento è abbastanza elevato e il binocolo sarà leggero e con un ampio campo di vista, così da potere essere tenuto in mano senza un tremolio eccessivo. Questo non accade con un binocolo potente, con ingrandimento pari o superiore a 12, e sopra i 15 ingrandimenti è essenziale appoggiarlo su qualche tipo di montatura.

Una soluzione consiste nel montare il binocolo su un treppiede da macchina fotografica: è abbastanza semplice farlo e consente di tenere fermo lo strumento, per quanto risulti talvolta piuttosto complicato puntarlo nella direzione desiderata.

Se avete solo un *budget* limitato, conviene investire in un binocolo anziché in un piccolo telescopio; inoltre, un binocolo può essere utilizzato anche per altri scopi.

Anniversario

1787: Nascita di Josef von Fraunhofer, famoso artigiano ottico tedesco che fu il primo a classificare le righe scure presenti nello spettro del Sole: esse sono ancora spesso chiamate "righe di Fraunhofer". Fu anche il migliore costruttore di lenti della sua epoca. La sua morte relativamente prematura, nel 1826, fu una tragedia per la scienza.

1986: La navicella russa *Vega 1* oltrepassò la cometa di Halley inviando dati importantissimi che si rivelarono di estrema rilevanza per la sonda *Giotto*, che raggiunse la cometa sei giorni dopo.

7 Marzo

X Cancri

I colori intensi non sono comuni tra le stelle, con l'eccezione delle tonalità del rosso. Tra le stelle molto brillanti, Vega viene sempre definita di colore "blu acciaio", benché la tonalità non sia spiccata, Capella è gialla, ma non marcatamente, e le stelle verdi sono praticamente assenti: ne esiste solo un presunto esempio, *beta* Libræ (si veda il 27 giugno). Le stelle arancioni e rosse sono molto più evidenti.

Nel Cancro esiste un esempio eccellente di stella molto rossa: è nota come X Cancri e non è molto lontana da *delta* Cancri, o Asellus Australis, il più meridionale degli "asinelli" che affiancano il Præsepe. Come molte stelle rosse è una variabile: la magnitudine varia da 5,6 a 7,5, quindi può sempre essere osservata al binocolo e non è difficile da individuare, tra la *delta* e una piccola coppia di stelle (*omicron* e 63 Cancri). È di tipo spettrale N e ha un periodo molto approssimativo di circa 195 giorni. Comunque, si tratta di una variabile "semiregolare", quindi il suo periodo è soggetto a notevoli irregolarità.

Quando si trova al massimo di luce, X Cancri è al limite della visibilità a occhio nudo, ma senza un ausilio ottico non sarete in grado di riconoscerne il colore. In realtà il colore è molto simile a quello di *mu* Cephei, la Stella Granata (si veda il 28 gennaio), ma la *mu* è molto più brillante, quindi il colore è assai più evidente.

Se avete una fotocamera adatta, puntate il Præsepe e impostate un opportuno tempo di esposizione: se andrà tutto bene si vedrà X Cancri, e con una pellicola sensibile, a colori, apparirà davvero rossa.

8 Marzo

La "Stella Solitaria"

Alcune stelle sono facili da identificare a causa della loro luminosità, altre per il colore e alcune per la particolare posizione in cielo. A quest'ultima categoria appartiene Alphard, o *alfa* Hydrae: non è eccezionalmente brillante – la sua magnitudine è 2,0, cioè pari a quella della Stella Polare – ma è così "isolata" da essere stata soprannominata la "Stella Solitaria".

Per localizzarla utilizzate come riferimento i Gemelli, Castore e Polluce: prolungandone la congiungente oltre Polluce per un certo tratto arriverete direttamente ad Alphard. Non ci sono altre stelle brillanti nella regione, e lo Zodiaco si trova a una certa distanza, quindi non c'è pericolo di confonderla con un pianeta.

Vista a occhio nudo, Alphard è chiaramente arancione e il binocolo ne mostra bene il colore. Lo spettro è di tipo K è la stella è piuttosto brillante, 115 volte più del Sole; dista da noi 88 anni luce.

Le stelle arancioni e rosse di questo tipo sono spesso variabili, e anche in Alphard si sospetta ci siano variazioni di luminosità: Sir John Herschel, tornando a casa dal Capo di Buona Speranza nel 1838, ne effettuò diverse osservazioni dal ponte della nave e si convinse che si verificassero fluttuazioni pronunciate, ma non sono mai state confermate, e la stella è difficile da stimare a occhio nudo a causa dell'assenza di stelle di confronto adatte. Se esiste qualche variazione, non può ammontare a più di pochissimi decimi di magnitudine. Comunque è sempre interessante localizzare la "Stella Solitaria", che splende di una soffusa luce arancione nella propria solitaria gloria.

9 Marzo

L'Idra Femmina

Abbiamo già individuato Alphard, la "Stella Solitaria", la più brillante della costellazione dell'Idra Femmina. Nella leggenda mitologica che la riguarda si narra che l'Idra fosse un mostro a cento teste che viveva nelle paludi di Lerna. Era piuttosto difficile da uccidere, perché ogni volta che una testa veniva tagliata ne appariva un'altra. Fu durante la sua lotta con l'Idra che l'eroe Ercole incontrò un granchio (si vedano le note per il 2 marzo e il 2 luglio). Inutile dire che Ercole alla fine prevalse!

Attualmente l'Idra Femmina è la più estesa tra le costellazioni, coprendo oltre 1300 gradi quadrati. Si estende dalla "testa", approssimativamente tra Procione e Regolo, fino a sud della Vergine; la parte più meridionale è sempre molto bassa dall'Italia. Per quanto vasta, l'Idra Femmina contiene pochissime stelle brillanti. Le principali sono elencate nella tabella.

La testa del serpente, tra i Gemelli e Alphard, è formata da un gruppo di quattro stelle, la più luminosa delle quali è la *zeta*; le altre sono la *delta* (4,2), la *eta* (4,3) e la *epsilon* (3,4). La *zeta* è arancione e le altre bianche: il binocolo mostra immediatamente il contrasto di colore.

La più interessante di queste stelle è la *epsilon*, un sistema multiplo: un piccolo telescopio mostrerà che la stella principale ha una compagna di settima magnitudine, con una separazione di 2,8 secondi d'arco. La stella brillante è essa stessa una binaria: le componenti sono alquanto diverse e molto vicine –

Anniversario

1870: Nascita di E.M. Antoniadi, un astronomo greco che spese gran parte della sua carriera in Francia e utilizzò il rifrattore da 84 cm di Meudon. Era probabilmente il migliore osservatore di pianeti dell'epoca pre-spaziale, e la sua nomenclatura delle formazioni marziane è ancora in uso. Morì nel 1944 durante l'occupazione nazista della Francia.

1986: La sonda russa *Vega 2* oltrepassò la cometa di Halley inviando sulla Terra dati molto importanti.

Idra Femmina

Lettera greca	Nome	Magnitudine	Luminosità (Sole=1)	Distanza (anni luce)	Tipo spettrale
α alfa	Alphard	2,0	115	85	K3
γ gamma	–	3,0	58	104	G5
ζ zeta	–	3,1	60	124	K0
ν nu	–	3,1	96	127	K2

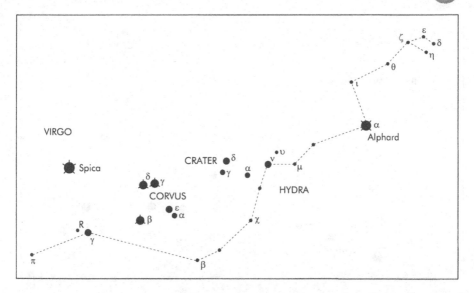

la loro separazione effettiva è di circa 1280 milioni di chilometri, cioè 8,5 volte la distanza tra la Terra e il Sole. Il periodo di rivoluzione è di 15 anni, mentre la stella più lontana impiega 890 anni per completare un'orbita intorno alla binaria stretta.

Eta Hydræ, la più debole tra le stelle principali della "testa", è in effetti molto più brillante di Alphard, con una luminosità 400 volte quella del Sole, ma si trova a ben più di 500 anni luce da noi.

10 Marzo

La Giraffa e i Puntatori meridionali

Il 1° marzo abbiamo osservato la Lince, all'estremità nord del cielo, che possiede almeno una stella abbastanza brillante. Questo è già più di ciò che possiamo dire della Giraffa, che confina con la Lince e con la "W" di Cassiopea. Non si tratta di una costellazione antica: fu aggiunta da Hevelius nel 1690 e gli storici hanno affermato che rappresenta il cammello che portò Rebecca da Isacco. In realtà non assomiglia affatto a un cammello, una giraffa o qualcosa di simile, e comprende alcune stelle deboli e sparse, nessuna delle quali arriva alla quarta magnitudine. Probabilmente il modo migliore di localizzare la regione è guardare la zona tra Capella e la Polare.

Quasi tutti gli osservatori meridionali conoscono la Croce del Sud (si veda il 26 aprile): è praticamente circondata dalla molto più vasta costellazione del Centauro, due stelle del quale, *alfa* e *beta* Centauri, puntano ad essa. Ancora una volta le apparenze ingannano: i due Puntatori si trovano accanto in cielo, ma non sono affatto vicini. *Alfa* Centauri si trova solo a poco più di 4 anni luce di

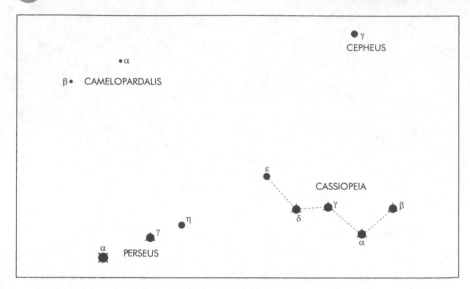

distanza, ed è la più vicina stella brillante oltre il Sole, mentre *beta* Centauri (Agena) è a 480 anni luce da noi, quindi è lontana sullo sfondo. È anche molto brillante, 10.500 volte il Sole, mentre *alfa* Centauri ha una luminosità poco meno che doppia di quella solare.

Per gli australiani e i sudafricani la Croce e i Puntatori sono adesso alti verso est. Sfortunatamente sono troppo a sud per essere visti dall'Italia o da qualche regione europea. Da Sydney, Città del Capo o un qualunque punto della Nuova Zelanda sono circumpolari, cioè non tramontano mai.

11 Marzo

Il cacciatore di pianeti

Urbain Jean Joseph Le Verrier, uno dei più grandi astronomi francesi del diciannovesimo secolo, nacque l'11 marzo 1811. Fu lui a effettuare i calcoli che portarono alla scoperta del pianeta Nettuno nel 1846.

Urano, il primo dei pianeti giganti oltre l'orbita di Saturno, era stato scoperto nel 1781 da William Herschel (si veda il 13 marzo), ma presto ci si accorse che non si stava muovendo come previsto. Qualcosa ne alterava la posizione, e Le Verrier si convinse che questo "qualcosa" dovesse essere un altro pianeta che orbitava a una distanza maggiore dal Sole. Era di fronte a un caso da *detective* cosmico: poteva vedere la vittima – Urano – e doveva scoprire dov'era l'aggressore. Infine, fornì la posizione calcolata del nuovo pianeta agli astronomi dell'Osservatorio di Berlino, e quasi subito Johann Galle e Heinrich D'Arrest lo individuarono al telescopio, quasi esattamente nel

Anniversario

1811: Nascita di U.J.J. Le Verrier. Non troppo popolare tra i colleghi, nel 1870 fu costretto a dimettersi dalla carica di direttore dell'Osservatorio di Parigi a causa del suo carattere irascibile, anche se fu reintegrato quando il suo successore, Delaunay, annegò in un incidente in barca. Le Verrier morì nel 1877.

punto dove Le Verrier aveva previsto si trovasse. Dopo un serrato dibattito venne chiamato Nettuno. (Calcoli simili erano stati effettuati dall'inglese J.C. Adams, ma Le Verrier non ne venne a conoscenza se non dopo la scoperta.)

Parleremo più diffusamente di Urano il 24 agosto.

12 Marzo

Magnitudini stellari

Stanotte sono visibili varie stelle brillanti, quindi può essere un buon momento per fare un riepilogo sulle *magnitudini apparenti*. (Ricordate che questa è una misura di quanto una stella appare luminosa, non di quanto lo sia in realtà. La *magnitudine assoluta* è una cosa diversa: si veda il 21 maggio).

Solo quattro stelle hanno una magnitudine apparente negativa: Sirio (–1,5), Canopo (–0,7), *alfa* Centauri (–0,3) e Arturo (appena più brillante di 0,0). Capella e Rigel sono entrambe di magnitudine 0,1, ma se le confrontate troverete una differenza: nell'emisfero nord Rigel sarà sempre più bassa di Capella e quindi la sua radiazione risulterà maggiormente affievolita dovendo attraversare uno strato più spesso di atmosfera terrestre – un effetto noto come *estinzione*. Per gli osservatori meridionali si verificherà la situazione opposta, con Capella più bassa di Rigel. Questo è il motivo per cui è sempre difficile ottenere confronti attendibili tra stelle situate ad altezze diverse.

Di seguito sono elencate alcune magnitudini utili come possibili riferimenti:

0,1	Capella
1,1	Polluce
1,3	Regolo
1,6	Castore
2,0	Polare
3,0	*Gamma* Bootis (si veda il 7 giugno)
3,3	Megrez nell'Orsa Maggiore
3,9	*Delta* Cancri (Asellus Australis), il più brillante degli "asinelli" (si veda il 5 marzo)
4,7	*Gamma* Cancri (Asellus Borealis), il meno brillante degli "asinelli".

Le stelle sopra la magnitudine 5 possono essere viste solo quando il cielo è piuttosto buio, e sopra la magnitudine 6 l'osservatore medio avrà bisogno di un supporto ottico.

Sigma Octantis, la stella più vicina al polo sud, è soltanto di magnitudine 5,5.

13 Marzo

Anniversari del Sistema Solare

Questo è certamente il giorno degli anniversari: prima di tutto, oggi ricorre la scoperta del primo pianeta trovato nell'era telescopica, Urano, ad opera di William Herschel.

Herschel nacque a Hannover e fu educato come musicista. Si trasferì in Inghilterra da giovane e vi trascorse il resto della vita, diventando organista nella città di Bath. Si dedicò all'astronomia come *hobby*, costruendosi i propri telescopi riflettori, e con uno di essi, dal giardino della sua casa al numero 19 di New King Street, a Bath (ora un museo a lui dedicato), scoprì un oggetto non stellare che risultò essere un nuovo pianeta. Urano è un pianeta gigante, di diametro pari circa alla metà di quello di Saturno, ed è appena visibile a occhio nudo.

Percival Lowell proveniva da una ricca famiglia americana; per alcuni anni lavorò come diplomatico, poi si dedicò all'astronomia e costruì un grande Osservatorio a Flagstaff, in Arizona, equipaggiandolo con un telescopio molto potente (un rifrattore di 61 cm). Era convinto che Marte fosse abitato e che i suoi "canali" fossero artificiali. Comunque era anche un ottimo matematico, e dalle piccole irregolarità nei movimenti dei pianeti esterni stimò la possibile posizione di un ulteriore membro della famiglia solare. Nel 1930, 14 anni dopo la morte di Lowell, il nuovo oggetto – Plutone – fu scoperto fotograficamente da Clyde Tombaugh, vicino alla posizione che aveva indicato Lowell. Plutone ha posto agli astronomi un enigma dopo l'altro (si veda il 4 giugno), ed è recentissima la risoluzione dell'Unione Astronomica Internazionale che l'ha depennato dalla famiglia dei pianeti del Sole. È indubbio che la sua scoperta si deve al tenace lavoro di Lowell.

La sonda *Giotto*, di costruzione europea, ha penetrato la chioma della cometa di Halley inviando immagini ravvicinate del nucleo. È sopravvissuta all'incontro, ma la camera è stata messa fuori uso dall'impatto con una particella di polvere probabilmente delle dimensioni di un chicco di riso. *Giotto* ha quindi proseguito per raggiungere una seconda cometa, la Grigg-Skjellerup, il 10 luglio 1992.

> ### Anniversario
>
> 1781: Scoperta di Urano da parte di William Herschel.
>
> 1855: Nascita di Percival Lowell.
>
> 1930: Annuncio della scoperta di Plutone da parte di Clyde Tombaugh presso l'Osservatorio Lowell in Arizona.
>
> 1986: La sonda *Giotto* oltrepassò la cometa di Halley a 1664 km dal nucleo.

14 Marzo

L'ammasso globulare più grande

Gli ammassi globulari formano una sorta di "cornice esterna" al corpo principale della Galassia. Sono enormi sistemi stellari sferici, talvolta contenenti più di un milione di stelle; ne conosciamo più di cento. L'emisfero meridionale del cielo ne contiene più di quello settentrionale, perché il Sole si trova piuttosto lontano dal centro della Galassia e ne abbiamo una visuale disomogenea; la zona del Sagittario è particolarmente ricca di ammassi globulari.

Solo tre di questi sono chiaramente visibili a occhio nudo: M13 in Ercole (si veda il 4 luglio), 47 Tucanae (29 novembre) e *omega* Centauri, il più brillante.

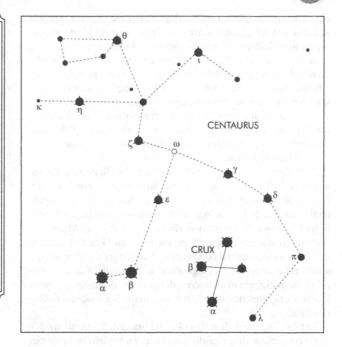

Quest'ultimo si trova nella zona settentrionale del Centauro ed è ora verso est se osservato dall'Australia o dal Sudafrica, alto sull'orizzonte. Il suo diametro apparente è circa uguale a quello della Luna Piena, e, mentre le regioni esterne possono essere facilmente risolte in stelle, le zone centrali sono troppo fitte. Telescopicamente è difficile comprendere l'intero ammasso nello stesso campo a causa della sua estensione; dovete usare un basso ingrandimento e, naturalmente, al binocolo è una vista spettacolare. È cospicuo anche a occhio nudo e sembra una stella sfocata. Non compare nel catalogo di Messier, ma è il numero 80 del *Caldwell Catalogue*.

La declinazione di *omega* Centauri è approssimativamente 48° S. Sottraendo 48 da 90 otteniamo 42; per vedere l'ammasso dovete quindi trovarvi a una latitudine a sud di 42° N (approssimativamente quella di Roma). Questo significa che è invisibile da gran parte dell'Europa, benché sorga sopra l'orizzonte nelle sue regioni più meridionali: per esempio, ad Atene, Malta o la Sicilia. Più a sud di Invercargill, in Nuova Zelanda, è circumpolare.

15 Marzo

La scelta del telescopio

Come abbiamo visto, il binocolo è molto utile in astronomia e fornisce una vista stupenda di oggetti quali gli ammassi globulari. Esso ha però un ingrandimento limitato, e per un'osservazione più dettagliata è necessario un telescopio. Con un telescopio, per esempio, si possono vedere gli anelli di Saturno, come pure le bande e le macchie su Giove, le aree scure e le calotte polari su Marte e innumerevoli stelle doppie, variabili e oggetti nebulari.

Sfortunatamente è difficile trovare un telescopio moderno che sia allo stesso tempo valido ed economico, e si deve porre molta attenzione nella scelta dello strumento. In particolare, non conviene spendere molto su un rifrattore con obiettivo di diametro inferiore ai 75 mm, o su uno strumento a specchio sotto i 15 cm di diametro. Telescopi più piccoli di queste dimensioni sono inevitabilmente deludenti, in particolare se possiedono montature instabili, come solitamente accade.

Ricordate che l'efficienza di un telescopio dipende dalla sua apertura; l'effettivo ingrandimento viene ottenuto con l'oculare. Non acquistate quindi a occhi chiusi un telescopio pubblicizzato come capace di fortissimi ingrandimenti: il massimo ingrandimento (*potere*) possibile per ottenere risultati accettabili è di 20 per ogni centimetro di apertura; quindi, per esempio, un 75 mm non offrirà mai buone osservazioni con un potere superiore a 150; molti costruttori fanno asserzioni esagerate a tale proposito. Fate attenzione anche ai diaframmi all'interno del tubo che riducono l'apertura effettiva e rappresentano un ben noto sistema per nascondere ottiche difettose.

La fabbricazione delle lenti è oltre la portata dell'astrofilo medio, ma la costruzione di un valido specchio per un riflettore newtoniano è possibile: richiede tempo e pazienza, ed è un'impresa più laboriosa che difficile.

La regola d'oro è: non affrettatevi a comprare un telescopio solo perché sembra bello; se possibile avvaletevi dell'aiuto di un esperto. Il vostro gruppo astrofili locale sarà quasi certamente in grado di consigliarvi per il meglio.

16 Marzo

Procione

Questo è un buon momento per cercare Procione, la stella principale del Cane Minore: con una magnitudine di 0,38 è una delle stelle più luminose del cielo ed è facile da localizzare usando Orione come guida (si vedano le mappe a inizio mese). È uno degli astri più vicini a noi, a soli 11 anni luce di distanza, ed è 7 volte più luminoso del Sole. Il suo tipo spettrale è F5 e quindi ci si aspetterebbe che fosse giallastra, ma molti affermano che è bianca.

Procione non viaggia sola nello spazio: ha una debole compagna di magnitudine 13 scoperta nel 1896, così vicina alla stella brillante che risulta molto difficile da osservare. Il suo periodo orbitale è di 41 anni e la separazione è di circa 2240 milioni di chilometri. La compagna è una nana bianca, leggermente più piccola di pianeti quali Urano o Nettuno, ma con una massa pari al 65% di quella solare. Procione stessa ha una massa pari a 1,75 volte quella del Sole.

Non vi sono altre stelle brillanti nel Cane Minore.

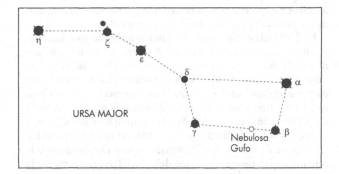

17 Marzo

La Nebulosa Gufo

Stanotte cercheremo un oggetto decisamente sfuggente: M97, la Nebulosa Gufo. La sua magnitudine integrata è intorno a 12, cosicché è ben oltre la portata di un binocolo e probabilmente avrete bisogno di un telescopio con apertura di almeno 15 cm per riuscire a scorgerla.

Perlomeno è alta in cielo: si trova nell'Orsa Maggiore, che attualmente non è lontana dallo zenit, vicino a *beta* Ursæ Majoris, o Merak, il più debole dei due Puntatori della Stella Polare. La posizione è: AR 11h 15m, declinazione +55° 01'.

Il Gufo è una nebulosa planetaria. Il nome è fuorviante perché una nebulosa planetaria non ha assolutamente nulla a che vedere con un pianeta: è una stella molto vecchia che ha espulso i propri strati esterni ed è circondata da un "guscio" di gas molto tenue in espansione. La nebulosa deve il suo soprannome a Lord Rosse che, nel 1848, la osservò con il suo riflettore di 183 cm a Birr Castle, in Irlanda, trovando che "somigliava incredibilmente alla testa di un gufo", con "una stella in ciascuna delle cavità oculari". Il diametro reale della nebulosa è dell'ordine di 3 anni luce e la sua distanza intorno ai 3000 anni luce.

M97 è uno degli oggetti più deboli del catalogo di Messier; cercatelo in ogni caso, ma non sorprendetevi se non lo individuate al primo tentativo.

18 Marzo

Passeggiate spaziali

All'inizio degli anni '60 il programma spaziale della vecchia Unione Sovietica era in pieno fervore. *Voskhod* 2 trasportava due cosmonauti, e fu durante questa missione che Alexei Leonov effettuò la primissima "passeggiata spaziale": indossando una tuta speciale uscì dalla navicella e attuò una serie di manovre prima di rientrare attraverso un portello.

La domanda ovvia è: come mai non si è allontanato dalla navicella? È vero che aveva una fune di sicurezza, ma in ogni caso non c'era alcuna forza a spostarlo: Leonov e la *Voskhod* stavano orbitando intorno alla Terra alla stessa velocità e alla stessa distanza, quindi è ovvio che siano semplicemente rimasti insieme. La migliore analogia è quella di immaginare due formiche che camminano sul cerchio di una ruota di bicicletta. Se si fa girare la ruota le formiche non si separeranno, e questa era la situazione di Leonov e della navicella: essi rappresentano le due formiche, mentre il mozzo della bicicletta rappresenta la Terra.

La "passeggiata" di Leonov fu breve, ma da allora sono state effettuate molte operazioni complesse, tra cui la riparazione dell'*Hubble Space Telescope*. In molti casi, gli astronauti non erano neanche collegati a funi di sicurezza. Il primo americano a lasciare una navicella in tal modo fu Edward White, dal veicolo *Gemini 4* nel giugno 1965. La missione ebbe successo, ma per ironia della sorte White perse in seguito la vita durante l'addestramento a terra per un missione spaziale.

19 Marzo

Xi Ursae Majoris: la prima orbita binaria calcolata

Abbiamo visto che il Grande Carro è solo una parte dell'estesa costellazione dell'Orsa Maggiore. Una delle stelle più deboli dell'Orsa è particolarmente interessante e ha un nome proprio (Alula Australis, che significa "il primo salto"): molti astronomi, tuttavia, la chiamano semplicemente come *xi* Ursæ Majoris. Si trova vicino ad Alula Borealis, o *nu* Ursæ Majoris, una stella arancione di tipo K e magnitudine 3,5. La coppia è facile da localizzare; *nu* è tre decimi di magnitudine più brillante di *xi*.

La *xi* è una doppia facile: le componenti hanno magnitudini 3,4 e 4,8 e la separazione attuale è di 1,3 secondi d'arco. La sua natura binaria fu osservata per la prima volta da Sir William Herschel nel 1780, durante una delle sue "rassegne del cielo". All'epoca non si era compreso che molte stelle doppie (in effetti quasi tutte) sono sistemi binari, cioè fisicamente associati; questa scoperta si deve allo stesso Herschel, durante i suoi sfortunati tentativi di misurare le distanze stellari. Nel 1804 egli capì che *xi* Ursæ Majoris doveva essere una binaria, perché le due componenti si stavano spostando significativamente l'una rispetto all'altra. La posizione angolare della stella più debole rispetto a quella più brillante è nota come *angolo di posizione* (AP); nel caso di *xi* Ursæ Majoris esso era cambiato di circa 60° dall'epoca della prima identificazione della coppia.

Il problema fu affrontato da un astronomo francese, Félix Savery. Nel 1828 egli annunciò che il periodo orbitale della binaria era di poco inferiore a 60 anni (per la precisione è di 59,8 anni), con una separazione che varia da 0",9 a 3",1. Questa binaria è stata la prima la cui orbita sia stata calcolata, quindi Alula Australis ha un posto nella storia dell'astronomia.

La distanza dalla Terra è di soli 25 anni luce. Pare che ogni componente sia essa stessa una binaria spettroscopica e che quindi, in realtà, *xi* Ursæ Majoris sia un sistema quadruplo. Se laggiù vi è qualche pianeta, i suoi abitanti devono avere una visione del cielo davvero spettacolare.

20 Marzo

L'equinozio

L'inizio della primavera, o equinozio vernale, cade sempre intorno a questa data, ma, a causa delle idiosincrasie del nostro calendario, il giorno effettivo non è sempre lo stesso, anche se non varia mai di molto. Queste le epoche dell'equinozio per gli anni a venire:

2007: 21 marzo, 00h 08m
2008: 20 marzo, 05h 45m
2009: 20 marzo, 11h 44m
2010: 20 marzo, 17h 33m
2011: 20 marzo, 23h 21m
2012: 20 marzo, 05h 14m
2013: 20 marzo, 11h 02m
2014: 20 marzo, 16h 57m
2015: 20 marzo, 22h 45m

Queste date indicano il momento in cui il Sole attraversa l'equatore celeste spostandosi da sud verso nord. Per i successivi sei mesi si troverà nell'emisfero settentrionale del cielo, prima di attraversare nuovamente l'equatore (equinozio autunnale) e tornare a sud.

L'eclittica – cioè la traiettoria apparente annuale del Sole rispetto alle altre stelle – è inclinata sull'equatore di 23°,5, perché l'asse di rotazione terrestre è inclinato di questo angolo rispetto alla perpendicolare al piano dell'orbita di rivoluzione. L'equinozio vernale, punto di intersezione tra l'equatore e l'eclittica, è noto anche come *primo punto d'Ariete*, perché anticamente si trovava nell'omonima costellazione. L'asse terrestre non punta sempre esattamente nella stessa direzione: nel lontano passato puntava a una posizione del cielo vicina alla stella Thuban, nel Dragone, che era quindi la "stella polare" quando venivano costruite le piramidi d'Egitto. L'equinozio si è adesso spostato dalla costellazione dell'Ariete in quella adiacente dei Pesci, benché noi usiamo ancora il vecchio nome. Il movimento del polo è dovuto a un effetto noto come *precessione* (si veda il 18 ottobre).

Nella nostra epoca la stella che indica il nord continuerà a essere la nostra Polare. Thuban è sotto la terza magnitudine; si trova tra Alkaid nel Grande Carro e i due guardiani del polo, *beta* e *gamma* Ursæ Minoris.

21 Marzo

L'equatore celeste

Proprio come l'equatore terrestre divide la Terra in due emisferi, così quello celeste divide il cielo in due emisferi. Poiché ci troviamo adesso all'equinozio vernale, quando il Sole attraversa l'equatore (il 20 o il 21 marzo, a seconda dell'anno), questo è un buon momento per scoprire dove passa l'equatore celeste.

Orione è ancora visibile, basso verso ovest, e possiamo iniziare da lì, perché l'equatore passa poco a nord di Mintaka, o *delta* Orionis, la più debole delle tre stelle della Cintura del Cacciatore; la declinazione di Mintaka è di soli 18 primi d'arco a sud (–00° 18'). L'equatore passa poi attraverso l'Unicorno, dove non si trovano stelle brillanti (si veda il 27 marzo), e quindi nel Cane Minore, poco meno di 6° a sud di Procione, la cui declinazione è infatti +5° 14'. Poi attraversa l'Idra Femmina, a sud della testa del serpente (si veda il 9 marzo); la stella più brillante della "testa", *zeta* Hydræ, si trova a declinazione +5° 56'. Tra la testa e Alphard (si veda l'8 marzo) si trovano due stelle deboli, *theta* e *iota* Hydræ, entrambe di quarta magnitudine, tra le quali passa l'equatore. Proseguendo, attraversa poi la debole costellazione del Sestante (si veda il 23 aprile) e quindi la Vergine (8 maggio), passando accanto a due stelle dell'asterismo principale, *eta* Virginis, o Zaniah (–00° 40'), e *gamma* Virginis, o Arich (–01° 27'), continuando poi nelle vaste costellazioni del Serpente e di Ofiuco.

Poiché i poli celesti si muovono leggermente a causa della precessione, anche l'equatore si sposta, ma la deriva è troppo esigua per essere notata a occhio nudo su un periodo di molte generazioni umane. In ogni caso, non esiste un "indicatore" definito che mostri dove corre precisamente l'equatore.

22 Marzo

L'origine dei pianeti

Quando si tracciano le mappe stellari non è possibile inserire le posizioni dei pianeti perché essi si spostano in cielo: ricordate che sono molto vicini alla Terra in confronto alle stelle, e sono membri della famiglia del Sole, o Sistema Solare.

Anniversario

1394: Nascita di Ulugh Beigh, l'ultimo dei grandi astronomi della scuola araba. Fece costruire un Osservatorio nella sua capitale, Samarcanda; naturalmente non vi erano telescopi, ma l'Osservatorio divenne un centro astronomico in cui venivano compilate tavole della Luna e dei pianeti. Ulugh Beigh fu ucciso nel 1449 per ordine di suo figlio, che egli aveva cacciato "interpretando il volere degli astri".

Il primo a proporre una teoria plausibile per spiegare l'origine dei pianeti fu Pierre Simon de Laplace. Egli riteneva che il Sistema Solare fosse iniziato come una nube di gas in contrazione; quando la nube diventò più piccola, a causa dell'attrazione della gravità, espulse vari "anelli" di materia, ciascuno dei quali si condensò in un pianeta. Quando avanzò questa idea, nel 1795, né Nettuno né la famiglia dei transnettuniani, capitanata da Plutone, erano conosciuti; nella "ipotesi nebulare" di Laplace, Urano sarebbe stato il pianeta più vecchio e Mercurio il più giovane.

Questa ipotesi fu accettata per molti anni. Si scoprì poi che nella forma originale vi erano gravi errori matematici, ma le teorie moderne non sono troppo dissimili, e certamente sembra che la Terra e gli altri pianeti si siano prodotti in una "nebulosa protosolare", una nube di materiale associata al giovane Sole. Almeno siamo sicuri dei tempi-scala: la Terra ha 4,6 miliardi di anni e con ogni probabilità gli altri pianeti hanno la stessa età. Indubbiamente i contributi di Laplace furono molto importanti per la dinamica e per l'astronomia teorica.

23 Marzo

I Cani da Caccia

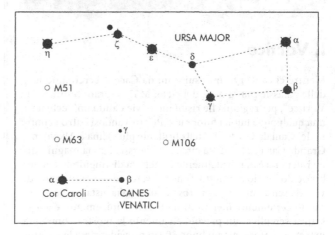

La costellazione di stanotte è quella dei Cani da Caccia, Asterion e Chara. La costellazione è vicina all'Orsa Maggiore e contiene solo una stella abbastanza brillante, la *alfa* (Cor Caroli). Nelle vecchie mappe, i Cani sono mostrati al guinzaglio del Boote, il Bifolco, forse per impedire loro di inseguire le Orse intorno al polo celeste.

Cor Caroli è di magnitudine 2,9; pare che Edmond Halley le abbia dato questo nome per onorare la memoria del re Carlo I, che era stato giustiziato nel 1649 dopo la fine della guerra civile tra i seguaci del re e i repubblicani di Cromwell. Essa dista 65 anni luce ed è 75 volte più luminosa del Sole. Gli aspetti che la rendono interessante sono lo spettro variabile e il campo magnetico intenso e variabile. È anche una bella stella doppia: la compagna ha magnitudine 5,5 e poiché la separazione supera i 19 secondi d'arco è una binaria telescopica particolarmente facile.

La seconda stella della costellazione è la *beta*, o Chara, alquanto inferiore alla quarta magnitudine; dista solo 29 anni luce ed è quindi uno degli astri a noi più vicini. Il suo spettro è di tipo G.

Se avete un binocolo cercate la variabile molto rossa Y Canum Venaticorum, che si trova a circa un terzo della distanza tra Cor Caroli e Megrez nell'Orsa Maggiore. È una delle stelle più rosse: è di tipo N, quindi la sua superficie è relativamente fredda. È una variabile semiregolare: al massimo è al limite della visibilità a occhio nudo, ma è necessario un ausilio ottico per evidenziarne il colore, che è così intenso che le è valso l'appellativo di "La Superba". La sua posizione è: AR 12h 45m, dec. +45° 26'. Ha un periodo molto approssimato di 157 giorni, soggetto comunque a notevoli fluttuazioni. La Superba è certamente meritevole di essere osservata.

24 Marzo

Il Vortice

Mentre ci concentriamo sui Cani da Caccia, cerchiamo una delle galassie più famose del cielo: M51, soprannominata "il Vortice", per ragioni che risultano ovvie dando un'occhiata a una qualunque buona fotografia. Pur trovandosi entro i confini dei Cani da Caccia, la stella brillante più vicina è Alkaid, nel Grande Carro: M51 dista circa 3°,5 da essa. La sua magnitudine integrata è 8; normalmente è ritenuta distinguibile con un binocolo, ma io ammetto di non essere mai stato in grado di vederla senza un telescopio (osservatori dalla vista più acuta faranno certamente meglio di me). Telescopicamente è abbastanza semplice: un piccolo strumento la mostra come una macchia confusa, ma un buon 30 cm ne evidenzierà la struttura a spirale.

In effetti, il Vortice è stata la prima galassia a essere riconosciuta come una spirale da Lord Rosse, nel 1845, durante le prove iniziali con il suo riflettore di 183 cm a Birr Castle, in Irlanda. Fu sempre lui a dare alla galassia il suo soprannome. Il disegno che ne fece era decisamente buono, come si vede confrontandolo con una fotografia moderna, e mostra anche la galassia satellite, NGC 5195, che è unita a M51 da un "ponte" di

Anniversario

1893: Nascita di Walter Baade, astronomo tedesco che spese gran parte della sua carriera negli Stati Uniti. Scoprì che si era verificato un grave errore nella scala di distanza delle Cefeidi (si veda il 28 gennaio) e che l'Universo era grande il doppio di quanto si era ritenuto fino ad allora. Morì nel 1959.

1975: Contatto perso con la navicella spaziale *Mariner 10*, che era stata lanciata nel 1973 e aveva oltrepassato Venere (3 febbraio 1974) e avvicinato tre volte Mercurio (25 marzo, 21 settembre 1974 e 16 marzo 1975). In attesa della missione europea *BepiColombo* (dedicata all'ingegnere italiano Giuseppe Colombo, ideatore del "satellite al guinzaglio"), prevista per il 2013, la *Mariner 10* rimane la sola sonda ad avere osservato Mercurio da vicino.

materia luminosa.

M51 fu scoperta da Messier nel 1773. Dista circa 37 milioni di anni luce ed è quindi una delle galassie più vicine, per quanto ben oltre i limiti del nostro Gruppo Locale. È uno dei soggetti preferiti dagli astrofotografi e risulta così spettacolare perché, a differenza della più estesa e vicina galassia di Andromeda (M31), è vista praticamente "di faccia", anziché "di taglio".

Anniversario

1655: Scoperta di Titano, satellite di Saturno, da parte di Christiaan Huygens.

25 Marzo

Titano

Il satellite principale di Saturno, Titano, fu scoperto dall'astronomo olandese Christiaan Huygens utilizzando uno dei rifrattori a lunga focale e piccola apertura dell'epoca. Esso orbita intorno a Saturno a una distanza media di 1,26 milioni di chilometri con un periodo di 16 giorni; è di ottava magnitudine, quindi osservabile praticamente con ogni telescopio, ed è appena entro la portata di un potente binocolo. Ha un diametro di 5120 km, quindi superiore a quello di Mercurio: è infatti il maggiore satellite del Sistema Solare, secondo solo a Ganimede, della famiglia di Giove.

Ciò che rende Titano così importante è la presenza di una densa atmosfera; la pressione al suolo è circa 1,5 volte quella dell'aria terrestre al livello del mare. Inoltre, l'atmosfera è composta in gran parte da azoto, per quanto vi sia anche una grossa quantità di metano (gas di palude). Purtroppo, è difficile studiare la sua superficie a causa delle nubi permanenti che lo avvolgono; le immagini del *Voyager* hanno mostrato solo la parte superiore di uno strato del cosiddetto "smog arancione"; recentemente l'*Hubble Space Telescope* ha fatto molto meglio. La temperatura è bassa, intorno a −168 °C, cioè vicina al punto triplo del metano, quindi questo elemento potrebbe esistere allo stato solido, liquido o gassoso, proprio come la molecola H_2O può esistere sulla Terra come ghiaccio solido, acqua liquida o vapore acqueo.

La navicella *Cassini*, lanciata nel 1997, ha fatto scendere una sonda su Titano nel gennaio 2005, intitolata a Christiaan Huygens, e l'atterraggio è riuscito perfettamente. I dati inviati dalla *Huygens* durante la discesa e nei minuti successivi all'atterraggio (prima che la sonda esaurisse le batterie e si spegnesse definitivamente) sono importantissimi per comprendere la struttura dell'atmosfera del satellite e le caratteristiche fisico-chimiche della sua superficie. Recentemente, con osservazioni radar, la *Cassini* ha scoperto la presenza di laghi di idrocarburi ai poli del satellite. Certamente Titano è diverso da ogni altro "mondo" del Sistema Solare.

Marzo 26

Gli oggetti di Messier nei Cani da Caccia

Non abbiamo ancora finito con i Cani da Caccia: per quanto debole, questa costellazione contiene un certo numero di oggetti interessanti, piuttosto lontani dalla Galassia Vortice (si veda il 24 marzo). Uno di essi è l'ammasso globulare M3, che ha una magnitudine integrata compresa tra 6 e 7 e non è difficile da individuare con il binocolo.

M3 si trova al confine estremo della costellazione, e probabilmente il punto di riferimento migliore per localizzarlo è la *beta* Comæ, nella costellazione adiacente della Chioma di Berenice (si veda il 18 maggio). Fu scoperto da Messier nel 1764 e dista circa 48 mila anni luce. È molto simmetrico, contiene centinaia di migliaia di stelle, ed è uno dei tre globulari più brillanti dell'emisfero nord celeste: gli altri sono M13 (si veda il 4 luglio) e M5 (13 luglio); ma, per bellezza, M3 non ha pari.

I Cani da Caccia sono anche ricchi di galassie: oltre a M51, il Vortice, vi sono tre galassie del catalogo di Messier (gli oggetti 63, 94 e 106) e quattro del *Caldwell Catalogue* (21, 25, 29 e 32). Tra esse M63 è particolarmente prominente: è una spirale strettamente "avvolta" con una magnitudine integrata appena inferiore a 7; dista circa 24 milioni di anni luce e si trova approssimativamente tra Cor Caroli e Alkaid. M94, di ottava magnitudine, è vista di fronte, ma anche in questo caso i bracci di spirale sono strettamente avvolti.

Queste e altre galassie nei Cani da Caccia sono oltre la portata dei binocoli, ma l'intera regione merita di essere esplorata con un telescopio ad ampio campo, e con un po' di pratica si possono identificare molti di questi oggetti.

27 Marzo

L'Unicorno

L'Unicorno non è affatto una costellazione cospicua. Si trova accanto a Orione e occupa gran parte del vasto triangolo formato da Betelgeuse, Sirio e Procione. La stella più brillante, la *beta*, è solo di magnitudine 3,7, ma la Via Lattea passa attraverso tutta la costellazione e quindi sono presenti molti ricchi campi stellari. *La beta* è una doppia facile; le componenti hanno magnitudine 4,7 e 5,2 e la separazione supera i 7 secondi d'arco. Esiste poi una terza componente di magnitudine 6, a una separazione di 10 secondi d'arco; quindi, l'intero campo è decisamente attraente.

Anniversario

1989: Perso il contatto con *Phobos 2*: si trattava di una sonda russa che sarebbe dovuta atterrare su Phobos, satellite di Marte. Purtroppo, si è perso definitivamente il contatto prima che iniziasse il programma principale.

Per quanto l'Unicorno non abbia stelle brillanti, né una forma caratteristica, contiene alcuni oggetti interessanti: il posto d'onore deve certamente andare alla bellissima Nebulosa Rosetta.

Per localizzarla, individuate prima l'ammasso aperto NGC 2244 (C50), nei dintorni della debole stella 12 Monocerotis. L'ammasso è un facile oggetto binoculare ed è abbastanza sorprendente non trovarlo nella lista di Messier: si trova leggermente fuori dalla congiungente di Procione e Betelgeuse, molto più vicino a quest'ultima; contiene un piccolo ma caratteristico quadrilatero di stelle, semplici da identificare con un binocolo sufficientemente potente.

La Nebulosa Rosetta, NGC 2237 (C49), circonda l'ammasso; non è affatto facile da osservare visualmente – un buon binocolo o un oculare a basso ingrandimento su un telescopio mostrano un tenue bagliore intorno all'ammasso – ma se fotografata è splendida e rappresenta uno dei soggetti preferiti degli astrofotografi. I colori sono magnifici; notate anche la "cavità" centrale, dovuta al fatto che le particelle di materia vengono "spinte via" dalle stelle calde al centro della nebulosa. Il diametro reale di quest'ultima è di circa 55 anni luce, quasi sette volte la distanza tra il Sole e Sirio.

Ancora nell'Unicorno troviamo l'ammasso aperto M50, approssimativamente tra Sirio e Procione; un potente binocolo permette di risolverne varie singole stelle. Oltre M50 è situata la stella di magnitudine 3,9 *alfa* Monocerotis, e nello stesso campo binoculare si trova l'ammasso aperto NGC 2506 (C54), che non è affatto un oggetto difficile, per quanto non spettacolare. Si trova vicino al confine tra l'Unicorno e la Poppa (della vecchia nave Argo; si veda il 27 dicembre).

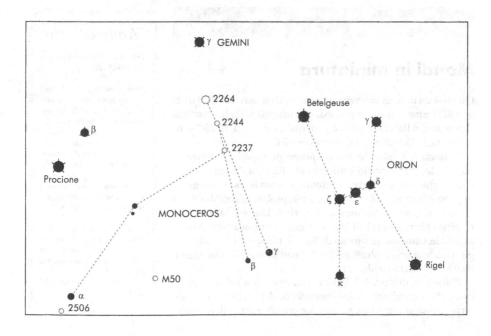

28 Marzo

L'ammasso aperto più antico

Stanotte torniamo al Cancro, che è una costellazione zodiacale e si trova così vicina all'equatore celeste da risultare visibile da tutto il mondo. Abbiamo già osservato l'ammasso più importante, il Præsepe (si veda il 5 marzo), ma nella costellazione esiste anche un altro ammasso aperto, alla portata di un binocolo ed eccezionalmente interessante, M67.

È facile da localizzare, a nord della testa dell'Idra Femmina e a sud del Præsepe; è vicino alla stella di quarta magnitudine Acubens (*alfa* Cancri) ed è al limite della visibilità a occhio nudo. È un bell'ammasso, più simmetrico del Præsepe e molto ricco, con centinaia di deboli stelle. La sua distanza è dell'ordine di 2700 anni luce.

Ciò che lo rende così particolare è il fatto che sembra molto più vecchio dei tipici ammassi aperti. Si ritiene che le stelle di un ammasso siano nate dalla stessa "nube" di materia e inizino la loro vita nella stessa regione, ma inevitabilmente l'ammasso viene perturbato da stelle che non gli appartengono, cosicché alla fine si disperde perdendo la propria identità. M67 comunque è piuttosto lontano dal piano della Galassia, quindi non ci sono molte stelle vicine che possano distruggerlo, e ha preservato la sua identità per un periodo molto lungo. Si stima che abbia almeno quattro miliardi di anni, e probabilmente di più, mentre le età di ammassi come le Pleiadi possono essere misurate in poche decine di milioni di anni.

Anniversario

1802: Olbers scopre il secondo asteroide, Pallade: è uno degli asteroidi più grandi – misura 576 × 467 km – ma non risulta mai visibile a occhio nudo. È un asteroide della Fascia Principale, che orbita intorno al Sole a una distanza media di 360 milioni di chilometri con un periodo di 4,6 anni.

29 Marzo

Mondi in miniatura

Questo è un mese di anniversari riguardanti gli asteroidi: il 28 marzo 1802 l'astronomo dilettante tedesco Heinrich Wilhelm Matthias Olbers scoprì Pallade, il secondo asteroide, e il 29 marzo 1807 scoprì Vesta, il più brillante dell'intera famiglia.

La storia degli asteroidi iniziò il primo giorno del diciannovesimo secolo, il 1° gennaio 1801, quando Piazzi a Palermo scoprì Cerere, che rimane ad oggi l'asteroide più grande. Esso, in seguito, fu perso e fu rivisto solo l'anno seguente, probabilmente da Olbers (benché altri se ne attribuirono il merito). Durante la ricerca di Cerere, Olbers scoprì Pallade. Le ricerche continuarono: il terzo asteroide, Giunone, fu trovato da Karl Harding nel 1804, e quindi giunse la scoperta di Vesta nel 1807. Quest'ultimo è il solo asteroide visibile a occhio nudo.

Il diametro di Vesta è di 573 km; l'*Hubble Space Telescope* ne ha osservato i dettagli superficiali consentendo di tracciarne una mappa approssimativa: sembra esservi un grande bacino, di diametro

Anniversario

1807: Olbers scopre il quarto asteroide, Vesta.

1890: Nascita di Sir Harold Spencer Jones, astronomo reale dal 1933 al 1955. Era un eminente astrofisico, che sviluppò ricerche di fondamentale importanza: durante la sua carriera di astronomo reale l'Osservatorio di Greenwich fu spostato dalla sede originale a Greenwich Park a Herstmonceaux, nel Sussex. Spencer Jones morì nel 1960.

1974: Primo passaggio ravvicinato della navicella *Mariner 10* a Mercurio. Inviò a Terra 647 immagini di alta qualità, dandoci la prima visione ravvicinata dei crateri del pianeta.

superiore a 190 km, chiamato provvisoriamente "Olbers". I due emisferi dell'asteroide sono diversi: uno appare coperto da "torrenti" di lava raffreddata, mentre le caratteristiche dell'altro portano a ipotizzare che roccia liquefatta si sia raffreddata e solidificata nel sottosuolo e sia stata in seguito esposta alla superficie quando Vesta venne colpito da un corpo vagante, di cui la Fascia Principale degli asteroidi dev'essere piena. È stato suggerito anche che alcuni particolari meteoriti, noti come *eucriti*, provengano da Vesta, per quanto l'evidenza sia molto incerta.

Olbers, che trovò l'asteroide, era un medico che diede notevoli contributi all'astronomia. Aveva anche la fama di essere una persona estremamente gradevole. Nacque nel 1758 e morì nel 1840.

30 Marzo

Nu Hydrae

Una delle stelle più brillanti dell'Idra Femmina è *nu* Hydræ. Si trova adesso in una buona posizione, verso sud per gli osservatori europei, alta per gli australiani e i neozelandesi; la sua declinazione è −16°. È un elemento della lunga linea di stelle che parte dalla testa del serpente, passa per Alphard e giunge nei dintorni del Corvo (si veda il 23 maggio); è anche il riferimento migliore per la piccola ma antica costellazione della Coppa (25 maggio). *Nu* Hydræ è di magnitudine 3,1, leggermente più luminosa di Megrez, la più debole delle sette stelle del Grande Carro. Che tipo di stella è?

Il suo tipo spettrale è K, quindi ha una tonalità arancione: il colore non si percepisce a occhio nudo perché la stella non è abbastanza brillante, ma il binocolo lo evidenzia. La temperatura superficiale è di soli 4000 °C circa, contro gli oltre 5000 °C del nostro giallo Sole. È molto più grande del Sole e 90 volte più luminosa; dista 127 anni luce, quindi noi adesso la vediamo come era 127 anni fa.

La magnitudine assoluta è −0,1 (si vedano il 2 e il 6 gennaio); quindi, se la potessimo collocare alla distanza standard di 10 parsec (32,6 anni luce), risulterebbe più brillante di Capella. Da un pianeta in orbita intorno a *nu* Hydræ il nostro Sole apparirebbe debole, e sarebbe necessario un telescopio di una certa dimensione per riuscire a vederlo. Ma *nu* Hydræ non sembra il tipo di stella che ci aspettiamo sia circondata da un sistema planetario ed è piuttosto avanti nella propria evoluzione; ormai ha utilizzato gran parte del proprio "combustibile" nucleare.

Accanto a essa si trova U Hydræ che, essendo di tipo N, è una delle stelle più rosse del cielo, insieme a X Cancri (si veda il 7 marzo) e R Leporis (18 gennaio). Come molte stelle dello stesso tipo, è una variabile semiregolare, con un periodo approssimato di 450 giorni; l'intervallo di magnitudine va da 4,8 a 5,8, quindi è sempre un facile oggetto binoculare.

Certamente merita di essere individuata: con il binocolo o il telescopio è bella da vedere.

31 Marzo

Van Maanen e le Galassie

Oggi ricorre l'anniversario di un ben noto astronomo olandese, Adriaan van Maanen: nacque infatti il 31 marzo 1884 e morì nel 1947. Egli sviluppò molte utili ricerche, ma alcuni dei suoi risultati si rivelarono errati e rallentarono per qualche tempo il progresso della scienza.

All'inizio del ventesimo secolo era ancora ampiamente condivisa l'ipotesi che le "nebulose a spirale" fossero piccole formazioni della nostra Galassia, e che quest'ultima fosse l'unica esistente. Questo punto di vista era sostenuto da astronomi quali Harlow Shapley, il primo a misurare le dimensioni della Galassia (nel 1918), e anche da van Maanen. Era invece fortemente osteggiato da Edwin Hubble, convinto che le spirali fossero galassie indipendenti, distanti milioni di anni luce; naturalmente, anche M51, il Vortice nei Cani da Caccia, di cui abbiamo già parlato (si veda il 24 marzo).

A Monte Wilson, van Maanen fotografò varie galassie, in particolare il Vortice, affermando poi che, se confrontate a distanza di alcuni anni, esse mostravano variazioni nella struttura dei bracci di spirale. Se questo fosse stato corretto, M51 non avrebbe potuto trovarsi a milioni di anni luce da noi, ma avrebbe in effetti dovuto essere un membro della Via Lattea. I risultati delle osservazioni di Hubble, sempre a Monte Wilson, erano alquanto diversi: egli era sicuro che non si erano verificati cambiamenti nei bracci di spirale. La disputa infuriò per qualche tempo, e le cose non erano certo facilitate dal fatto che Hubble e van Maanen provavano una forte antipatia reciproca! Alla fine, venne dimostrato che van Maanen aveva commesso un errore: le spirali non erano cambiate e si trovavano realmente tanto lontane quanto Hubble riteneva. Nel 1923, Hubble fu poi in grado di misurare le distanze delle galassie più vicine, utilizzando le variabili Cefeidi come "candele standard", e il problema fu definitivamente risolto.

Anniversario

1884: Nascita di Adriaan van Maanen.

1966: Lancio della sonda automatica sovietica *Luna 10*. Giunse a meno di 352 km dalla Luna ed entrò in orbita lunare, effettuando studi dello strato superficiale. Il contatto fu perso il 30 maggio, dopo 460 orbite.

Aprile

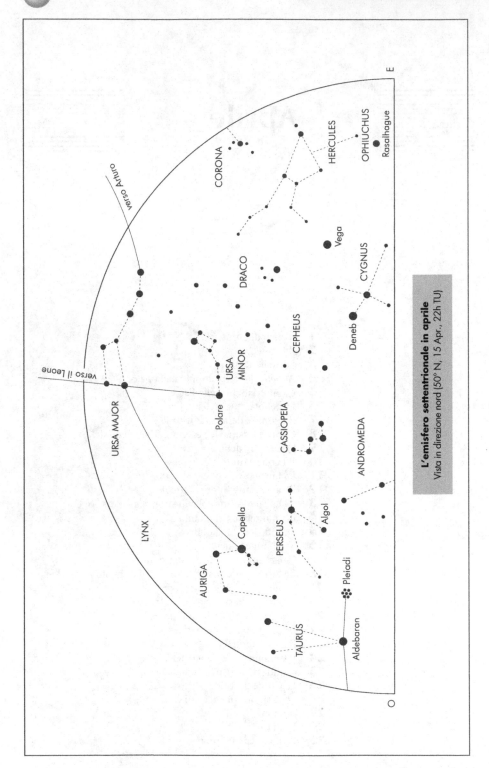

L'emisfero settentrionale in aprile
Vista in direzione nord (50° N, 15 Apr., 22h TU)

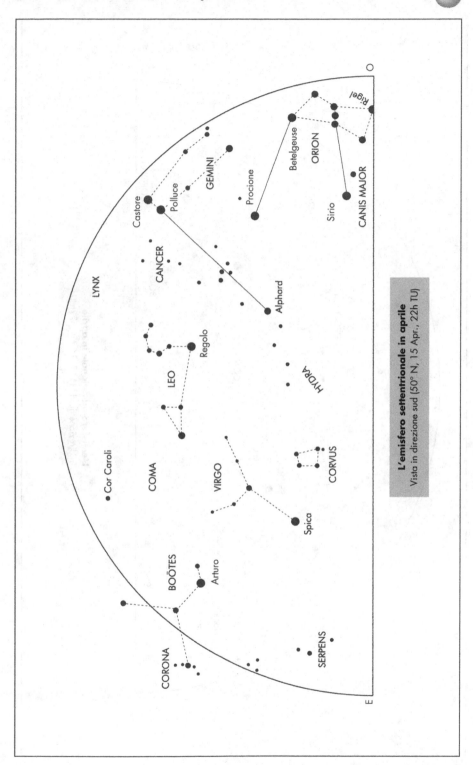

L'emisfero settentrionale in aprile
Vista in direzione sud (50° N, 15 Apr., 22h TU)

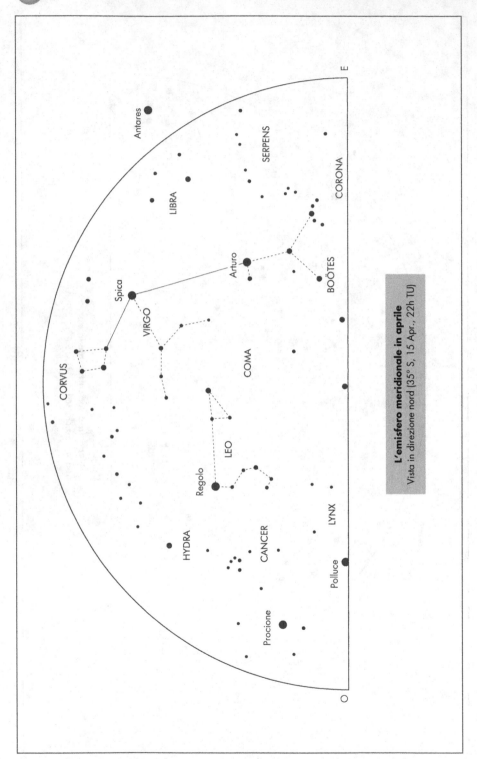

L'emisfero meridionale in aprile
Vista in direzione nord (35° S, 15 Apr., 22h TU)

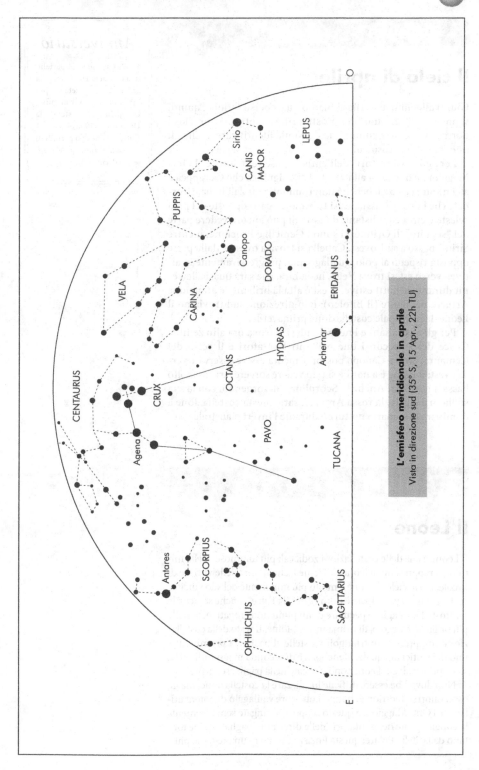

L'emisfero meridionale in aprile
Vista in direzione sud (35° S, 15 Apr., 22h TU)

1 Aprile

Il cielo di aprile

Giunti alle notti di aprile abbiamo quasi perso Orione, quindi siamo privi di uno dei nostri riferimenti più preziosi. Fortunatamente è comunque possibile identificare anche gli asterismi meno cospicui.

Per gli osservatori dell'emisfero settentrionale l'Orsa Maggiore è ora quasi allo zenit, il che significa che Cassiopea è alla minima altezza, benché non tramonti mai dall'Italia; ricordate che l'Orsa e Cassiopea si trovano da parti opposte del polo celeste e circa equidistanti da esso. Si può ancora vedere parte del "seguito" di Orione; ci sono i Gemelli e Procione, mentre Sirio è basso a sud-ovest. Capella si trova a ovest, e dalla parte opposta rispetto al polo, guadagnando progressivamente in altezza verso est, si trova Vega, nella Lira, che sarà quasi allo zenit durante le notti estive. A est è alta la brillante e arancione Arturo, nel Boote (il Bifolco), e in direzione sud troviamo il Leone, la principale costellazione primaverile.

Per gli australiani e i neozelandesi si trova ora allo zenit la Croce del Sud, con i due brillanti Puntatori e il resto del Centauro. Sirio e Canopo possono ancora essere osservate verso ovest; il Leone è a nord e si può vedere sorgere Arturo molto bassa a nord-est. Anche lo Scorpione sta sorgendo, con la sua stella principale, la rossa Antares: sarà questa costellazione a dominare lo scenario notturno durante l'inverno australe.

Anniversario

1997: Passaggio al perielio della cometa Hale-Bopp, la seconda cometa più brillante degli ultimi anni; la prima è stata la Hyakutake (1996). Entrambe hanno periodi di migliaia di anni, quindi non le rivedremo più.

2 Aprile

Il Leone

Il Leone è una delle costellazioni zodiacali più luminose. Nella mitologia rappresenta il leone di Nemea, che fu una delle vittime di Ercole, ma in cielo il Leone è molto più imponente del suo vincitore. L'asterismo principale è noto come "la Falce", anche se ricorda piuttosto l'immagine speculare di un punto interrogativo; la stella più brillante è Regolo, di prima magnitudine. Il resto della costellazione comprende un triangolo di stelle abbastanza prominente, uno dei vertici del quale, Denebola, è di seconda magnitudine. Le stelle principali del Leone sono elencate nella pagina seguente.

Non dovrebbe essere difficile localizzare la costellazione, ma gli osservatori settentrionali hanno l'ulteriore vantaggio di potere utilizzare l'Orsa Maggiore a questo scopo: prolungate semplicemente la congiungente dei puntatori "nella direzione sbagliata", cioè lontano dalla Stella Polare; questa linea attraverserà una regione piut-

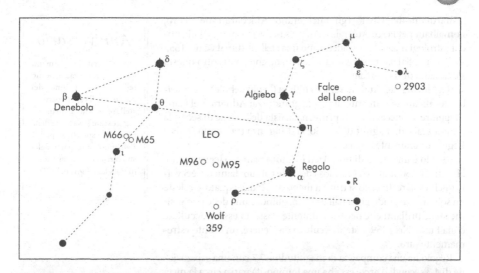

Leone					
Lettera greca	Nome	Magnitudine	Luminosità (Sole=1)	Distanza (anni luce)	Tipo spettrale
α alfa	Regolo	1,4	130	85	B7
β beta	Denebola	2,1	17	39	A3
γ gamma	Algieba	2,0	60	90	K0+G7
δ delta	Zosma	2,6	13	52	A4
ε epsilon	Asad Australis	3,0	520	310	G0
ζ zeta	Adhafera	3,4	50	117	F0
η eta	–	3,5	9500	1800	A0
θ theta	Chort	3,3	26	78	A2

tosto povera di stelle e raggiungerà quindi il Leone; l'allineamento non è perfetto, ma sufficientemente buono.

Gli osservatori meridionali non hanno l'Orsa Maggiore: le stelle del Grande Carro sono così basse da sfiorare l'orizzonte e vengono celate dalle luci artificiali o dalla foschia (dalla Nuova Zelanda non sorgono affatto). Comunque il Leone non si trova troppo a nord dell'equatore celeste ed è sufficientemente prominente da essere immediatamente riconosciuto, in particolare perché non ha vicino altri gruppi stellari brillanti. La regione tra questa costellazione e la Croce del Sud è in effetti molto povera di stelle, ed è in gran parte occupata dall'Idra Femmina; l'unica stella brillante della zona è Alphard, la "Stella Solitaria" (si veda l'8 marzo).

3 Aprile

La Stella Reale

Adesso che abbiamo individuato il Leone, osserviamo meglio Regolo. Essa ha un suo posto nelle antiche tradizioni: era la prima delle quattro Stelle Reali della monarchia persiana e uno dei

"Guardiani dei Cieli" (gli altri erano Aldebaran nel Toro, Fomalhaut nel Pesce Australe e Antares nello Scorpione). Gli antichi astrologi inglesi la consideravano una stella fortunata e nel 1552 William di Salisbury scrisse che "si ritiene che i nati sotto questa stella siano di stirpe reale".

Regolo, di magnitudine 1,38, è l'ultima (la più debole) tra le stelle classificate solitamente di prima grandezza; Adhara, nel Cane Maggiore, la successiva e la prima nella lista delle stelle di seconda grandezza, è di magnitudine 1,50: la differenza tra questa stella e Regolo è veramente esigua.

Regolo è una stella di tipo B, ed è quindi bianca o leggermente bluastra; è 130 volte più luminosa del Sole e il suo diametro è 5 volte quello solare. In cielo si trova a meno di 12° dall'equatore celeste e a solo mezzo grado circa dall'eclittica: quindi è una delle pochissime stelle brillanti che occasionalmente possono essere occultate dalla Luna. Nel 1959 è stata occultata da Venere, un evento estremamente raro.

Regolo ha una compagna di magnitudine 7,7 con una separazione di 4,3 secondi d'arco; essa ha una luminosità pari a circa la metà di quella solare ed è un facile oggetto telescopico. La sua distanza effettiva da Regolo è intorno a 19 milioni di chilometri: si tratta di un sistema binario stretto. Esiste anche una stella di tredicesima magnitudine con una separazione di 217 secondi d'arco, ma non ha alcuna associazione fisica con Regolo.

> ## Anniversario
>
> 1842: Nascita di Hermann Carl Vogel, un astronomo tedesco che fu uno dei pionieri della spettroscopia stellare e tra i primi a riconoscere l'esistenza delle binarie spettroscopiche. Egli spese gran parte della sua carriera all'Osservatorio di Potsdam; morì nel 1907.

4 Aprile

Algieba, la stella doppia nella Falce

Continuando con il Leone, la nostra "costellazione della settimana", arriviamo vicino ad Algieba, o *gamma* Leonis, la seconda stella più brillante della Falce. Con una magnitudine di 2,0, appare poco più debole di Regolo e la luminosità intrinseca è circa la metà. È più fredda e persino a occhio nudo appare alquanto arancione.

Il suo nome ha suscitato curiosità in passato: il famoso astronomo del diciannovesimo secolo W.H. Smyth scrisse che "la stella è stata impropriamente chiamata Algieba, da *al jebbah*, la fronte, poiché nessuna rappresentazione del Leone che io abbia esaminato la colloca in quella posizione". Comunque, i nomi propri sono usati raramente, con l'eccezione delle stelle di prima grandezza e di pochi altri casi particolari: in generale, gli astronomi preferiscono chiamare la stella semplicemente *gamma* Leonis.

È una doppia piuttosto bella: la primaria è di tipo K, la compagna di tipo G e magnitudine 3,5. Smyth definì la primaria arancione e la compagna giallo-verdastra, ma pochi osservatori distinguono qualche colore nella stella più debole. La separazione supera i 4 secondi d'arco e sta aumentando; la coppia è un sistema binario con un periodo orbitale di 619 anni e lo stiamo osservando da un'angolazione sempre più favorevole. Per il proprietario di un piccolo telescopio si tratta di una delle doppie migliori del cielo.

Esistono altre due stelle nella regione, una di magnitudine 9,2 a 260 secondi d'arco e l'altra di magnitudine 9,6 a 333 secondi d'arco. Nessuna di esse pare essere effettivamente associata con la coppia principale.

Gamma Leonis è molto vicina al radiante delle meteore Leonidi di novembre (si veda il 17 novembre), e questo è utile da ricordare quando ci si appresta a osservare le Leonidi.

5 Aprile

Caratteristiche della Falce

Il Leone è lontano dalla Via Lattea, quindi in generale non è particolarmente ricco di stelle, ma contiene molti oggetti interessanti, e per chi possiede un binocolo vi sono alcune stelle colorate ben meritevoli di essere osservate. Tre di esse si trovano nella Falce: la *gamma*, o Algieba, di cui abbiamo già parlato, la *mu* (Rassalas) e la *lambda* (Alterf). Tra queste ultime si trova la più brillante *epsilon* Leonis (Asad Australis), che è bianca.

Sia la *mu* che la *lambda* hanno spettri di tipo K, quindi come colore sono molto simili ad Algieba, ma sono talmente più deboli che è necessario un aiuto ottico per evidenziarne le sfumature; le magnitudini sono 3,9 e 4,3 rispettivamente. La *lambda* è la più brillante delle due, ed è oltre 100 volte più luminosa del Sole; la *mu* potrebbe eguagliare 90 Soli. Nessuna di esse possiede caratteristiche particolari.

Sempre in questa regione di cielo si trova una stella nota solo con il suo numero di catalogo, Wolf 359. La sua posizione è: AR 1h 54m, declinazione +07° 20', ma la sua magnitudine visuale è inferiore a 13, quindi per vederla è necessario un telescopio di una certa dimensione; anche così, certamente non è facile da identificare. Il fatto che la rende interessante è la sua luminosità eccezionalmente bassa: è una nana rossa, con solo 0,00002 volte la luminosità del Sole. A parte la Stella di Barnard e i membri del gruppo di *alfa* Centauri, è la stella a noi più vicina, a 7,8 anni luce di distanza, persino più vicina di Sirio. Per alcuni anni è stata classificata come la meno luminosa tra le stelle normali, ma il suo record è stato recentemente superato da una stella chiamata MH18 scoperta da M. Hawkins nel 1990, che è notevolmente meno brillante della Wolf 359.

6 Aprile

Denebola: una stella in declino?

Stanotte rimarremo con il Leone, poiché dopotutto è in buona posizione sia per gli osservatori boreali che per quelli australi. La prossima stella ad attirare la nostra attenzione è *beta* Leonis, o Denebola, la più brillante del triangolo a una certa distanza dalla Falce che forma il resto della struttura della costellazione.

Apparentemente non vi è niente di inusuale in Denebola. Il suo nome proviene dall'arabo *al dhanab al asad*, la coda del leone; è di magnitudine 2,1 e con i suoi 39 anni luce di distanza è una delle stelle più vicine a noi. È bianca e 17 volte più luminosa del Sole.

Il principale motivo di interesse deriva dal fatto che quasi tutti gli osservatori fino al diciassettesimo secolo la classificarono di prima magnitudine, pari a Regolo e notevolmente più brillante di Algieba. Oggi indubbiamente Denebola e Algieba hanno praticamente la stessa luminosità e Regolo è più brillante di oltre mezza magnitudine. Conviene sempre essere scettici sui presunti cambiamenti di magnitudini stellari basati su osservazioni antiche, e questo vale anche per Denebola, per quanto effettivamente l'evidenza sia leggermente più fondata in questo che nella gran parte degli altri casi di variazioni secolari. Tuttavia Denebola non è il tipo di stella che ci si aspetta vada soggetta a fluttuazioni su un arco di tempo di alcune migliaia di anni, ed è meglio pensare che non si sia verificato alcun reale declino di luminosità; rimane ugualmente un dubbio fastidioso. Le altre due stelle del triangolo sono piuttosto normali: la *delta* Leonis, o Zosma (magnitudine 2,6), e la *theta*, o Chort (3,3).

Può risultare interessante confrontare Denebola con Algieba. Dovrebbero apparire virtualmente uguali; si deve sempre tenere conto dell'estinzione (si veda il 15 gennaio), ma esse si troveranno probabilmente circa alla stessa altezza sull'orizzonte.

7 Aprile

R Leonis e l'effetto Purkinje

Accanto a Regolo in cielo si trova una variabile rossa molto interessante, R Leonis: è tra Regolo e *omicron* Leonis, una stella di magnitudine 3,5. Localizzarla con il binocolo è abbastanza semplice, perché alla massima luminosità R Leonis può raggiungere la magnitudine 4,4: quindi in questa fase è visibile a occhio nudo e risulta ben vistosa al binocolo. In altri periodi, però, individuarla è più difficile. Come molte stelle rosse di tipo M, la R Leonis è una variabile Mira; al minimo sprofonda alla magnitudine 11 e dovrete utilizzare un telescopio per vederla. Il periodo medio tra un massimo e l'altro è di 312 giorni.

Anniversario

1968: Lancio della sonda russa *Luna 14*, che arrivò fino a 158 km dalla superficie della Luna inviando a Terra dati importanti.

La R Leonis è una vera supergigante. Mentre i telescopi terrestri mostrano le stelle come virtuali sorgenti luminose puntiformi, l'*Hubble Space Telescope*, osservando molto al di sopra dell'atmosfera, può fare di meglio misurando dimensioni angolari incredibilmente esigue. È infatti stato in grado di valutare il diametro apparente della R Leonis, la cui forma si è dimostrata ovale: i valori sono 78 x 70 microsecondi d'arco, corrispondenti alle dimensioni reali di 1280 x 440 milioni di chilometri. Questo significa che l'enorme globo stellare potrebbe contenere le orbite di tutti i pianeti del Sistema Solare fino a quella di Giove inclusa! Confrontata con essa, persino Betelgeuse in Orione sembra decisamente piccola.

Telescopicamente si può stimare la magnitudine della R Leonis confrontandola con le stelle dello stesso campo, le più brillanti delle quali sono la 18 Leonis (magnitudine 5,8) e la 19 Leonis (6,4). C'è comunque un problema: queste stelle di confronto sono entrambe bianche, mentre R Leonis è rosso fuoco. Quand'anche due stelle di colore diverso fossero catalogate come ugualmente brillanti, se insistiamo ad osservarle, al nostro occhio l'oggetto rosso apparirà più luminoso dell'altro. Questo fenomeno è chiamato *effetto Purkinje* e deve sempre essere tenuto in considerazione quando si stimano variabili rosse. Meglio dare solo occhiate fugaci, per breve tempo. La R Leonis e le stelle di confronto si trovano nello stesso campo di uno strumento a basso ingrandimento e le loro altezze sull'orizzonte sono quasi le stesse, quindi perlomeno l'osservatore non deve preoccuparsi dell'estinzione atmosferica.

8 Aprile

Chort e Zosma: le velocità radiali delle stelle

Abbiamo osservato Denebola, *beta* Leonis, l'elemento più brillante del "triangolo" presente nel Leone; gli altri due sono la *delta*, o Zosma (magnitudine 2,6), e la *theta*, o Chort (3,3).

Nessuna delle due stelle ha qualche caratteristica particolare. Zosma dista 52 anni luce ed è 14 volte più luminosa del Sole, mentre Chort dista 78 anni luce ed è pari a 26 Soli; entrambe sono bianche e di tipo spettrale A. Si muovono in cielo in direzioni diverse, benché i loro spostamenti siano così esigui da non potere essere notati a occhio nudo neanche nell'arco di migliaia di anni. Possiamo comunque affermare che Zosma si sta avvicinando a noi alla velocità di 21 km/s, mentre Chort si sta allontanando a 8 km/s.

Questo può essere dedotto dallo studio dei loro spettri. Come abbiamo visto, uno spettro stellare è formato da un fondo ad arcobaleno attraversato da righe scure: se queste righe risultano spostate verso l'estremità blu (a più brevi lunghezze d'onda) dell'arcobaleno, rispetto alle posizioni tabulate, allora significa che la stella si sta avvicinando a noi; se invece lo spostamento è verso il rosso ,la stella si sta allontanando. Questo è il ben noto *effetto Doppler*. Queste velocità di moto in allontanamento o avvicinamento rispetto all'osservatore sono chiamate *velocità radiali*, positive nel primo caso e negative nel secondo. Così, in termini tecnici la velocità radiale di Chort è di +8 km/s e quella di Zosma di −21 km/s.

Comunque non dovete pensare che in un lontano futuro corriamo qualche rischio di essere urtati da Zosma, o che Chort alla fine scomparirà in lontananza. La nostra Galassia è in rotazione e tutte le sue stelle (incluso il Sole) prendono parte a tale rotazione; quindi i moti che osserviamo sono semplicemente parte di questo quadro generale. Attualmente abbiamo misurato le velocità radiali di moltissime stelle e sappiamo che le collisioni, o persino gli incontri ravvicinati, sono davvero molto rari.

9 Aprile

Le galassie nel Leone

Per l'ultima volta passeremo la notte con il Leone, che rimarrà prominente nel cielo notturno per il resto di questo mese e per il successivo. Vi sono diverse galassie degne di essere osservate, e cinque di esse appartengono al *Catalogo di Messier* (sono elencate nella tabella).

Tutte sono al limite della portata di un binocolo, ma è necessario un telescopio per vederle bene.

M65 e M66 formano una coppia non lontana dalla stella di quarta magnitudine *iota* Leonis, che si trova a sud di Chort, il terzo membro del triangolo del Leone. Entrambe sono strutture a spirale e distano circa 30 milioni di anni luce da noi; furono scoperte dall'astronomo francese Pierre Méchain nel 1780. M65 è vista quasi di taglio, quindi non possiamo apprezzare pienamente la bellezza della forma a spirale; M66 è a solo mezzo grado circa da essa ed è un po' più estesa, per quanto meno massiccia. Con un piccolo telescopio saranno visibili facilmente entrambe, benché le forme a spirale necessitino di un'apertura molto più grande per essere viste, e vengono evidenziate al meglio fotograficamente. M105 è un sistema ellittico piccolo ma abbastanza brillante vicino a M96. Non si trovava nell'elenco originale di Messier, ma fu scoperta anch'essa da Méchain e aggiunta al catalogo in seguito. Telescopicamente somiglia un po' a un ammasso globulare.

Galassie di Messier nel Leone						
numero M	numero NGC	AR h	m	Dec. °	′	Magnitudine	Tipo
95	8351	10	44,0	+11	42	9,7	Spirale barrata
96	3368	10	46,8	+11	49	9,2	Spirale
105	3379	10	47,8	+12	35	9,3	Ellittica
65	3623	11	18,9	+13	05	9,3	Spirale
66	3627	11	20,2	+12	59	9,0	Spirale

M95 e M96 sono vicine, approssimativamente tra Regolo e *iota* Leonis: M96, una spirale normale, è decisamente la più grande delle due, ma è molto difficile da individuare con un binocolo. M95 è una cosiddetta "spirale barrata", in cui i bracci sembrano diramarsi dalle estremità di una "barra" che attraversa il piano principale del sistema.

Tutte queste galassie, e diverse altre, formano un ben definito gruppo, o *ammasso*, di galassie. In effetti le galassie tendono a essere riunite in ammassi; la nostra Via Lattea è un membro di quello che chiamiamo Gruppo Locale, un piccolo gruppo di galassie a cui appartengono anche le due Nubi di Magellano e le spirali di Andromeda (M31) e del Triangolo (M33).

10 Aprile

Il Leone Minore

Imparare a riconoscere le costellazioni principali non richiede molto sforzo; identificare quelle più piccole richiede tempo e pazienza, ma non è cosa impossibile; quindi, consideriamo adesso uno di questi asterismi minori, il Leone Minore o Leoncino. Non è una costellazione antica: è stata aggiunta alle altre nel 1690 dall'astronomo polacco Hevelius e non vi sono leggende mitologiche ad essa associate, né contiene oggetti di immediato interesse; vediamo in ogni caso dove si trova.

È tra il Grande Carro e la Falce del Leone, quindi attualmente è molto alta vista dalle latitudini italiane; per gli osservatori dell'emisfero australe è molto bassa, ma ancora ben sopra l'orizzonte, con

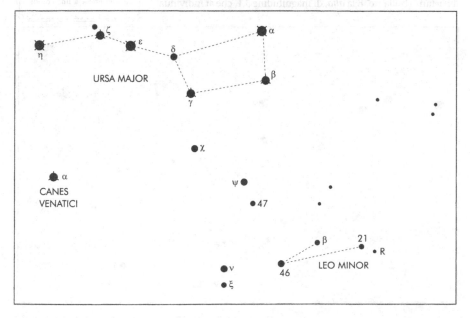

l'eccezione della regione meridionale della Nuova Zelanda. Le sue tre stelle principali, tutte di quarta magnitudine circa, sono 46, *beta* e 21. Per qualche strana ragione la *beta* è l'unica stella della costellazione ad avere assegnata una lettera greca; non esiste la *alfa* Leonis Minoris.

Individuate il triangolo di stelle sotto i Puntatori: *psi* Ursæ Majoris (magnitudine 3,0), *lambda* Leonis Minoris, o Tania Borealis (3,4), e *mu*, o Tania Australis (3,0). Queste ultime due sono vicine e formano una coppia con un buon contrasto: Tania Australis è molto rossa, come si potrà vedere al binocolo, mentre la sua vicina è bianca. Il più debole triangolo del Leoncino è lì accanto, tra *alfa* Lyncis, nella Lince (si veda l'11 aprile), e due stelle più deboli dell'Orsa Maggiore, la *nu* (3,5) e la famosa binaria *xi* (3,8).

46 Leonis Minoris, la stella più brillante del Leoncino, è di magnitudine 3,8; ha un nome proprio, Precipua, ed è di tipo spettrale K. La variabile rossa R Leonis Minoris, di tipo Mira, può raggiungere al massimo la magnitudine 6,3; il suo periodo è di 372 giorni, quindi giunge al massimo una settimana più tardi ogni anno. Il massimo del 1995 è caduto il 5 settembre, quindi basta un piccolo calcolo mentale per prevedere i massimi per gli anni a venire, per quanto tutte le stelle Mira abbiano cicli che sono essi stessi variabili in una certa misura.

11 Aprile

Lince

La costellazione della Lince copre un'area di cielo abbastanza estesa (quasi 450 gradi quadrati) ma è poco cospicua, con una sola stella abbastanza brillante. È la *alfa*, di magnitudine 3,1, che si individua

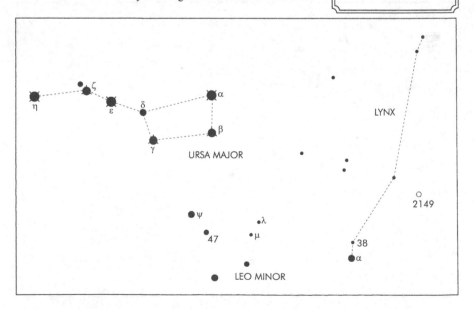

nazione di coraggio, competenza e improvvisazione che gli astronauti ritornarono sani e salvi, atterrando il 17 aprile dopo avere orbitato intorno alla Luna.

Anniversario

1961: Primo volo spaziale umano da parte di Yuri Gagarin, cittadino di quella che allora era l'Unione Sovietica. Fu lanciato dal cosmodromo di Baikonur alle 6h 07m TU nel suo veicolo *Vostok 1*; raggiunta la velocità di picco di 28 mila chilometri l'ora, iniziò la caduta libera; effettuò un giro completo della Terra a un'altezza variabile da 290 a 523 km e rimase per aria per 1h 48m prima di atterrare tranquillamente nell'area predisposta. Purtroppo questo fu l'unico volo spaziale di Gagarin: egli perse la vita in un incidente aereo nel 1968.

facilmente perché forma un triangolo con Regolo, nel Leone, e Polluce, il più brillante dei Gemelli. È di tipo M e il binocolo mostra che è molto rossa; dista 166 anni luce ed è 115 volte più luminosa del Sole.

L'unica altra stella della Lince che supera la quarta magnitudine è la 38 (magnitudine 3,9). Di nuovo, mancano stranamente le assegnazioni di lettere greche: solo la *alfa* ha avuto questo onore, per quanto la 38 abbia un nome proprio poco usato, Alsciaukat.

12 Aprile

Il vagabondo intergalattico

La Lince non è una costellazione brillante, ma contiene un oggetto degno di nota, il lontano ammasso globulare NGC 2149. Non fu classificato da Messier, ma è il numero 25 del *Caldwell Catalogue*. Fu scoperto da William Herschel nel 1788; nel 1861 il conte di Rosse lo osservò con il suo grande riflettore e suggerì che potesse essere un ammasso globulare, ma fu solo nel 1922 che le fotografie prese all'Osservatorio Lowell in Arizona dimostrarono che questa ipotesi era corretta.

Non è troppo facile da individuare, perché la sua magnitudine integrata è solo 10,4 e non esistono punti di riferimento ovvi per trovarlo; la posizione è: AR 7h 38m, declinazione +38° 53'. Appare piccolo, con un diametro apparente di 4 primi d'arco, e le singole stelle sono deboli e molto ravvicinate. È interessante perché la sua distanza è stata stimata in 180 mila anni luce, maggiore di quella della Grande Nube di Magellano. Si sta allontanando a 19 km/s e può rappresentare un vero "vagabondo intergalattico", ad oggi non appartenente effettivamente ad alcuna galassia. Il suo diametro reale è di quasi 400 anni luce.

Si tratta realmente di un "vagabondo"? Probabilmente sì, e in tal caso potrebbero esistere molti altri ammassi globulari che errano tra le galassie, anche se non sarebbero facili da identificare. Nel frattempo NGC 2149 merita sicuramente di essere osservato; il suo aspetto di piccola macchia sfocata maschera la sua reale importanza.

13 Aprile

47 Ursae Majoris e il suo sistema planetario

Torniamo per qualche momento all'Orsa Maggiore e osserviamo una delle sue stelle poco rilevanti, la 47 Ursae Majoris, accanto al triangolo formato da *psi*, *lambda* e *mu* che abbiamo citato nell'identificazione del Leone Minore (si veda il 10 aprile). La posizione della 47 è: AR 10h 59m, declinazione +40° 25'.

È di quinta magnitudine e dista 42 anni luce; ha uno spettro di tipo G e non è troppo diversa dal Sole, benché alquanto più luminosa. Ciò che la distingue è il fatto che nel 1995 le ricerche su di essa hanno suggerito che ha un compagno, ma non una stella ordinaria, bensì un corpo con solo 2,5 volte la massa di Giove, cioè un pianeta. Se i calcoli sono corretti, orbita intorno alla sua primaria a una distanza poco inferiore a 320 milioni di chilometri con un periodo di 3 anni.

È vero che si tratta di un'evidenza indiretta, fondata su misure spettroscopiche molto delicate, e che sono state proposte spiegazioni alternative. Ma se il sistema contiene un pianeta simile a Giove, perché non dovrebbero esservi anche pianeti più piccoli, ossia altre Terre?

Logicamente non sembrano esserci motivi per cui non dovrebbe essere così. Noi non possiamo vedere i pianeti, se anche esistono; neanche l'*Hubble Space Telescope* può farlo, ma osservando 47 Ursæ Majoris fa riflettere la possibilità che qualche astronomo alieno in quel sistema possa, in questo stesso momento, puntare un telescopio verso la stella gialla che noi chiamiamo Sole.

14 Aprile

Le montagne della Luna

È veramente tempo di tornare a osservare la Luna. Abbiamo già detto qualcosa delle principali caratteristiche superficiali, quindi rivolgiamo ora particolare attenzione alle montagne.

La Luna è un mondo molto montuoso: ci sono grandi catene, come i Montes Apenninus, che contengono picchi più alti di quelli dei nostri Appennini. È difficile fare confronti precisi, perché sulla Terra stimiamo l'altezza rispetto al livello del mare, ma non c'è acqua sulla Luna, quindi dobbiamo calcolarla a partire da un raggio medio convenuto per il globo lunare.

Le catene montuose più importanti sono elencate nella tabella della pagina seguente.

Quasi tutte le grandi catene formano parte dei confini dei mari regolari: così il Mare Imbrium (Mare delle Piogge) è racchiuso in parte dagli Apenninus e dai Carpatus. (In molti casi, i monti lunari hanno i nomi di catene montuose terrestri.) Pare che queste catene si siano formate nella stessa epoca dei bacini marini, e non sono affatto simili al nostro Himalaya. Sono molto frequenti i picchi isolati e i gruppi di picchi.

Le altezze vengono misurate dalle ombre che i picchi proiettano sul paesaggio circostante: si può calcolare l'altezza del Sole sul picco e conoscendo questa e la lunghezza dell'ombra si valuta l'altezza del picco stesso.

Anniversario

1624: Nascita di Christiaan Huygens: olandese, fu probabilmente il migliore osservatore della sua epoca; nel 1655 scoprì il satellite di Saturno Titano e fu il primo a riconoscere la vera natura degli anelli di Saturno. Fu anche il primo a vedere "segni" su Marte. Oggi è probabilmente ricordato principalmente come l'inventore dell'orologio a pendolo. Morì nel 1695.

Catene montuose lunari			
Nome	Latitudine	Longitudine	
Alpes	45° N	1° E	Confine settentrionale del Mare Imbrium
Altai	24° S	23° E	Nel bacino del Mare Nectaris; chiamata spesso Scarpata di Altai
Apenninus	20° N	3° O	Confine del Mare Imbrium; lunghezza 610 km; alti picchi
Carpatus	15° N	25° O	Catena di 400 km lungo il confine meridionale del Mare Imbrium
Caucasus	39° N	9° E	Continuazione degli Apenninus
Hæmus	17° N	13° E	Confine del Mare Serenitatis; lunghezza 400 km
Harbinger	27° N	41° O	Gruppi montuosi vicino ad Aristarchus
Jura	47° N	37° O	Confine del Sinus Iridum
Riphaeus	7° S	28° O	Nel Mare Nubium, vicino a Euclides
Spitzbergen	35° N	5° O	Catena di picchi vicino ad Archimedes
Montes Recti	48° N	20° O	Catena molto regolare nel Mare Imbrium, vicino a Plato
Taurus	26° N	36° E	Massicci montuosi vicino a Roemer; area del Mare Crisium

Anniversario

1793: Nascita di Friedrich Georg Wilhelm Struve, il primo di una famiglia di grandi astronomi. Era tedesco, ma si trasferì a Dorpat in Estonia diventando direttore dell'Osservatorio locale. Utilizzando un rifrattore di 23 centimetri (uno dei primi ad essere dotati di moto orario) concentrò la sua attenzione sulle stelle. Si trasferì al Pulkovo Observatory nel 1839, producendo un catalogo di oltre 3000 stelle. Misurò anche la parallasse di Vega. Morì nel 1864 e fu sostituito a Pulkovo da suo figlio Otto.

15 Aprile

La rotazione della Luna

Guardate la Luna: dovreste essere in grado di riconoscere il Mare Crisium, che è ben definito e separato dal principale "complesso dei mari". Sembra allungato in direzione nord-sud: in realtà il diametro nord-sud è di soli 448 km, mentre la lunghezza est-ovest è di 557 km; le apparenze ingannano perché il Mare Crisium non è lontano dal bordo del disco lunare e appare "accorciato" trasversalmente.

Il periodo orbitale della Luna è di 27,3 giorni ed essa ruota intorno al proprio asse esattamente nello stesso tempo, 27,3 giorni. Questo significa che mantiene sempre la stessa faccia rivolta verso la Terra, ed esiste una parte della Luna che da qui non possiamo mai vedere perché è sempre rivolta in direzione opposta a noi. Inoltre, le formazioni visibili mantengono sempre le stesse posizioni sul disco: per esempio, il Mare Crisium è sempre in alto a destra visto dall'emisfero nord terrestre.

Questo comportamento è dovuto agli effetti secolari dell'attrito mareale: originariamente sia la Terra che la Luna erano allo stato fuso e producevano maree l'una sull'altra. Quelle dovute alla Terra erano molto più potenti perché la massa terrestre è 81 volte maggiore di quella lunare, e provocavano la presenza costante sulla Luna di una "protuberanza" rivolta verso la Terra stessa, cosicché mentre la Luna ruotava doveva vincere queste forze attrattive; la situazione può essere assimilata a quella di una ruota di bicicletta in movimento tra due ganasce frenanti. La rotazione della Luna fu rallentata dalle maree finché – relativamente alla Terra, non al Sole – si "fermò". Molti satelliti dei pianeti hanno un'analoga rotazione "catturata" o *sincrona*.

C'è comunque una precisazione da fare: la velocità di rotazione della Luna intorno al proprio asse è costante, ma quella intorno alla Terra non lo è, perché l'orbita è notevolmente eccentrica, quindi la Luna si muove più velocemente quando è più vicina alla Terra (perigeo). Ogni mese, quindi, l'entità della rotazione e la posizione nell'orbita di rivoluzione si sfasano e possiamo vedere un po' oltre il bordo medio del disco sia da una parte che dall'altra. Questo movimento di "oscillazione" è chiamato *librazione longitudinale*. Insieme ad altri effetti di varia natura, esso implica che complessivamente possiamo vedere il 59% della superficie totale, benché ovviamente non più del 50% alla volta. Il restante 41% è costantemente invisibile, e fino al volo intorno alla Luna della sonda russa *Lunik 3* nel 1959 non ne avevamo alcuna informazione diretta.

Vicino al bordo del disco lunare l'effetto ottico di "accorciamento" delle strutture è rilevante ed è spesso difficile distinguere tra un cratere e una catena montuosa. Inoltre, alcune formazioni sono alternativamente visibili o invisibili; tali effetti sono rilevabili facilmente a occhio nudo: il Mare Crisium, nella regione orientale della Luna, tocca quasi il bordo alla librazione meno favorevole, mentre è ben evidente quando si trova in posizione normale; la stessa cosa accade al cratere a fondo scuro Grimaldi, sul bordo opposto (occidentale).

16 Aprile

Méchain e le nebulose

Anniversario

1744: Nascita di Pierre Méchain.

Il francese Pierre François André Méchain fu uno dei migliori osservatori del diciottesimo secolo. Scoprì otto comete e una di esse, scoperta nel 1790, ha un periodo di 13,75 anni; fu vista nuovamente da Horace Tuttle nel 1858 ed è ora conosciuta ufficialmente come cometa di Tuttle, anche se per essere onesti dovrebbe essere la Méchain-Tuttle. È stata osservata a ogni ritorno al perielio dal 1858, con l'eccezione del 1953, quando si trovava in una pessima posizione in cielo.

Il padre di Méchain era un architetto; Pierre iniziò la sua carriera come matematico e nel 1774 ottenne un posto di calcolatore negli uffici della Marina; fu qui che incontrò Charles Messier, che lavorava nello stesso dipartimento. Méchain cercava assiduamente comete e nel farlo scoprì un certo numero di ammassi e nebulose: egli passò tutte le sue osservazioni a Messier, che le utilizzò per il suo famoso catalogo. È interessante notare che benché Méchain e Messier fossero in un certo senso rivali, rimasero grandi amici per tutta la vita.

Méchain era lontano da Parigi durante la Rivoluzione Francese e non vi ritornò fino al 1795; fu per un periodo direttore dell'Osservatorio di Parigi e infine si ritirò nel 1803. Morì di febbre gialla in Spagna il 28 settembre 1804.

Complessivamente egli scoprì 22 oggetti del *Catalogo di Messier*. Solo Messier stesso, con 42 scoperte, ne trovò un numero maggiore.

17 Aprile

I mari all'estremità del disco lunare

Tra i mari principali dell'emisfero lunare rivolto verso la Terra, solo il Mare Crisium è separato dal sistema primario. Vi sono comunque vari mari vicini al bordo del disco che meritano di essere osservati e che possono essere individuati con un piccolo telescopio anche se sono così "accorciati".

C'è per esempio il Mare Humboldtianum (latitudine 57° N, longitudine 80° E) verso l'estremità nord-orientale: è abbastanza regolare e non si rende mai invisibile neanche alla librazione meno favorevole. Il Mare Marginis, a est del Mare Crisium, è dello stesso tipo, ma un po' più piccolo e in posizione meno buona (12° N, 88° E). Sul bordo orientale, praticamente all'equatore, si trova il Mare Smythii (2° S, 87° E), che ha il nome di un famoso astronomo-ammiraglio del diciannovesimo secolo (Smyth): è ben definito, con un'area pari a circa metà di quella del Mare Crisium. Più avanti lungo il bordo, non lontano dalla grande pianura Furnerius, circondata da pareti montuose, si trova il Mare Australe (46° S, 91° E), che è in realtà una zona irregolare e disomogenea anziché un singolo bacino ben definito, e si estende fino alla faccia nascosta della Luna.

Il Mare Orientale (20° S, 96° E) viene generalmente ritenuto il più giovane di tutti. È un'estesa struttura chiusa che si estende ampiamente nell'emisfero nascosto della Luna e di cui è sempre visibile dalla Terra solo il margine estremo. In realtà, l'ho scoperto io stesso, anni prima dell'avvento dell'era spaziale, mentre stavo tracciando una mappa delle zone di librazione con il modesto riflettore di 32 centimetri del mio Osservatorio privato, allora a East Grinstead, nel Sussex. Lo riconobbi come una struttura nuova, ma non avevo idea della sua vera natura o importanza. Suggerii il nome di Mare Orientale, che fu accettato. Non è possibile vederne alcuna parte se non durante una librazione favorevole: in tal caso è interessante da individuare.

18 Aprile

Le forme delle costellazioni e il Triangolo Australe

Il Triangolo Australe è troppo a sud per essere osservato dall'Europa: la sua stella principale, la *alfa*, si trova alla declinazione –69°, quindi per vederla dovreste scendere a sud della latitudine

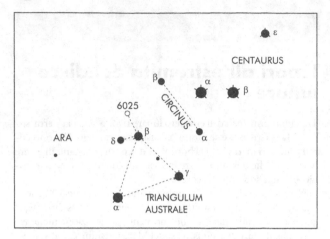

21° N (90–69=21). Le tre stelle principali, che formano il triangolo, sono elencate nella tabella.

Successivamente, in ordine, abbiamo la *delta* (magnitudine 3,8), che si trova vicino alla *beta*. In realtà la *delta* è molto più luminosa delle altre stelle principali e potrebbe eguagliare 600 Soli, ma è molto più lontana, a 580 anni luce. Il Triangolo Australe è semplice da localizzare poiché si trova vicino ai due Puntatori della Croce del Sud, *alfa* e *beta* Centauri. La tonalità rosso-arancio della *alfa* TrA è visibile a occhio nudo e molto evidente al binocolo. Probabilmente l'oggetto più interessante della costellazione è l'ammasso aperto NGC 6025, che è al limite della visibilità a occhio nudo e facile da osservare con un binocolo.

Fra il Triangolo Australe e i Puntatori si trova la costellazione del Compasso: la sua unica stella abbastanza brillante è la *alfa*, di magnitudine 3,2, che possiede una compagna di magnitudine 8,6 a una separazione di quasi 16 secondi d'arco. Poiché le due stelle hanno un moto comune nello spazio devono essere fisicamente associate.

Triangolo Australe

Lettera greca	Nome	Magnitudine	Luminosità (Sole=1)	Distanza (anni luce)	Tipo spettrale
α alfa	Atria	1,9	96	55	K2
β beta	–	2,8	5	33	F5
γ gamma	–	2,9	50	91	AO

19 Aprile

Le missioni lunari *Surveyor*

Sappiamo da molto tempo che i "mari" lunari non hanno mai contenuto acqua, ma fino a tempi piuttosto recenti era largamente ac-

Anniversario

1967: Atterraggio sulla Luna della sonda automatica americana *Surveyor 3*.

cettata la teoria che essi fossero ricoperti da un profondo e pericoloso strato di polvere. In particolare Thomas Gold, di Cambridge,
affermava che un qualunque veicolo così incauto da atterrare lì sarebbe semplicemente sprofondato del tutto e definitivamente.
Questa ipotesi non era ritenuta credibile da chi studiava la Luna,
perché non sembrava concordare con i dati osservativi, ma comunque venne presa molto sul serio, specialmente negli Stati
Uniti. Fu finalmente smentita il 3 febbraio 1966, quando la sonda
automatica russa *Luna 9* effettuò una discesa controllata
sull'Oceanus Procellarum e non sprofondò affatto.

I primi veicoli americani ad atterraggio controllato furono le
missioni *Surveyor* degli anni 1966-68, sette in tutto, delle quali solo
la seconda e la quarta senza successo. *Surveyor 3* atterrò
nell'Oceanus Procellarum e inviò 6315 immagini, oltre ad effettuare analisi del suolo lunare. Più di due anni dopo, gli astronauti
dell'*Apollo 12* camminarono fino al sito dell'atterraggio, recupera-
rono alcuni campioni della navicella e li portarono sulla Terra per
esaminarli.

Surveyor 3 si trova ancora nell'arido Oceano delle Tempeste: e
rimarrà lì finché una futura spedizione non lo raccoglierà per portarlo in un museo lunare.

20 Aprile

Le Liridi e la cometa di Thatcher

Stanotte cade il massimo della pioggia meteorica delle Liridi, il cui
radiante non è lontano dalla brillante Vega. Generalmente questo
sciame non è eccezionale, con uno ZHR (*zenithal hourly rate*, si veda il 4 gennaio) di 10 circa, ma talvolta può produrre un bello spettacolo: pare che vi sia stata una vera "tempesta di Liridi" nel 1803, e
in tempi moderni ci sono state ricche piogge di meteore nel 1922 e
di nuovo nel 1982: quindi conviene guardare attentamente il cielo
stasera e domani.

Sembra certo che il progenitore dello sciame delle Liridi sia la
cometa Thatcher del 1861: essa fu scoperta il 5 aprile di quell'anno
dall'osservatore americano A.E. Thatcher quando era sotto la settima magnitudine. Aumentò lentamente la propria luminosità e in
maggio aveva raggiunto la magnitudine 2,5, con una coda che si
estendeva per almeno un grado. Raggiunse il perielio il 3 giugno e
fu seguita al telescopio fino al 7 settembre. L'orbita è ellittica e il periodo è molto lungo (415 anni).

21 Aprile

Apollo 16 e gli altopiani lunari

Anniversario

1972: Atterraggio di *Apollo 16* sulla Luna.

Il 21 aprile 1972 il modulo lunare di *Apollo 16* atterrò dolcemente sulla superficie della Luna. Gli astronauti John Young e Charles Duke iniziarono l'esplorazione della zona, spostandosi con il *Lunar Roving Vehicle* (LRV) che avevano portato con sé; il terzo membro dell'equipaggio, Thomas Mattingly, rimase in orbita lunare dentro il modulo di comando della navicella.

Apollo 16 atterrò nella regione del cratere Descartes (latitudine 8° 36' S, longitudine 15° 31' E), negli altopiani meridionali della Luna. Questa in effetti fu l'unica missione a scendere in un'area di questo tipo: tutte le altre erano dirette verso i mari, quindi il programma portato a termine da Young e Duke aveva un'importanza particolare.

Gli altopiani lunari sono molto più accidentati dei mari, e sono anche più vecchi. È certo che intorno al periodo che va da 3200 a 3000 milioni di anni fa sulla Luna c'era una diffusa attività vulcanica, con la lava che fuoriusciva da sotto la crosta superficiale allagando i bacini dei "mari"; i crateri preesistenti furono in gran parte distrutti, mentre le terre più elevate furono in grado di preservare i crateri che si erano formati in un'epoca precedente. Young e Duke portarono indietro campioni di superficie: le rocce erano essenzialmente dello stesso tipo di quelle raccolte dalle altre missioni *Apollo*. Quando gli astronauti lasciarono la Luna, l'"auto lunare" rimase lì: sappiamo esattamente dove si trova, e senza dubbio un giorno sarà fornita di una batteria nuova e guidata verso il suo museo.

22 Aprile

La Macchina Pneumatica

Tutte le costellazioni originali avevano i nomi di personaggi mitologici oppure di creature viventi o anche di oggetti familiari. I gruppi stellari dell'estremo sud non vi erano inclusi per ovvi motivi, e le costellazioni di quella regione furono aggiunte da astronomi più recenti. Uno di essi era il francese Nicolas Louis de Lacaille, che andò al Capo di Buona Speranza tra il 1750 e il 1754 e compilò un importante catalogo stellare. Nel corso di questo lavoro egli introdusse 14 nuove costellazioni, tutte ancora presenti sulle nostre mappe, alcune delle quali hanno nomi dal suono decisamente moderno; in realtà i nomi originali di Lacaille sono stati modificati, cosicché Antlia Pneumatica, la Macchina Pneumatica, è nota oggi semplicemente come Antlia.

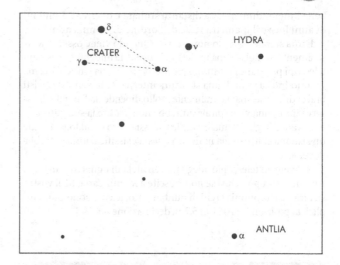

Gli osservatori australi la troveranno alta stanotte; si trova tra l'Idra Femmina e la Carena (si veda il 9 marzo). Gli osservatori settentrionali avranno più difficoltà: Antlia è molto bassa verso sud, sotto la lunga e irregolare linea di stelle che contraddistingue l'Idra, e le sue stelle sono deboli; anche la più luminosa, la rossa *alfa* Antliæ, di tipo M, è solo di magnitudine 4,2, e non vi sono oggetti interessanti nella costellazione; quindi identificarla è una sfida e una prova di orgoglio.

Antlia copre 239 gradi quadrati: la sua area è circa la stessa del Leone Minore. È opinabile che queste due costellazioni meritino di avere una propria identità separata.

23 Aprile

Il Sestante

Il Sestante è una delle costellazioni aggiunte al cielo da Hevelius nel 1690; il suo nome originale era "Sestante di Urania". Si trova tra il Leone e l'Idra Femmina ed è attraversata dall'equatore celeste; contiene anche il polo dell'eclittica. È un gruppo molto povero e non ha un profilo definito; la sua stella più brillante, *alfa* Sextantis, è solo di magnitudine 4,5.

Essa contiene comunque un oggetto molto interessante: la "Galassia Fuso", NGC 3115. Sfortunatamente è piuttosto debole, con una magnitudine integrata inferiore a 9, e ben oltre la portata dei normali binocoli, ma la sua reale luminosità superficiale è superiore a quella di molte galassie, quindi sopporterà bene l'ingrandimento. La distanza stimata è di circa 25 milioni di anni luce e il diametro reale dell'ordine di 30 mila anni luce.

È una spirale? Questo non è certo. Quando viene osservata visualmente somiglia a una macchia allungata; le fotografie prese con telescopi più grandi mostrano piuttosto una forma lenticolare, ma vi sono indicazioni di una struttura interna. Non sono stati visti bracci di spirale, ma naturalmente molto dipende dall'angolo di osservazione: una vera spirale potrebbe non tradire la sua natura se osservata di taglio. Attualmente la Galassia Fuso è catalogata come un sistema ellittico, ma in futuro questa classificazione potrebbe dover essere rivista.

Se avete un telescopio adeguato cercatela in ogni caso, ma non rimanete troppo delusi se non riuscite a identificarla. Se il vostro strumento ha buoni cerchi di puntamento, le cose sono più semplici; la posizione è: AR 10h 5,2m, declinazione –07° 43'.

24 Aprile

Il Centauro e la Croce del Sud

Finora ci siamo concentrati sul cielo visibile dall'emisfero nord terrestre, ma capita che alcuni degli oggetti più importanti del cielo si trovino all'estremo sud. Spero quindi che mi perdonerete se per le prossime cinque notti "andremo a sud" e discuteremo alcuni degli oggetti che dall'Europa non si vedranno mai.

I primi e più importanti sono naturalmente il Centauro e la Croce del Sud, che durante le notti di aprile sono quasi allo zenit per gli australiani o i neozelandesi. Poiché il Centauro circonda praticamente la Croce, conviene elencare insieme le loro stelle principali (si veda la tabella).

Una piccola parte del Centauro si protende sopra l'orizzonte europeo, ma non molto, e i due brillanti Puntatori della Croce, *alfa* e *beta* Centauri, sono del tutto invisibili. Essi non sono tra loro vicini: la *alfa* è la più prossima a noi tra le stelle brillanti, a una distanza poco superiore a 4 anni luce; la sua debole compagna nana rossa, Proxima, è leggermente ancora più vicina, ma è troppo poco luminosa per poter essere vista senza un potente telescopio e non è troppo semplice da identificare. La *beta* è una lontana e potente stella gigante. *Alfa* Centauri è poi una bellissima binaria: le componenti hanno magnitudini 0,0 e 1,2 e la separazione è abbastanza grande da poter distinguere la coppia anche con un telescopio molto piccolo. È un sistema binario con un periodo orbitale di 79,9 anni, quindi la separazione e l'angolo di posizione cambiano piuttosto rapidamente. Stranamente *alfa* Centauri non ha mai avuto un nome proprio universalmente accettato: sono stati usati i nomi Toliman, Bundula e Rigel Kent, ma gli astronomi preferiscono chiamarla semplicemente *alfa* Centauri.

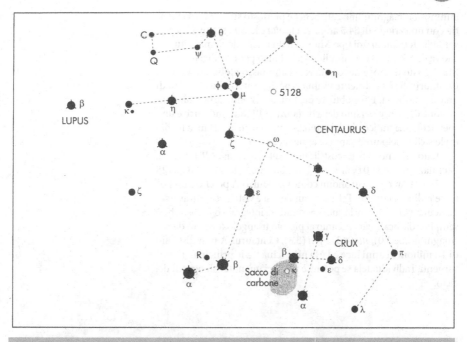

Centauro e Croce del Sud

Lettera greca	Nome	Magnitudine	Luminosità (Sole=1)	Distanza (anni luce)	Tipo spettrale
Centauro					
α alfa	–	–0,3	1,7+0,6	4,3	G2+K1
β beta	Agena	0,6	10.000	460	B1
γ gamma	Menkent	2,2	130	110	A0
δ delta	–	2,6	830	325	B2
ε epsilon	–	2,3	2100	490	B1
ζ zeta	Al Nair al Kentaurus	2,6	1300	360	B2
η eta	–	2,3	1200	360	B3
θ theta	Haratan	2,1	17	46	K0
ι iota	–	2,7	26	52	A2
κ kappa	Ke Kwan	3,1	830	420	B2
λ lambda	–	3,1	180	190	B9
μ mu	–	3,0	450	300	B3
Croce del Sud					
α alfa	Acrux	0,8	3200+2000	360	B1+B3
β beta	Mimosa	1,2	8200	425	B0
γ gamma	–	1,6	120	88	M3
δ delta	–	2,8	1320	260	B2

Anniversario

1990: Lancio dell'*Hubble Space Telescope*.

25 Aprile

Caratteristiche del Centauro

Il Centauro contiene una gran quantità di oggetti interessanti. La *gamma*, per esempio, è una bella doppia con componenti di pari

luminosità (magnitudine 2,9), benché piuttosto stretta; è una binaria con un periodo di 84,5 anni. Tra la *alfa* e la *beta* si trova la rossa
variabile R Centauri, di tipo Mira, con un intervallo di magnitudini
che va da 5,3 a 11,8 e un insolitamente lungo periodo di 546 giorni.
Ma il posto d'onore deve andare all'ammasso globulare Omega
Centauri, che è facilmente visibile a occhio nudo e ha l'aspetto di
una stella sfocata. È il globulare più brillante; contiene ben oltre un
milione di stelle e persino dalla distanza di 17 mila anni luce è uno
spettacolo magnifico al telescopio. Al suo centro la distanza media
tra le stelle è solo un decimo di anno luce circa.

Molto più a nord nella costellazione, alla posizione AR 13h 25m,
declinazione −43° 01', si trova l'importante galassia NGC 5128
(C77), nota ai radioastronomi come Centaurus A perché è un potente radio-emettitore. Telescopicamente si è visto che è attraversata da una banda scura; la sua magnitudine integrata è 7, cosicché è
semplice da localizzare accanto al piccolo triangolo formato da *mu*
(magnitudine 3,0), *nu* (4,3) e *phi* (3,8). Centaurus A non dista più
di 10 milioni di anni luce ed è la più vicina tra le principali radiosorgenti. Individuatela se potete: è uno dei più notevoli oggetti del
cielo.

26 Aprile

La Croce del Sud

La Croce del Sud, la più famosa costellazione australe, era anticamente inclusa nel Centauro; ne fu separata per la prima volta nel
1679 da un oscuro astronomo chiamato Augustin Royer. È circondata dal Centauro; la sola altra costellazione con cui confina è la
Mosca.

È sufficiente una rapida occhiata per vedere che tre delle quattro
stelle principali sono bianco-bluastre, mentre la quarta, *gamma*
Crucis, è rosso-arancio. La *alfa* è una bella doppia: le componenti
sono di magnitudine 1,4 e 1,8, separate da 4,4 secondi d'arco. Senza
dubbio sono fisicamente associate, ma sono molto distanti. Anche
una terza stella vicina, di magnitudine 4,9, è un remoto membro
del sistema. *Gamma* Crucis ha una compagna di magnitudine 6,7
con una separazione di 111 secondi d'arco, ma si tratta di una coppia ottica e non di una binaria.

Dobbiamo ammettere che la Croce non assomiglia affatto a una
X, ma piuttosto a un aquilone. È un peccato che non vi sia una stella centrale a completare il disegno – e inoltre la *epsilon*, di magnitudine 3,6, rovina alquanto l'effetto. Comunque è straordinaria, e il
cielo australe sembrerebbe monotono senza di essa.

27 Aprile

Lo Scrigno e il Sacco di Carbone

Benché la Croce sia così piccola, è pienissima di oggetti spettacolari. Molto vicino alla *beta* si trova il magnifico ammasso aperto NGC 4755 (C94) intorno a *kappa* Crucis. Le sue stelle sono in gran parte bianche, con una prominente configurazione triangolare, ma c'è una supergigante rossa che si distingue; l'ammasso è stato soprannominato Scrigno ed è splendido quanto nessun altro in cielo. Dista circa 7700 anni luce e probabilmente non è più vecchio di pochi milioni di anni.

Tra la *alfa* e la *beta* si trova qualcosa di molto diverso: una regione apparentemente priva di stelle nota come Sacco di Carbone (C99). È semplicemente una nebulosa oscura, lontana non più di 500 anni luce, che nasconde la luce delle stelle retrostanti; si vedono solo poche stelle in primo piano. Esistono moltissime nebulose oscure in cielo, ma nessuna eguaglia il Sacco di Carbone.

È interessante aggiungere che la sola differenza tra una nebulosa oscura e una brillante è l'assenza o la presenza di stelle vicine che la illuminino. Per quanto ne sappiamo, potrebbero esservi stelle adatte sul retro della nebulosa, quindi se potessimo osservarla da una diversa posizione della Galassia potrebbe benissimo apparire brillante anziché nera come l'inchiostro.

Anniversario

1900: Nascita di Jan Hendrik Oort, uno dei più grandi astronomi olandesi; fu direttore dell'Osservatorio di Leiden dal 1945 al 1970 e presidente dell'Unione Astronomica Internazionale dal 1958 al 1961. Con Bertill Lindblad fu il primo a riconoscere la rotazione della Galassia; propose il modello della "palla di neve sporca" per le comete e avanzò l'idea di quella che è ora chiamata Nube di Oort, uno sciame di corpi cometari in orbita intorno al Sole a grandissima distanza. Morì nel 1992.

28 Aprile

Il Lupo

Prima di tornare al cielo settentrionale dobbiamo fermarci per osservare brevemente il Lupo, che è vicino al Centauro e con-

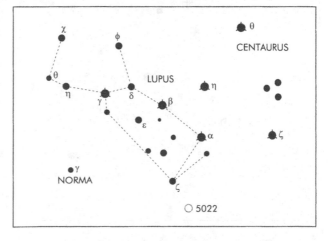

Lupo

Lettera greca	Nome	Magnitudine	Luminosità (Sole=1)	Distanza (anni luce)	Tipo spettrale
α alfa	Men	2,3	5000	6800	B1
β beta	KeKouan	2,7	830	360	B2
γ gamma	–	2,8	450	258	B3
δ delta	–	3,2	1320	587	B2
ε epsilon	–	3,4	700	456	B3
ζ zeta	–	3,4	58	137	G8
η eta	–	3,4	830	490	B2

tiene alcune stelle abbastanza brillanti, elencate in tabella.

Il Lupo non ha una forma realmente caratteristica e non vi si trova niente di immediato interesse, ma l'ammasso aperto NGC 5822, vicino alla *zeta* (AR 15h 05m, declinazione –54° 21'), può essere meritevole di essere osservato; la magnitudine integrata è 6,5 e si tratta di un facile oggetto binoculare.

29 Aprile

L'Altare

L'Altare è una delle costellazioni storiche, per quanto non sembri essere associata ad alcuna definita leggenda mitologica. Si trova nella regione meridionale del cielo, tra lo Scorpione e il Triangolo Australe, e quindi non può essere vista da gran parte dell'Europa; una parte di essa sorge per poco tempo alla latitudine di Palermo. Le sue stelle principali sono elencate nella tabella della pagina seguente.

Tre di esse (*zeta*, *beta* ed *eta*) sono chiaramente di colore arancione. Nello stesso campo binoculare della *zeta* si trova una stella

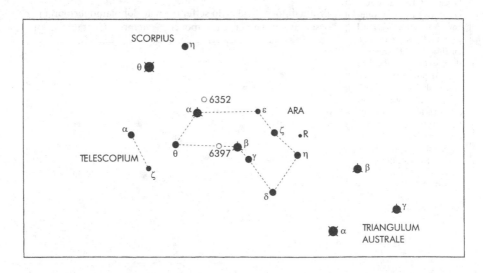

Ara					
Lettera greca	Nome	Magnitudine	Luminosità (Sole=1)	Distanza (anni luce)	Tipo spettrale
α alfa	Choo	2,9	450	190	B3
β beta	–	2,8	5000	780	K3
γ gamma	–	3,6	5000	1075	B1
δ delta	–	3,6	105	95	B8
ζ zeta	–	3,1	110	137	K5
η eta	–	3,8	110	190	K5
θ theta	–	3,8	9000	1570	B1

variabile, R Arae, che non è affatto una variabile intrinseca, ma è una *binaria a eclisse* di tipo Algol (si veda il 13 novembre). Il suo periodo è di 4,4 giorni e poiché l'intervallo di magnitudini va da 6,0 a 6,9 può sempre essere osservata al binocolo; forma un piccolo triangolo con la *zeta* e la *eta*.

L'Altare contiene diversi ammassi alla portata del binocolo. Il più importante è NGC 6397 (C86), accanto alla coppia *beta-gamma*. È un facile oggetto binoculare, ed essendo meno denso di gran parte degli ammassi globulari è relativamente semplice da risolvere, con l'eccezione della regione più centrale. È anche molto più piccolo dei tipici globulari, e con una distanza stimata di 7000 anni luce è probabilmente il più vicino a noi. Le sue stelle principali sono vecchie giganti rosse, molto avanti nella propria evoluzione, e sembra che C86 debba essere molto antico persino per gli standard degli ammassi globulari. NGC 6352 (C81) è un globulare più debole, vicino alla *alfa*, e vi sono anche diversi ammassi aperti. Una parte dell'Altare è attraversata dalla Via Lattea e l'intera regione è decisamente ricca di oggetti.

30 Aprile

La Luna e la Pasqua

La Pasqua è una festività pubblica che, contrariamente a gran parte delle altre, non cade in un giorno definito dell'anno: essa dipende dalla Luna. Questo fu deciso nell'anno 325 in un'importante assemblea religiosa, il Concilio di Nicea, dopo molte dispute tra i vari capi della Chiesa.

La regola è: la domenica di Pasqua è la prima dopo la Luna Piena che cade contemporaneamente o poco dopo l'equinozio di primavera (si veda il 22 gennaio). Se tale Luna Piena cade di domenica, il giorno di Pasqua sarà la domenica seguente. Si può dimostrare che la Pasqua può quindi cadere in una qualunque data tra il 22 marzo e il 25 aprile compresi.

Esistono naturalmente molte tradizioni popolari associate alla Pasqua, piuttosto lontane dall'aspetto religioso. Per esempio, nella

Gran Bretagna del diciannovesimo secolo si credeva generalmente che il Sole danzasse di gioia all'alba della domenica di Pasqua, e questo fu all'origine dell'usanza di andare sulle colline all'alba per prendere parte alla celebrazione.

Ci sono stati vari tentativi di fissare la Pasqua in un giorno definito e fisso del calendario, ma finora non è stata presa alcuna decisione al riguardo.

Maggio

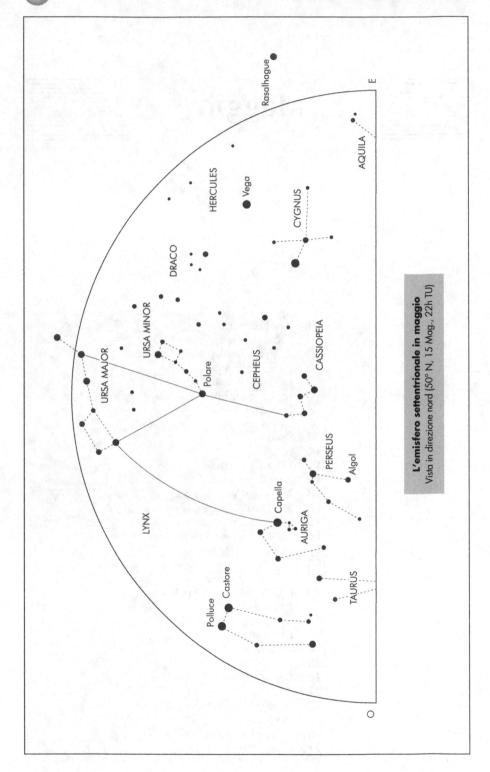

L'emisfero settentrionale in maggio
Vista in direzione nord (50° N, 15 Mag., 22h TU)

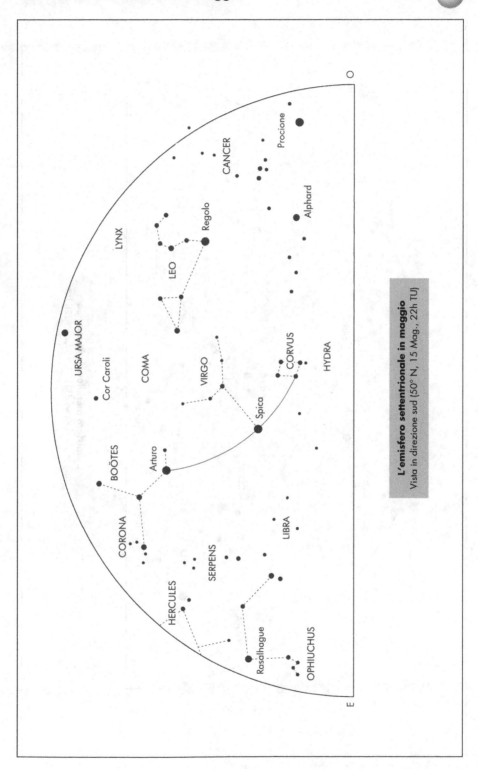

L'emisfero settentrionale in maggio
Vista in direzione sud (50° N, 15 Mag., 22h TU)

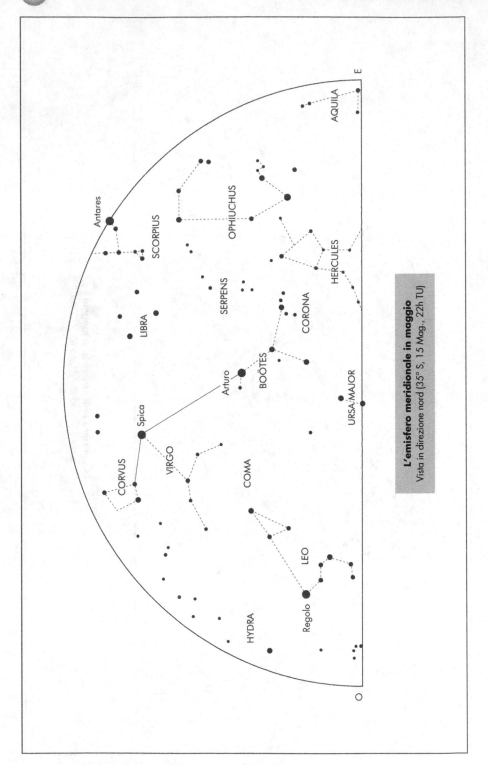

L'emisfero meridionale in maggio
Vista in direzione nord (35° S, 15 Mag., 22h TU)

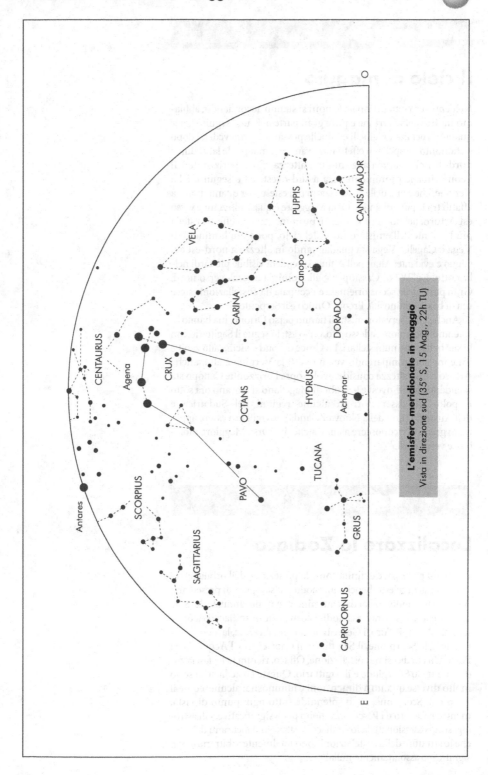

L'emisfero meridionale in maggio
Vista in direzione sud (35° S, 15 Mag., 22h TU)

1 Maggio

Il cielo di maggio

Nell'emisfero settentrionale le notti si stanno accorciando; abbiamo inoltre perso Orione e pure gran parte del suo "seguito", per quanto Procione, i Gemelli e Capella possano ancora vedersi dopo il tramonto. (Capella in effetti non tramonta mai per le latitudini a nord di Bologna, ma alla minima altezza sfiora l'orizzonte.) Il Leone rimane prominente, ora a sud-ovest, ed è seguito dalla Vergine, che è una delle costellazioni più estese, per quanto non sia affatto tra le più brillanti. L'Orsa Maggiore è quasi allo zenit e verso est Arturo, nel Boote, il Bifolco, è prominente: è in effetti la stella più brillante dell'emisfero nord del cielo, poco più luminosa di Vega e Capella. Vega sta guadagnando in altezza a nord-est e il Cigno è evidente; Altair nell'Aquila si renderà visibile più tardi nella notte. La "W" di Cassiopea è alla minima altezza verso nord. Gran parte della scena orientale è occupata da costellazioni estese ma di bassa luminosità: Ercole, Ofiuco e il Serpente.

Anche gli osservatori australi hanno perso Orione, ma hanno lo splendido Scorpione, adesso alto verso est; lo segue il Sagittario con le sue bellissime nubi stellari. La Croce del Sud è vicina allo zenit e il Leone sta scomparendo verso ovest; la Vergine è alta; anche Arturo è a un'altezza considerevole sopra l'orizzonte. Canopo sta scendendo a sud-ovest e le Nubi di Magellano si trovano ora sotto il polo. Gli osservatori di alcune regioni del Sudafrica e dell'Australia (non della Nuova Zelanda) dovrebbero essere appena in grado di riconoscere alcune stelle dell'Orsa Maggiore molto basse verso nord.

2 Maggio

Localizzare lo Zodiaco

L'*eclittica* può essere definita come la proiezione dell'orbita terrestre sulla sfera celeste, benché un modo più semplice di presentarla sia dire che è individuata dal cammino apparente annuale del Sole tra le stelle. Essa attraversa dodici costellazioni zodiacali riconosciute: l'Ariete, il Toro, i Gemelli, il Cancro, il Leone, la Vergine, la Bilancia, lo Scorpione, il Sagittario, il Capricorno, l'Acquario e i Pesci. Una tredicesima costellazione, Ofiuco, rientra nella fascia zodiacale tra lo Scorpione e il Sagittario. Queste costellazioni sono molto diverse quanto a dimensioni e luminosità: alcune, come il Toro e lo Scorpione, sono splendide sotto ogni punto di vista, mentre il Cancro e i Pesci sono molto poco significative. Gli astrologi sono ossessionati dallo Zodiaco, beatamente incuranti del fatto che le strutture delle costellazioni sono totalmente arbitrarie e non significano assolutamente nulla!

Questo è un buon momento per localizzare la fascia zodiacale. Iniziamo a ovest: la linea passa a sud di Castore e Polluce. Attraversa poi il Cancro, vicino al Præsepe, e passa oltre Regolo nel Leone; si trova a sud del triangolo del Leone e poi oltrepassa Spica nella Vergine. Attraversa la Bilancia, vicino alla stella Zubenelgenubi, o *alfa* Librae, e prosegue nello Scorpione, appena a nord di Antares; quindi passa nel Sagittario, leggermente a sud della brillante stella Nunki, o *sigma* Sagittarii (si veda il 17 luglio), e nel Capricorno. Questo è il massimo a cui possiamo giungere nel seguirla stanotte.

3 Maggio

Le aree delle costellazioni zodiacali

Abbiamo localizzato le costellazioni dello Zodiaco; fermiamoci adesso per confrontarle l'una con l'altra. La tabella le elenca con l'indicazione dell'area di cielo coperta e della "densità stellare", cioè del numero di stelle sopra la quinta magnitudine ogni 100 gradi quadrati.

Lo Scorpione è il gruppo zodiacale più ricco di stelle e il Cancro il più povero. Considerando invece l'intero cielo, la Croce del Sud è la costellazione più piccola (68 gradi quadrati) ma ha la massima densità stellare (19,1). La costellazione meno brillante è la meridio-

Le costellazioni zodiacali

Costellazione	Area (gradi quadrati)	Densità stellare
Ariete	441	2,5
Toro	797	5,5
Gemelli	514	4,5
Cancro	506	1,2
Leone	947	2,7
Vergine	1294	2,0
Bilancia	538	2,4
Scorpione	497	7,6
Sagittario	867	3,8
Capricorno	414	3,9
Acquario	980	3,2
Pesci	889	2,7
(Ofiuco	948	3,8)

nale Mensa, che non ha alcuna stella che raggiunga la quinta magnitudine, ma è riscattata dal fatto che una piccola parte della Grande Nube di Magellano si estende al suo interno.

4 maggio

Il pianeta gigante

Giove è il gigante del Sistema Solare ed è più massiccio di tutti gli altri pianeti messi insieme. È visibile per diversi mesi ogni anno, quindi questo può essere un buon momento per osservarlo. Nel periodo che va dal 2007 al 2010 giunge all'opposizione nelle seguenti date: il 5 giugno 2007, il 9 luglio 2008, il 14 agosto 2009 e il 21 settembre 2010. La magnitudine all'opposizione va da −2,0 a −2,5, quindi Giove è più luminoso di ogni altro pianeta con l'eccezione di Venere e (talvolta) di Marte.

Nei prossimi anni, Giove si trova nell'emisfero meridionale del cielo; la declinazione all'opposizione era di −4° nel 2005 e scende fino a circa −23° nel 2008. Poi si sposterà nuovamente verso nord, cosicché nel 2010 sarà risalita a −2°.

Giove è davvero immenso: il suo globo potrebbe contenere più di 1300 sfere del volume della Terra, ma la sua massa è solo 318 volte quella terrestre, perché la sua composizione è molto diversa. C'è un nucleo caldo di silicati, circondato da strati di idrogeno liquido, che sono a loro volta coperti dagli strati nebulosi che possiamo vedere. Per quanto il nucleo sia caldo, Giove non è, come spesso si dice, una "stella mancata". Affinché vengano innescate le reazioni nucleari di tipo stellare è necessaria una temperatura intorno a 10 milioni di gradi centigradi. La parte superiore dell'atmosfera è formata principalmente da idrogeno, con una considerevole quantità di elio; vi sono anche composti dell'idrogeno quali ammoniaca e metano. Le temperature della parte superiore dell'atmosfera sono molto basse (intorno a −150 °C) ma ricordate che la distanza media di Giove dal Sole è di 773 milioni di chilometri, ben oltre cinque volte quella della Terra.

Il disco giallastro è leggermente ovale, a causa della rapida rotazione assiale: il periodo orbitale è di 11,9 anni terrestri, ma il "giorno" gioviano dura meno di 10 ore, quindi l'equatore tende ad "allargarsi". Il diametro equatoriale è di 143 mila chilometri, quello polare di soli 133 mila chilometri. L'inclinazione dell'asse è di appena 3°, quindi Giove marcia praticamente "diritto" nella sua orbita.

Diverse navicelle spaziali sono passate accanto a Giove, in particolare la *Voyager 1* e la *Voyager 2* (1979). La navicella *Galileo* ha raggiunto Giove nel 1995 ed è entrata in orbita attorno ad esso; ha anche fatto scendere un modulo nell'atmosfera che ha inviato dati finché non è stato distrutto dalla pressione dei gas.
Precedentemente, nel 1994, si era verificato un ingresso "naturale" nell'atmosfera di Giove: una cometa, la Shoemaker-Levy 9, si tuffò su Giove nel luglio di quell'anno producendo perturbazioni che rimasero visibili per molti mesi.

Giove possiede un sistema di anelli. È presente un campo magnetico molto intenso, insieme a fasce di radiazione che sarebbero fatali per ogni astronauta così incauto da entrarvi!

5 Maggio

Le meteoriti cadute in Italia

È sbagliato associare le meteore con le meteoriti. Le prime sono detriti cometari e bruciano completamente in atmosfera quando si trovano ancora ad almeno 60 km di altezza. Le meteoriti provengono principalmente dalla fascia degli asteroidi, e in effetti non c'è differenza tra una grande meteorite e un piccolo asteroide: l'unica è che il termine "meteorite" è utilizzato solo per gli oggetti che cadono sulla Terra.

L'ultima grande meteorite italiana è quella di Fermo, caduta il 25 settembre 1996. Questa meteorite, di oltre 10 kg di peso, è totalmente ricoperta da una sottile crosta di fusione, causata dall'attraversamento dell'atmosfera terrestre. La meteorite di Fermo è classificata come *condrite ordinaria*: è infatti una meteorite rocciosa all'interno della quale si trovano piccoli aggregati sferici, detti *condrule*. Si ritiene che le condrule siano costituite da materiale fuso e risolidificato all'interno della nebulosa da cui ebbe origine il Sistema Solare, 4,5 miliardi di anni fa. L'elenco delle meteoriti cadute o trovate in Italia dal 1900 a oggi è fornito in tabella.

La meteorite più grande conosciuta si trova ancora nel punto in cui è caduta in tempi preistorici, a Hoba West, vicino a Grootfontein, in Namibia (Africa meridionale). Essa pesa almeno 60 tonnellate.

Le meteoriti italiane		
Data (c = caduta; r = raccolta)	Luogo di caduta o raccolta	Massa (kg)
12 luglio 1903 (c)	Valdinizza (Pavia)	0,872
1904 (r)	Bagnone (Massa Carrara)	48
22 gennaio 1910 (c)	Vigarano (Ferrara)	16
1922 (c)	Patti (Messina)	–
1950 (r)	Barcis (Pordenone)	56
16 luglio 1955 (c)	Messina	2,4
19 febbraio 1956 (c)	Sinnai (Cagliari)	2
ottobre 1960 (r)	Barbianello (Pavia)	0,86
1967 (r)	Masua (Cagliari)	1,46
10 agosto 1968 (c)	Piancaldoli (Firenze)	0,013
1970 (r)	Umbria (senza nome ufficiale)	0,667
12 maggio 1971 (c)	Noventa Vicentina (Vicenza)	0,177
18 maggio 1988 (c)	Torino	0,977
agosto 1995 (r)	Lago Valscura (Cuneo)	0,2
25 settembre 1996 (c)	Fermo (Ascoli Piceno)	10,2
11 aprile 1999 (r)	Lido di Venezia (Venezia)	0,048
9 settembre 1999 (r)	Tessera (Venezia)	0,012
26 febbraio 2000 (r)	Tessera (Venezia)	0,051
26 marzo 2000 (r)	Mareson di Zoldo (Belluno)	0,031
21 gennaio 2001 (r)	Piave (Veneto)	0,022
15 luglio 2003 (r)	Castenaso (Bologna)	0,120

6 Maggio

Le bande e le macchie di Giove

Anche un piccolo telescopio evidenzierà dettagli superficiali su Giove. Le fasce atmosferiche sono prominenti e sempre presenti. In generale, vi sono due *bande* principali scure, da parti opposte dell'equatore, quella nord-equatoriale (NEB, *North Equatorial Belt*) e quella sud-equatoriale (SEB, *South Equatorial Belt*), e altre a latitudini maggiori, come la *North Temperate Belt* e la *South Temperate Belt*. Sono da osservare anche le macchie e le "ghirlande" che compaiono nelle fasce: i particolari possono essere incredibilmente complessi. Inoltre, Giove è un mondo in continuo tumulto, quindi l'atmosfera varia continuamente.

A causa della rapida rotazione, le strutture superficiali appaiono muoversi attraverso il disco da una parte all'altra; gli spostamenti si rendono evidenti dopo solo pochi minuti di osservazione. Giove non ruota come un corpo solido: esiste una forte corrente equatoriale, e il periodo di rotazione in questa regione (sistema I) è di 9h 50m 30s, mentre per il resto del pianeta (sistema II) è di 9h 55m 41s. A complicare ulteriormente le cose, alcune singole formazioni hanno periodi di rotazione propri: generalmente, si spostano in longitudine, ma molto meno in latitudine.

La formazione più famosa sul disco di Giove è la *Grande Macchia Rossa*, che è stata praticamente sotto continua osservazione fin dal diciassettesimo secolo. Essa talvolta scompare per qualche tempo, ma poi riappare ed è associata alla SEB. Presumibilmente esiste da così tanto tempo a causa delle sue dimensioni – fino a 48 mila chilometri di lunghezza per 11.200 km di larghezza – ma non possiamo essere certi che sia permanente. Ritenuta in passato un vulcano, sappiamo oggi che è un vortice, un fenomeno atmosferico; a volte è realmente molto rossa. La causa del colore non è chiara, ma potrebbe ricercarsi nella presenza di fosforo. Il periodo di rotazione della macchia differisce da quello delle regioni circostanti, quindi la sua longitudine varia, mentre la latitudine rimane praticamente costante a circa 22° S.

7 Maggio

I satelliti di Giove

Giove possiede quattro grandi satelliti, che furono osservati da Galileo nel 1610 con il suo primo telescopio e sono infatti noti da sempre come "satelliti galileiani". Le loro caratteristiche sono riportate in tabella.

	Distanza media da Giove (km)	Periodo orbitale			Diametro (km)	Magnitudine media all'opposizione
		g	h	m		
Io	421.600	1	18	28	3642	5,0
Europa	670.900	3	13	14	3130	5,1
Ganimede	1.070.000	7	3	43	5268	4,6
Callisto	1.883.000	16	16	32	4800	5,6

Tutti hanno dimensioni planetarie; Ganimede è in effetti più grande di Mercurio, per quanto meno massiccio. Tutti e quattro orbitano approssimativamente nel piano dell'equatore gioviano, e persino con un piccolo telescopio è affascinante seguire i loro spostamenti da una notte all'altra, o anche da un'ora all'altra. Possono passare dietro Giove ed esserne occultati, o transitare attraverso il disco del pianeta, insieme alle loro ombre; possono trovarsi nel cono d'ombra dello stesso Giove ed essere eclissati.

I satelliti galileiani non sono simili, come hanno mostrato le immagini e i dati inviati dalle sonde spaziali. Ganimede e Callisto sono freddi e ricchi di crateri, Europa è freddo e uniforme e Io presenta una violenta attività vulcanica, con vulcani di zolfo che eruttano continuamente. Io è connesso a Giove da un tubo di flusso elettromagnetico e ha un notevole effetto sull'emissione radio del pianeta.

Giove ha molti altri satelliti – ne conosciamo ad oggi oltre 60 – ma sono tutti molto piccoli e oltre la portata di un telescopio di dimensioni amatoriali.

8 Maggio

La Vergine

Sia per gli osservatori settentrionali che per quelli meridionali la Vergine ora domina il cielo notturno. È la seconda costellazione per estensione: copre 1294 gradi quadrati, leggermente più dell'Orsa Maggiore (1280 gradi quadrati); solo l'Idra Femmina (1303 gradi quadrati) è più grande. Nella mitologia la Vergine rappresenta Astrea, la dea della giustizia, figlia di Giove e Temi.

Vi si trova una sola stella di prima grandezza, Spica, ma diverse altre sono abbastanza brillanti da essere rilevanti, e la forma della costellazione la rende semplice da identificare. Le stelle principali sono elencate in tabella.

Per localizzare la Vergine, gli osservatori boreali possono tracciare una linea che dalla coda dell'Orsa Maggiore passa per Arturo e che, prolungata per una certa distanza e un po' curvata, giunge a Spica.

La Vergine ha una forma a "Y", con Spica alla base della lettera, e contiene moltissime galassie deboli (si veda il 12 maggio). La Vergine è una costellazione zodiacale ed è attraversata dall'equatore celeste; sia la *zeta* che la *gamma* si trovano a meno di 2° dalla linea equatoriale.

Vergine					
Lettera greca	Nome	Magnitudine	Luminosità (Sole=1)	Distanza (anni luce)	Tipo spettrale
α alfa	Spica	1,0	2100	260	B1
β beta	Zavijava	3,6	3,4	33	F8
γ gamma	Arich	2,7	7	36	F0 + F0
δ delta	Minelauva	3,4	120	147	M3
ε epsilon	Vindemiatrix	2,8	60	104	G9
ζ zeta	Heze	3,4	17	75	A3
η eta	Zaniah	3,9	26	104	A2

9 Maggio

Spica

Poiché la Vergine è la nostra "costellazione della settimana", consideriamo adesso la sua stella principale, Spica, che si trova così vicina all'eclittica da potere essere talvolta occultata dalla Luna. In vari Paesi, Spica ha ricevuto diversi nomi propri: per esempio Salkim in Turchia e Shebbelta in Siria, entrambi traducibili approssimativamente come "spiga di grano". Si trova in una regione piuttosto povera di stelle ed è stata chiamata talvolta *al Simak al Azel,* la stella indifesa, in contrapposizione all'altra *Simak,* Arturo, che invece veniva rappresentata dotata di una lancia. (Si veda la mappa al 7 giugno.)

Al telescopio Spica appare come una singola stella bianca, ma nel 1889 è stato scoperto che si tratta di una binaria molto stretta. La primaria ha un diametro di circa 15,2 milioni di chilometri e una massa pari a 11 volte quella solare; la secondaria misura circa 8 milioni di chilometri ed è 4 volte più massiccia del Sole. La separazione reale è di circa 17,6 milioni di chilometri, quindi nessun telescopio normale può separare le due componenti: Spica è un eccellente esempio di *binaria spettroscopica.* Il periodo orbitale è appena superiore a 4 giorni; a ogni rivoluzione una piccola regione della primaria è coperta dalla stella più debole e questo causa una leggera diminuzione di luminosità; la primaria inoltre è essa stessa leggermente variabile. Gli effetti combinati comunque sono così esigui da non riuscire a rivelare variazioni senza far uso dei più sensibili strumenti di misura.

Spica non è molto lontana dall'equatore celeste; la sua declinazione è 11° S, quindi può essere osservata da ogni Paese abitato del mondo.

10 Maggio

Arich

La stella al fondo della "coppa" della Vergine (si veda il 13 maggio) è la *gamma* Virginis, Arich (nota anche come Porrima o Postvarta). A occhio nudo sembra insignificante: in realtà, è una famosa binaria e un oggetto spettacolare, per quanto non nella misura in cui lo era solo fino a poche decine di anni fa.

Le due componenti sono identiche: entrambe di tipo F e quindi bianco-giallastre, ed entrambe molto più luminose del Sole. Il periodo orbitale è di 171,4 anni e l'orbita è decisamente eccentrica: la separazione reale tra le due varia da 448 milioni di chilometri a oltre 10,4 miliardi di chilometri.

Attualmente la separazione apparente è ancora di circa 2 secondi d'arco, ma progressivamente stiamo osservando la coppia sotto un angolo sempre meno favorevole, e nel 2016 *gamma* Virginis apparirà come una stella singola, eccetto che in telescopi molto grandi; dopo quell'epoca inizierà ad "aprirsi" nuovamente. All'inizio del ventesimo secolo era una delle più aperte e facili doppie identiche presenti in cielo. Arich, a una distanza di 36 anni luce, è una delle stelle a noi più vicine.

Usate un telescopio per guardarla stanotte, e fate la stessa cosa tra qualche anno: noterete un'evidente differenza sia nella separazione che nell'angolo di posizione.

11 Maggio

I nomi delle stelle

La notte scorsa abbiamo parlato di *gamma* Virginis, che ha diversi nomi propri alternativi. I Romani, per esempio, la conoscevano come Porrima o Postvarta, i nomi di due antiche divinità profetiche. Per gli Arabi era *Zawait al Awwa,* l'angolo, e per i Cinesi *Shang Shang*, il primo ministro.

In realtà, oggi i nomi propri delle stelle non vengono quasi mai usati, con l'eccezione degli astri sopra la seconda magnitudine e di alcuni casi speciali come Mizar (*zeta* Ursæ Majoris) e Mira (*omicron* Ceti). Non vengono più assegnati nuovi nomi. Sfortunatamente, come abbiamo già notato, esistono diverse agenzie fasulle e senza scrupoli che affermano di essere in grado di assegnare nomi alle stelle, dietro pagamento di una somma di denaro, ovviamente! Questi cosiddetti nomi non significano assolutamente nulla, e dovrebbero essere proibiti tutti gli imbrogli di questo tipo.

Esistono alcune stelle a cui, in epoche diverse, sono stati assegnati più nomi propri, e può valere la pena elencarne alcune:

Nomi stellari alternativi	
alfa Andromedae	Alpheratz, Sirrah
alfa Centauri	Toliman, Bundula, Rigel Kent
beta Centauri	Agena, Hadar
beta Ceti	Diphda, Deneb Kaitos
gamma Cephei	Alrai, Erroi
alfa Coronae Borealis	Alphekko, Gemma
beta Draconis	Alwaid, Rostoban
alfa Hydrae	Alphard, Cor Hydræ
gamma Lyrae	Sulaphat, Jugum
beta Ophiuchi	Cheleb, Celbalrai
alfa Persei	Mirphak, Algenib
tau Pegasi	Kerb, Salma
alfa Piscium	Al Rischo, Kailain, Okda
alfa Serpentis	Unukalhar, Cor Serpentis
beta Scorpii	Graffias, Akrab
gamma Velorum	Regor, Al Suhail, al Muhlif
gamma Virginis	Arich, Porrima, Postvarta
gamma Ursae Majoris	Phekda, Phad
eta Ursae Majoris	Alkaid, Benetnasch

Molti nomi possono essere scritti in modi diversi. Certamente alcuni antichi nomi sono affascinanti, anche se scomodi da usare.

12 Maggio

L'anello mancante?

Ancora nella Vergine, rivolgiamo adesso la nostra attenzione a una stella dall'aspetto insignificante: la 70 Virginis. Si trova vicino al limite della costellazione, al confine con la Chioma di Berenice, approssimativamente tra *epsilon* Virginis e la brillante stella arancione Arturo nel Boote (si veda il 7 giugno). È solo di quinta magnitudine e il suo tipo spettrale è G4, quindi non è molto colorata; a prima vista non ha niente di particolare. La sua posizione è: AR 13h 28m 26s, declinazione +13° 46' 43".

70 Virginis dista circa 33 anni luce, che non sono molti per gli standard cosmici. Ciò che la rende interessante è che delicate osservazioni spettroscopiche hanno mostrato che "vibra" leggermente e subisce l'attrazione di un corpo secondario troppo debole perché noi lo si possa vedere. Non si tratta di una normale binaria: il corpo perturbatore sembra avere una massa solo 8 volte maggiore di quella di Giove, il pianeta più massiccio del nostro Sistema Solare.

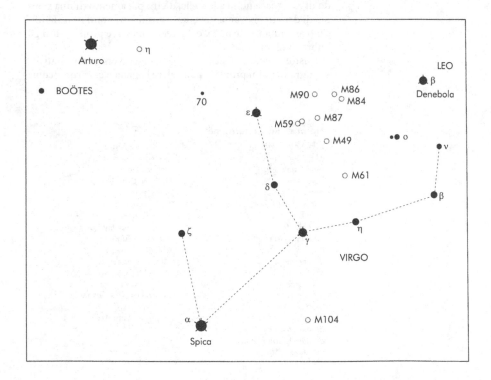

Il periodo orbitale è di 116,7 giorni, la distanza dalla stella principale di 64 milioni di chilometri (leggermente superiore a quella tra Mercurio e il nostro Sole), e il diametro del compagno è probabilmente circa lo stesso di Giove.

Ma cosa è? Probabilmente non una vera stella: non ha massa sufficiente. Si pensa che la sua temperatura superficiale sia intorno a 85 °C, cioè non abbastanza elevata da farla emettere intensamente a lunghezze d'onda visibili; potrebbe essere considerato un pianeta massiccio, ma potrebbe anche essere una sorta di "anello di congiunzione" tra le stelle e i pianeti. L'esistenza di corpi di questo tipo è stata ipotizzata da molto tempo, ed essi sono noti come *nane brune*.

È interessante osservare la 70 Virginis, che come stella non è troppo dissimile al Sole.

13 Maggio

La "coppa" della Vergine

La "coppa" della Vergine è delimitata da *epsilon*, *delta*, *gamma*, *eta* e *beta* Virginis, e Denebola, o *beta* Leonis (si veda il 6 aprile). Questa è una regione ricchissima di galassie: stiamo infatti osservando un raggruppamento reale, il famoso *ammasso di galassie della Vergine*, un'enorme aggregazione di sistemi stellari a una distanza media da noi di circa 60 milioni di anni luce. Anche la nostra Galassia fa parte del Gruppo Locale, che include le spirali Andromeda e Triangolo e le Nubi di Magellano, ma il nostro è un gruppo davvero insignificante in confronto al gigantesco e popoloso ammasso della Vergine.

Gli osservatori che possiedono un telescopio traggono grande soddisfazione da questa regione di cielo. Vi sono una dozzina di oggetti di Messier e diverse altre galassie con magnitudine superiore a 10, ma per localizzarle e identificarle è necessario usare una mappa dettagliata e, preferibilmente, un telescopio fornito di cerchi di puntamento. Non confondete l'ammasso della Vergine con l'ammasso stellare aperto della Chioma di Berenice (si veda il 19 maggio), che si trova vicino ad esso in cielo, ma è relativamente vicino a noi trovandosi nella nostra Galassia.

Ancora nella Vergine, fuori dalla "coppa" si trova M104 (NGC 4594), nota come "Galassia Sombrero" per il suo aspetto: è attraversata da una banda scura di materiale opaco che richiama un cappello messicano, benché sia stata soprannominata anche Nebulosa Saturno a causa di una leggera somiglianza con la forma degli anelli di Saturno.

Galassie di Messier nella Vergine

Numero M	Numero NGC	AR h	m	Dec. °	′	Magnitudine	Tipo
61	4303	12	21,9	+04	28	9,7	Spirale
85	4382	12	22,9	+18	28	9,3	Spirale
84	4374	12	25,1	+12	53	9,3	Ellittica
86	4406	12	26,2	+12	57	9,2	Ellittica
49	4472	12	29,8	+08	00	8,4	Ellittica
87	4486	12	30,8	+12	24	8,6	Ellittica (Virgo A)
89	4552	12	35,7	+12	33	9,8	Ellittica
90	4569	12	36,8	+13	10	9,5	Spirale
58	4579	12	37,7	+11	49	9,8	Spirale
59	4621	12	42,0	+11	39	9,8	Ellittica
60	4649	12	43,7	+11	33	8,8	Ellittica

14 Maggio

M87: una radiogalassia gigante

Anniversario

1973: Lancio dello *Skylab*, il laboratorio spaziale americano che fu abitato in successione da tre equipaggi, rimanendo in orbita fino al 1979.

La galassia più massiccia dell'ammasso della Vergine è M87 (NGC 4486). Non è una spirale, ma un'ellittica (tipo E1), e da essa fuoriesce uno strano getto di materiale lungo migliaia di anni luce. Visualmente non è troppo facile da identificare perché si trova in una regione "affollata", ma non c'è alcun dubbio sulla sua eccezionale importanza. La massa è stata stimata in almeno 10 volte quella della Via Lattea, quindi è una galassia gigante da ogni punto di vista. È circondata da un alone di diverse migliaia (c'è chi dice persino 13 mila!) di ammassi globulari, molti di più di quelli associati alla nostra Galassia. Il diametro reale di M87 è dell'ordine di 120 mila anni luce ed essa dista circa 60 milioni di anni luce da noi.

Le misure dei moti stellari vicino al centro del sistema mostrano che le stelle si spostano a velocità elevatissime intorno al nucleo. Da questo fatto viene generalmente dedotto che il nucleo contiene un gigantesco buco nero. M87 è inoltre una potente radiosorgente, e i radioastronomi si riferiscono ad essa come Virgo A.

Le onde radio, come la luce visibile, sono vibrazioni elettromagnetiche; esse hanno lunghezza d'onda molto grande, non sono rilevabili dai nostri occhi e sono raccolte da strumenti conosciuti come radiotelescopi. Il nome è in qualche modo fuorviante, perché un radiotelescopio ha in realtà le caratteristiche di una grande antenna e non produce un'immagine visibile; certamente non possiamo guardarvi attraverso come con un normale telescopio. I radiotelescopi possono avere varie forme: il più famoso tra quelli parabolici, e anche il più grande del mondo, si trova ad Arecibo (Portorico) e ha un diametro di 305 m.

15 Maggio

Minelauva e l'evoluzione stellare

Prima di lasciare temporaneamente la Vergine, osserviamo la *delta* Virginis, o Minelauva, al limite della "coppa". È una bella stella rossa di tipo M, distante 147 anni luce e 120 volte più luminosa del Sole. A una certa distanza, formando un triangolo con essa e Spica, si trova *zeta* Virginis, o Heze, che è bianca, distante 75 anni luce e solo 17 volte più luminosa del Sole. Osservatele alternativamente, con il binocolo o anche a occhio nudo, e vedrete la differenza di colore.

Minelauva ha naturalmente una minore temperatura superficiale: è una gigante rossa. Quando per la prima volta i colori delle stelle furono studiati approfonditamente, si suppose che il colore di una stella dipendesse dalla sua età. Sfortunatamente fu commesso un errore abbastanza fondamentale.

Fu ipotizzato che quando una stella si condensa, a partire dal materiale di gas e polveri di una nebulosa, debba essere grande, fredda e rossa. Si contrae poi per effetto della gravità e si riscalda, diventando calda e bianca, oppure bianco-bluastra. Inizia quindi a raffreddarsi nuovamente diventando via via arancione, gialla e rossa, prima di perdere la propria luce e il proprio calore. In questo scenario una gigante rossa come Minelauva dovrebbe essere giovane.

Ma questo è sbagliato, come abbiamo visto discutendo di Betelgeuse in Orione (si veda il 15 gennaio): una stella si condensa, in effetti, dal materiale nebulare e si riscalda, diventando calda e bianca (se possiede una massa iniziale sufficiente), ma poi dissipa il proprio "combustibile" nucleare; quando questo inizia a scarseggiare, la stella deve cambiare la propria struttura, espandendosi e diventando grande e fredda. Questo è già accaduto a Minelauva; quindi, anziché essere meno avanti nella propria evoluzione rispetto a una stella bianca come Heze, essa è senz'altro più vecchia.

16 Maggio

Nu Virginis, stella rossa nella Vergine

Fermiamoci per individuare un'altra stella rossa nella Vergine, la *nu* Virginis, che si trova tra la *beta*, o Zavijava, all'estremità della "coppa", e Denebola, nel Leone. *Nu* Virginis è di magnitudine 4,0, quindi non è affatto cospicua; ha uno spettro di tipo M e, come per Minelauva, o *delta* Virginis (si veda il 15 maggio), il suo colore è molto evidente al binocolo; a occhio nudo la tonalità rossa è meno ovvia a causa della relativa debolezza della stella.

La *nu* ha approssimativamente la stessa luminosità di Minelauva –120 volte quella del Sole – ma è un poco più lontana (166 anni luce): è interessante confrontare i due astri.

17 Maggio

L'equatore celeste

Molte costellazioni sono attraversate dall'equatore celeste. Una di esse è la Vergine, e accade quindi che una delle sue stelle più brillanti, la *zeta* (Heze), si trovi praticamente sull'equatore: la sua declinazione è 0° 35' S.

Tra le stelle principali della Vergine, la più settentrionale è la *epsilon* (Vindemiatrix) a 10° 57' N, la più meridionale è Spica a 11° 9' S.

Un'altra stella brillante quasi sull'equatore è *delta* Orionis (Mintaka) nella Cintura di Orione, a 0° 17' S. Una delle costellazioni più ampiamente "disperse" attorno all'equatore è quella dell'Ofiuco, oltre 37°: *alfa* Ophiuchi (Rasalhague) è a 12° 23' N, *theta* Ophiuchi a 24° 59' S.

Anniversario

1836: Nascita di Sir (Joseph) Norman Lockyer. Egli è principalmente ricordato per la scoperta, nel 1868, della possibilità di osservare spettroscopicamente le protuberanze solari in qualunque momento, senza aspettare un'eclisse totale.
Costruì il Norman Lockyer Observatory a Sidmouth, nel Devon, che è ancora operativo, ma forse il suo maggiore contributo alla scienza fu la fondazione della rivista *Nature*. Morì nel 1920

18 Maggio

La leggenda della Chioma di Berenice

Nel nord del cielo, nella regione delimitata dall'Orsa Maggiore, da Arturo e dalla "coppa" della Vergine, possiamo vedere qualcosa

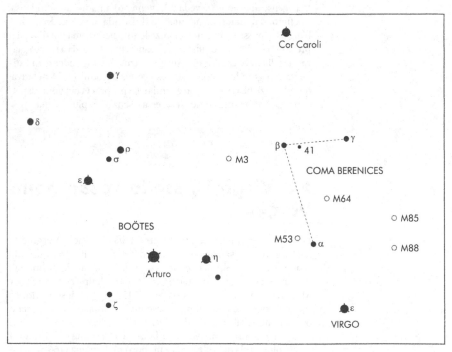

che è una costellazione, ma che assomiglia a un esteso e debole ammasso stellare. È molto evidente osservato da latitudini settentrionali, ma da Paesi come l'Australia è sempre molto basso sull'orizzonte. È la Chioma di Berenice: non è una delle 48 costellazioni originali elencate da Tolomeo, ma esiste una leggenda associata ad essa.

Si narra che intorno al 247 a.C. Berenice, figlia del re di Cirene, sposò il faraone Tolomeo III d'Egitto, di cui era molto innamorata. Due anni più tardi, Tolomeo fu costretto a partire in guerra contro i Siri. Berenice naturalmente era molto in ansia, e così si recò al tempio e giurò solennemente che se il marito fosse tornato salvo avrebbe tagliato i suoi bellissimi capelli biondi e li avrebbe deposti sull'altare di Venere. Esistono due versioni su ciò che accadde in seguito: una narra che Tolomeo ritornò e Venere portò la chioma di Berenice in cielo, l'altra che qualcuno sottrasse i capelli dal tempio e l'astronomo dell'epoca, Conone, placò Berenice spiegandole che la chioma era stata trasformata in stelle.

Originariamente la costellazione potrebbe aver fatto parte della folta coda del Leone, o anche del fascio di grano portato da Astrea (la Vergine). Comunque Tolomeo – Claudio Tolomeo, l'astronomo, non il faraone d'Egitto – scorse in queste stelle una "chioma". Il primo utilizzo del nome Chioma di Berenice si deve all'astronomo danese Tycho Brahe, che aggiunse ufficialmente la costellazione al cielo nel 1590.

19 Maggio

L'ammasso stellare della Chioma

La Chioma ha l'aspetto di un ammasso stellare, e lo è veramente: si tratta di un gruppo molto sparso di stelle visibili a occhio nudo, circa a metà strada tra Alkaid, nell'Orsa Maggiore, e Denebola, nel Leone; esso occupa lo spazio racchiuso dall'ampio triangolo formato da Arturo, Denebola e Cor Caroli. Non è nell'elenco di Messier né in quello NGC, ma in alcuni cataloghi figura come Melotte 111. Complessivamente copre un'area di circa 5° di diametro. Vi sono più di una dozzina di stelle sopra la quinta magnitudine, benché alcune di esse siano in primo piano e semplicemente sovrapposte all'ammasso. La stella più brillante della costellazione è la *alfa*, o Gemma: AR 13h 10m, declinazione +17° 32'. È una binaria molto stretta; le componenti sono all'incirca di pari luminosità e il periodo è di 26 anni, ma poiché la separazione non supera mai il valore di 0,3 secondi d'arco si tratta di un oggetto molto difficile da osservare. Ciascuna componente è di tipo F. *Alfa* Comæ forma un triangolo con *eta* Bootis (si veda il 7 giugno) ed *epsilon* Virginis e non è difficile da identificare, poiché non vi sono accanto altre stelle visibili a occhio nudo.

20 Maggio

Oggetti nebulari nella Chioma

La Chioma contiene alcuni oggetti interessanti: in particolare, vi si trova un brillante ammasso globulare, M53, vicino alla *alfa*; la sua posizione è AR 13h 13m, declinazione +18° 10′, nello stesso campo binoculare della *alfa*. Può essere intravisto al binocolo, e il telescopio mostra che si tratta di un piccolo e bellissimo sistema stellare, con le stelle così ravvicinate verso il nucleo da non potere essere risolte. Dista 69 mila anni luce e naturalmente è molto più lontano di tutte le stelle della Chioma.

Sullo sfondo si trovano anche molte galassie, tra cui cinque del *Catalogo di Messier* e tre del *Caldwell*.

La più luminosa di queste galassie è M64, la Galassia Occhio Nero, che è visibile con il binocolo ed è situata a meno di 1° dalla stella di quinta magnitudine 35 Comæ; dista circa 44 milioni di anni luce. Il soprannome deriva dalla regione scura a nord del nucleo, ma per osservarne bene i dettagli è necessario un telescopio di una certa apertura. M64 fu scoperta da J.E. Bode nel 1779.

Galassie nella Chioma di Berenice

Numero M	Numero C	Numero NGC	AR h	AR m	Dec. °	Dec. ′	Magnitudine	Tipo
98		4192	12	13,8	+14	54	10,1	Spirale
99		4254	12	18,8	+14	25	9	Spirale
100		4321	12	22,9	+15	49	9,4	Spirale
88		4501	12	32,0	+14	25	9,5	Spirale barrata
	36	4559	12	36,0	+27	58	9,8	Spirale
	38	4565	12	36,3	+25	59	9,6	Spirale
64		4826	12	56,7	+21	41	6,6	Spirale
	35	4889	13	00,1	+27	59	11,4	Ellittica

21 Maggio

Il Sole da *beta* Comae

Beta Comae, la seconda stella della Chioma di Berenice, è insignificante in apparenza; la sua magnitudine è 4,3. Accanto ad essa si trova una stella più debole, 41 Comæ, di magnitudine 4,8. Non esiste però una reale associazione tra le due: la *beta*, a 27 anni luce di distanza, è una delle stelle più vicine a noi; la 41 si trova sullo sfondo, a 360 anni luce di distanza. Esse differiscono anche nel colore: la *beta* ha uno spettro di tipo F5 e non è troppo dissimile dal Sole, mentre la 41 è una gigante arancione di tipo K.

La magnitudine assoluta di una stella è quella apparente che essa avrebbe se potesse essere vista alla distanza standard di 32,6 anni luce. La magnitudine assoluta del Sole è +4,8, quella di *beta* Comæ +4,7. Questo significa che se potessimo osservare il Sole da un pianeta nel sistema di *beta* Comae, esso apparirebbe appena meno luminoso di quanto *beta* Comæ appaia a noi. Invece, da quella stessa distanza standard la 41 Comae splenderebbe a una magnitudine di −0,3, superando ogni stella del cielo eccetto Sirio e Canopo!

Guardate la *beta* e la 41 al binocolo: non è facile riconoscere quanto siano diverse in realtà. Come molto spesso accade in astronomia, le apparenze superficiali possono essere fuorvianti.

22 Maggio

La famiglia di satelliti di Giove

Poiché Giove è visibile per diversi mesi all'anno – e nei prossimi anni le opposizioni si verificano in primavera o in estate – può risultare utile tornare a parlarne. I satelliti galileiani (Io, Europa, Ganimede e Callisto) mostrano un disco ben definito anche in un piccolo telescopio. Essi differiscono per colore: Io è arancione e Ganimede giallastro, benché queste sfumature non siano molto pronunciate al telescopio. Quando transitano sul disco di Giove, Ganimede e Callisto appaiono scuri e opachi, mentre Io ed Europa sono più brillanti. Tra i galileiani, Callisto ha l'*albedo* (riflettività) più bassa ed è il più debole, per quanto non sia molto più piccolo di Mercurio e sia il terzo satellite planetario, quanto al diametro, nel Sistema Solare (solo Ganimede e Titano, nel sistema di Saturno, sono più grandi).

Il quinto satellite, Amalthea, fu scoperto nel 1892 da E.E. Barnard: fu l'ultima scoperta planetaria ad essere effettuata visualmente (tutte le successive sono state fotografiche). Con una magnitudine di 14, esso è alla portata di un grande telescopio amatoriale. Tutti gli altri satelliti sono molto più deboli. Amalthea orbita intorno a Giove a una distanza molto inferiore a quella di Io, il Galileiano più vicino al pianeta, ed esistono altri tre piccoli satelliti interni: Metis, Adrastea e Thebe. Oltre l'orbita di Callisto, prima delle missioni *Voyager* erano conosciuti diversi satelliti: Leda, Himalia, Lysithea, Elara, Ananke, Carme, Pasiphæ e Sinope. Leda ha un diametro di soli 9,5 km circa e una magnitudine di 21. I quattro satelliti esterni hanno un moto retrogrado e sono probabilmente asteroidi catturati.

La totalità dei piccoli satelliti di Giove supera attualmente i 60 oggetti e senza dubbio molti ancora aspettano di essere scoperti. I membri più esterni della famiglia sono così perturbati dal Sole che le loro orbite non sono neanche propriamente circolari e ogni rivoluzione è diversa dalle altre.

23 Maggio

Il Corvo

La nostra prossima costellazione è il Corvo, che è sorprendente-mente prominente pur non avendo alcuna stella sopra la magnitu-dine 2,5. Si trova sul confine dell'Idra Femmina, non lontano da Spica, nella Vergine. Durante le notti di fine maggio è abbastanza alta sull'orizzonte meridionale per gli osservatori a latitudini italia-ne, e per gli australiani e i neozelandesi non è molto lontana dallo zenit.

Il Corvo è una delle 48 costellazioni originali elencate da Tolomeo, ed esistono diverse leggende mitologiche ad essa associa-te. Secondo una versione, il corvo fu convocato dal dio Apollo, che si era innamorato di Corione, la madre del grande medico Esculapio: la missione del corvo era quella di controllarla e riferire sul suo comportamento. Per essere sinceri, il resoconto dell'uccello fu decisamente negativo; Apollo lo premiò comunque con un po-sto in cielo.

Le quattro stelle principali formano un quadrilatero ben definito e sono elencate in tabella.

Alla stella più brillante di una costellazione è solitamente asse-gnata la lettera *alfa*, ma *alfa* Corvi (Alkhiba) è solo di magnitudine

Corvo					
Lettera greca	Nome	Magnitudine	Luminosità (Sole=1)	Distanza (anni luce)	Tipo spettrale
β beta	Kraz	2,6	600	290	G5
γ gamma	Minkar	2,6	250	185	B8
δ delta	Algorel	2,9	60	117	B9
ε epsilon	–	3,0	96	104	K2

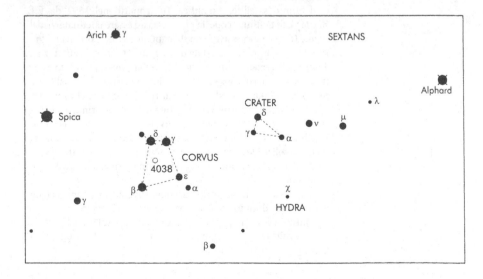

4; è situata vicino alla *epsilon*, che è chiaramente di colore arancione. La *delta* ha una compagna di nona magnitudine a una separazione di 24 secondi d'arco.

I principali oggetti di interesse nel Corvo sono le galassie NGC 4038 e 4039 (C60 e C61), conosciute come le Antenne; esse sono troppo deboli per essere osservate bene con un piccolo telescopio.

24 Maggio

Le Antenne

Le Antenne, a meno di 4° ovest/sud-ovest da *gamma* Corvi, sono galassie a spirale interagenti. I dettagli sono forniti nella tabella.

Sembra proprio che stiamo assistendo alla collisione tra due galassie a spirale. Mentre si avvicinano l'una all'altra, con i dischi in rotazione in direzioni opposte, esse interagiscono e vengono prodotte nuove stelle; si originano delle "code" formate da stelle la cui traiettoria è stata alterata, dando alla coppia la forma insolita che ha condotto al suo soprannome. (Inizialmente si pensava che si trattasse di un'unica eccezionale galassia, che veniva talvolta chiamata *Ring-tail*, "coda ad anello".)

Le Antenne sono distanti forse 100 milioni di anni luce. Sono molto interessanti da osservare, anche se la loro relativa debolezza le rende sfuggenti.

Le Antenne

Numero M	Numero NGC	AR		Dec.		Magnitudine	Tipo
		h	m	°	'		
60	4038	12	01,9	−18	52	11,3	Spirale
61	4039	12	01,9	−18	53	13	Spirale

25 Maggio

La Coppa

Al confine con il Corvo e con l'Idra Femmina si trova l'oscura costellazione della Coppa, che alquanto sorprendentemente è una delle 48 originali di Tolomeo. Una leggenda la associa al calice di vino di Bacco. Un'altra racconta di come Apollo diede una coppa a un uccello bianco (il Corvo) con il compito di prendere dell'acqua da bere; l'uccello indugiò così tanto che infine il dio perse la pazienza, mutò il corvo da bianco a nero e lanciò sia l'uccello che la coppa in cielo.

La stella più brillante è la *delta* (AR 11h 19m, declinazione −14° 47'), di magnitudine 3,6. Essa forma un piccolo triangolo con la *al-*

fa, o Alkes (magnitudine 4,1), e la *gamma* (anch'essa di 4,1). Il modo migliore per identificare la Coppa è attraverso la vicina stella di terza magnitudine *nu* Hydrae (si veda il 30 marzo), ma c'è poco di interessante nella costellazione.

26 Maggio

Il Sole e Richard Carrington

Anniversario

1826: Nascita di Richard Carrington, uno dei primi osservatori del Sole.

Richard Carrington era un astrofilo che fornì contributi sostanziali allo studio del Sole. Egli costruì un Osservatorio a Redhill, nel Surrey, equipaggiandolo con strumenti di qualità eccellente. È ricordato in particolare per due scoperte fondamentali.

Fu il primo a effettuare l'osservazione visuale di un brillamento solare. I brillamenti sono brevi e violente esplosioni solitamente associate a gruppi di macchie solari attive. Sono generalmente rivelati da strumenti spettroscopici; le osservazioni visuali sono davvero molto rare, ma Carrington ne effettuò una il 1° settembre 1859. Oggi molti osservatori, sia amatoriali che professionali, registrano regolarmente i brillamenti, principalmente utilizzando filtri che eliminano tutta la luce incidente ad eccezione di quella emessa dall'idrogeno.

L'altra scoperta di Carrington riguarda la distribuzione delle macchie solari; essa fu fatta indipendentemente da F.G.W. Spörer ed è nota soltanto come legge di Spörer (si veda il 23 ottobre).

Ricordate di non guardare mai direttamente il Sole attraverso un telescopio o un binocolo, neanche con l'aggiunta di un filtro scuro: ne risulterebbe certamente un danno irreversibile agli occhi. Il solo modo sensato di osservare le macchie solari è il metodo della proiezione (si veda il 22 febbraio).

27 Maggio

R Hydrae

L'Idra Femmina, la più grande costellazione del cielo, contiene solo una stella brillante, Alphard (si veda l'8 marzo), ma vi sono alcuni oggetti interessanti. Uno di essi è la rossissima variabile R Hydræ.

Essa si trova nella parte meridionale della costellazione, cosicché dalle latitudini italiane è sempre piuttosto bassa; la sua posizione è: AR 13h 30m, declinazione –23° 17'. È di tipo Mira e al massimo può raggiungere la magnitudine 4, quindi può essere vista a occhio nudo; al minimo non scende mai sotto la magnitudine 10, quindi è sempre un facile oggetto telescopico, e per la maggior parte del tempo può essere seguita con il binocolo. È un'enorme gigante rossa, il cui colore la rende facile da identificare. Secondo il catalogo di Cambridge dista 100 anni luce da noi. La sua variabilità fu scoperta dall'astronomo italiano Giacomo Filippo Maraldi nel 1704; in precedenza, erano state identificate solo tre variabili: la Mira stessa, la *chi* Cygni (si veda il 22 agosto) e la binaria a eclisse Algol (si veda il 12 novembre).

All'inizio del diciottesimo secolo pare che il periodo fosse di circa 500 giorni, ma è costantemente diminuito e attualmente è intorno a 390 giorni, per quanto – come accade solitamente con le stelle Mira – non esistano due cicli esattamente identici. In ogni caso, può anche essere che stiamo osservando un reale cambiamento nell'evoluzione della stella e vale la pena di seguirla.

R Hydræ ha una compagna di magnitudine 12 a una separazione di 21″. Le due stelle sembrano muoversi insieme nello spazio ed esiste quindi probabilmente un reale legame fisico.

28 Maggio

Lockyer e l'evoluzione stellare

Alcuni giorni fa abbiamo citato l'anniversario della nascita di un grande astronomo vittoriano, Sir Norman Lockyer; abbiamo notato anche una possibile variazione osservabile nell'evoluzione di una stella, R Hydræ (si veda il 27 maggio). Esiste una connessione tra le due cose, benché su questo punto dobbiamo ammettere che Lockyer aveva completamente torto.

Ben oltre l'inizio del ventesimo secolo, la fonte dell'energia stellare era ancora un grande mistero. Veniva generalmente ipotizzato che una stella splendesse perché si stava contraendo sotto l'influenza della gravità, liberando nel frattempo energia. Lockyer aveva opinioni diverse e nel 1890 definì la sua teoria: egli riteneva che il Sole e le altre stelle splendessero perché erano continuamente bombardate da particelle provenienti dallo spazio; ogni urto di una particella avrebbe prodotto una "scintilla" di energia. Noi sappiamo oggi che questa "ipotesi meteorica" è insostenibile: non potrebbe assolutamente fornire abbastanza calore da alimentare il Sole. La nostra stella splende a causa delle reazioni nucleari che avvengono nel nucleo. Comunque, Lockyer aveva almeno ideato una nuova teoria.

Anniversario

1794: Nascita dell'astronomo tedesco Johann von Mädler.

29 Maggio

Der Mond

Torniamo a guardare la Luna: questo è un momento adatto per farlo perché è l'anniversario della nascita di uno dei maggiori tra i primi osservatori lunari, Johann von Mädler.

Entrambi i genitori di Mädler morirono quando era giovane, e fu solo dopo i 20 anni che egli riuscì a entrare all'Università di Berlino. Divenne quindi insegnante e fortunatamente conobbe un ricco banchiere, Wilhelm Beer (fratello di Giacomo Meyerbeer, il compositore), che era interessato all'astronomia e aveva costruito un Osservatorio privato vicino a Berlino, equipaggiandolo con un bel telescopio rifrattore di 9,5 cm.

Beer prese lezioni da Mädler e i due unirono quindi le forze per realizzare un programma sistematico di mappatura della Luna e dei pianeti. Il loro libro sulla Luna, *Der Mond*, fu pubblicato nel 1838 ed era un capolavoro di attente e precise osservazioni; era accompagnato da una descrizione di ciascuna formazione citata. Rimase la migliore mappa lunare esistente per molti anni. Mädler lasciò Berlino nel 1840 per diventare direttore dell'Osservatorio di Dorpat, in Estonia; diede molti altri contributi all'astronomia, ma sarà sempre ricordato per *Der Mond*. Morì nel 1874, mentre Beer era morto molto prima, nel 1850.

Entrambi hanno crateri lunari con il loro nome. Il cratere Mädler, largo 32 km, è irregolare ma prominente, sul Mare Nectaris vicino a Theophilus; il cratere Beer, 13 km di diametro, si trova tra Archimedes e Timocharis sul Mare Imbrium, formando una bella coppia con il suo "gemello", Feuillée. Un piccolo telescopio li mostrerà bene entrambi.

30 Maggio

L'atmosfera lunare

I primi osservatori della Luna credevano che essa potesse avere un'atmosfera consistente. Beer e Mädler la pensavano diversamente. La bassa velocità di fuga della Luna implica che essa non possa trattenere un'atmosfera rilevante, e sappiamo adesso che l'atmosfera residua presente è incredibilmente rarefatta: è nella forma di un cosiddetto "gas non collisionale". Il peso complessivo dell'atmosfera lunare è dell'ordine di 30 tonnellate. Con valori normali di pressione e temperatura riempirebbe appena un cubo di 70 m di lato. Quindi la semplice affermazione che "la Luna è un mondo senza aria" è vera a tutti gli effetti. Questo, tra l'altro, è il motivo per cui le formazioni superficiali appaiono nette e marcate.

Anniversario

1966: *Surveyor 1* venne lanciato verso la Luna. Atterrò nel Mare Nubium il 2 giugno dello stesso anno, inviando oltre 11 mila immagini. Il contatto fu infine perso nel gennaio 1967.

1971: *Mariner 9* venne lanciato verso Marte. Entrò in orbita marziana il 13 novembre e inviò oltre 7000 immagini. Il contatto fu mantenuto fino al 27 ottobre 1972.

31 Maggio

Le occultazioni di Marte

Per l'osservatore telescopico le occultazioni lunari di una stella (che è un semplice punto, senza dimensioni apparenti) sono fenomeni istantanei; le sole stelle di prima magnitudine che possono essere occultate dalla Luna sono Antares, Spica, Regolo e Aldebaran.

Un pianeta impiega invece un certo tempo (breve, comunque) per scomparire dietro il bordo avanzante della Luna. Nei prossimi anni, Marte verrà occultato nelle seguenti date:

2007	14 aprile, 24 dicembre
2008	19 gennaio, 12 aprile, 10 maggio
2009	25 gennaio, 13 settembre, 12 ottobre
2010	6 dicembre
2012	19 settembre
2013	9 maggio

Queste occultazioni non rivestono un particolare interesse scientifico, ma sono fenomeni suggestivi! Attenzione: qualcuna di queste potrebbe verificarsi a un'ora in cui i due corpi celesti sono sotto l'orizzonte italiano.

Giugno

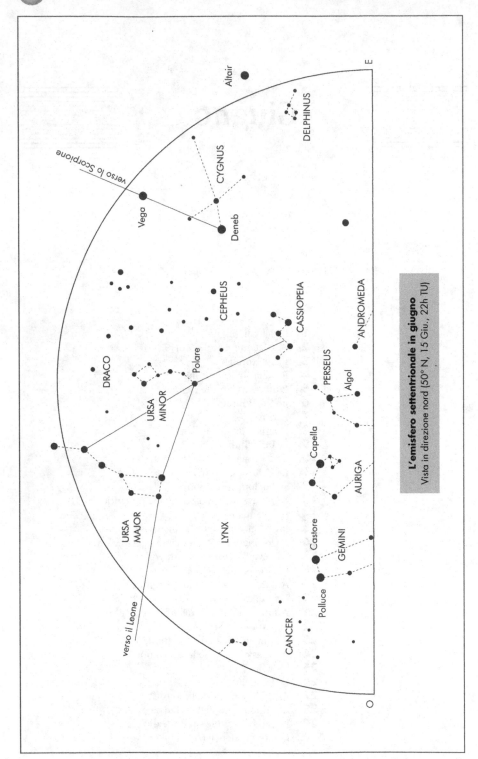

L'emisfero settentrionale in giugno
Vista in direzione nord (50° N, 15 Giu., 22h TU)

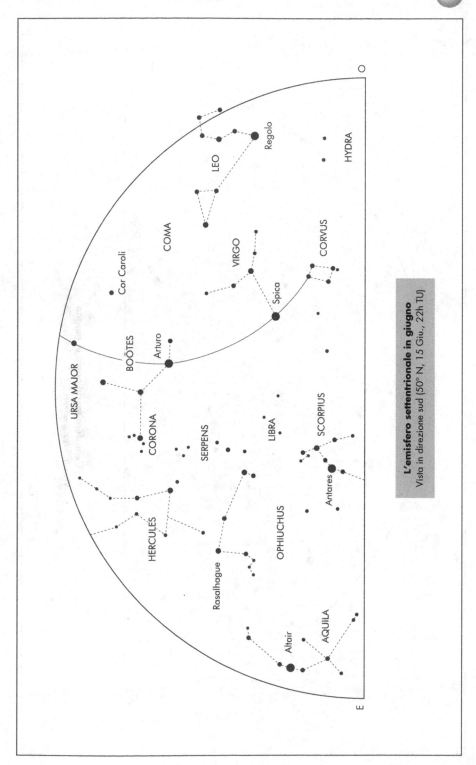

L'emisfero settentrionale in giugno
Vista in direzione sud (50° N, 15 Giu., 22h TU)

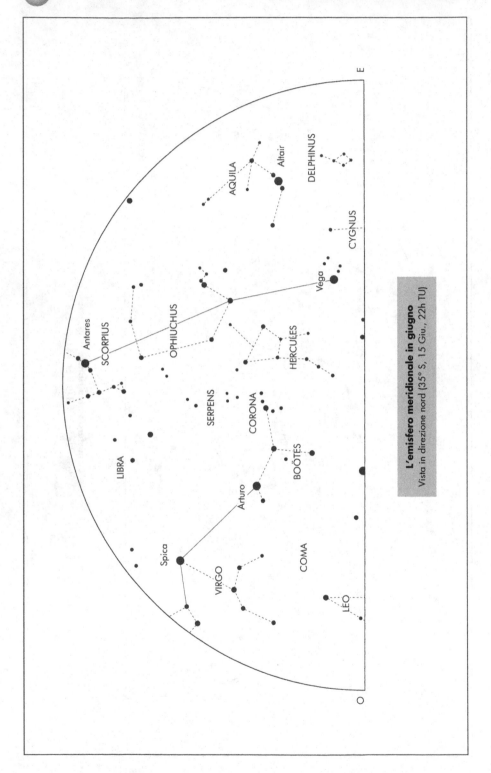

L'emisfero meridionale in giugno
Vista in direzione nord (35° S, 15 Giu., 22h TU)

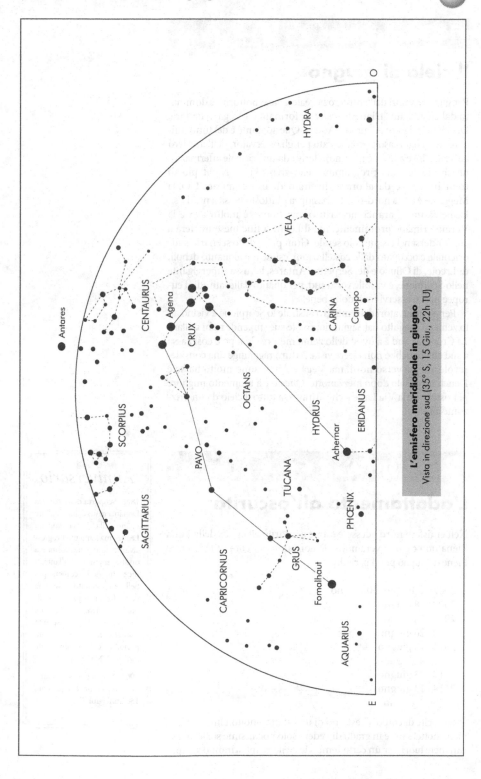

L'emisfero meridionale in giugno
Vista in direzione sud (35° S, 15 Giu., 22h TU)

1 Giugno

Il cielo di giugno

Per gli osservatori dell'emisfero boreale il cielo notturno è dominato dal cosiddetto "triangolo estivo", formato da Vega nella Lira, Deneb nel Cigno e Altair nell'Aquila. Questo nome è del tutto ufficioso (e in ogni caso poco indicato per gli osservatori dell'emisfero australe, dove adesso è inverno): deriva da una casuale affermazione che io feci nel programma televisivo *Sky at Night* più di trent'anni fa, e da allora è divenuto di uso comune. L'Orsa Maggiore è alta a nord-ovest, Cassiopea piuttosto bassa a nord-est. La bellissima e arancione Arturo, nel Boote, è molto alta e la Vergine rimane prominente, ma il Leone a fine mese inizierà a confondersi nel crepuscolo serale. Gran parte dello scenario sud-orientale è occupato dalle costellazioni, estese ma alquanto deboli, di Ercole, di Ofiuco e del Serpente. Antares, la rossa supergigante nello Scorpione, è visibile verso sud, per quanto dalle latitudini europee non si osservi mai molto bene.

Per gli osservatori dell'emisfero australe lo Scorpione è vicino allo zenit ed è seguito dal Sagittario, con le sue stupende nubi stellari. La Croce del Sud è a ovest dello zenit, mentre Canopo è così bassa a sud che potrebbe non essere vista. Arturo raggiunge una considerevole altezza verso nord, ma Vega e Altair sono molto basse e Deneb sorge solo dopo mezzanotte. Questo è il momento migliore per osservare la Via Lattea, che attraversa tutto il cielo da un orizzonte all'altro.

2 Giugno

L'adattamento all'oscurità

Nell'emisfero nord adesso è estate e intorno all'epoca della Luna Piena non c'è mai vera notte. Riportiamo per comodità le Lune Piene di giugno per il periodo.

2007   1 giugno, 30 giugno
2008   18 giugno
2009   7 giugno
2010   26 giugno
2011   15 giugno
2012   4 giugno
2013   23 giugno
2014   13 giugno
2015   2 giugno

Se uscite di colpo all'esterno di una stanza molto illuminata, in piena notte, sarete in grado di vedere solo pochissime stelle, ma se rimanete fuori per un certo tempo le stelle vi appariranno sempre

Anniversario

1858: Scoperta della cometa Donati: era un flebile bagliore vicino alla stella *lambda* Leonis, ma aumentò progressivamente in luminosità e a ottobre era molto brillante; si dice che fu la cometa più bella in assoluto, con una coda diritta di gas e una di polveri a forma di scimitarra. Telescopicamente fu seguita fino al 4 marzo 1859. Il suo periodo è probabilmente intorno a 2000 anni.

1966: Atterraggio sulla Luna della *Surveyor 1*, che inviò 150 immagini.

più brillanti. Questo perché gli occhi hanno bisogno di tempo per adattarsi all'oscurità. Quanto? Dipende da persona a persona.

Stanotte sono visibili varie stelle brillanti, Arturo e il "triangolo estivo" per esempio, ma anche queste sembrano pallide a un occhio non ancora adattato all'oscurità. Anche registrare le osservazioni implica l'uso di qualche tipo di illuminazione, il che potrebbe influenzare l'adattamento all'oscurità. Una luce rossa, in questo caso, è migliore di una bianca; un buon suggerimento è quello di comprare o realizzare una "tavola" equipaggiata con una lampadina che proietti una luce soffusa, preferibilmente rossa, sull'area utilizzata per le annotazioni.

Vi suggerisco un esperimento, se il cielo è sereno. Aspettate qualche tempo in una stanza illuminata, poi uscite fuori e guardate il cielo. Rientrate e poi uscite nuovamente ma senza guardare in alto per venti minuti. Quando lo farete sarete meravigliati dalla quantità di stelle che adesso potrete vedere.

3 Giugno

Il riflettore Hale

Anniversario

1948: Inaugurazione ufficiale del riflettore di 5 m di Monte Palomar.

Oggi è l'anniversario dell'inaugurazione di quello che per decine di anni è stato il più grande e potente telescopio del mondo: il riflettore Hale di 5 m situato sul Monte Palomar, in California.

L'uomo che ha dato il nome al telescopio era l'americano George Ellery Hale, che divenne un esperto nello studio del Sole. Egli sapeva che per le ricerche erano necessari grandi telescopi e rivelò un'incredibile abilità nel persuadere milionari bendisposti a finanziarli. Costruì l'Osservatorio Yerkes, con un rifrattore di 1 m, e poi quello di Mount Wilson, vicino a Los Angeles, con riflettori di 1,5 e 2,5 m. Quest'ultimo (il riflettore Hooker) fu completato nel 1917 ed era straordinario: utilizzandolo, Edwin Hubble fu in grado di dimostrare che le "nebulose a spirale" non erano affatto nebulose, ma galassie simili alla nostra.

Ma Hale non era ancora soddisfatto e giunse a ideare un riflettore di 5 m. Purtroppo non visse abbastanza per vederlo finito (morì nel 1938), ma il suo telescopio conseguì certamente tutto ciò che egli poteva avere sperato.

Oggi non è più il telescopio più grande del mondo, ma è più efficiente che in passato, perché adesso viene dotato di apparecchiature elettroniche anziché di lastre fotografiche, e rimane all'avanguardia nella ricerca astronomica.

4 Giugno

Peculiarità di Plutone

Plutone, considerato fino a pochissimo tempo fa il membro più esterno del sistema planetario del Sole, e adesso "retrocesso" alla nuova categoria dei "pianeti nani", si muove lentamente: impiega quasi 248 anni per completare una rivoluzione intorno al Sole e il suo periodo sinodico, cioè l'intervallo medio tra due opposizioni successive, è di 366,7 giorni. Quindi, Plutone giunge all'opposizione il 19 giugno 2007, il 20 giugno 2008, il 23 giugno 2009, il 25 giugno 2010 e così via, a intervalli di un anno e qualche giorno. La magnitudine all'opposizione è circa 14, quindi Plutone è ben oltre la portata di un binocolo. Durante questo periodo si trova nella regione dell'Ofiuco.

L'orbita di Plutone è molto più eccentrica di quelle degli altri pianeti, e quando è vicino al perielio la sua distanza dal Sole è inferiore persino a quella di Nettuno; l'inclinazione relativamente elevata della sua orbita (17°) esclude ogni rischio di collisione tra i due pianeti.

Plutone è più piccolo della Luna e sono stati sempre sollevati seri dubbi sull'opportunità di considerarlo un vero pianeta. Infatti, dopo la risoluzione IAU dell'agosto 2006 non lo è più. I suoi dati sono i seguenti:

Dati di Plutone	
Distanza dal Sole (km)	
massima	7.397.000.000
media	5.922.000.000
minima	4.448.000.000
Periodo orbitale	248,0 anni
Periodo di rotazione	6 giorni 9 ore
Eccentricità orbitale	0,249
Inclinazione orbitale	17°,1
Diametro (km)	2310
Massa (Terra = 1)	0,002
Gravità superficiale (Terra = 1)	0,07

Plutone ha un satellite, Caronte, il cui diametro supera la metà di quello di Plutone stesso, cosicché i due formano una coppia peculiare. Plutone fu scoperto nel 1930 da Clyde Tombaugh all'Osservatorio Lowell, in Arizona.

5 Giugno

Plutone e Caronte

La scoperta di Plutone non fu accidentale. Nel 1846 era stato individuato Nettuno in base alle irregolarità che esso induceva nel moto di Urano (si veda il 24 agosto); nello stesso modo, piccole irregolarità dei movimenti dei pianeti giganti esterni condussero Percival Lowell a prevedere la posizione di un altro pianeta perturbatore, e Plutone fu localizzato non lontano dal punto che aveva indicato Lowell. Tuttavia, quando furono misurate le dimensioni di Plutone ci si rese conto che un oggetto così piccolo e poco massiccio non avrebbe potuto spostare apprezzabilmente dalla sua orbita un corpo grande come Nettuno.

Divenne quindi essenziale sapere quanto grande, o quanto piccolo, Plutone fosse realmente. Furono effettuati attenti studi fotografici finché, nel 1977, si scoprì che Plutone non si muove da solo nello spazio, ma è accompagnato da un secondo corpo, chiamato poi Caronte, che misura oltre 1200 km di diametro. Le masse di Plutone e Caronte combinate sono comunque ancora insignificanti per gli standard planetari. La previsione ragionevolmente corretta di Lowell fu dunque pura fortuna? In una certa misura sì.

Osservato con un telescopio, Plutone appare esattamente come una stella debole, e può essere identificato solo attraverso i suoi spostamenti molto lenti. Il modo migliore di localizzarlo è utilizzare la fotografia: se si prendono diverse immagini nell'arco di alcune settimane, il moto di Plutone lo "tradirà".

Caronte orbita intorno a Plutone in un periodo di 6 giorni e 9 ore, che è pari al periodo di rotazione di Plutone su se stesso: quindi i due corpi sono "legati" in modo tale che Caronte appare immobile nel cielo di Plutone, sempre sospeso sopra lo stesso emisfero. La distanza tra i due corpi, da centro a centro, è di soli 19 mila chilometri.

Nessuna navicella spaziale si è mai avvicinata a Plutone (la sonda *New Horizons*, lanciata a gennaio 2006, lo raggiungerà a luglio 2015), ma qualche suo dettaglio superficiale è già stato registrato dall'*Hubble Space Telescope*. Vi sono aree scure e zone brillanti; la regione più scura si trova direttamente sotto Caronte. La superficie sembra essere ricoperta da azoto, metano e monossido di carbonio ghiacciati. C'è un'atmosfera estesa ma molto rarefatta, con una pressione al suolo circa 100 mila volte inferiore a quella della nostra aria al livello del mare; è probabilmente costituita da azoto. Tale atmosfera, comunque, non è permanente. L'attuale temperatura superficiale di Plutone è dell'ordine di −230 °C, ma il pianeta è passato al perielio nel 1989 e si sta muovendo adesso verso l'esterno; prima che raggiunga il prossimo afelio, nel 2113, sarà diventato così freddo che l'atmosfera si sarà ghiacciata sulla superficie. Si pensa invece che Caronte sia ricoperto di ghiaccio d'acqua e non è stata evidenziata alcuna atmosfera.

Moltissimi corpi, alcuni più piccoli di Plutone, ma uno anche più grande di esso, sono stati scoperti ultimamente in movimento vicino e oltre l'orbita di Plutone; essi formano quella che è nota come *Fascia di Kuiper* (in onore di G.P. Kuiper, che per primo ne suggerì l'esistenza). Plutone e Caronte sono i prototipi degli oggetti della Fascia di Kuiper.

Plutone deve essere un luogo tetro, per quanto la luce solare sia ancora 1500 volte più intensa di quella della Luna Piena sulla Terra. A un plutoniano Caronte apparirebbe di dimensioni angolari 7 volte maggiori di quelle della Luna vista dalla Terra.

6 Giugno

Boote, il Bifolco

La nostra "costellazione della settimana" è il Boote, il Bifolco celeste. È una delle costellazioni antiche ed è caratterizzata da Arturo, la stella più brillante dell'emisfero nord del cielo (le sole stelle più luminose, Sirio, Canopo e *alfa* Centauri, sono ben al di sotto

Boote

Lettera greca	Nome	Magnitudine	Luminosità (Sole=1)	Distanza (anni luce)	Tipo spettrale
α alfa	Arturo	−0,04	115	36	K2
β beta	Nekkor	3,5	58	137	G8
γ gamma	Seginus	3,0	53	104	A7
δ delta	–	3,5	58	140	G8
ε epsilon	Izor	2,4	200	150	K0
ζ zeta	–	3,8	105	205	A2
ρ rho	–	3,6	105	183	K3

dell'equatore). Tuttavia sembrano esservi poche leggende mitologiche ad essa associate. Si narra semplicemente che Boote era un bifolco che inventò l'aratro trainato da due buoi, e per questo contributo al benessere dell'umanità fu posto in cielo. Notate, comunque, che sembra avere afferrato i due cani da caccia, Asterion e Chara (si veda il 23 marzo): forse per impedire loro di inseguire le Orse attraverso il Cosmo? Le stelle principali del Boote sono elencate in tabella.

C'è un modo facile di individuare Arturo: seguite semplicemente la coda dell'Orsa Maggiore, che vi condurrà direttamente alla stella. Non è possibile confonderla con Vega, l'unica stella di luminosità paragonabile presente nella stessa area di cielo, perché Vega è decisamente blu mentre la tonalità arancione chiaro di Arturo è immediatamente evidente. Al binocolo Arturo è una delle stelle più belle del cielo. La sua declinazione è 19° 11' N, quindi è sufficientemente vicina all'equatore da essere vista da ogni Paese abitato, persino da Invercargill, all'estremità meridionale della Nuova Zelanda.

7 Giugno

Arturo

Arturo è una delle stelle più famose: è citata molte volte in antichi scritti (nella Bibbia si legge: "Puoi tu condurre Arturo con i suoi figli?") e nel 460 a.C. Ippocrate affermò persino che era in grado di influenzare la salute degli uomini; una stagione arida dopo la prima apparizione di Arturo nel cielo mattutino "si adatta meglio a coloro che sono per natura flemmatici o di temperamento umido (*sic!*) e alle donne, ma è nemica degli irritabili". I marinai la consideravano portatrice di sfortuna, e per Plinio era un "*horridum sidus*".

È una stella gigante, con un diametro di circa 32 milioni di chilometri, eppure è quasi insignificante se confrontata con stelle immense come Betelgeuse; appare più luminosa solo perché è molto più vicina a noi. Attualmente si sta muovendo verso la Terra a 4,8 km/s, ma non continuerà così indefinitamente e in futuro inizierà ad allontanarsi: nell'arco di circa mezzo milione di anni sarà scesa sotto la soglia di visibilità a occhio nudo.

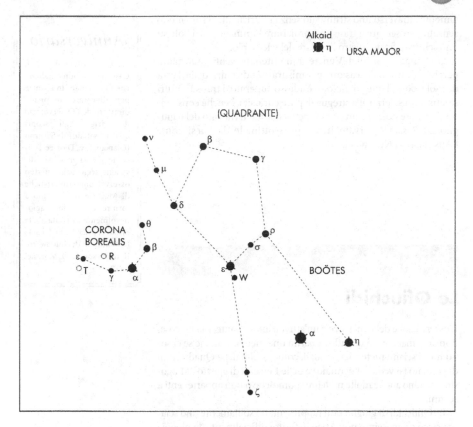

È interessante il fatto che gli strumenti moderni siano in grado di misurare il calore inviatoci da Arturo: risulta circa pari a quello ricevuto da una normale candela posta a 8 chilometri di distanza.

8 Giugno

I transiti di Venere

Quando un pianeta interno, nella sua orbita, si trova a passare direttamente tra noi e il Sole, il suo disco scuro si proietta per qualche ora su quello luminosissimo della nostra stella e si ha un *transito*. Nel secolo scorso si sono verificati 13 transiti di Mercurio sul disco del Sole. I transiti di Venere, invece, sono molto meno comuni: essi si verificano in coppie separate da otto anni, dopo le quali non se ne verificano più per oltre un secolo. Così ci sono stati transiti nel 1761, nel 1769, nel 1874, nel 1882 e nel 2004; adesso ne avremo uno nel 2012, dopo il quale dovremo aspettare fino al 2117 e al 2125.

Durante il transito, Venere (a differenza di Mercurio) può essere visto anche a occhio nudo; non si guardi mai, comunque, direttamente attraverso uno strumento senza i filtri adatti: il solo modo sensato di osservare il transito è proiettare l'immagine del Sole su uno schermo fissato dietro l'oculare del telescopio.

Un tempo, i transiti di Venere erano ritenuti eventi importanti, perché fornivano l'occasione per misurare la distanza della Terra dal Sole; poiché questo metodo è adesso superato, i transiti futuri saranno considerati alla stregua di pure curiosità, benché conservino un valore storico e una certa spettacolarità. Il transito del 6 giugno 2012 sarà osservato in maniera ottimale da Paesi come l'Australia e la Nuova Zelanda.

> ## Anniversario
>
> 1625: Nascita di G.D. Cassini, astronomo italiano che fu chiamato in Francia per diventare il primo direttore dell'Osservatorio di Parigi. Egli scoprì quattro satelliti di Saturno (Giapeto, Rea, Dione e Teti) come pure la principale divisione degli anelli; effettuò osservazioni pionieristiche di Marte e fu il primo a fornire una stima ragionevolmente corretta della distanza della Terra dal Sole (138 milioni di chilometri); in realtà sono 150. Morì nel 1712.

9 Giugno

Le Ofiuchidi

L'osservazione delle meteore è un'attività affascinante, ma faticosa: non si sa mai dove o quando apparirà una meteora; anche se ci sono molti sciami meteorici annuali, come quello delle Quadrantidi di gennaio (si veda il 4 gennaio) e delle Perseidi di agosto (11 agosto), cadono anche molte meteore sporadiche o non appartenenti a sciami.

Le Ofiuchidi di giugno non rappresentano solitamente uno sciame ricco e il massimo non è ben definito: ufficialmente, la pioggia meteorica inizia il 19 maggio e si protrae fino a luglio inoltrato. Il radiante si trova in Ofiuco (si veda l'8 luglio), che è adesso nella regione orientale del cielo. È da qui che le meteore sembrano provenire (forse cinque o sei per ora) e quindi una buona idea è quella di impostare la vostra fotocamera su un certo tempo di esposizione puntandola verso Ofiuco. Se siete fortunati riuscirete a catturare una meteora o due, e certamente le Ofiuchidi possono produrre talvolta bolidi brillanti.

Naturalmente, le meteore non sono confinate a Ofiuco, ma possono raggiungere ogni punto del cielo. Ma se ne vedete una e tracciate il suo cammino "all'indietro", per così dire, troverete che, se è un membro dello sciame, sarà in effetti venuta dalla regione di Ofiuco.

È possibile, benché per niente certo, che le Ofiuchidi siano associate alla cometa Lexell, che passò a meno di 2,4 milioni di chilometri dalla Terra nel 1770 raggiungendo la seconda magnitudine. Il periodo fu stimato in 5,6 anni. Sfortunatamente la cometa effettuò successivamente un passaggio ravvicinato a Giove e la sua orbita ne fu alterata così profondamente che non fu più vista.

10 Giugno

Una variabile rossa: W Bootis

Dopo avere "giocato" con le meteore, torniamo alla nostra "costellazione della settimana" e osserviamo la variabile rossa W Bootis.

Molte stelle rosse sono variabili in luminosità, perché hanno esaurito il loro principale "combustibile" nucleare e sono divenute instabili: esse pulsano, espandendosi e contraendosi, talvolta regolarmente e talvolta in modo caotico. Le stelle con piccole escursioni di luminosità e comportamenti in qualche modo imprevedibili sono note come variabili semiregolari, e la W Bootis, accanto alla *epsilon* Bootis (Izar), ne è un esempio eccellente che stasera possiamo osservare.

Il suo spettro è di tipo M, quindi per colore e temperatura è molto simile a Betelgeuse in Orione. La sua distanza non è nota con certezza, ma deve essere abbondantemente superiore a 100 anni luce. La posizione è: AR 14h 43m, declinazione 26° 32'.

L'intervallo di magnitudini va solo da 4,7 a 5,4, cosicché la stella è sempre visibile a occhio nudo in buone condizioni di cielo ed è facile da osservare al binocolo: posizionate semplicemente Izar nel campo del binocolo e comparirà W Bootis, distinguibile per la sua tonalità rossa. Sono necessari in media 450 giorni per passare da un massimo al successivo ma, come per tutte le stelle di questo tipo, sia il periodo che l'ampiezza sono notevolmente variabili da ciclo a ciclo.

11 Giugno

La stella che scomparve

Ancora nel Boote, consideriamo adesso lo strano caso di una stella che è stata vista solo per un breve periodo e poi è scomparsa. Non sappiamo ancora cosa fosse in realtà. Era molto vicina ad Arturo, a una separazione di soli 25 primi d'arco, quindi i due astri si trovavano nello stesso campo di un telescopio a basso ingrandimento.

Fu scoperta nell'aprile 1860 da Joseph Baxendell. Il 9 aprile la sua magnitudine era 9,7 e rimase uguale nelle notti successive. Il 22 aprile era scesa alla magnitudine 12,8 e il 23 non poté essere localizzata: da allora non è più stata vista!

Potrebbe essere stata una stella variabile di tipo inusuale, ma in questo caso avrebbe dovuto riapparire. D'altro canto, è improbabile che un osservatore esperto come Baxendell possa avere commesso errori grossolani. Potrebbe certamente essersi trattato di una stella nova, o addirittura di una nova ricorrente, come la T Coronae (si veda il 16 giugno), che si illumina a intervalli di tempo molto lunghi. In questo caso potrebbe riapparire di nuovo in futuro: quindi conviene sempre controllare il

campo per vedere se c'è. Nei cataloghi di stelle variabili è ufficialmente classificata come T Bootis.

12 Giugno

Stelle doppie nel Boote

Il Boote non è una costellazione eccezionale, a parte Arturo: è caratterizzata da una sorta di figura a Y di stelle, con Arturo alla base,
ma una di queste stelle, Alphekka, appartiene alla costellazione
adiacente della Corona Boreale (si veda il 14 giugno). Le altre sono
epsilon Bootis, o Izar, e *gamma* Bootis, o Seginus.

Izar, di seconda magnitudine, è un'eccellente stella doppia, per
quanto non troppo facile da risolvere con un telescopio di apertura
inferiore a 7,5 cm. La stella primaria è arancione, mentre la secondaria non ha un colore pronunciato, ma è spesso stata considerata
bluastra o verdastra per contrasto con la compagna. La separazione
è di 2,8 secondi d'arco; la secondaria ha magnitudine 4,9. Izar stessa è 200 volte più luminosa del Sole, e anche la compagna è piuttosto brillante, potendo eguagliare 50 Soli. Il periodo orbitale deve essere molto lungo.

La *zeta* Bootis ha una debole compagna; la primaria è a sua volta
una binaria molto stretta con componenti identiche e un periodo
di 123 anni, ma la separazione non supera mai un secondo d'arco.
La *xi*, nella stessa regione, è una bella binaria: le magnitudini sono
4,7 e 6,8 e la separazione attuale è di 6,6 secondi d'arco; il periodo è
di 150 anni. La *mu*, nella parte settentrionale del Boote, è una coppia molto ampia e semplice, con magnitudini 4,3 e 7,0 e separazione di 171 secondi d'arco. Dovreste essere in grado di separare questa coppia praticamente con ogni tipo di telescopio.

13 Giugno

Il Quadrante: la costellazione dimenticata

Ci fu un'epoca in cui quasi ogni cartografo del cielo si sentiva ob-
bligato ad aggiungere nuove costellazioni. Alcune di esse rimangono (e naturalmente non c'era altra scelta che aggiungere nuove costellazioni per le stelle dell'estremo sud, perché Tolomeo trascorse
tutta la vita in Europa o in Egitto e non potè mai osservare il cielo
al di sotto della Croce del Sud). Altre invece sono state abbandona-
te, e avevano nomi "ingombranti": esempi tipici sono lo Scettro di
Brandeburgo, la Macchina Elettrica, l'Officina Tipografica e gli
Onori di Federico. Furono tutte proposte da J.E. Bode nelle sue
mappe pubblicate nel 1775, e nessuna è sopravvissuta. Fu rifiutata

anche la costellazione del Quadrante Murale, che però ci ha lasciato un'eredità.

Il Quadrante si trovava in quella che è adesso la regione settentrionale del Boote; confinava con Nekkar o *beta* Bootis e includeva le tre stelle più deboli tra Nekkar e Alkaid nell'Orsa Maggiore. Durante la riorganizzazione delle costellazione da parte dell'Unione Astronomica Internazionale, nel ventesimo secolo, il Quadrante sparì; ma la pioggia meteorica all'inizio di gennaio ha il proprio radiante nella zona di cielo in cui essa si trovava (si veda il 4 gennaio), e si parla ancora di *pioggia delle Quadrantidi*. Vi sono alcune persone, principalmente appassionati di meteore, che rimpiangono il fatto che il Quadrante non si trovi più sulle nostre mappe.

14 Giugno

La Corona Boreale

Come abbiamo notato, il disegno del Boote ha un po' la forma di una Y, ma una delle stelle della Y appartiene alla Corona Boreale. La sua stella principale, *alfa* Coronae o Alphekka, è di magnitudine 2,2 e quindi è più brillante di ognuna delle stelle del Boote, ad eccezione di Arturo.

La Corona ricorda realmente una corona, poiché le sue cinque stelle principali sono disposte in un semicerchio, con Alphekka in posizione centrale. Esistono diverse varianti della mitologia ad essa associata: in una era la corona data dal dio del vino Bacco ad Arianna, figlia del re Minosse di Creta; in un'altra la corona fu data ad Arianna dall'eroe Teseo, che aveva sconfitto un mostro, il Minotauro, e stava tornando a casa. Le cinque stelle della "corona" sono elencate in tabella.

Alphekka, conosciuta talvolta come Gemma, è leggermente variabile, ma i cambiamenti sono troppo esigui per essere rivelati senza un sensibile strumento di misura. La *beta* è una variabile magnetica dello stesso tipo di Cor Caroli (si veda il 23 marzo), ma anche in questo caso le variazioni di magnitudine sono molto piccole.

Corona Boreale					
Lettera greca	Nome	Magnitudine	Luminosità (Sole=1)	Distanza (anni luce)	Tipo spettrale
α alfa	Alphekka	2,2	130	78	A0
β beta	Nusakan	3,7	28	59	F0
γ gamma	–	3,8	110	210	A0
ε epsilon	–	4,1	100	240	K3
θ theta	–	4,1	250	360	B5

15 Giugno

R Coronae: la stella "fuligginosa"

Guardate dentro la "cavità" della Corona e potreste essere in grado di vedere una stella debole; con il binocolo sarete sicuramente in grado di vedere una stella, e forse due. Una di esse è una normale stella di magnitudine 6,6, ben al di sotto della visibilità a occhio nudo; l'altra, R Coronae Borealis, è una delle più importanti variabili del cielo.

Essa è solitamente intorno alla magnitudine 5,8, ma con intervalli temporali imprevedibili inizia a declinare, diventando così debole da potere essere vista solo con un potente telescopio: la magnitudine può scendere sotto la 15. Dopo un certo tempo, la luminosità della stella risale lentamente, tornando ai valori normali.

Gli studi spettroscopici ci dicono che la R CrB ha meno idrogeno negli strati esterni rispetto a gran parte delle altre stelle, ma più carbonio. Periodicamente nell'atmosfera della stella si accumulano nubi di "fuliggine" (grafite), che ne oscurano la luce, e solo quando le nubi si disperdono la stella si mostra nuovamente. È stato inoltre scoperto che la R CrB è circondata da un guscio di polveri delle dimensioni di 33 anni luce, la cui origine è incerta.

Se il binocolo mostra solo una stella visibile nella "cavità" della Corona, potete essere sicuri che la R CrB sta attraversando uno dei suoi minimi, quindi continuate a osservare, notte dopo notte, finché non riappare, per quanto effettivamente questo possa accadere solo molte settimane o persino mesi dopo. Esistono altre stelle dello stesso tipo, ma sono molto rare, e la R CrB è la più brillante di tutte.

16 Giugno

T Coronae: la stella "fiammeggiante"

Per quanto la Corona Boreale sia una piccola costellazione, contiene molti oggetti interessanti. Uno di essi è la T Coronae, soprannominata "Stella Fiammeggiante" (*Blaze Star*). Solitamente è ben al di sotto della visibilità a occhio nudo, e poiché la magnitudine media è tra 10 e 11 non risulterà visibile neanche con un normale binocolo. Tuttavia nel 1866 improvvisamente si illuminò raggiungendo la seconda magnitudine, cosicché per alcune notti eguagliò Alphekka. Scese poi nuovamente alla propria normale magnitudine, ma si illuminò ancora nel 1946, questa volta raggiungendo la magnitudine 3,5 prima di declinare ancora una volta.

La T Coronae è una di quelle stelle peculiari note come *novae ricorrenti*. Una *nova* ordinaria è un sistema binario in cui una componente è una nana bianca (si veda il 21 febbraio) che "strappa via" materiale dalla compagna meno densa; accumulandosi materia in superficie, la situazione diventa instabile e si verifica un'esplosione associata a un aumento temporaneo della luminosità. Per gran parte delle novæ abbiamo osservato soltanto un'esplosione, ma la T Coronæ ne ha già mostrate due (per questo è "ricorrente") e potrebbe verificarsene un'altra in qualunque momento. Sono trascorsi ottant'anni tra quella del 1866 e quella del 1946, quindi gli osservatori di stelle variabili saranno all'erta intorno al 2026. La stella si trova nello stesso campo telescopico della *epsilon* Coronæ, uno dei membri del semicerchio principale. Solo un'altra nova ricorrente (RS Ophiuchi) diventa a volte visibile a occhio nudo: solitamente è sotto la magnitudine 12, ma in diverse occasioni (1901, 1933, 1958, 1967) ha raggiunto la magnitudine 5,3.

Anniversario

1800: Nascita del terzo conte di Rosse.

---

17 Giugno

Il "Leviatano di Parsonstown"

Stanotte torniamo all'Orsa Maggiore e osserviamo nuovamente M51, la galassia Vortice. Le fotografie ne mostrano la bella forma a spirale, ed essa è legata a un uomo importante, il terzo conte di Rosse, che nacque il 17 giugno 1800.

Egli era un proprietario terriero irlandese, profondamente coinvolto nelle vicende del suo Paese ma anche appassionato di astronomia, per cui decise di costruire un grande telescopio. Completò un riflettore di 91,5 cm e lo sistemò nel parco della sua villa, Birr Castle, nell'Irlanda centrale. Lo strumento funzionava bene, ed egli iniziò a costruire un riflettore di 183 cm, molto più grande di ogni altro costruito precedentemente (il telescopio più grande di William Herschel aveva uno specchio di 124,5 cm). Lord Rosse non aveva aiutanti, a eccezione degli operai che istruiva nella sua proprietà; doveva fare tutto da solo. Lo specchio era di metallo ed egli dovette persino costruire una fornace per fondere il pezzo grezzo.

Una volta completato lo specchio, come avrebbe dovuto montarlo? Lord Rosse sapeva che non avrebbe potuto costruire un telescopio abbastanza manovrabile da coprire l'intero cielo, e quindi fissò il tubo tra due poderosi muri di pietra. Questo implicava che egli poteva osservare solo ristrette regioni di cielo da ciascuna parte del meridiano. Tuttavia, il telescopio fu un trionfo, e con esso Lord Rosse scoprì la forma a spirale degli oggetti che oggi sappiamo riconoscere come galassie. I suoi disegni sono incredibilmente accurati, e la sua rappresentazione del Vortice è molto simile a una moderna fotografia.

Lord Rosse morì nel 1867. Suo figlio, il quarto conte, continuò il lavoro astronomico, ma era più interessato a misurare la piccola quantità di calore inviatoci dalla Luna. Il "Leviatano" di 183 cm fu sorpassato da strumenti di tipo moderno e venne smantellato nel 1909. Comunque, è stato restaurato e rimesso in uso nel 1997.

La vicenda dell'astronomia a Birr Castle è unica nella storia della scienza: da solo, un uomo costruì quello che era di gran lunga il telescopio più grande del mondo e lo utilizzò per compiere scoperte fondamentali. Niente del genere potrà mai più accadere.

18 Giugno

Lo Scorpione

Questa settimana la nostra costellazione è lo Scorpione: è una delle più brillanti tra quelle zodiacali, e una delle più belle di tutto il cielo, giungendo a competere con Orione. È anche uno dei pochi asterismi a dare almeno una vaga impressione dell'oggetto che intendono rappresentare: non è difficile riconoscere uno scorpione nella lunga linea di stelle brillanti, con la rossa Antares nella posizione del "cuore", la testa contraddistinta da un disegno ben definito e il "pungiglione" che comprende *lambda* Scorpii, o Shaula, solo poco al di sotto della prima magnitudine. Le stelle principali sono elencate in tabella.

È una sfortuna per gli osservatori settentrionali che lo Scorpione si trovi così più a sud dell'equatore; dall'Italia è sempre basso sull'orizzonte. Durante le notti di giugno cercatelo sull'orizzonte meridionale: è facile da riconoscere, perché Antares si distingue non solo per la luminosità e la tonalità rossa, ma anche per il fatto di essere affiancata sui due lati da due stelle più deboli (come pure Altair, nell'Aquila; si veda il 7 agosto). Per gli osservatori dell'emisfero australe lo Scorpione non è lontano dallo zenit: esso domina il cielo notturno e continuerà a farlo fino a primavera (australe) inoltrata.

Nella mitologia, lo Scorpione è stato identificato con l'insetto che punse il cacciatore Orione nel tallone causandone la prematura scomparsa (si veda il 12 gennaio). Quando fu trasferito in cielo fu posto il più lontano possibile da Orione, così che tra i due non potessero verificarsi ulteriori spiacevoli incontri.

Anniversario

1799: Nascita di William Lassell, astrofilo inglese (birraio di professione) che divenne un esperto osservatore. Uno dei suoi telescopi era un riflettore di 61 cm con cui scoprì diverse centinaia di nebulose. Egli fu anche lo scopritore di Tritone, il più grande satellite di Nettuno, oltre che di Ariel e Umbriel, due satelliti di Urano, e Iperione, il settimo satellite di Saturno. Morì nel 1880. Il suo primo Osservatorio si trovava a Liverpool; nel 1996 il suo telescopio di 61 cm è stato restaurato ed è ora in uso presso il Liverpool Museum.

Scorpione

Lettera greca	Nome	Magnitudine	Luminosità (Sole=1)	Distanza (anni luce)	Tipo spettrale
α alfa	Antares	1,0	7500	330	M1
β beta	Graffias	2,6	2600	815	B0+B2
δ delta	Dschubba	2,3	3800	550	B0
ε epsilon	Wei	2,3	96	65	K2
ζ^2 zeta^2	–	3,6	110	160	K5
η eta	–	3,3	50	68	F2
θ theta	Sargas	1,9	14.000	900	F0
ι^1 iota^1	–	3,0	200.000	5500	F2
κ kappa	Girtab	2,4	1300	390	B1
λ lambda	Shaula	1,6	1300	275	B2
μ^1 mu^1	–	3,0	1300	520	B1
π pi	–	2,9	2100	620	B1
σ sigma	Alnryat	2,9	5000	590	B1
τ tau	–	2,8	3800	780	B0
υ upsilon	Lesath	2,7	16.000	1560	B3

19 Giugno

Antares: il cuore dello Scorpione

Si dice generalmente che Antares è la più rossa tra le stelle brillanti; il suo stesso nome significa "rivale di Marte", essendo Ares l'equivalente greco del dio romano della guerra Marte. Certamente è uno spettacolo magnifico sia al binocolo che al telescopio. La sua magnitudine è 1,0, benché molto leggermente variabile. Per quanto non sia potente o grande come Betelgeuse in Orione, è classificata anch'essa come una supergigante: il suo diametro è di circa 320 milioni di chilometri. Comunque i suoi strati esterni sono molto rarefatti ed è improbabile che la massa superi le 10 masse solari.

Antares ha una compagna di magnitudine 5,4 a una separazione di 2,6 secondi d'arco. Quest'ultima sarebbe un oggetto di facile osservazione se non fosse così "sopraffatta" dalla primaria: in realtà è piuttosto sfuggente, ed è un buon risultato se riuscite a vederla con un telescopio di apertura inferiore a 10 cm. Essa appare verde, ma questa impressione potrebbe essere principalmente causata dal contrasto con la rossa primaria; è anche una sorgente di onde radio. Si tratta di una vera compagna binaria di Antares, ma il periodo è molto lungo ed è stato stimato in 878 anni.

La declinazione di Antares è circa 27° S: questo significa che non può mai essere osservata da latitudini terrestri a nord di 63° N.

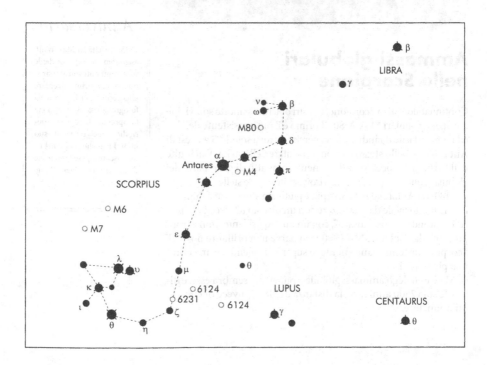

Giugno 20

I vicini di Antares

Per essere sicuri di non avere commesso errori nell'identificare Antares, notate che ha una stella debole da ciascun lato.

Le stelle che affiancano Antares sono la *tau*, verso sud, e la *sigma*, o Alniyat, verso nord. (La *tau* Scorpii non sembra avere mai avuto un nome proprio, e quello della *sigma* è usato raramente.) Sono entrambe stelle calde e bianco-bluastre di tipo B, ed entrambe distano più di 500 anni luce da noi. La *sigma* è la più vicina delle due ed è leggermente variabile.

Esse certamente appaiono deboli se confrontate con Antares, ma questo accade solo perché sono più lontane. In precedenza (si veda il 21 maggio) abbiamo parlato della magnitudine assoluta, che è la magnitudine apparente che avrebbe una stella se potesse essere osservata dalla distanza standard di 32,6 anni luce. Da quella distanza Antares splenderebbe alla magnitudine di –4,7, la *sigma* a –4,4 e la *tau* a –4,1. Dalla Terra la massima magnitudine apparente del pianeta Venere è –4,4, quindi tutte e tre le stelle sarebbero paragonabili con esso, e Antares lo supererebbe in luminosità. Esse formerebbero davvero un trio imponente, in particolare perché il colore rosso di Antares sarebbe in contrasto con il bianco-bluastro delle sue vicine.

21 Giugno

Ammassi globulari nello Scorpione

Continuando con lo Scorpione, i nostri obiettivi stanotte sono i due ammassi globulari M4 e M80. Il primo è il più consistente dei due ed è molto facile da individuare, perché si trova solo 1°,5 a ovest di Antares ed è nello stesso campo binoculare della stella. È al limite della visibilità a occhio nudo e meno compatto di gran parte dei globulari; quindi è più facile da risolvere in singole stelle.

M80, tra Antares e *beta* Scorpii, è piuttosto sfuggente al binocolo, ma molto facile da localizzare con un piccolo telescopio. È piccolo, rotondo e "condensato", con un nucleo brillante; non è troppo facile da risolvere. Nel 1860 vi apparve una brillante nova (T Scorpii), che temporaneamente lo superò in splendore, ma non è mai più stata vista.

M4 è uno degli ammassi globulari più vicini: sembra essere distante solo 7500 anni luce; la distanza di M80 è invece di circa 36 mila anni luce.

22 Giugno

La testa dello Scorpione

L'elemento più settentrionale della lunga linea di stelle che defini-
sce il corpo dello Scorpione è la *delta*, o Dschubba. Essa è solitamente appena sotto la seconda magnitudine, ma talvolta può por-
tarsi fino a 1,7. A nord di essa si trova la testa, formata da tre stelle:
la *beta* (magnitudine 2,6), la *nu* (4,0) e la *omega* (ancora 4,0); tutte
sono doppie o multiple.

La *beta*, conosciuta come Graffias o Akrab, è un'ampia e facile
doppia: le magnitudini sono 2,6 e 4,9 e la separazione supera i 13 secondi d'arco, quindi verrà separata praticamente con ogni telescopio. La componente più brillante è a sua volta una binaria molto
stretta.

Nu Scorpii è una stella quadrupla. Le due componenti principali
sono facilmente separabili: le loro magnitudini sono 4,3 e 6,8 e la separazione supera i 41 secondi d'arco. Ciascuna componente è a sua
volta doppia, la più debole rivelandosi più semplice da risolvere. Un
buon telescopio di 15 cm dovrebbe mostrare tutte e quattro le stelle.

Infine c'è la *omega* Scorpii, formata da due stelle che possono essere viste individualmente a occhio nudo: le magnitudini sono 4,0
e 4,3. Qui abbiamo una coppia ottica, non un sistema binario: la
componente più debole dista 170 anni luce, mentre la più brillante
si trova a oltre 800 anni luce di distanza. La *omega* Scorpii ha un
vecchio nome proprio: Jabhat el Akrab.

23 Giugno

Il pungiglione dello Scorpione

È più che naturale per uno scorpione avere un pungiglione: in cielo esso è caratterizzato da un gruppo di stelle una delle quali, la
lambda, o Shaula, non è molto al di sotto della prima magnitudine.
Le stelle sono: la *lambda* (magnitudine 1,6), la *upsilon* (2,7), la *kappa* (2,4), G (3,2) e Q (4,3).

Shaula e la *upsilon* (Lesath) sono così vicine da dare l'impressione di essere una doppia ampia, ma ancora una volta le apparenze
ingannano: Shaula dista 275 anni luce da noi, Lesath oltre 1500.
Quest'ultima inoltre è un vero faro, avendo la luminosità di 16 mila Soli e quindi eguagliando Betelgeuse in Orione. Eppure anche
Lesath impallidisce di fronte a una delle stelle apparentemente più
deboli accanto al pungiglione, la *iota-1*. Essa risplende modesta-
mente a magnitudine 3, ma è forse 200 mila volte più luminosa del
Sole, potente come Canopo.

Il pungiglione è adesso molto alto visto dall'Australia o dalla
Nuova Zelanda, ma dall'Italia è molto basso e non facile da vedere.
La declinazione di Shaula è –37°, quindi non sorge in alcun luogo a
nord della latitudine 53° N. Per vederlo, anche dalle nostre latitudini, è comunque necessario un cielo limpido fino all'orizzonte.

24 Giugno

Ammassi aperti nello Scorpione

Stasera rimarremo con lo Scorpione, poiché ha moltissimo da offrire. A nord del pungiglione, ancora nella regione meridionale della costellazione, ma facilmente visibili dall'Italia, si trovano due bellissimi ammassi aperti, M6 e M7. Naturalmente, sono osservabili in modo ottimale dall'emisfero australe, dove appaiono come oggetti brillanti visibili a occhio nudo.

M6 è noto come Farfalla: il suo diametro apparente è un po' superiore alla metà di quello della Luna Piena, e contiene oltre 50 stelle; si dice che le linee e "catene" di stelle ricordino la forma di una farfalla, ma è necessaria una notevole immaginazione. M7 è più esteso e brillante; in effetti è così grande che si osserva meglio al binocolo, perché non entrerebbe nel più ristretto campo di un telescopio. Contiene circa un centinaio di stelle ed è uno degli ammassi aperti più imponenti.

Un altro brillante ammasso aperto è NGC 6231 (C76), circa 0°,5 a nord di *zeta-2* Scorpii (che forma una coppia con la sua vicina apparentemente più debole *zeta-1*, che è invece molto più lontana e luminosa). NGC 6124 (C75) forma un triangolo con la *zeta* e le due stelle *mu-1* e *mu-2*; anche questo è un oggetto di facile osservazione. La Via Lattea inoltre passa attraverso lo Scorpione, quindi l'intera regione è molto ricca di oggetti.

25 Giugno

Scorpius X-1

Prima di lasciare temporaneamente lo Scorpione, osserviamo la regione pochi gradi a nord di Antares: non è caratterizzata da alcuna stella brillante, ma contiene Scorpius X-1, la prima sorgente celeste di raggi X conosciuta.

La radiazione X proveniente dallo spazio viene bloccata dall'atmosfera terrestre, quindi non può essere studiata da terra. Nel giugno 1962, un gruppo di ricercatori americani guidato da Riccardo Giacconi lanciò un razzo che trasportava dei rivelatori di raggi X: fu così localizzata quella che sembrava un'intensa sorgente non associata ad alcun oggetto visibile e che fu chiamata Scorpius X-1. Successivamente, nello stesso anno, furono rivelati raggi X provenienti dalla Nebulosa Granchio nella costellazione del Toro (si veda il 16 dicembre) e nel marzo 1966 Scorpius X-1 fu identificata con quella che appariva come una debole stella bluastra. Sappiamo oggi che si tratta di un sistema binario, una componente del quale è una stella di neutroni. Adesso sono conosciute molte migliaia di sorgenti X, ma Scorpius X-1 rimane la più brillante.

26 Giugno

La Bilancia

La Bilancia, una delle costellazioni zodiacali meno rilevanti, si trova tra la Vergine e lo Scorpione; dall'Italia è piuttosto bassa verso sud-ovest durante le notti di fine giugno. È una delle 48 costellazioni originali di Tolomeo, ma non sembra essere associata ad alcuna leggenda, a parte una connessione molto vaga con Mochis, l'inventore di pesi e misure. Anticamente era inclusa nello Scorpione come zona delle "chele" dell'animale, e questo nome sopravvive, in forma modificata, nelle due stelle più brillanti: la *beta* Librae è Zubenelschemali, la "chela settentrionale", mentre la *alfa* è Zuben el Genubi, la "chela meridionale"; la *sigma* Libræ (Zubenalgubi) era inizialmente inclusa nello Scorpione come *gamma* Scorpii.

Alfa, *beta* e *gamma* Librae formano un triangolo. Gli astri principali della costellazione sono elencati in tabella.

La *alfa* è una doppia molto ampia: le componenti hanno magnitudini 2,8 e 5,2 e sono separate di 231 secondi d'arco, quindi si tratta di una coppia visibile a occhio nudo. Le componenti si muovono insieme nello spazio, ma sono molto lontane. La primaria è bianca, la compagna leggermente giallastra.

La *delta* Librae, vicino alla *beta*, è una binaria a eclisse di tipo Algol. L'intervallo di magnitudini va da 4,9 a 5,9 con un periodo di 2,33 giorni; quindi la stella può sempre essere seguita al binocolo.

Bilancia

Lettera greca	Nome	Magnitudine	Luminosità (Sole=1)	Distanza (anni luce)	Tipo spettrale
α^2 alfa^2	Zubenelgenubi	2,7	28	72	A3
β beta	Zubenelschemali	2,6	105	121	B8
γ gamma	Zubenelhakrabi	3,9	16	75	G8
σ sigma	Zubenalgubi	3,3	120	166	M4

27 Giugno

Beta Librae: una stella verde?

La *beta* Librae, la "chela settentrionale" dello Scorpione, è in effetti la stella più brillante della Bilancia. Apparentemente non ha niente di eccezionale, ma ci sono due aspetti che meritano di essere notati.

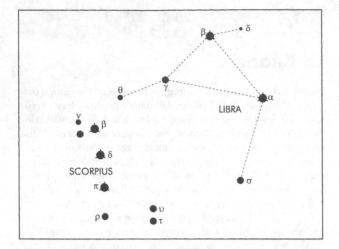

In primo luogo, è stato suggerito che la sua luminosità possa essere diminuita rispetto ad epoche antiche. In secondo luogo, si dice che sia l'unica stella singola di colore verde.

Alcuni dei primi osservatori la classificarono di seconda magnitudine, ma adesso è ben al di sotto di questo valore. Comunque le prove in favore di un cambiamento sono davvero molto scarse.

La presunta tonalità verde è più interessante: il reverendo T.W. Webb, autore di un classico libro di astronomia del diciannovesimo secolo (*Celestial objects for common telescopes*), fece riferimento alla sua "bella tonalità verde pallido", mentre T.W. Olcott, un altro osservatore molto esperto, la definì "distintamente verde". Tuttavia a quasi tutti essa appare bianca, e ammetto di non essere mai stato in grado di vedervi alcun colore. Osservatela e decidete!

28 Giugno

Il primo punto della Bilancia

Abbiamo visto che il Sole attraversa l'equatore celeste due volte all'anno, una volta quando si muove da sud a nord, in marzo, e l'altra quando si muove da nord a sud (si veda il 22 gennaio). Originariamente questi punti equinoziali si trovavano nell'Ariete e nella Bilancia rispettivamente, e noi utilizziamo ancora questi nomi, anche se il primo punto d'Ariete si è ora spostato nei Pesci a causa degli effetti della precessione. Analogamente, il primo punto della Bilancia adesso non si trova più in questa costellazione, ma tra la *beta* e la *eta* Virginis, nella "coppa" della Vergine (si veda il 13 maggio).

Esplorate questa regione con il binocolo e non vedrete assolutamente niente che sia degno di nota; al telescopio si vedono soltanto poche galassie molto deboli.

29 Giugno

La classificatione spettrale di Secchi

Tra il 1864 e il 1868 Angelo Secchi effettuò la prima rassegna spettroscopica veramente valida delle stelle più brillanti e le divise in quattro gruppi. È interessante tornare a esaminarli e controllare alcuni degli esempi che fornì.

Tipo I. Stelle bianche, che presentano negli spettri prominenti righe dell'idrogeno e deboli righe metalliche. Esempi: Sirio, Vega, Spica, Altair, Alkaid.

Tipo II. Stelle gialle, con righe dell'idrogeno meno prominenti e righe metalliche più intense. Esempi: Capella, Polluce, Arturo, Aldebaran, Deneb.

Tipo III. Stelle aranciони, con complessi spettri a bande. Esempi: Antares, Betelgeuse, *alfa* Herculis, *eta* Geminorum, *mu* Geminorum, Mira.

Tipo IV. Stelle rosse, con intense righe del carbonio. Non vi sono esempi brillanti; principalmente variabili. Esempi: R Hydrae, R Lyrae, R Leonis, R Andromedae.

Generalmente la tipologia I include stelle dei tipi B e A del sistema moderno di classificazione; la tipologia II corrisponde ai tipi F e G, la tipologia III ai tipi K e M e la tipologia IV ai tipi R, N e S. Vi sono comunque alcune curiose anomalie: sia Arturo che Aldebaran sono state incluse nel Tipo II di Secchi, ma entrambe sono intensamente arancione e appartengono al moderno tipo K. È interessante vagare in cielo con il binocolo e osservare alcuni di questi esempi: molti sono visibili durante la notte in questo periodo dell'anno.

30 Giugno

I crateri meteorici

Oggi conosciamo moltissimi crateri meteorici. Il più famoso è il Meteor Crater in Arizona, che è una ben nota attrazione turistica: è ben oltre un chilometro di diametro ed è profondo oltre 150 m. È stato certamente prodotto da una meteorite precipitata nel deserto molto tempo fa: l'età del cratere può essere dell'ordine di 50 mila anni.

Tra i crateri che hanno senza dubbio un'origine da impatto vi sono i seguenti:

Crateri meteoritici

	Diametro (m)	Anno della scoperta
Meteor Crater, Arizona	1186	1891
Tswaing, Sudafrica	1130	1991
Wolfe Creek, Australia	875	1947
Boxhole, Australia	170	1937
Odessa, Texas	168	1921
Henbury, Australia	157	1931 (13 crateri)
Wabar, Arabia	116	1932
Oesel, Estonia	110	1927
Campo del Cielo, Argentina	50	1933
Dalgaranga, Australia	24	1928

Nel 1947 si è verificata una grande caduta di meteoriti nella regione siberiana di Vladivostok: sono stati prodotti più di 100 crateri, il più grande di circa 30 m di diametro.

Non è sempre facile stabilire la natura di un cratere: per esempio il Vredefort Ring, vicino a Pretoria, è spesso classificato come una struttura da impatto, ma i geologi che ne hanno effettuato studi approfonditi sono praticamente unanimi nell'affermare che abbia origine vulcanica. Un cratere molto antico nella regione di Chixulub dello Yucatan (Messico) rappresenta quasi certamente il sito d'impatto di un corpo asteroidale che provocò l'estinzione dei dinosauri 65 milioni di anni fa.

Anniversario

1908: Caduta di un oggetto in Siberia. L'evento si verificò nella (fortunatamente) disabitata regione di Tunguska ed abbatté gli alberi di pino in una vasta area. Il corpo fu osservato durante la discesa ed era più luminoso del Sole. La prima spedizione raggiunse il sito solo nel 1927. Non fu trovato alcun cratere, quindi l'oggetto potrebbe anche essere stato un frammento cometario oppure il nucleo di una piccola cometa.

Luglio

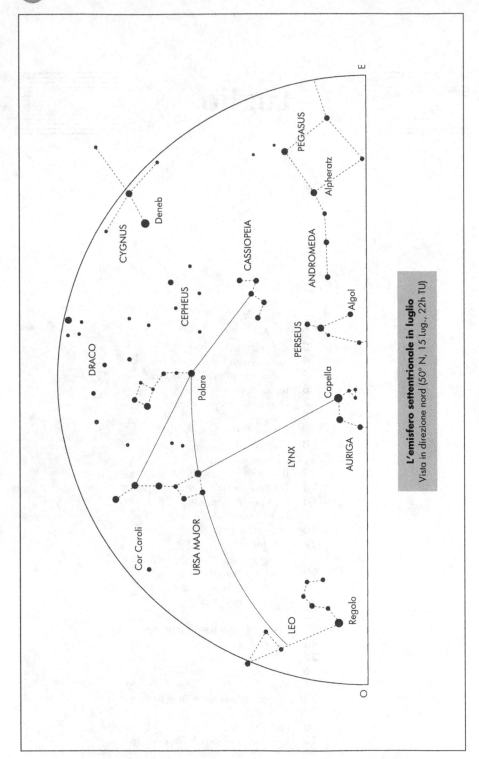

L'emisfero settentrionale in luglio
Vista in direzione nord (50° N, 15 lug., 22h TU)

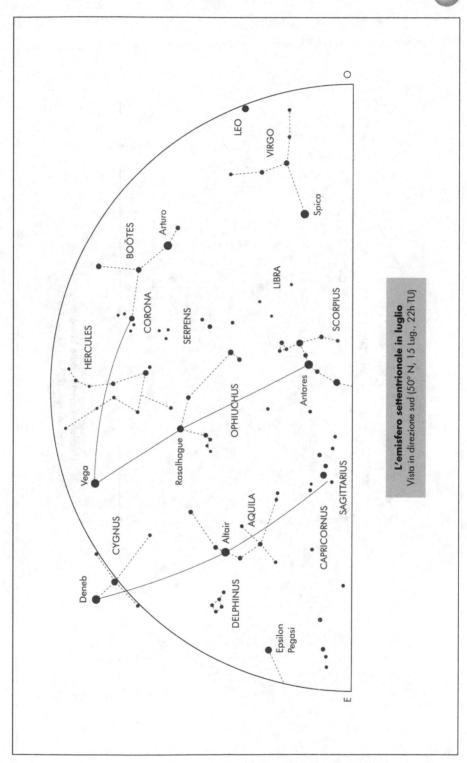

L'emisfero settentrionale in luglio
Vista in direzione sud (50° N, 15 lug., 22h TU)

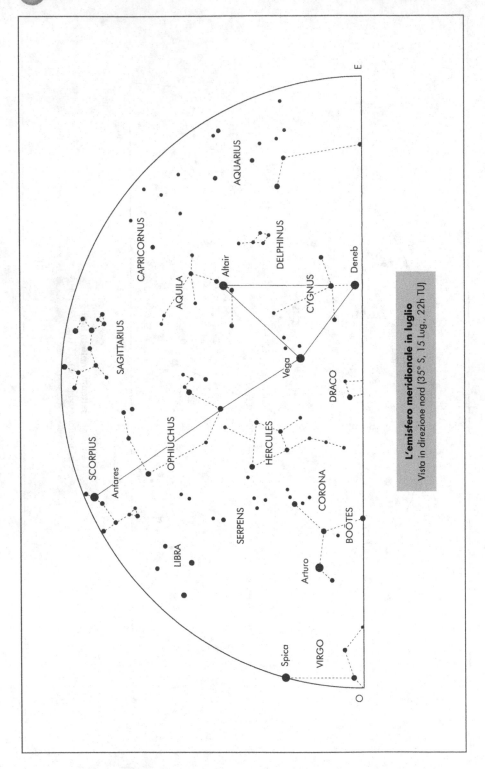

L'emisfero meridionale in luglio
Vista in direzione nord (35° S, 15 Lug., 22h TU)

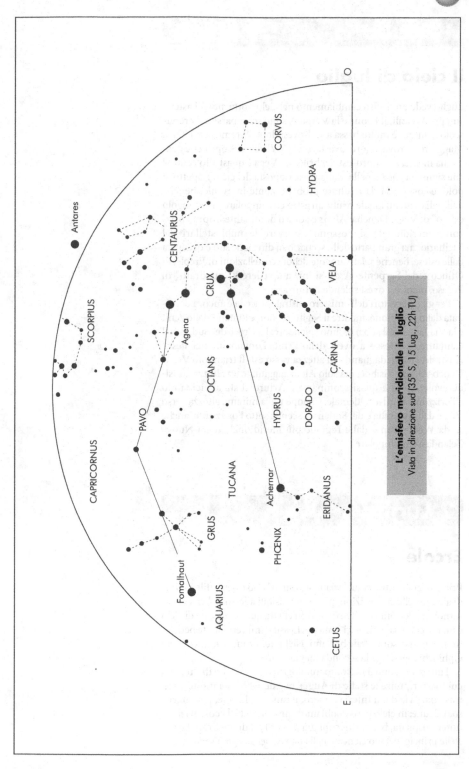

L'emisfero meridionale in luglio
Vista in direzione sud (35° S, 15 Lug., 22h TU)

1 Luglio

Il cielo di luglio

Luglio vede un deciso cambiamento nel cielo notturno: gli asterismi primaverili, il Leone e la Vergine, sono scomparsi nel crepuscolo; Antares è molto bassa a sud-ovest dopo il tramonto. L'Orsa Maggiore si trova a nord-ovest, con la "W" di Cassiopea che guadagna in altezza a nord-est. La brillante Vega è quasi allo zenit, il che significa che Capella, dalla parte opposta del cielo rispetto al polo, è così bassa da risultare probabilmente invisibile, benché dall'Italia settentrionale risulti un astro circumpolare. Il "triangolo estivo" di Vega, Deneb e Altair è adesso dominante: sopra l'orizzonte meridionale si possono osservare le nubi stellari del Sagittario, ma gran parte dello scenario in direzione sud è occupata dalle estese, benché relativamente deboli, costellazioni di Ercole, di Ofiuco e del Serpente. A est si inizia a vedere il "quadrato" di Pegaso, mentre a ovest splende Arturo.

Per gli osservatori dell'emisfero australe la scena è ancora dominata dallo Scorpione, mentre il Sagittario non è lontano dallo zenit e la Via Lattea è al suo massimo splendore. La Croce del Sud, con il Centauro, è adesso a ovest dello zenit; Fomalhaut, nel Pesce Australe, sta guadagnando in altezza verso est. Il triangolo Vega-Deneb-Altair è visibile, ma solo Altair raggiunge un'altezza considerevole; Spica è quasi scomparsa e Arturo si sta avvicinando all'orizzonte nord-occidentale. Canopo è alla minima altezza verso sud, e dall'Australia e dal Sudafrica scende sotto l'orizzonte, anche se da Wellington e dalla regione più meridionale della Nuova Zelanda è circumpolare.

2 Luglio

Ercole

Prima di concentrarci sul "triangolo estivo" può essere utile parlare di alcune delle costellazioni più estese visibili adesso nel cielo notturno: Ercole, Ofiuco e il Serpente. In effetti, questa regione di cielo è un po' confusa, poiché ci sono pochi asterismi veramente ben definiti, e non ci sono stelle brillanti. Nell'intera zona soltanto la *alfa* Ophiuchi raggiunge la seconda magnitudine.

Tutti conoscono il racconto mitologico delle Fatiche di Ercole, a cui toccò ripulire le stalle di Augia, uccidere l'Idra a molte teste, trascinare via dagli Inferi Cerbero, il cane di Plutone, per citarne solo alcune; in cielo però dobbiamo ammettere che la costellazione non è cospicua, benché occupi più di 1200 gradi quadrati. Le sue stelle principali sono elencate nella tabella della pagina seguente.

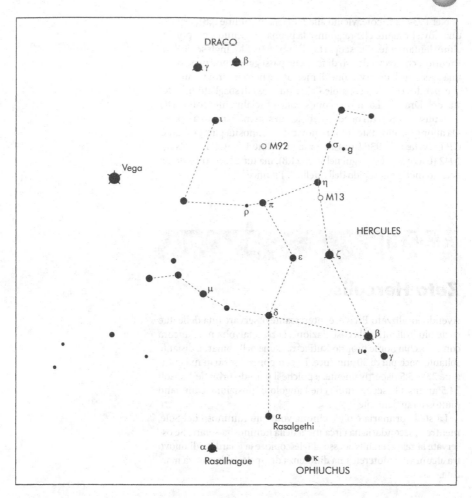

Ercole si estende dai dintorni di Vega e della testa del Drago fino a Ofiuco; *alfa* Herculis (Rasalgethi) non è lontana dalla *alfa* Ophiuchi (Rasalhague) ed è alquanto lontana dalla parte principale della costellazione. Anche se le stelle di Ercole non sono brillanti, esse formano una struttura che non è troppo difficile da identificare.

Ercole					
Lettera greca	Nome	Magnitudine	Luminosità (Sole=1)	Distanza (anni luce)	Tipo spettrale
α alfa	Rasalgethi	da 3 a 4	700	220	M5
β beta	Kornephoros	2,8	58	100	G8
δ delta	Sarin	3,1	37	91	A3
ζ zeta	Rutilicus	2,8	5,2	31	G0
η eta	–	3,5	16	68	G8
μ mu	–	3,4	2,5	26	G5
π pi	–	3,2	700	390	K3

Nel 1934 in Ercole, vicino alla *iota* (magnitudine 3,8), esplose una nova brillante che raggiunse la prima magnitudine e poi declinò lentamente. Fu scoperta da un astrofilo inglese, J.P.M. Prentice, che aveva deciso di fare una passeggiata notturna dopo una sessione di osservazione di meteore, e notò improvvisamente che, per dirla con le sue parole, "c'era qualcosa di sbagliato nella testa del Drago". La nova, conosciuta ufficialmente come DQ Herculis, è adesso un oggetto debole, un sistema binario a eclisse. Da allora ci sono state solo tre novæ di luminosità paragonabile: CP Lacertæ nel 1936 (massima magnitudine 1,9), CP Puppis nel 1942 (0,4) e V 1500 Cygni nel 1975 (1,8), ma tutte hanno avuto un declino molto più rapido della stella di Prentice.

3 Luglio

Zeta Herculis

Avendo localizzato Ercole, è interessante osservare una delle due stelle più brillanti della costellazione, la *zeta*, talvolta nota ancora con il vecchio nome proprio Rutilicus. È una bella binaria, distante soltanto poco più di 30 anni luce. Le componenti sono di magnitudine 2,9 e 5,5 rispettivamente, e poiché il periodo orbitale è di soli 34,5 anni sia la separazione che l'angolo di posizione cambiano piuttosto rapidamente.

La stella primaria è oltre cinque volte più luminosa del Sole, mentre la secondaria ha circa metà della luminosità solare. Se osservate la *zeta* Herculis adesso al telescopio, e la guardate di nuovo tra alcuni anni, noterete una differenza di aspetto abbastanza marcata.

4 Luglio

Ammassi globulari in Ercole

Non denigriamo troppo la costellazione di Ercole: è vero, il grande eroe non è brillante, ma contiene due importanti ammassi globulari, M13 e M92. Il primo è il più spettacolare dei due, ed è in effetti il più bello del cielo, a parte Omega Centauri nell'emisfero sud (si vedano il 14 marzo e il 25 aprile) e 47 Tucanæ (29 novembre).

M13 è appena visibile a occhio nudo: è molto debole, quindi non è sorprendente che sia stato scoperto soltanto nel 1714 da Edmond Halley, per puro caso, come egli stesso ammise. Disse che era soltanto una piccola macchia luminosa "che si vede a occhio nudo quando il cielo è limpido e la Luna assente". Al telescopio è

Anniversario

1997: Atterraggio su Marte del *Pathfinder*. Era stato lanciato il 2 dicembre 1996 e scese nella regione di Marte chiamata Ares Vallis, un'antica piana alluvionale.

Rilasciò un piccolo veicolo, il *Sojourner*, che, movendosi sulla superficie marziana, iniziò a fotografare e analizzare le rocce. La missione fu un pieno successo.

magnifico: le zone periferiche sono facili da risolvere, ma non il centro, un tripudio di stelle troppo vicine l'una all'altra per essere viste individualmente. L'ammasso dista 22.500 anni luce; per trovarlo guardate tra la *zeta* e la *eta*, un po' più vicino a quest'ultima. Al binocolo è inconfondibile.

M92 è simile a M13, benché appena al di sotto della visibilità a occhio nudo: dista 37 mila anni luce e si trova tra la *eta* e la *iota* Herculis. La stella più vicina abbastanza brillante è l'arancion *pi*, di magnitudine 3,2.

5 Luglio

L'aspetto mutevole della Luna

Questo può essere un buon momento per tornare a guardare la Luna, che dopotutto domina il cielo notturno per buona parte di ogni mese (irritando gli osservatori del cielo profondo, che vorrebbero osservare galassie e nebulose deboli). Negli anni che vanno dal 2007 al 2012, la Luna il 5 luglio appare come segue:

2007 Due giorni prima dell'Ultimo Quarto; visibile al mattino.
2008 Due giorni dopo la Luna Nuova; falce molto sottile, non facile da vedere.
2009 Due giorni prima della Luna Piena; gibbosa; in buona posizione.
2010 Un giorno dopo l'Ultimo Quarto; falce mattutina.
2011 Tre giorni prima del Primo Quarto; tramonta presto la sera.
2012 Due giorni dopo la Luna Piena; in buona posizione.

(Ricordate che il Primo Quarto indica il mezzo disco lunare dopo il Novilunio, l'Ultimo Quarto quello dopo il Plenilunio.)

I crateri lunari mostrano notevoli cambiamenti di aspetto a seconda dell'angolo sotto cui vengono colpiti dalla luce solare: quando un cratere è vicino al terminatore viene riempito totalmente o parzialmente da ombre ed è affascinante; vicino alla Luna Piena, invece, quando praticamente non ci sono ombre, anche un grosso cratere può diventare addirittura difficile da identificare. Il modo migliore per imparare a orientarsi sulla superficie lunare è quello di selezionare un certo numero di crateri e disegnarli il più spesso possibile. In poco tempo otterrete una buona conoscenza pratica delle principali formazioni superficiali.

6 Luglio

Rasalgethi

La *alfa* Herculis, spesso nota con il vecchio nome proprio Rasalgethi, è variabile; le sue fluttuazioni furono scoperte da Sir William Herschel addirittura nel 1795. L'intervallo di magnitudini va da 3 a 4, quindi la stella non diventa mai così brillante come la *beta* o la *zeta* Herculis. È una supergigante rossa, classificata come una variabile semiregolare con periodo tra 90 e 100 giorni; per la maggior parte del tempo la magnitudine sembra oscillare tra 3,1 e 3,5. Non è difficile effettuare stime a occhio nudo di questa stella: *delta* Herculis (3,1), *gamma* Herculis (3,8) e *kappa* Ophiuchi (3,2) sono buone stelle di confronto.

La stella è certamente semplice da localizzare, non lontano dalla più brillante Rasalhague (*alfa* Ophiuchi). Rasalgethi stessa sembra appartenere più a Ofiuco che a Ercole.

Secondo il catalogo di Cambridge essa dista 220 anni luce ed è 700 volte più luminosa del Sole; forse, però, questi valori sono sottostimati. Il colore rosso è sempre molto evidente e il diametro non può essere molto inferiore a 320 milioni di chilometri.

Esiste una compagna binaria di magnitudine 5,4 a una separazione di 4",7; il periodo orbitale è dell'ordine di 3600 anni. Si tratta di una coppia molto facile, ed è spettacolare perché la compagna appare di colore verde, in contrasto con la tonalità rossa della primaria. La compagna è a sua volta una binaria molto stretta.

Una caratteristica interessante del sistema è che la stella primaria sembra essere circondata da un guscio di gas in espansione incredibilmente rarefatto, che si estende tanto lontano da "avvolgere" la compagna.

7 Luglio

Oggetti telescopici in Ercole

Mentre osserviamo Ercole, cerchiamo in giro alcuni altri oggetti alla portata di un piccolo telescopio. C'è, ad esempio, una tipica doppia ottica, la *delta* Herculis (Sarin). La primaria ha magnitudine 3,1, la compagna 8,2. Non c'è assolutamente alcuna connessione fisica tra le due: la stella brillante si sta muovendo in direzione sud, la compagna verso ovest. Quando fu effettuata la prima misura affidabile, nel 1830, la separazione era di circa 26". Nel 1960 era diminuita a meno di 9", e adesso sta lentamente aumentando di nuovo.

Rho Herculis, accanto alla più brillante *pi*, è una doppia semplice: le componenti sono di magnitudine 4,6 e 5,6 e la separazione supera i 4". La *mu* Herculis è una coppia ancora più aperta (con separazione di 34"); la compagna di decima magnitudine è a sua volta una binaria molto stretta e di difficile osservazione.

Vicino alla *beta* e alla *gamma* si trova la rossa variabile di tipo Mira, U Herculis, che, al massimo, può raggiungere la magnitudine 6,5; il periodo è intorno a 406 giorni. Il massimo del 2006 si è verificato a fine luglio. Al minimo, la stella scende molto al di sotto della tredicesima magnitudine, quindi per vederla è necessario un telescopio potente; non c'è niente di speciale in essa, ma è interessante localizzarla. La posizione è: AR 16h 25m, declinazione +18° 54'. Infine potrebbe incuriosirvi cercare la 30 Herculis, vicino alla ben più brillante *sigma*: si tratta di una stella rossa semi-regolare con un intervallo di variabilità tra 5,7 e 7,2 e un periodo approssimato di 70 giorni.

8 Luglio

Ofiuco

La costellazione dell'Ofiuco, o Serpentario, copre circa 950 gradi quadrati ed è una delle 48 costellazioni originali di Tolomeo. Si dice che rappresenti Esculapio, figlio di Apollo, che divenne un medico così esperto da poter persino resuscitare i morti. Per evitare lo spopolamento degli Inferi, Giove a malincuore lo eliminò con un fulmine, ma in compenso lo elevò al rango celeste ponendolo in cielo. Le stelle principali di Ofiuco sono elencate in tabella.

La costellazione è attraversata dall'equatore; Rasalhague ha declinazione 12°,5 nord, la *theta* 25° sud. La prima, non lontana da Rasalgethi in Ercole (si veda il 6 luglio), è la sola stella veramente brillante, ma le due Yed, la *delta* e la *epsilon*, formano una notevole coppia con colori fortemente contrastanti: la *epsilon* è leggermente giallastra, mentre la *delta* è rosso-arancio. È consigliabile osservare questa coppia con un binocolo.

Ofiuco					
Lettera greca	Nome	Magnitudine	Luminosità (Sole=1)	Distanza (anni luce)	Tipo spettrale
α alfa	Rasalhague	2,1	58	62	A5
β beta	Cheleb	2,8	96	121	K2
δ delta	Yed Prior	2,7	120	140	M1
ε epsilon	Yed Post	3,2	58	104	G8
ζ zeta	Han	2,6	5000	550	O9.5
η eta	Sabik	2,4	26	59	A2
θ theta	–	3,3	1320	590	B2
κ kappa	–	3,2	96	117	K2
ν nu	–	3,3	60	137	K0

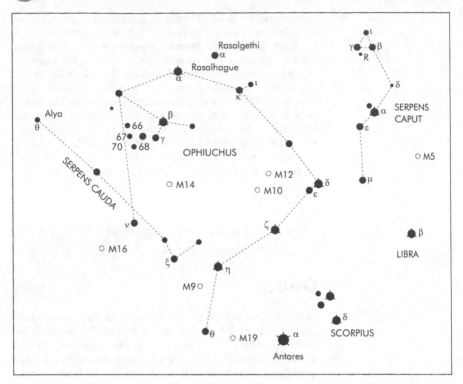

9 Luglio

Il toro di Poniatowski

A una certa distanza da Rasalhague, a sud, è facile identificare la *beta* Ophiuchi, o Cheleb (magnitudine 2,8), e la *gamma* (3,7). Accanto a quest'ultima si trova un piccolo gruppo di stelle, nessuna delle quali è denominata con una lettera greca: sono la 66 Ophiuchi (magnitudine 4,6), la 67 (4,0), la 68 (4,4) e la 70 (4,0). Anticamente furono raggruppate in una costellazione separata, il Toro di Poniatowski. Per citare un libro famoso dell'ammiraglio Smyth:

> Il Toro di Poniatowski è un piccolo asterismo posto in cielo nel 1777 dall'abate Poczobut di Wilna, in onore del re di Polonia Stanislao Poniatowski, dopo avere ottenuto dall'Accademia Francese un'autorizzazione formale a tal fine. Si trova tra la "spalla" di Ofiuco e l'Aquila, dove alcune stelle formano una lettera V, e in base a una presunta somiglianza con il Toro zodiacale e le Iadi divenne un altro Toro. Poczobut si era accontentato di 7 stelle componenti, ma Bode ne ha racimolate nientemeno che 80. (da *Cycle of Celestial Objects*)

Il Toro di Poniatowski non è sopravvissuto come costellazione, ma una delle sue stelle, nota oggi come 70 Ophiuchi, è una binaria degna di nota: le componenti sono di magnitudine 4,2 e 6,0 e la se-

Anniversario

1979: La sonda americana *Voyager 2* oltrepassò Giove a una distanza di 710 mila chilometri, inviando dati eccellenti e proseguendo poi verso l'incontro con Saturno (1981), Urano (1986) e Nettuno (1989). Attualmente si trova su una traiettoria di uscita dal Sistema Solare.

parazione di circa 2"; il periodo orbitale è di 88 anni. Entrambe le componenti sono stelle nane, e insieme raggiungono circa metà della luminosità solare. Il sistema è relativamente vicino, a soli 16,5 anni luce, ed è interessante da identificare.

Anniversario

1992: La navicella *Giotto*, dopo avere incontrato la cometa di Halley (13-14 marzo 1986), passò a circa 200 km dal nucleo di una cometa molto più debole, la Grigg-Skjellerup, che ha un periodo orbitale di 5,1 anni. La camera della *Giotto* non funzionava più, ma la sonda ottenne dati validi riguardo alla cometa, che è molto più vecchia della Halley: la densità del gas vicino al nucleo era maggiore di quanto previsto, ed era presente una considerevole quantità di polveri fini. La *Giotto* si trova ancora in orbita intorno al Sole, ma non le è rimasto abbastanza carburante per essere inviata a incontrare un'altra cometa, come si era inizialmente sperato.

10 Luglio

Ofiuco nello Zodiaco

L'Ofiuco non è attraversato solo dall'equatore, ma anche dall'eclittica, che passa leggermente a nord della *theta* Ophiuchi: questo significa che il Serpentario contiene parte dello Zodiaco, tra lo Scorpione e il Sagittario, e che i pianeti possono attraversarlo, come pure il Sole e la Luna.

Questo naturalmente è sempre stato noto, ma divenne improvvisamente una "notizia da prima pagina" nel gennaio 1995, in seguito alla messa in onda di un fuorviante programma televisivo inglese nel quale fu solennemente dichiarato che "gli astronomi avevano scoperto un nuovo segno zodiacale" che avrebbe scompaginato le predizioni astrologiche! In realtà, i "segni" astrologici sono no sbagliati in ogni caso, a causa degli effetti della precessione (si veda il 18 ottobre), e inoltre le strutture delle costellazioni sono totalmente arbitrarie e prive di significato. Eppure, molta gente crede ancora nell'astrologia. È giusto dire che l'astrologia dimostra un solo fatto scientifico: "Di sciocchi ne nasce uno ogni minuto"!

11 Luglio

La Stella di Barnard

In Ofiuco si trovano alcune regioni ricche di stelle, in particolare le bellissime nubi stellari vicino alla *rho*. Ma prima di lasciare il Serpentario fermiamoci per localizzare un oggetto molto più debole, la Stella di Barnard, altrimenti nota con il numero di catalogo Munich 15040. La sua posizione è: AR 14h 55m, declinazione +04° 33', nella zona del Toro di Poniatowski (si veda il 9 luglio), ma la magnitudine è solo 9,5 e quindi un telescopio è indispensabile per osservarla.

La stella di Barnard è così chiamata perché fu notata per la prima volta nel 1916 dall'americano E.E. Barnard: è una debole nana rossa con solo 1/2500 della luminosità del Sole. Il diametro è probabilmente dell'ordine di 225 mila chilometri, circa il doppio di quello di Saturno. Per gli standard stellari è fredda, con una temperatura superficiale inferiore a 3000 °C.

Poiché dista solo 6 anni luce, la stella di Barnard è la più vicina a noi dopo il trio della *alfa* Centauri. Il suo rapido moto proprio (10",29 all'anno) implica che in soli 180 anni essa si sposta in cielo di una distanza apparente pari al diametro della Luna Piena: nessun'altra stella ha un moto proprio così elevato; anzi, nessun'altra tocca neppure i 5" all'anno.

Se possedete uno strumento abbastanza potente è interessante individuarla, ma non è facile.

Infine, l'Ofiuco è ricco di ammassi globulari, e vi si trovano nientemeno che sette oggetti del *Catalogo di Messier*: sono i numeri 9, 10, 12, 14, 19, 62 e 107. Possono tutti essere localizzati con un piccolo telescopio.

12 Luglio

Il Serpente: la costellazione spezzata

Il Serpente è una delle costellazioni originali di Tolomeo. Non sembrano esservi associazioni mitologiche definite, ma certamente c'è uno scontro in atto con l'Ofiuco, e pare proprio che lo sfortunato rettile stia avendo la peggio nella lotta, perché è stato tagliato a metà: la Testa è alquanto separata dal corpo (Coda) e l'Ofiuco si trova nel mezzo. La Testa inizia vicino alla Corona Boreale (si veda il 14 giugno), mentre la Coda confina con l'Aquila (5 agosto).

La Testa è decisamente la più prominente delle due sezioni e contiene una stella abbastanza brillante, la *alfa*, o Unukalhai. Le stelle principali sono elencate in tabella.

L'effettiva testa dell'animale è formata dalla *beta*, dalla *gamma* e dalla rossastra *kappa* (magnitudine 4,1). Direttamente tra la *beta* e la *gamma*, e quindi semplice da trovare quando è vicina al massimo, si trova la variabile rossa R Serpentis, di tipo Mira. L'intervallo di variabilità va dalla magnitudine 5,1 fin quasi alla 14 e il periodo è di 356 giorni: quindi la stella raggiunge il massimo nove giorni prima ogni anno e vi sono periodi in cui esso si verifica quando la stella è troppo vicina al Sole per essere vista (sarebbe curioso trovare una stella con un periodo esattamente di un anno!). Il massimo del 2005 è caduto il 24 novembre e da questo è facile calcolare le date dei successivi, tenendo comunque in mente che, come per tut-

Testa del Serpente					
Lettera greca	Nome	Magnitudine	Luminosità (Sole=1)	Distanza (anni luce)	Tipo spettrale
α alfa	Unukalhai	2,6	96	85	K2
β beta	–	3,7	50	124	A2
γ gamma	–	3,8	3,2	39	F6
δ delta	Tsin	3,8	17	88	F0
ε epsilon	–	3,7	19	107	A2
μ mu	–	3,5	50	144	A0

te le stelle di tipo Mira, il periodo non è mai assolutamente costante.

La *delta*, a sud della Testa, è una facile doppia: le componenti sono di magnitudine 4,1 e 5,2 e la separazione di 4",4. Si tratta di una binaria con un periodo orbitale di 3168 anni.

13 Luglio

L'ammasso globulare del Serpente

La Testa del Serpente contiene M5, uno dei più begli ammassi globulari del cielo. Non è lontano dalla rossastra Unukalhai ed è solo appena al di sotto della visibilità a occhio nudo, quindi al binocolo è inconfondibile. È difficile superare la descrizione che ne fornì molto tempo fa Mary Proctor, una ben nota divulgatrice astronomica. Dopo averlo osservato con un potente telescopio scrisse: "Miriadi di punti brillanti che scintillano su un fondo soffuso di nebbia stellare, illuminata come da luce lunare, che producono un contrasto impressionante con l'oscurità del cielo notturno. Per pochi beati istanti, mentre l'osservatore contempla questa scena, può avere un'idea di uno scorcio verosimile del paradiso".

Con un piccolo telescopio si risolveranno le regioni esterne di M5. L'ammasso dista 27 mila anni luce e pare essere molto vecchio, quindi contiene una grande quantità di stelle rosse variabili e molto evolute. È anche ricco di variabili di breve periodo. Complessivamente, si tratta del globulare più affascinante visibile dall'Italia, a parte M13 in Ercole (si veda il 4 luglio). Si trova solo 2° a nord dell'equatore celeste, ed è quindi visibile ugualmente bene da entrambi gli emisferi della Terra.

14 Luglio

Il corpo del Serpente

La Coda del Serpente è "intrecciata" con l'Ofiuco. Le sue stelle principali sono elencate nella tabella della pagina seguente.

L'oggetto maggiormente degno di nota nel Serpente per il proprietario di un piccolo telescopio è la *theta*, o Alya. È semplice da trovare, poiché è approssimativamente allineata con le tre stelle dell'Aquila a sud di Altair: *theta, eta* e *delta* Aquilae (si veda il 5 agosto). Alya è una delle doppie più belle del cielo: le componenti hanno entrambe magnitudine 4,4 e la separazione supera i 22", quindi la coppia può essere risolta anche con un buon binocolo. Senza dubbio le due stelle sono associate fisicamente, ma il periodo orbitale deve essere lunghissimo.

Coda del Serpente					
Lettera greca	Nome	Magnitudine	Luminosità (Sole=1)	Distanza (anni luce)	Tipo spettrale
η eta	Alava	3,3	17	52	K0
θ theta	Alya	3,4	12+12	102	A5+A5
ξ xi	–	3,5	17	75	F0

15 Luglio

La Nebulosa Aquila

L'*Hubble Space Telescope* ha acquisito molte immagini spettacolari, ma nessuna più impressionante di quella di M16, la Nebulosa Aquila nel Serpente (una volta chiamata anche Nebulosa Regina delle Stelle). Si tratta di una regione in cui si formano nuove stelle; dista 7000 anni luce e consiste di un brillante ammasso aperto immerso in una vasta nube luminosa. Si trova proprio all'estremità del Serpente, vicino al confine con la piccola costellazione dello Scudo (si veda il 14 agosto); il riferimento più conveniente ad essa è *gamma* Scuti, di magnitudine 4,7: M16 si trova un grado a nord e 2°,5 a ovest della *gamma*.

Le stelle di recente formazione sono immerse in masse di gas note come ECG (*Evaporating Gaseous Globules*, globuli gassosi in evaporazione), che sono a loro volta contenute in grandi colonne di gas e polveri che stranamente sembrano proboscidi di elefanti. Gradualmente le "proboscidi" vengono erose dalla radiazione energetica emessa dalle stelle calde vicine, e infine vengono erose anche le ECG, cosicché l'embrione stellare può emergere. M16 fu notato per la prima volta nel 1746 da de Chéseaux, ma solo l'*Hubble Space Telescope* è stato in grado di mostrarlo in tutta la sua magnificenza.

16 Luglio

La Baia Centrale

Il Sinus Medii, al centro dell'emisfero lunare rivolto verso la Terra, può essere visto ogniqualvolta la fase lunare supera la metà; per controllare se è visibile stanotte fate riferimento alle tabelle delle fasi lunari in apertura del libro. Questo luogo era l'obiettivo di due missioni *Surveyor*: la numero 4, che fallì, e la numero 6, che atterrò il 9 novembre 1967 e inviò 29 mila immagini.

Si tratta di una baia relativamente piccola, larga 347 km e ampia 51 mila chilometri quadrati; inizia dal Mare Nubium, a nord della grande pianura chiusa Tolomeo (si veda il 9 novem-

> *Anniversario*
>
> 1967: La sonda americana *Surveyor 4* precipitò sulla Luna, nella regione del Sinus Medii; non inviò alcun dato.

bre), ed è abbastanza facile da identificare; il fondo è relativamente omogeneo, con due crateri piccoli ma ben definiti: Bruce (6,4 km di diametro) e Blagg (5,4 km). Non è presente un alto bordo montuoso ma, come per tutti i mari lunari, il terreno è piuttosto scuro.

17 Luglio

Il Sagittario

Consideriamo adesso la costellazione del Sagittario, la più meridionale dello Zodiaco, che segue lo Scorpione in cielo. Dalle latitudini italiane è adesso molto bassa verso sud, ma dall'Australia o dalla Nuova Zelanda è vicina allo zenit. La sequenza di lettere greche è qui completamente disordinata: le stelle più brillanti sono la *epsilon*, la *sigma* e la *zeta*, con la *alfa* e la *beta* molto indietro nella graduatoria! Le stelle principali del Sagittario sono elencate nella tabella.

Tra le stelle più luminose solo Nunki (la *sigma*) raggiunge una considerevole altezza sull'orizzonte italiano. Un metodo per localizzare la costellazione è quello di utilizzare Deneb e Altair come puntatori: il prolungamento verso l'orizzonte della loro congiungente raggiungerà il Sagittario. Dalle latitudini australi naturalmente è inconfondibile. Non ha una forma veramente caratteristica, per quanto l'asterismo sia spesso soprannominato "la Teiera". Notate anche la piccola linea curva di stelle che contraddistingue la Corona Australe.

Sagittario						
Lettera greca	Nome	Magnitudine	Luminosità (Sole=1)	Distanza (anni luce)	Tipo spettrale	
γ gamma	Alnasr	3,0	60	117	K0	
δ delta	Kaus Meridionalis	2,7	96	81	K2	
ε epsilon	Kaus Australis	1,8	110	85	B9	
ζ zeta	Ascella	2,6	50	78	A2	
η eta	–	3,1	800	420	M3	
λ lambda	Kaus Borealis	2,8	96	98	K2	
μ mu	Polis	3,9	60.000	3900	B8	
ξ^2 xi²	–	3,5	82	144	K1	
π pi	Albaldah	2,9	525	310	F2	
τ tau	–	3,3	82	130	K1	
φ phi	–	3,2	250	244	B8	
σ sigma	Nunki	2,0	525	209	B3	

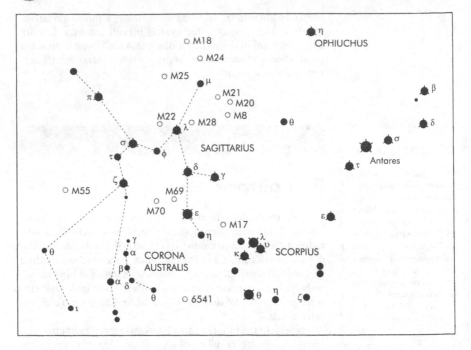

18 Luglio

La regione più meridionale del Sagittario

Gli osservatori europei si dolgono del fatto che il Sagittario si trovi così tanto a sud, perché è una costellazione davvero magnifica e contiene la regione più ricca di stelle della Via Lattea.

Per ricapitolare un attimo: la declinazione è l'equivalente celeste della latitudine, quindi il polo nord è a +90°, l'equatore a 0° e il polo sud a –90°. Per sapere quali stelle sono visibili dal vostro sito, sottraete la vostra latitudine terrestre da 90°: se la vostra latitudine è +42°, come nell'Italia centrale (Roma), otterrete 90 – 42 = 48; ogni stella a nord della declinazione +48° sarà circumpolare, e nessuna stella a sud della declinazione –48° giungerà mai a sorgere sul vostro sito; le altre sorgeranno e tramonteranno.

La stella più brillante del Sagittario, la *epsilon* (Kaus Australis), ha declinazione –34°, quindi salirà fino a un'altezza di 14°; la *alfa* Sagittarii o Rukbat, di magnitudine 4,0, ha declinazione –44°, quindi in teoria arriverà a 4°, ma l'osservazione è complicata dagli effetti di rifrazione. Le declinazioni delle stelle principali del Sagittario sono le seguenti:

pi	–21°	(in cifra tonda, naturalmente)
sigma	–26°	
delta	–30°	
zeta	–30°	

epsilon	–34°
eta	–37°
alfa	–44°

Si vede bene che, in teoria, tutte sorgono sull'orizzonte delle località italiane, eccettuata la *alfa*, ma solo per le estreme regioni settentrionali.

19 Luglio

Le nubi stellari del Sagittario

La Via Lattea ha nel Sagittario la sua parte più bella, e le "nubi stellari" sono ineguagliabili: stiamo infatti guardando verso il cuore della Galassia, e non possiamo vederne il centro effettivo solo perché lungo la visuale è presente troppo materiale oscurante.

Osservando le nubi stellari, viene da pensare che le stelle in questa zona siano così vicine tra loro da rischiare di urtarsi; invece no: abbiamo a che fare solo con un effetto prospettico. La Galassia è un sistema appiattito e il centro si trova oltre le nubi stellari, a una distanza poco inferiore a 30 mila anni luce.

La Galassia è in rotazione e il Sole è in orbita intorno al centro, portando con sé la Terra e gli altri membri del Sistema Solare. Il periodo orbitale, talvolta chiamato *anno cosmico*, è di circa 225 milioni di anni. Un anno cosmico fa, le forme di vita più evolute presenti sulla Terra erano gli anfibi; persino i dinosauri dovevano ancora fare la loro comparsa. È interessante chiedersi in quali condizioni potrebbe essere la Terra giusto fra un anno cosmico da oggi.

20 Luglio

Il centro della Galassia

Per molti anni si è pensato che il Sole dovesse trovarsi vicino al centro della Galassia. Questa convinzione fu smentita da Harlow Shapley nel 1917. Egli studiò la distribuzione degli ammassi globulari, che formano una sorta di "cornice esterna" del nostro sistema stellare, e si rese conto che tale distribuzione non era simmetrica: gran parte di essi si trova infatti nell'emisfero meridionale del cielo, con una marcata concentrazione nel Sagittario. Se ne deduce che stiamo osservando da una posizione eccentrica e che il Sole si trova molto lontano dal centro galattico: la distanza è, come abbiamo detto, poco inferiore a 30 mila anni luce.

Ma come possiamo esplorare il centro se non possiamo vedere attraverso le nubi stellari? La risposta è: utilizzando l'"astronomia dell'invisibile"; la radiazione infrarossa e radio non viene infatti bloccata dalla materia interstellare. Con il VLA (*Very Large Array*), nel New Mexico, un radiotelescopio composto da 27 antenne distinte, è stato possibile individuare nella direzione del centro galattico una piccola sorgente compatta che è chiamata Sagittarius A*: essa probabilmente rappresenta il reale centro del sistema. La sua esatta natura è ancora incerta, ma esistono tutti i motivi per supporre che nella regione centrale si trovi un buco nero supermassiccio.

Molto rimane ancora da comprendere relativamente al centro della Via Lattea, ma almeno siamo sicuri che, quando guardiamo nella direzione delle nubi stellari del Sagittario, stiamo guardando nella direzione giusta. Esse sono sempre affascinanti da esplorare con il binocolo o con un telescopio ad ampio campo.

21 Luglio

Nebulose nel Sagittario

Il Sagittario contiene più oggetti di Messier di ogni altra costellazione. Essendo la regione così ricca di oggetti, non è troppo facile selezionarli, ma tre nebulose gassose sono particolarmente degne di nota: M8 (la Nebulosa Laguna), M17 (la Nebulosa Omega) e M20 (la Nebulosa Trifida). Tutte sono alla portata di un binocolo, benché naturalmente sia necessario un telescopio per mostrarle veramente bene, e la fotografia per evidenziare i dettagli fini.

M8, la Laguna, non è lontana da *lambda* Sagittarii, ad AR 18h 04m e declinazione –24° 23'. È una nebulosa a emissione distante 6500 anni luce e associata a un ammasso aperto; essa contiene un certo numero di piccole masse scure, note come "globuli di Bok" in onore di Bart J. Bok, l'astronomo olandese che per primo attirò l'attenzione su di essi; si ritiene che siano embrioni stellari. Accanto a M8 si trova M20, la Nebulosa Trifida (AR 18h 03m, declinazione –23° 02'), un'altra nebulosa a emissione, cioè una grande massa di gas ionizzato da stelle molto calde interne o vicine ad esso, che lo eccitano ad emettere radiazione. Il diametro della nebulosa sembra essere di circa 30 anni luce. M17, la Nebulosa Omega, è nota anche come Cigno o Ferro di Cavallo; la sua posizione è: AR 18h 21m, declinazione –16° 11', quindi è più alta in cielo delle altre due. Si trova al confine tra il Sagittario e lo Scudo, e un riferimento utile è la stella di quinta magnitudine *gamma* Scuti. Si presenta come una "barra" brillante attraverso il centro di un ammasso aperto. Camille Flammarion, il grande osservatore planetario e divulgatore francese, la descrisse come "somigliante a una nuvola di fumo, attorcigliata in modo fantastico dal vento".

Anniversario

1784: Nascita di Friedrich Wilhelm Bessel, l'astronomo tedesco che per primo misurò la distanza di una stella (61 Cygni, nel 1838; si veda il 21 agosto). Nel 1810 divenne direttore dell'Osservatorio di Königsberg e rimase in carica fino alla sua morte nel 1840. Egli determinò l'ubicazione di 75 mila stelle e predisse le posizioni delle compagne allora ignote di Sirio e Procione.

1962: Tentato lancio della sonda *Mariner I* verso Venere. Sfortunatamente essa precipitò in mare immediatamente dopo il decollo.

22 Luglio

Messier 22

Ancora nel Sagittario, osserviamo adesso l'ammasso globulare M22, che si trova 1°,5 a nord e 2° a est della *lambd*a. La sua posizione è: AR 18h 36m, declinazione –23° 54'.

M22 fu il primo ammasso globulare ad essere scoperto (benché senza dubbio Omega Centauri e 47 Tucanæ fossero stati osservati già in precedenza dall'emisfero australe, senza tuttavia che se ne riconoscesse la natura). M22 fu segnalato per la prima volta nel 1665 da un astronomo chiamato Abraham Ihle, di cui non sappiamo praticamente nulla, se non il fatto che era tedesco. Edmond Halley descrisse M22 come "piccolo e luminoso". È in realtà uno degli ammassi globulari più spettacolari del cielo, e un binocolo lo mostra bene; è facile da risolvere, persino vicino al centro: in effetti, è probabilmente il globulare più facile da risolvere in singole stelle, poiché è particolarmente vicino. La sua distanza non supera i 9600 anni luce, dunque è molto inferiore a quella degli altri ammassi di questo tipo. Il solo problema nell'identificarlo è il fatto che si trova in una zona molto ricca di oggetti.

Il Sagittario contiene moltissimi ammassi aperti e globulari, molti dei quali alla portata di un modesto telescopio; questa è una tra le regioni del cielo che danno maggiori soddisfazioni all'appassionato di stelle.

23 Luglio

Gli oggetti di Messier mancanti

Cercate M24 sulle vostre mappe stellari e lo troverete un po' a nord della *mu* Sagittarii: AR 18h 15m, declinazione –18° 26'. Ma non si tratta affatto di un oggetto nebulare: è semplicemente una nube stellare della Via Lattea, quindi dal punto di vista logico non ha motivo di trovarsi nella lista di Messier. Non è troppo facile da localizzare e non esiste una ragione valida perché esso abbia una propria identità separata.

Il *Catalogo di Messier* conteneva 104 oggetti; altri sei vi sono stati aggiunti da osservatori successivi, per quanto queste aggiunte non siano universalmente riconosciute. Inoltre, ci sono alcuni numeri che non corrispondono a nebulose o ammassi. Essi sono:

M24   (NGC 6603). Nube stellare nel Sagittario.
M40   Coppia di stelle nell'Orsa Maggiore: AR 12h 21m, declinazione +58° 20'. Nessun numero NGC.
M73   (NGC 6994). Gruppo di quattro stelle deboli nell'Acquario: AR 20h 56m, declinazione –12° 50'.

M91   Mancante; forse una cometa che Messier non riuscì a riconoscere come tale. Si è tentato di identificare M91 con NGC 4571, una galassia debole nella Vergine, ma tale identificazione è quantomeno dubbia.

M102   Mancante; Messier la descrisse come "una nebulosa tra la *omicron* Boötis e la *iota* Draconis", ma non è identificabile: Messier potrebbe essersi confuso con M101 nell'Orsa Maggiore.

Esiste anche qualche dubbio sull'identificazione di M47 con NGC 2422, un ammasso aperto nella Poppa, e di M48 con NGC 2548, un ammasso aperto nell'Idra Femmina (si veda il 9 marzo). Ma, considerato il fatto che Messier utilizzava un telescopio piccolissimo, dobbiamo ammettere che se l'è cavata bene.

24 Luglio

La Corona Australe

La Corona Australe non è così rilevante come la sua omonima settentrionale, ed è inoltre troppo a sud per essere vista dalle latitudini italiane. La sua stella più brillante, la *alfa* (Meridiana), si trova alla declinazione −38°, ma è soltanto di quarta magnitudine; può essere osservata solo dall'Italia meridionale.

La Corona Australe è vicina alla *alfa* e alla *beta* Sagittarii (Rukbat e Arkab) che, come abbiamo visto, sono sorprendentemente deboli in considerazione del fatto che sono state loro assegnate le prime due lettere greche. Arkab è un'ampia doppia ottica, facilmente separabile a occhio nudo; Rukbat è una stella singola di tipo A. Entrambe sono di quarta magnitudine.

La Corona Australe consiste in una linea di stelle leggermente curvata di cui fanno parte la *gamma*, la *alfa*, la *beta*, la *delta*, la *zeta* e la *theta*, tutte di magnitudine compresa tra 4,1 e 4,7. Nonostante la scarsa luminosità, la loro disposizione le rende facili da localizzare quando sono sufficientemente alte sull'orizzonte. Al confine della costellazione, tra la *theta* Coronæ Australis e la luminosa *theta* Scorpii (si veda il 19 giugno), si trova un brillante ammasso globulare, NGC 6541 (C78), che ha una magnitudine integrata di 6,6 ed è quindi un facile oggetto binoculare. La sua posizione è: AR 18h 08m, declinazione −43° 42'.

25 Luglio

Il "triangolo estivo"

È adesso il momento di parlare del "triangolo estivo" formato da Vega, Deneb e Altair, che ci occuperà per un certo numero di notti. Forse avremmo dovuto giungervi prima, perché per gli osservatori boreali esso domina la scena per gran parte dell'estate, e persino dalle località australi è molto evidente, con l'eccezione della parte meridionale della Nuova Zelanda, dove è praticamente invisibile.

Come abbiamo visto (si veda il 1° giugno), il termine è ufficioso e non vale per l'emisfero meridionale, dove il "triangolo" è visibile al meglio in inverno; devo dichiararmi colpevole per avere introdotto il termine, ma oggi esso è ampiamente usato. Iniziamo dando alcune informazioni rilevanti sulle tre stelle luminose che lo compongono.

Per noi Vega è decisamente la più brillante delle tre, ma sia essa che Altair devono la loro prominenza alla relativa vicinanza, mentre Deneb è molto potente e lontana. Ricordiamo che la *magnitudine assoluta* è definita come quella apparente che una stella avrebbe se potesse essere osservata dalla distanza standard di 32,6 anni luce (si veda il 21 maggio). Da questa distanza standard Vega risulterebbe di mezza magnitudine più debole di quanto non appaia in realtà, Altair sarebbe brillante approssimativamente quanto Mizar nell'Orsa Maggiore appare a noi, mentre Deneb proietterebbe addirittura intense ombre.

Il "triangolo estivo"					
Stella	Nome	Magnitudine apparente	Magnitudine assoluta	Distanza (anni luce)	Declinazione
alfa Lyrae	Vega	0,0	0,6	25	+39°
alfa Cygni	Deneb	1,2	–7,5	1800	+45°
alfa Aquilae	Altair	0,8	2,2	17	+9°

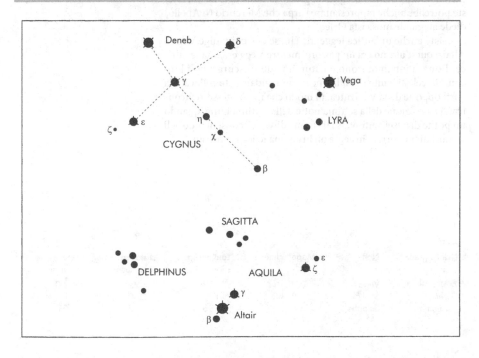

26 Luglio

La Lira

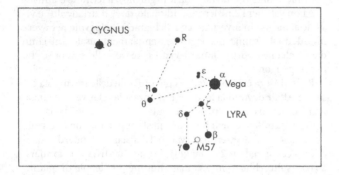

È una piccola costellazione, di area inferiore a 300 gradi quadrati, ma contiene una quantità incredibile di oggetti interessanti. Essa è ovviamente dominata dalla luminosità di Vega, ma ci sono molte stelle doppie e variabili, oltre che un prototipo di binaria a eclisse e la più famosa tra tutte le nebulose planetarie, M57, l'Anello. Le stelle principali sono elencate in tabella.

Secondo la tradizione mitologica, la lira fu inventata da Mercurio, che costruì il primo strumento di questo genere tendendo budella di mucca sopra un guscio di tartaruga. La lira celeste potrebbe anche rappresentare l'arpa che Mercurio (o Apollo) diede al grande musicista Orfeo.

Esiste anche un'antica leggenda cinese che coinvolge Vega e Altair: quest'ultimo era un pastore, mentre Vega era una tessitrice. I due si innamorarono e naturalmente trascurarono i loro compiti celesti, tanto che alla fine furono saldamente collocati da parti opposte della Via Lattea, in modo che non potessero incontrarsi a eccezione della settima notte della settima Luna, quando un ponte di uccelli attraversa il "fiume di stelle" consentendo agli amanti di trascorrere insieme un breve ma felice momento.

Lira					
Lettera greca	Nome	Magnitudine	Luminosità (Sole=1)	Distanza (anni luce)	Tipo spettrale
α alfa	Vega	0,0	52	25	A0
β beta	Sheliak	3,3–4,3	130	300	B7
γ gamma	Sulaphal	3,4	180	192	B9

Anniversario

1801: Nascita di Sir George Biddell Airy, grande scienziato che fu Astronomo Reale a Greenwich tra il 1835 e il 1881. Modernizzò l'Osservatorio, elevandolo a una posizione di eminenza. È un peccato che venga ricordato soprattutto per il suo diniego nel promuovere la ricerca di Nettuno (si veda il 4 agosto). Morì nel 1892.

27 Luglio

Vega

Vega, la stella più brillante dell'emisfero nord celeste dopo Arturo, è uno degli astri a noi più vicini; infatti, tra le stelle di prima magnitudine solo Sirio, *alfa* Centauri, Procione, Altair e Fomalhaut hanno distanza inferiore. Sembra una normale stella di tipo A, ma nel 1983 fu fatta una scoperta molto interessante.

Era l'anno in cui l'IRAS (*Infra-Red Astronomical Satellite*, satellite astronomico infrarosso) era in orbita intorno alla Terra. La sua strumentazione era progettata per rivelare la radiazione a grande lunghezza d'onda proveniente da corpi freddi, e si dimostrò molto efficiente: sebbene abbia operato per meno di un anno, IRAS ha fornito una completa mappa infrarossa del cielo e scoperto migliaia di nuove sorgenti. Mentre calibravano gli strumenti, i ricercatori scoprirono che Vega è caratterizzata da "un enorme eccesso di radiazione infrarossa", dal che si desume che essa è circondata da materiale freddo, forse indicativo di formazione planetaria. Successivamente si sono trovati analoghi eccessi infrarossi in altre stelle, in particolare in Fomalhaut (si veda il 2 ottobre) e nella meridionale *beta* Pictoris (28 dicembre).

Questo significa che esistono pianeti in orbita intorno a Vega? Non è impossibile, ma non ne abbiamo la prova. La scoperta, però, rende questa bellissima stella ancora più affascinante.

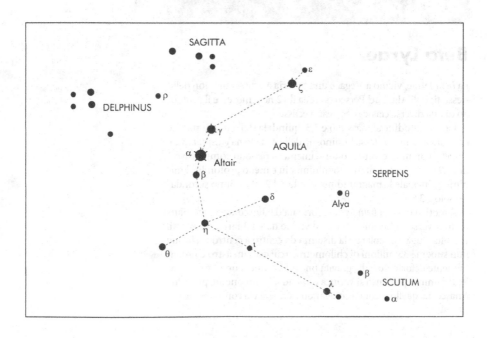

28 Luglio

Le dimensioni variabili della Luna

Poiché parliamo della Luna due volte in questo mese, può essere l'occasione per dire come cambiano le sue dimensioni apparenti. L'orbita della Luna non è circolare ma decisamente ellittica, e la sua distanza dalla Terra, da centro a centro, varia da 354.400 km al massimo avvicinamento (perigeo) a 404.320 km al massimo allontanamento (apogeo). Il diametro apparente quindi cambia, anche se questo fatto non viene sempre avvertito. Il massimo diametro al perigeo è di 33' 31", mentre il minimo diametro all'apogeo è di 29' 22". Questo naturalmente è il motivo per cui alcune eclissi di Sole sono totali, mentre altre sono anulari.

Le date di perigeo e apogeo in luglio nei prossimi anni sono:

Perigeo ed apogeo della Luna		
Anno	Epoca perigeo	Epoca apogeo
2007	luglio 9	22
2008	1	14
2009	21	7
2010	15	1
2011	7	21
2012	29	13
2013	21	7

29 Luglio

Beta Lyrae

La *beta* Lyrae, vicino a Vega, è una binaria a eclisse, ma non dello stesso tipo di Algol nel Perseo (si veda il 12 novembre): è il prototipo di una diversa classe di binarie a eclisse.

La magnitudine al massimo è 3,3, quindi la stella in questa fase ha praticamente la stessa luminosità della sua vicina *gamma* (3,2). La *beta*, comunque, muta continuamente: il periodo complessivo è di 12,9 giorni, ma si alternano minimi più e meno profondi; al minimo principale la magnitudine scende a 4,2, al minimo secondario solo a 3,8.

Il motivo è che la *beta* Lyrae è formata da due componenti piuttosto diverse in luminosità e così vicine da rischiare di toccarsi. L'orbita è quasi circolare e la distanza da centro a centro tra le due non supera i 35 milioni di chilometri circa; ciascun astro è probabilmente deformato dalla gravità fino ad assumere una forma ovale. Il minimo primario si verifica quando la componente più calda è nascosta, quello secondario quando è eclissata la componente più fredda. Sembra inoltre che entrambe siano immerse in nubi di gas vorticoso, quindi lo spettacolo visto da vicino sarebbe davvero fantastico.

Le fluttuazioni sono semplici da seguire a occhio nudo. La *gamma* rappresenta una stella di confronto ideale, ma durante i minimi potete anche usare la *kappa* Lyrae (magnitudine 4,3) e la *zeta* (anch'essa 4,3).

Le variabili di tipo *beta* Lyrae sono piuttosto rare, e la stella prototipo è la più brillante di tutte. La *beta* Lyrae ha anche una compagna di magnitudine 8,6 a una separazione di 46"; si tratta di un effettivo membro del sistema della *beta* Lyrae ma il periodo orbitale deve essere lunghissimo.

30 Luglio

La Nebulosa Anello

Direttamente tra la *beta* e la *gamma* Lyrae si trova M57, la Nebulosa Anello, uno degli oggetti più famosi del cielo. Fu scoperta nel 1777 da Antoine Darquier, un astronomo francese, con un telescopio rifrattore di 6,3 cm. Ammetto di non essere mai stato in grado di vederla al binocolo, ma c'è chi afferma che non è difficile, e certamente è un oggetto telescopico molto facile.

Si tratta di una nebulosa planetaria, ma il termine è fuorviante perché M57 non ha assolutamente nulla a che fare con un pianeta e non è propriamente una nebulosa. Una nebulosa planetaria contrassegna uno stadio avanzato dell'evoluzione di una stella. Quando si è esaurito l'idrogeno che ne rappresenta il "carburante", iniziano reazioni nucleari diverse, e infine la stella diventa un'enorme e gonfia gigante rossa. Gli strati esterni vengono quindi espulsi e si allontanano nello spazio: questo è lo stadio di *nebulosa planetaria*. Quando i gas si sono dispersi, tutto ciò che rimane della vecchia stella è il nucleo: una *nana bianca* molto densa. Un destino che alla fine toccherà al nostro Sole ed è già toccato alla compagna di Sirio (si veda il 21 febbraio).

M57 è nello stadio nebulare. Al telescopio appare come una ruota di bicicletta piccola e luminosa; la stella centrale ha magnitudine 14,8. (Una seconda stella che vediamo nella nebulosa non è in realtà ad essa collegata e si trova semplicemente sulla linea di vista.) La distanza è intorno a 1400 anni luce e l'anello si sta espandendo a circa un secondo d'arco per secolo.

Perché vediamo un anello? La ragione è che la vecchia stella è circondata da un guscio sferico di gas rarefatto che noi osserviamo da una grande distanza; vediamo quindi più materiale luminoso alla periferia che guardando attraverso il centro. Alcune altre nebulose planetarie, come la Dumbbell nella Volpetta (si veda il 9 settembre), sono molto meno simmetriche di M57.

31 Luglio

Epsilon Lyrae, la stella doppia-doppia

Molto vicino a Vega troviamo un superbo esempio di stella quadrupla: la *epsilon* Lyrae. Chi è dotato di una vista acuta può vedere senza alcun ausilio ottico che è formata da due componenti: le magnitudini sono 4,7 e 5,1 e la separazione è di 208". Guardatela attraverso un telescopio e vedrete che ciascuna componente è a sua volta una doppia. Il membro più brillante della coppia è il più facile da risolvere: la separazione è di 2",6 contro i soli 2",3 della componente più debole, ma un telescopio di 7,5 cm dovrebbe separarle entrambe senza molte difficoltà.

Non c'è dubbio sul fatto che le quattro stelle della *epsilon* Lyrae siano tutte associate e abbiano un'origine comune, ma le due coppie principali sono molto lontane tra loro, probabilmente fino a un quinto di anno luce. Ciascuna delle coppie strette ha una separazione pari a circa 150 volte la distanza tra la Terra e il Sole. I periodi orbitali sono naturalmente molto lunghi, forse 590 anni per la coppia più brillante e 1200 per la più debole. Il gruppo dista 175 anni luce dalla Terra.

Si conoscono altri sistemi di stelle quadruple, ma nessuno così bello ed evidente come quello della *epsilon* Lyrae. La sola cosa che manca è il contrasto di colore, poiché tutte e quattro le componenti sono bianche.

Anniversario

1964: La sonda *Ranger 7* effettuò un atterraggio non controllato sulla Luna. Era stata lanciata il 28 luglio e scese nel Mare Nubium (latitudine 10°,7 sud, longitudine 20°,7 ovest), inviando 4306 immagini di alta qualità prima dell'impatto. Fu la prima missione lunare americana veramente riuscita.

1969: *Mariner 6* passò a 3373 km da Marte, inviando a Terra 76 immagini di buona qualità. Attualmente è in orbita intorno al Sole.

Agosto

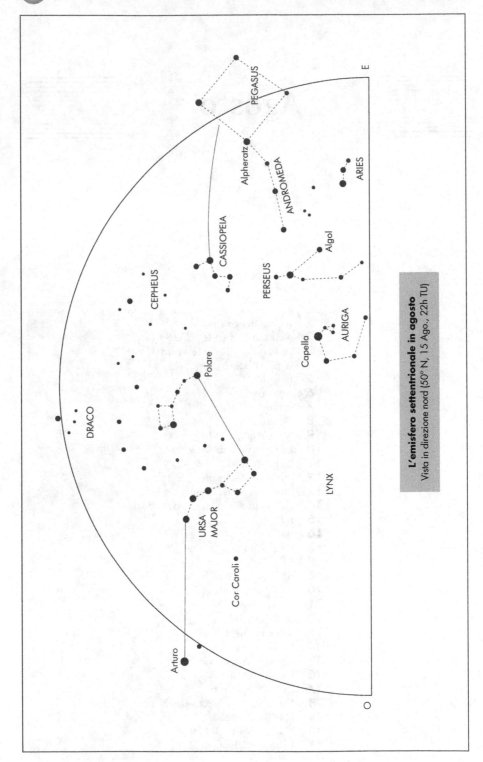

L'emisfero settentrionale in agosto
Vista in direzione nord (50° N, 15 Ago., 22h TU)

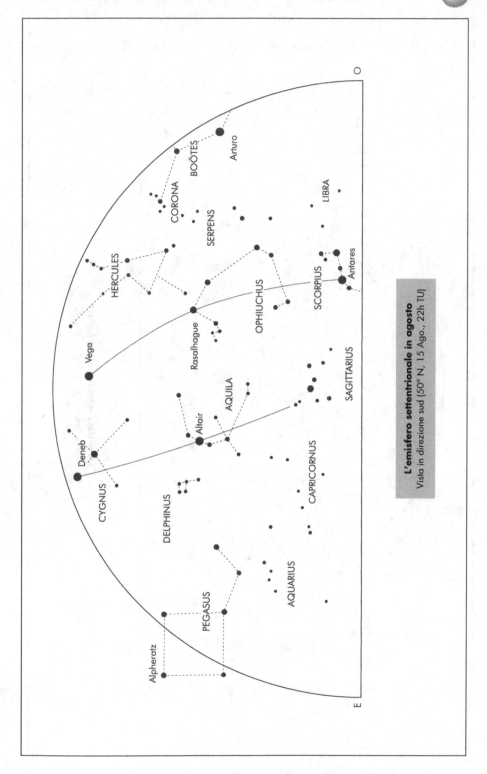

L'emisfero settentrionale in agosto
Vista in direzione sud (50° N, 15 Ago., 22h TU)

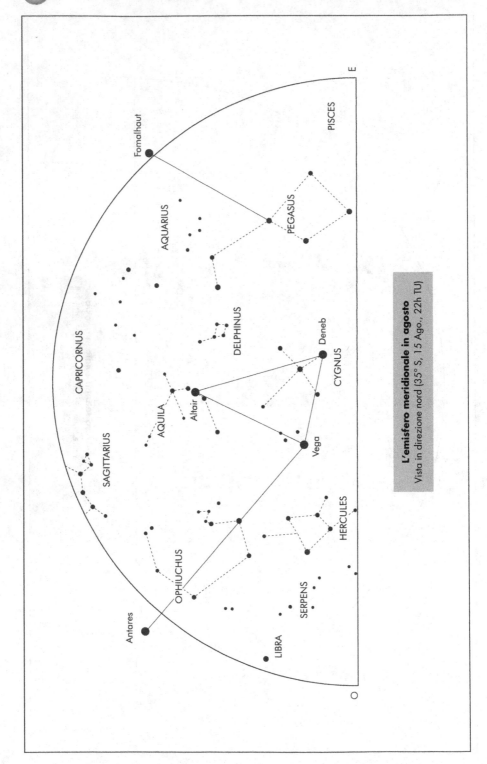

L'emisfero meridionale in agosto
Vista in direzione nord (35° S, 15 Ago., 22h TU)

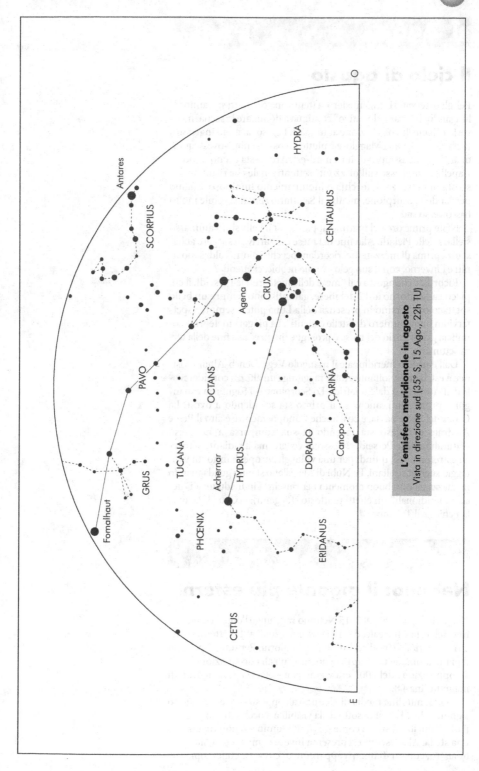

L'emisfero meridionale in agosto
Vista in direzione sud (35° S, 15 Ago., 22h TU)

1 Agosto

Il cielo di agosto

Per gli osservatori dell'emisfero settentrionale le notti si stanno allungando. Il "triangolo estivo" continua a dominare la scena, mentre la principale costellazione autunnale, Pegaso, fa il suo ingresso a metà serata. L'Orsa Maggiore è piuttosto bassa a nord-ovest, quindi la "W" di Cassiopea è alta a nord-est. Arturo sta tramontando e Capella è così bassa sull'orizzonte settentrionale che risulterà nascosta in presenza di foschia o inquinamento luminoso. Stiamo perdendo lo Scorpione, mentre il Sagittario rimane visibile molto basso verso sud.

Nelle prime ore del mattino appare a est il bellissimo ammasso stellare delle Pleiadi. Alla fine del mese esso arriva a sorgere abbastanza prima di mezzanotte, ricordandoci che i giorni caldi sono finiti e l'inverno, con il suo gelo e le sue nebbie, ci attende.

Ricordate che agosto è il "mese delle meteore": le Perseidi, il cui picco cade attorno al 12 del mese, garantiscono sempre un bello spettacolo, e persino in presenza della Luna potete sempre aspettarvi un buon numero di "stelle cadenti". La pioggia meteorica comincia già all'inizio del mese e prosegue fin quasi alla fine della terza settimana.

Dall'emisfero meridionale il triangolo Vega-Deneb-Altair è visibile a est, benché soltanto Altair raggiunga un'altezza considerevole dall'Australia o dal Sudafrica. Lo Scorpione e il Sagittario rimangono prominenti, anche se il primo sta scendendo a ovest. La Croce del Sud è bassa, e così anche Canopo, mentre è alto il Pesce Australe e Pegaso sta facendo la sua comparsa a nord-est. Naturalmente le Perseidi si possono vedere, ma il radiante si trova all'estremo nord, quindi per una volta gli europei hanno un vantaggio sugli australiani. Le Nubi di Magellano stanno guadagnando in altezza ed è un buon momento per riuscire a individuare gli "uccelli meridionali" (in effetti piuttosto sfuggenti): la Gru, il Pavone, la Fenice e il Tucano.

2 Agosto

Nettuno: il gigante più esterno

Nel periodo dal 2007 al 2015 Nettuno raggiunge l'opposizione alla fine dell'estate boreale, dal 13 agosto nel 2007 al 1° settembre nel 2015; il periodo sinodico è di soli 367,5 giorni. Per tutto il periodo il pianeta rimane nel Capricorno, intorno alla declinazione –19°; all'opposizione del 2002 era vicino alla stella *rho* Capricorni, di magnitudine 4,8.

La magnitudine media di Nettuno all'opposizione è 7,7: questo significa che è ben al di sotto della visibilità a occhio nudo, mentre il binocolo lo mostrerà come un punto luminoso non diverso da una stella. Al telescopio si presenta invece come un piccolo disco bluastro, con un diametro apparente di circa 2". I telescopi normali non evidenziano alcun dettaglio superficiale, ma l'*Hubble Space Telescope* ha mostrato molto chiaramente alcune strutture, come pure naturalmente ha fatto l'unica navicella spaziale che lo ha avvicinato, il *Voyager 2* (nel 1989).

Esistono 13 satelliti noti, 6 dei quali sono stati scoperti per merito delle immagini del *Voyager 2*. Dei due noti in precedenza, Tritone e Nereide, il primo è un oggetto facile per un telescopio opportunamente attrezzato, mentre il secondo è davvero molto debole; i satelliti di recente scoperta sono oltre la portata degli strumenti terrestri.

3 Agosto

Le Perseidi e la cometa Swift-Tuttle

È tempo di iniziare a tenere d'occhio il cielo per le Perseidi, perché, a differenza delle Leonidi di novembre, esse non deludono mai. Lo ZHR (*Zenital Hourly Rate*, si veda il 4 gennaio) può arrivare a 75 intorno al 12 del mese.

Le meteore, come abbiamo visto, sono residui cometari, e conosciamo le comete progenitrici di molti sciami meteorici annuali. Nel caso delle Perseidi, la cometa-madre fu scoperta nel 1862 indipendentemente da Lewis Swift e Horace Tuttle, e pertanto porta entrambi i loro nomi. Nel settembre di quell'anno la cometa raggiunse la seconda magnitudine ed era presente una coda lunga almeno 30°, quindi era uno spettacolo fantastico; fu seguita fino al 31 ottobre. Il periodo calcolato era di 120 anni, ed è indubbia la sua associazione con le Perseidi.

Al passaggio successivo, le ricerche della cometa iniziarono nel 1980, ma giunse e passò il 1982 senza alcun segno della Swift-Tuttle. Vennero quindi effettuati nuovi calcoli, che stimarono il periodo in 130 anni, e infatti nel 1992 la cometa debitamente ritornò, anche se non risultò così brillante come nel 1862. Al prossimo passaggio arriverà molto vicino alla Terra e sarà veramente magnifica. Sono state suggerite persino ipotesi allarmistiche sulla possibilità che ci colpisca, ma adesso pare che debba mancare la Terra con un margine rassicurante.

Il radiante delle Perseidi si trova nella regione settentrionale della costellazione, non lontano dalla *gamma* Persei (si veda l'11 novembre).

4 Agosto

L'osservazione di Nettuno

Torniamo adesso a Nettuno: questo è un buon momento per osservarlo, specialmente perché si trova in una regione di cielo abbastanza priva di stelle; il Capricorno è infatti una delle costellazioni meno ricche dello Zodiaco.

Nettuno fu scoperto nel 1846 in seguito ad alcuni calcoli matematici fatti dall'astronomo francese U.J.J. Le Verrier. Quando fu scoperto Urano, nel 1781, da William Herschel (si veda il 13 marzo), ne venne calcolata l'orbita, ma poi il pianeta pareva allontanarsi persistentemente dalla traiettoria prevista. Da queste irregolarità, Le Verrier dedusse la posizione di un nuovo lontano pianeta che stava perturbando l'orbita di Urano e, nel 1846, venne infatti scoperto Nettuno molto vicino al punto che Le Verrier aveva indicato. Calcoli analoghi erano stati effettuati in Inghilterra, a Cambridge, da John Couch Adams, mentre la scoperta telescopica fu fatta da Johann Galle e Heinrich D'Arrest, all'Osservatorio di Berlino, sulla base del lavoro di Le Verrier.

Nettuno è un gigante, con un diametro di 48 mila chilometri e una massa circa 17 volte quella terrestre. Può essere presente un nucleo di silicati, ma gran parte dell'interno è costituito da ghiacci, principalmente d'acqua, sopra i quali si trova lo strato di nubi che vediamo al telescopio. Il periodo orbitale è di quasi 165 anni, mentre quello di rotazione è solo di 16h 7m: Nettuno, come tutti i pianeti giganti, ha un "giorno" piuttosto breve. La parte superiore dell'atmosfera consiste per l'85% di idrogeno, per il 13% di elio e per il 2% di metano. Nettuno ha un'intensa sorgente di calore interna, ma la temperatura delle nubi più alte è molto bassa, intorno a –220 °C.

Un telescopio di 7,5 cm è abbastanza potente da rivelare che Nettuno non è puntiforme come una stella, ma mostra un piccolo disco. Il disco si fa evidente con un telescopio di 15-20 cm, che mostrerà anche Tritone, il satellite maggiore. Tritone è effettivamente più brillante di tutti gli altri satelliti di Nettuno, ma è stato solo con il passaggio del *Voyager 2*, nel 1989, che abbiamo scoperto quale mondo straordinario esso sia.

Non diremo altro su Nettuno, ma è sempre interessante localizzare il "gigante più esterno", che negli anni a venire sarà sempre in una posizione di osservazione abbastanza buona in questa stagione.

Anniversario

1969: La sonda *Mariner 7* passò alla distanza di 3485 km da Marte. Inviò sulla Terra 126 immagini di alta qualità, principalmente dell'emisfero meridionale del pianeta. Essa è ora in orbita intorno al Sole.

---

5 Agosto

L' Aquila

La nostra prossima costellazione è l'Aquila, che contiene la stella di prima magnitudine Altair, uno dei componenti del "triangolo estivo". La leggenda che la riguarda narra che essa rappresenta l'aquila inviata da Giove per andare a prendere Ganimede, il pastore di Frigia destinato a diventare il coppiere degli dei in seguito allo sfortunato incidente accaduto a Ebe, la precedente coppiera, che inciampò e cadde inopportunamente durante una cerimonia particolarmente solenne.

Le stelle principali dell'Aquila sono elencate nella tabella della pagina seguente.

L'Aquila evoca davvero l'immagine di un uccello in volo. La costellazione contiene alcuni oggetti interessanti e, poiché è attraversata dalla Via Lattea, l'intera area è decisamente ricca e meritevole

Aquila					
Lettera greca	Nome	Magnitudine	Luminosità (Sole=1)	Distanza (anni luce)	Tipo spettrale
α alfa	Altair	0,8	10	16,6	A7
β beta	Alshain	3,7	4,5	36	G8
γ gamma	Tarazed	2,7	700	186	K3
δ delta	–	3,3	11	52	F0
ζ zeta	Deneb	3,0	60	104	B9
η eta	–	3,5–4,4	5000	1400	G0
θ theta	–	3,2	180	199	B9
λ lambda	Althalimain	3,4	82	98	B8

di essere esplorata con il binocolo. Nel 1918 qui è esplosa una nova che per un certo tempo ha superato in splendore ogni stella del cielo eccetto Sirio, anche se adesso è tornata ad essere molto debole.

6 Agosto

Antinoo

In molte antiche mappe del cielo l'Aquila è chiamata "Aquila e Antinoo", mentre in alcune carte, in particolare quelle del Bayer del 1603 (in cui egli ha attribuito alle stelle la denominazione con lettere greche), Antinoo è descritta come una costellazione completamente separata. Sappiamo chi fosse Antinoo: era un ragazzo amato dall'imperatore romano Adriano, e si dice che, quando morì, Adriano persuase gli astronomi alessandrini a porlo in cielo. La testa del ragazzo è contrassegnata dalle stelle note come *eta* e *theta* Aquilae, mentre il corpo si estende giù fino alla *lambda* Aquilae. Antinoo includeva anche una parte della piccola costellazione dello Scudo (si veda il 14 agosto).

Di fatto, la costellazione di Antinoo non sopravvisse ed è stata ormai da tempo dimenticata; quindi le sue stelle principali sono state restituite all'Aquila.

7 Agosto

Altair

La principale stella dell'Aquila, Altair, è la dodicesima tra le stelle più brillanti del cielo; è una delle più vicine tra quelle di prima magnitudine, trovandosi a meno di 17 anni luce di distanza: solo la a*lfa* Centauri, Sirio e Procione sono più vicine. È una stella bianca di tipo A, dieci volte più luminosa del Sole. (Nella tradizione astrologica si diceva che fosse portatrice di discordia e che preannunciasse un pericolo in qualche modo legato ai rettili, il che è insensato, tanto quanto ogni altra affermazione degli astrologi.) Si trova meno di 9° a nord dell'equatore celeste, quindi può essere vista da ogni Paese abitato. È affiancata sui lati opposti da stelle più deboli (Tarazed e Alshain) e questo la rende molto facile da identificare.

Pare che il diametro di Altair sia intorno a 2,2 milioni di chilometri, ma la stella non è una sfera perfetta. Ha una rotazione molto rapida, con un periodo di sole 6,5 ore, quindi la velocità rotazionale all'equatore dell'astro supera i 240 km/s; questo può essere dedotto dal modo in cui le righe scure dello spettro risultano allargate: ruotando, un'estremità del disco stellare si sta avvicinando a noi mentre l'altra si allontana, quindi le due parti producono spostamenti Doppler opposti e le righe spettrali risultano "allargate". Altair deve avere di conseguenza una forma ovale, con il diametro equatoriale pari quasi al doppio di quello polare.

Esiste una debole compagna di magnitudine 9,5 separata di 165″, ma non è fisicamente associata con Altair e si trova lontana, sullo sfondo.

È interessante osservare al binocolo i due vicini di Altair: la *gamma* (Tarazed) è decisamente arancione, mentre la *beta* (Alshain) è solo leggermente giallastra. La prima è nettamente più lontana e luminosa: in effetti Tarazed è anche 70 volte più luminosa di Altair.

8 Agosto

Eta Aquilae

Eta Aquilae è una delle più brillanti variabili Cefeidi (si veda il 28 gennaio). La sua variabilità fu scoperta solo poche settimane dopo quella della *delta* Cephei stessa: fosse stata identificata per prima, queste stelle sarebbero divenute note come Aquilidi, anziché come Cefeidi.

È facile da localizzare: a sud delle tre stelle di cui Altair è il membro centrale si trova una linea molto più lunga, ancora di tre stelle, tutte approssimativamente della stessa luminosità. Quella centrale è la variabile *eta,* la cui magnitudine oscilla da 3,5 a 4,4; da una parte si trova la *delta* Aquilae (3,4) e dall'altra la *theta* (3,2), che rappresentano due eccellenti stelle di confronto. Potete anche utilizzare la *iota* Aquilae (4,4) quando la *eta* è vicina al minimo.

Il periodo è di 7,2 giorni e ovviamente le fluttuazioni sono semplici da seguire a occhio nudo; la *eta* inoltre è solo a 1° dall'equatore celeste, quindi può essere osservata bene da entrambi gli emisferi. Poiché il suo periodo è più lungo di quello della *delta* Cephei, essa deve essere anche più potente: in media, è circa 5000 volte più luminosa del Sole.

9 Agosto

Nova Aquilae, 1918

(Non dimenticate le Perseidi. Il massimo della pioggia di meteore è imminente, e conviene tenere d'occhio il cielo visualmente e fotograficamente da stanotte in poi, specialmente dopo la mezzanotte.)

Le stelle novæ possono essere molto spettacolari. In realtà non sono affatto "nuove": ciò che accade è che si verifica una violenta esplosione in una nana bianca appartenente a un sistema binario, e il fenomeno può durare pochi giorni, oppure settimane o mesi. La nova più brillante dell'epoca moderna è esplosa vicino alla *theta* Aquilae nel 1918 e ha raggiunto la magnitudine -1,1.

Fu scoperta l'8 giugno e raggiunse il picco di luminosità il giorno dopo, dopodiché iniziò a declinare, rimanendo visibile a occhio nudo fino al marzo 1919. Successivamente espulse strati di materiale nello spazio, cosicché per un certo tempo è sembrata una piccola nebulosa planetaria: questi gusci di gas si sono ora dissolti nello spazio. La distanza è stata stimata in 1200 anni luce e la luminosità al picco era dell'ordine di 450 mila volte quella del Sole.

Le novae generalmente appaiono dentro la fascia della Via Lattea o vicino ad essa, e naturalmente non possono essere previste; gli astrofili, che conoscono bene il cielo, hanno buone probabilità di scoprirle. Anche la stella del 1918 fu scoperta (insieme ad altri, ma in modo indipendente) da un ragazzo di 17 anni che divenne in seguito uno dei più valenti astrofili americani, Leslie Peltier.

Anniversario

1877: Asaph Hall scoprì Deimos, il satellite più esterno di Marte.

1966: Lancio della sonda lunare *Orbiter 1*. Essa fu la prima di cinque missioni *Orbiter*, tutte riuscite, che fornirono immagini di alta qualità dell'intera superficie lunare.

1990: La sonda *Magellan* entrò in orbita intorno a Venere e iniziò il suo lungo programma di mappatura radar. Essa bruciò infine nell'atmosfera di Venere l'11 ottobre 1994.

10 Agosto

La Luna vista dalle *Orbiter*

Stiamo raggiungendo il massimo della pioggia meteorica delle Perseidi, e molti astronomi preferirebbero che la Luna fosse assente! Per il periodo dal 2007 al 2013 la situazione di ciascun anno è:

2007	Luna Nuova il 12 agosto; nessuna interferenza.
2008	Luna Piena il 16 agosto; notevole interferenza.
2009	Luna all'Ultimo Quarto il 13 agosto; una certa interferenza.
2010	Luna Nuova il 10 agosto; praticamente nessuna interferenza.
2011	Luna Piena il 13 agosto; notevole interferenza.
2012	Luna all'Ultimo Quarto il 9 agosto; una certa interferenza.
2013	Luna al Primo Quarto il 14 agosto; nessuna interferenza.

Le cinque missioni lunari *Orbiter* degli anni 1966-68 fornirono la prima mappa lunare su grande scala che copriva entrambi gli emisferi del satellite. Non è eccessivo affermare che i risultati delle missioni *Orbiter* furono essenziali per il programma di atterraggio umano sulla Luna, e resero più o meno obsoleto tutto il lavoro precedente. Quando ciascun *Orbiter* aveva completato la sua missione, veniva fatto precipitare sulla superficie: sicuramente i rottami verranno trovati e raccolti dai futuri esploratori lunari. L'*Orbiter 5*, l'ultimo della serie, precipitò sulla Luna il 31 gennaio 1968.

11 Agosto

La pioggia delle Perseidi

Gran parte degli sciami meteorici ha una cometa progenitrice nota: quella delle Perseidi è la Swift-Tuttle, quella delle Leonidi di novembre è la Tempel-Tuttle (in entrambi i casi uno degli scopritori è l'americano Horace Tuttle, che ebbe una straordinaria carriera come astronomo, ufficiale navale statunitense e uomo d'affari). Lo sciame delle Leonidi è "compatto", quindi dobbiamo aspettarci grandi spettacoli solo quando la cometa ritorna al perielio, ogni 33 anni circa. Le Perseidi invece sono distribuite lungo tutta l'orbita cometaria, quindi ogni anno è visibile un bello spettacolo di "stelle cadenti". Le testimonianze di questo evento risalgono fino all'ottavo secolo, anche se fu solo nel 1835 che l'astronomo belga Quételet comprese che si trattava di uno sciame definito e regolare. In seguito, tra il 1864 e il 1866, G.V. Schiaparelli dimostrò l'associazione tra le Perseidi e la cometa Swift-Tuttle.

L'epoca del picco non è costante, a causa della natura irregolare del nostro calendario, ma è solitamente nelle prime ore del 12 agosto. Gli osservatori di meteore dovranno stare all'erta questa notte, ma ovviamente è presente una certa attività diverse notti sia prima che dopo il picco. Guardate attentamente sotto un cielo limpido e buio per alcuni minuti intorno a quest'epoca dell'anno, e sarete molto sfortunati se non vedrete diverse meteore, gran parte delle quali saranno Perseidi. Come abbiamo visto, vi sono anche meteore sporadiche o non appartenenti a sciami che possono comparire da una qualunque direzione in un qualunque momento.

12 Agosto

Fotografia delle meteore

L'epoca del massimo delle Perseidi è ovviamente favorevole per la fotografia delle meteore. La tecnica è abbastanza semplice: usate una pellicola piuttosto sensibile e impostate un certo tempo di esposizione, che può andare da 4-5 minuti fino a mezz'ora e più. Naturalmente è consigliabile utilizzare tante fotocamere quante ne potete radunare.

Ricordate anche che le ore successive alla mezzanotte sono le migliori, perché le meteore incontrano l'emisfero terrestre in moto verso di loro; questo implica che le velocità sono maggiori rispetto a quelle delle meteore della sera, che invece devono "inseguire" la Terra: di conseguenza, le meteore mattutine sono le più brillanti.

Se il cielo è sereno dovreste registrare diverse meteore e otterrete anche fotografie interessanti delle scie lasciate dalle stelle. Se siete fortunati potreste persino "catturare" un bolide davvero brillante.

La pioggia meteorica continua fino a dopo la metà di agosto, ma dopo il massimo l'attività declina abbastanza rapidamente; alcune Perseidi possono comunque vedersi almeno fino al 20 del mese.

Anniversario

1898: Scoperta dell'asteroide (433) Eros, da parte di G. Witt da Berlino. A Nizza, A. Charlois lo scoprì indipendentemente nella stessa notte, ma l'annuncio di Witt giunse per primo.

---

13 Agosto

Eros, il rombo cosmico

Tutti i grandi asteroidi, e gran parte di quelli piccoli, si mantengono rigorosamente nell'ampio spazio tra le orbite di Marte e Giove. Fu quindi in qualche modo una sorpresa quando nel 1898 Witt scoprì un asteroide che si spingeva molto all'interno dell'orbita di Marte e poteva avvicinarsi alla Terra fino a una distanza inferiore a 24 milioni di chilometri. Fu il primo asteroide a cui fu dato un nome maschile. Per essere precisi, anche l'asteroide (132) Etra può transitare entro l'orbita di Marte, ma solo di poco.

Eros ha una forma romboidale e misura 38,5 x 13 km; ha un periodo orbitale di 1,76 anni e la sua distanza dal Sole varia da 168 a 365 milioni di chilometri: quindi la sua traiettoria interseca quella di Marte ma non quella della Terra.

Nel 1930 si verificò un passaggio ravvicinato alla Terra e in quell'occasione Eros fu studiato dagli osservatori di tutto il mondo. Eros al telescopio appare puntiforme e quindi la sua posizione rispetto alle stelle di fondo può essere misurata con molta precisione. Una buona conoscenza della sua orbita può condurre a una stima migliore del valore dell'Unità Astronomica, cioè della distanza Terra-Sole. Il metodo è però ormai obsoleto (e in ogni caso i risultati derivanti dagli studi del 1930 non erano così validi come si era sperato), quindi l'ultimo avvicinamento, quello del 1975, è passato quasi inosservato, anche se al suo massimo l'asteroide diventa abbastanza brillante da poter essere visto al binocolo. Esso ruota intorno al proprio asse in sole 5 ore e 18 minuti.

Nel 2001 la navicella spaziale *NEAR-Shoemaker* entrò in orbita intorno a Eros e il 12 febbraio 2001 effettuò un atterraggio controllato, inviando immagini eccellenti delle formazioni superficiali: crateri, catene montuose e picchi; il contatto fu perso il 28 febbraio. Eros è un cosiddetto asteroide di tipo B, ricco di silicati.

Sono stati scoperti molti asteroidi che effettuano passaggi ravvicinati, alcuni dei quali sono transitati molto all'interno della distanza Terra-Luna, ma Eros rimane uno dei più grandi tra questi curiosi "vagabondi".

14 Agosto

Lo Scudo e le "anatre selvatiche"

Torniamo adesso alla costellazione dell'Aquila, alla cui estremità meridionale, vicino alla *lambda* (magnitudine 3,4) e alla stella n. 12 (4,0), troviamo la piccola costellazione dello Scudo di Sobieski, solitamente chiamata semplicemente Scudo (un suo vecchio nome era Clypeus). Fu inventata da Hevelius nel 1690 in onore di Jan Sobieski, re di Polonia, famoso per aver liberato Vienna nel 1683 dall'assedio dei Turchi. (Hevelius era polacco. Viveva a Danzica, dove costruì un sofisticato Osservatorio; fu da qui che disegnò una delle prime mappe della Luna.) Lo Scudo non ha stelle più brillanti della rossastra *alfa*, di magnitudine 3,8, né un profilo caratteristico, ma è attraversato dalla Via Lattea ed è quindi molto ricco di oggetti.

Nello Scudo si trova l'ammasso aperto M11, visibile a occhio nudo anche se non troppo facile da identificare nel fondo punteggiato di stelle. L'astronomo e ammiraglio del diciannovesimo secolo W.H. Smyth scrisse che "nella forma ricorda in qualche modo il volo delle anatre selvatiche" e questo soprannome è ancora utilizzato per l'ammasso, per quanto la sua forma somigli piuttosto a quella di un ventaglio. È un ammasso compatto e imponente, distante circa 5500 anni luce, con una stella di ottava magnitudine al vertice del ventaglio. È indubbiamente spettacolare. La sua posizione è: AR 18h 51m, declinazione –06° 16'.

15 Agosto

R Scuti

Accanto a M11 nello Scudo si trova una stella variabile molto interessante, la R Scuti. Al suo massimo può raggiungere la magnitudine 4,4, ma normalmente va da 5,7 a 8,6 circa; quindi, talvolta può essere vista a occhio nudo e talvolta (raramente) diventa invisibile anche al binocolo.

Essa fa parte di una categoria molto rara di variabili chiamate come il primo membro della classe ad essere stato scoperto, la RV Tauri, che comunque è molto meno brillante della R Scuti. Queste stelle sono supergiganti gialle, di dimensioni immense ma di piccola massa e densità; esse pulsano e alternano generalmente minimi più e meno profondi, anche se occasionalmente ci sono periodi di assoluta irregolarità. Il periodo della R Scuti è dell'ordine di 140 giorni, ma non sappiamo mai davvero come la stella si comporterà, e questo è ciò che la rende così interessante da seguire.

Al massimo, la R Scuti è circa 8000 volte più luminosa del Sole, ma è giusto dire che esistono alcune proprietà di queste stelle peculiari che tuttora non sono state completamente chiarite.

A nord del gruppo della R Scuti si trovano due stelle più isolate, la *epsilon* Scuti (magnitudine 4,9) e la *delta* (4,7). Quest'ultima è il prototipo di un'altra classe di variabili: pulsa anch'essa, ma con un periodo molto breve, di sole 4,6 ore. L'intervallo è inferiore a due decimi di magnitudine, quindi le fluttuazioni non sono rivelabili se non con un sensibile strumento di misura. Le stelle di tipo *delta* Scuti sono giovani, con tipi spettrali da A a F.

16 Agosto

Il Cigno

La nostra prossima costellazione è il Cigno, spesso nota anche come "Croce del Nord", per ovvi motivi: a differenza della Croce del Sud ha davvero la forma di una croce, anche se uno dei suoi componenti (Albireo) è più debole degli altri e più lontano dal centro, rovinando alquanto la simmetria. La stella principale della costellazione, Deneb, è uno dei tre membri del "triangolo estivo" (si veda il 25 luglio) e benché appaia la più debole delle tre stelle è in realtà di gran lunga la più luminosa. Si trova oltre 45° a nord dell'equatore celeste, e questo significa che per gli osservatori au-

Cigno					
Lettera greca	Nome	Magnitudine	Luminosità (Sole=1)	Distanza (anni luce)	Tipo spettrale
α alfa	Deneb	1,2	70.000	1800	A2
β beta	Albireo	3,1	700	390	K5
γ gamma	Sadr	2,2	6000	750	F8
δ delta	–	2,9	130	160	A0
ε epsilon	Gienah	2,5	60	81	K0
ζ zeta	–	3,2	600	390	G8
η eta	–	3,9	60	170	K0
ι iota	–	3,8	11	134	A5
κ kappa	–	3,8	105	170	K0
o^1 omicron^1	–	3,8	650	520	K2
τ tau	–	3,7	17	68	F0

strali è sempre piuttosto bassa; a Invercargill, all'estremità meridionale della Nuova Zelanda, non sorge affatto. Le stelle principali del Cigno sono elencate nella tabella della pagina precedente.

Il Cigno è immerso nella Via Lattea e l'intera regione è particolarmente ricca, con molte stelle variabili, ammassi aperti e nebulose gassose. L'ultima delle novæ davvero brillanti esplose a nord di Deneb nel 1976: questa è una buona "zona novae" e conviene sempre effettuarvi una rassegna veloce.

17 Agosto

Deneb: un faro celeste

Il nome Deneb proviene dall'arabo *Al Dhanab al Dajajah*, la coda della gallina, e Deneb si trova in effetti nella coda del Cigno. Nella mitologia si dice che il Cigno rappresenti l'uccello in cui si tramutò Giove per fare visita a Leda, la moglie del re di Sparta, per i soliti disdicevoli motivi!

Deneb è una supergigante particolarmente potente, almeno 70 mila volte più luminosa del Sole. Ha uno spettro di tipo A e appare quindi bianca; la temperatura superficiale è di circa 10 mila gradi e il diametro potrebbe arrivare a 60 volte quello solare (oltre 80 milioni di chilometri), anche se la massa probabilmente non supera le 25 masse solari. Ricordate infatti che per le stelle l'intervallo di massa è molto più ristretto di quello delle dimensioni o della luminosità, perché le stelle estese sono sempre molto meno dense di quelle piccole (si veda il 15 gennaio). La distanza è di 1800 anni luce.

Poiché è così luminosa e intensa, Deneb sta dissipando la sua massa a un ritmo elevatissimo e non può durare a lungo su scala cosmica prima di esaurire il "carburante" disponibile. Alla fine esploderà sicuramente come supernova, ma per il momento la sua emissione è abbastanza stabile.

È interessante notare che se potessimo osservare il Sole dal sistema di Deneb esso apparirebbe come una stella molto debole, ben al di sotto della tredicesima magnitudine.

18 Agosto

La Nebulosa Nord America

A meno di 3° da Deneb si trova una nebulosa affascinante, NGC 7000, la numero 20 nel *Caldwell Catalogue*. È visibile a occhio nudo come una regione più brillante della Via Lattea, ma il binocolo ne evidenzia la forma e con un oculare ad ampio campo montato su un telescopio è una vista splendida.

Anniversario

1958: Fallimento della missione lunare americana *Able 1*. Si trattava del primo tentativo statunitense di inviare una sonda sulla Luna: sfortunatamente il volo giunse a un triste epilogo dopo soli 77 secondi, a un'altezza di circa 19 km, quando esplose il modulo inferiore del vettore.

Si tratta di un'enorme nube di gas e polveri mista a stelle; si è procurata il soprannome di Nord America perché la forma è molto simile a quella del continente nordamericano: persino lo scuro Golfo del Messico è molto evidente e somigliante a quello terrestre.

Si ritiene che la distanza da noi sia intorno a 1800 anni luce, la stessa di Deneb, e infatti la nebulosa non si trova a più di 70 anni luce dalla stella. Molto probabilmente Deneb stessa è la principale sorgente di illuminazione per la nebulosa: ricordate che è eccezionalmente potente, quindi la sua influenza è notevole su un'area molto vasta.

Ovviamente, la nebulosa è uno dei soggetti preferiti degli astrofotografi e le immagini degli astrofili possono essere davvero bellissime. Il diametro reale dell'oggetto è certamente superiore a 50 anni luce. La posizione è: AR 20h 59m, declinazione +44° 20'.

19 Agosto

Albireo, la doppia colorata

Albireo, o *beta* Cygni, la più debole tra le stelle della "Croce del Nord", è uno degli obiettivi preferiti di chi ha un piccolo telescopio, perché i suoi bellissimi colori contrastanti la rendono straordinaria. La stella primaria, di magnitudine 3, è di un giallo dorato, mentre la compagna di quinta magnitudine è di un blu vivido. Un binocolo mostrerà entrambe le componenti, perché la separazione supera i 34".

Le due stelle sono fisicamente associate, ma molto lontane, almeno 800 miliardi di chilometri, e forse più, quindi non è stato rivelato alcun moto orbitale. Si ritiene che la distanza da noi sia di quasi 400 anni luce: questo significa che la primaria è circa 700 volte più luminosa del Sole.

Benché moltissimi osservatori descrivano la compagna come una stella blu, alcuni sostengono che sia verde: non è chiaro quanto questa percezione del colore sia dovuta al contrasto con la primaria, ma probabilmente ciò conta molto; per me la stella è molto "più blu" di ogni altra, inclusa Vega. Guardatela e giudicate voi stessi. Si può affermare a ragione che Albireo sia la stella doppia più bella di tutto il cielo.

20 Agosto

Anniversario

1885: Scoperta di S Andromedae, la supernova nella galassia di Andromeda (si veda il 27 ottobre).

P Cygni, la stella instabile

Vicino a Sadr, o *gamma* Cygni, la stella centrale della "Croce del Nord", si trova una stella di aspetto insignificante, P Cygni, che è in realtà un oggetto davvero straordinario. È decisamente variabile: pare che sia stata notata per la prima volta nel 1600, quando era di terza magnitudine, e fu classificata come una nova. Declinò quindi lentamente e nel 1620 non era più visibile a occhio nudo. Riapparve nel 1655, raggiungendo la magnitudine 3,5, ma nel 1662 era sparita di nuovo. Ritornò ancora una volta nel 1665 e dal 1715 circa ha oscillato tra le magnitudini 4,6 e 5,2. È facile da stimare e si trova nella "coppa" formata da un piccolo semicerchio di stelle, due delle quali, 28 Cygni (magnitudine 4,8) e 29 Cygni (5,0), sono ideali come stelle di confronto.

Le osservazioni spettroscopiche mostrano che P Cygni è molto massiccia e instabile e sta perdendo massa a un ritmo elevatissimo. Se si trova a circa 6000 anni luce da noi, come sembra probabile, deve essere poco meno di un milione di volte più luminosa del Sole, facendo apparire deboli persino Rigel e Deneb. In considerazione della sua storia passata, è decisamente consigliabile controllarla, e il binocolo è abbastanza adatto: è cambiata poco negli ultimi due secoli e mezzo, ma potrebbe illuminarsi o sparire di nuovo in ogni momento. Pare certo che il suo destino ultimo sarà un'esplosione di supernova, anche se forse non prima di almeno un milione di anni.

21 Agosto

La "Stella volante"

Ancora nel Cigno, osserviamo adesso una stella debole accanto alla *tau*, la 61 Cygni; la sua posizione è: AR 21h 7m, declinazione +38° 45'. Non è abbastanza brillante da meritare una denominazione con lettera greca, quindi usiamo semplicemente il suo numero di Flamsteed. Si tratta di una doppia aperta e semplice; le magnitudini delle due componenti sono 5,2 e 6,0; il periodo orbitale è incerto, ma è probabilmente tra 600 e 700 anni. La separazione attuale supera i 30", quindi praticamente ogni telescopio è in grado di risolvere la coppia; entrambe le componenti sono deboli nane rosse, e persino la più brillante ha meno di un decimo della luminosità solare.

I moti propri delle stelle generalmente sono molto piccoli: pochissime stelle hanno moti propri superiori a un secondo d'arco per anno, ma la 61 Cygni si sposta annualmente di oltre 4" ed è stata soprannominata la "stella volante", anche se sarebbe probabilmente più opportuno dare questo soprannome alla Stella di Barnard, il cui moto proprio annuale è più che doppio di questo (si veda l'11 luglio).

Il fatto che la 61 Cygni sia un'ampia binaria e si sposti così rapidamente condusse l'astronomo tedesco F.W. Bessel a ritenere che dovesse essere vicina. Si propose di misurarne la distanza con il metodo della parallasse e nel 1838 fu in grado di dimostrare che la 61 Cygni si trova a poco più di 11 anni luce da noi. Quindi, questa oscura stellina ha un suo posto nella storia dell'astronomia.

22 Agosto

Stelle variabili nel Cigno

Restando ancora nel Cigno, parliamo di alcune delle molte stelle variabili della costellazione. Una di esse è la *chi* Cygni, una variabile a lungo periodo della classe Mira. Si trova tra la *gamma* e la *beta*, lungo il "braccio più lungo" della Croce, molto vicino alla *eta* Cygni, una normale stella di tipo K di magnitudine 3,9. La *chi* è stata una delle primissime variabili ad essere riconosciute come tali da Gottfried Kirch, nel 1686, e al suo massimo è un oggetto facilmente visibile a occhio nudo; sappiamo che raggiunse persino la magnitudine 3,5, superando così la *eta*. Tuttavia, quando è al minimo scende sotto la magnitudine 14 ed è quindi estremamente difficile da localizzare, perché si trova in una regione molto affollata di stelle. Solo quando è brillante il suo colore rosso la tradisce. Il periodo è in media di 407 giorni, quindi essa raggiunge il massimo 42 giorni più tardi ogni anno; il massimo del 2004 è caduto il 28 maggio. È degna di nota perché ha il più ampio intervallo di magnitudini tra tutte le stelle Mira conosciute, ed è una delle sorgenti infrarosse più intense del cielo. La sua posizione è: AR 19h 51m, declinazione +32° 55'.

La U Cygni è invece un tipo diverso di variabile Mira: è vicina alla piccola coppia *omicron-1* e *omicron-2*, approssimativamente tra Deneb e la *delta* Cygni. In questo caso il periodo è di 462 giorni e la magnitudine va da 5,9 a 12,1. La posizione è: AR 20h 20m, declinazione +47° 54', quindi si trova nello stesso campo della *omicron-2* in un telescopio a basso ingrandimento. Ciò che la caratterizza è il suo intenso colore rosso; lo spettro è di tipo N e la U Cygni è una delle stelle più rosse del cielo: al telescopio ricorda il colore di un carbone ardente.

La nostra terza variabile, SS Cygni, è molto più debole, per cui è sempre necessario un telescopio per osservarla. La stella normalmente oscilla intorno alla dodicesima magnitudine e non diventa mai più brillante della 8,6: quindi è oltre la portata di un binocolo. È situata accanto alla stella di quarta magnitudine *rho* Cygni, a AR 21h 43m, declinazione +43° 35', e non è difficile da identificare, perché si trova tra due componenti di un piccolo triangolo caratteristico. Per gran parte del tempo rimane abbastanza stabile, ma ogni 50 giorni circa si illumina guadagnando fino a 4 magnitudini, rimanendo al massimo per uno o due giorni prima di declinare nuovamente alla propria normale "oscurità". Le esplosioni non sono tutte ugualmente violente, né l'intervallo tra l'una e l'altra si mantiene sempre di 50 giorni: la SS Cygni è una stella imprevedibile.

È chiamata "nova nana" perché, come una vera nova, è un sistema binario: una componente è una nana rossa e l'altra una nana bianca. Come nel caso delle novæ standard, la nana bianca attira a sé materiale dalla compagna meno densa finché le condizioni non si fanno "mature" per un'esplosione, ma per la SS Cygni tutto avviene su scala molto più blanda. Conosciamo molte altre novæ nane, ma la SS Cygni è la più brillante di tutte. Questa classe di novæ prende il nome da questa stella o da quello della molto più debole U Geminorum, nei Gemelli. Se avete un telescopio adatto, tenete d'occhio la SS Cygni per notare quando si illumina.

23 Agosto

Ammassi nel Cigno

Abbiamo speso molto tempo nel Cigno, ma questa costellazione ha così tanto da offrire che non c'era davvero alternativa. Prima di salutarla, osserviamo alcuni altri ammassi aperti che vi si trovano.

M29 (AR 20h 24m, declinazione +38° 32') è nello stesso ampio campo binoculare della *gamma*, il che lo rende facile da localizzare. Fu scoperto da Messier nel 1764, ma è molto disperso e non ha proprio niente di particolare. Al binocolo appare come una debole macchia. Accanto, in direzione della *eta*, si trova NGC 6871 (AR 20h 6m, declinazione +35° 47'), anch'esso molto disperso e con un basso ingrandimento: addirittura, è difficilmente riconoscibile come ammasso. Infine c'è M39 (AR 21h 32m, declinazione +48° 26'),

Anniversario

1961: Fallimento di *Ranger 1*, la prima della serie di sonde americane progettate per cadere sulla Luna inviando dati prima dell'impatto. *Ranger 1* non raggiunse mai l'orbita a causa di un malfunzionamento nel lancio. La prima missione *Ranger* veramente riuscita fu la numero 7, che atterrò sulla Luna il 31 luglio 1964 inviando oltre 4000 immagini.

nello stesso campo binoculare delle *pi* e *rho* Cygni; anche questo è disperso ma abbastanza facilmente identificabile. Nel diciannovesimo secolo l'ammiraglio Smyth lo descrisse come "ampio e vistoso".

Questi sono solo alcuni dei gioielli del Cigno: fortunatamente per gli osservatori italiani la costellazione è così a nord da risultare visibile per una buona parte dell'anno.

Anniversario

1966: Lancio della sonda russa *Luna 11*. Fu una missione riuscita: si avvicinò fino a 158 km dalla Luna e inviò a Terra dati eccellenti. Il contatto fu mantenuto fino al 1° ottobre.

24 Agosto

Urano

Urano, il primo pianeta scoperto in epoca moderna, ha un periodo sinodico di 369,7 giorni, quindi giunge all'opposizione circa quattro giorni più tardi ogni anno. Nel 1997 la sua declinazione era −11°, vicino alla *beta* Capricorni; da allora si è spostato molto a nord e raggiungerà l'equatore celeste nel 2010.

Esso è appena visibile a occhio nudo se si sa dove cercarlo, ma naturalmente appare puntiforme come una stella; la magnitudine è di 5,7 e non sorprende perciò che non sia stato notato in epoca antica. Telescopicamente si presenta come un piccolo disco verdastro con diametro compreso tra 3" e 4". È un mondo gigante, con un diametro di 50.830 km; impiega 84 anni a completare un'orbita intorno al Sole, a una distanza media di 2853 milioni di chilometri. Non si vede praticamente alcun dettaglio sul disco: la sua atmosfera è una distesa di nubi priva di strutture.

Forse la caratteristica più strana di Urano è l'inclinazione del suo asse. L'asse terrestre è inclinato di 23°,5 rispetto alla perpendicolare all'orbita, e questo è il motivo per cui abbiamo le stagioni; ma l'inclinazione di Urano è di 98°, cioè più di un angolo retto. Il calendario di Urano è decisamente peculiare: ciascun polo ha un "Sole di mezzanotte" che dura 21 anni terrestri, con un corrispondente periodo di buio al polo opposto. La ragione di questa straordinaria inclinazione non è nota.

Giove, Saturno e il gigante esterno, Nettuno, hanno intense sorgenti di calore interne, ma per Urano non è così. Ha un campo magnetico, ma anche qui Urano è particolare: i poli magnetici non sono affatto vicini a quelli di rotazione e l'asse magnetico non passa neppure attraverso il centro del globo. Il periodo di rotazione è di 17h 14m e la massa del pianeta è 14 volte quella terrestre.

Per quanto Urano sia simile a Giove e Saturno nell'avere una superficie gassosa, la sua composizione è diversa: esiste un'atmosfera superiore ricca di idrogeno, con una buona quantità di elio e un po' di metano, ma questi gas sono mescolati a "ghiaccioli", cioè sostanze che ghiaccerebbero alla bassa temperatura della superficie. L'acqua è uno dei costituenti principali; acqua, ammoniaca e metano si condensano in quest'ordine per formare strati di nubi spessi e gelidi.

Il metano si condensa formando lo strato più alto e assorbe la radiazione rossa: questo è il motivo per cui Urano appare di colore verde.

25 Agosto

I giganti visti da vicino

Gran parte delle nostre conoscenze sui due pianeti giganti esterni giunge da un'unica fonte, il *Voyager 2*. Fu per pura fortuna che la situazione alla fine degli anni '70 rese possibile al *Voyager 2* il viaggio che lo portò all'esplorazione di tutti e quattro i pianeti giganti; passerà più di un secolo prima che un analogo allineamento possa riproporsi.

In realtà, Urano e Nettuno non sono proprio gemelli identici. Quando il *Voyager 2* passò accanto a Urano ci mostrò molto poco, a parte alcune nubi atmosferiche poco appariscenti: stava avvicinandosi al pianeta dalla parte del polo, a causa dell'inusuale inclinazione dell'asse. Nettuno si dimostrò molto più dinamico, e sul suo bellissimo strato di nubi blu il *Voyager 2* rivelò un'immensa tempesta che fu denominata Grande Macchia Scura. Erano presenti anche altre macchie e si scoprì che Nettuno era un luogo assai ventoso. La temperatura è circa la stessa di Urano: la sorgente di calore interna infatti compensa il fatto che il pianeta è molto più lontano dal Sole.

Entrambi i giganti sono radiosorgenti e hanno campi magnetici; per Nettuno, come per Urano, l'asse magnetico non coincide con quello di rotazione: nel caso di Nettuno gli assi sono inclinati di 47° l'uno rispetto all'altro.

Il *Voyager 2* ormai è lontano, ma l'*Hubble Space Telescope* è stato in grado di rivelare dettagli sia su Urano che su Nettuno. Come previsto, Urano presenta alcune strutture nelle nubi e poco più; Nettuno pare avere perso la sua Grande Macchia Scura, ma si sono sviluppate altre strutture, cosicché è più mutevole di quanto ci si aspettasse.

26 Agosto

Anelli e satelliti

Nel 1977 si scoprì che Urano possiede un sistema di anelli: la scoperta fu piuttosto inaspettata e dobbiamo ammettere che fu accidentale. Urano passò davanti a una stella, occultandola: sia prima che dopo l'occultazione la stella "lampeggiava" regolarmente, mostrando di essere brevemente nascosta da materiale associato a Urano.

Gli anelli non possono essere osservati con normali telescopi terrestri, ma sono alla portata dell'*Hubble Space Telescope*: non so-

Anniversario

1981: *Voyager 2* passò a 101 mila chilometri da Saturno.

1991: *Voyager 2* passò a 29 mila chilometri da Nettuno. (Era passato a 78 mila chilometri da Urano il 24 gennaio 1986.)

1993: Fu perso il contatto con la sonda americana *Mars Observer*, che era stata lanciata verso il Pianeta Rosso il 25 settembre 1992. La ragione dell'improvvisa perdita del contatto non è stata chiarita e probabilmente non lo sarà mai.

no affatto simili ai magnifici anelli ghiacciati di Saturno, perché sottili e scuri. Le sole buone osservazioni che ne abbiamo provengono dal *Voyager 2*.

Prima della missione *Voyager 2* erano noti cinque satelliti di Urano: Miranda, Ariel, Umbriel, Titania e Oberon, tutti più piccoli della nostra Luna; Titania, il più grande, ha un diametro di 1570 km. Il *Voyager 2* mostrò che sono ghiacciati e costellati di crateri; Miranda ha una superficie incredibilmente varia, con dirupi, crateri e strutture lineari chiuse che sono state soprannominate "piste da sci". Il *Voyager* scoprì altri dieci satelliti, tutti piccoli e molto vicini al pianeta.

I satelliti non sono oggetti facili da osservare, neanche quelli noti prima del *Voyager 2*; ma un telescopio di 30 cm dovrebbe essere in grado di mostrare almeno questi ultimi, con l'eccezione di Miranda.

Anche Nettuno è circondato da anelli, ma molto scuri. Il sistema dei satelliti è molto interessante: prima del *Voyager 2* ne erano conosciuti due, uno grande (Tritone) e l'altro molto piccolo (Nereide). Tritone ha un'orbita quasi circolare ma ruota in senso retrogrado, cioè opposto al verso della rotazione e della rivoluzione di Nettuno, ed è quasi certamente un corpo catturato. Nereide ruota invece su un'orbita molto eccentrica, più simile a quella di una cometa che a quella di un satellite. Il *Voyager 2* scoprì sei nuovi piccoli satelliti interni.

Tritone si è dimostrato più piccolo del previsto (2690 km di diametro) e provvisto di una sottile atmosfera di azoto. La superficie è ghiacciata e il polo è coperto di "neve" rosa di azoto: il satellite è infatti così freddo che l'azoto si condensa sulla superficie. La presenza di strane strisce scure indica l'esistenza di *geyser*. Si ritiene che sotto la superficie vi sia uno strato di azoto liquido: se esso si sposta verso la superficie, la pressione diminuisce e alla fine l'azoto "zampilla" in una pioggia di ghiaccioli e di gas, che trascina con sé detriti scuri spargendoli sottovento nella sottile atmosfera e producendo le strisce scure che osserviamo. Non esistono montagne su Tritone e i crateri sono molto pochi: quindi il satellite è diverso da ogni altro corpo del Sistema Solare. Sfortunatamente, non possiamo sperare di scoprire molto di più fino all'invio di una nuova missione spaziale (e dovremo attenderla ancora per molti anni).

Questo è uno buono momento per localizzare Urano e Nettuno, sempre interessanti da osservare; tuttavia non aspettatevi che il vostro telescopio mostri alcun dettaglio superficiale.

27 Agosto

La stella migrante

Prima di tornare al Sistema Solare, fermiamoci un momento per osservare una stella che, benché insignificante di per sé, ha cambiato costellazione in anni recenti, precisamente nel 1992.

Abbiamo già notato la linea di tre stelle di cui Altair, la stella principale dell'Aquila, è il membro centrale (si veda il 7 agosto). Vicino all'Aquila è situata la piccola e compatta costellazione del Delfino (si veda il 4 settembre). La nostra stella migrante è la *rho* Aquilae, che si trovava all'estremo confine dell'Aquila: la sua magnitudine è 4,9; è di tipo A, circa 30 volte più luminosa del Sole e distante 166 anni luce. È abbastanza facile da identificare, situata com'è sul bordo della Via Lattea.

Come gran parte delle stelle, la *rho* Aquilae ha un moto proprio misurabile, che la sta portando verso nord e verso ovest. La componente verso nord della velocità è di soli 0",06 per anno, ma è stata sufficiente a spostarla oltre il confine della costellazione e quindi ora si trova nel Delfino. Ovviamente non c'è niente di significativo in questo, perché i confini delle costellazioni sono arbitrari e non significano nulla; in ogni caso, è una buona "domanda trabocchetto" per un quiz astronomico: in quale costellazione si trova la *rho* Aquilae?

Nessun'altra stella visibile a occhio nudo dovrebbe cambiare costellazione nel futuro imminente: apparentemente la prossima sarà la *gamma* Caeli, di magnitudine 4,6, che attraverserà il confine con l'adiacente Colomba, ma questo non avverrà prima dell'anno 2400 circa.

28 Agosto

Marte alla minima distanza

Marte, il "pianeta rosso", ha sempre avuto un fascino speciale per noi. Nel 2003 si è avvicinato moltissimo alla Terra, a meno di 56 milioni di chilometri, e benché non giungerà mai più così vicino nel prossimo decennio, sarà ancora ben meritevole di essere osservato per qualche tempo sia prima che dopo l'opposizione. Persino all'inizio del ventesimo secolo vi erano ancora astronomi che credevano che le linee rette apparentemente artificiali che attraversano i "deserti" rossi fossero veri canali, costruiti dagli abitanti locali per creare un vasto sistema di irrigazione, attingendo acqua dalle calotte polari e pompandola fino ai centri abitati. I marziani costruttori di canali hanno da tempo raggiunto i canali stessi nel regno dei miti, ma tuttora non possiamo essere sicuri che Marte sia assolutamente arido.

Marte in opposizione

Data		Minima distanza dalla Terra (milioni di chilometri)	Massimo diametro apparente (secondi d'arco)	Magnitudine	Costellazione
24 dic.	2007	88	15,9	−1,5	Gemelli
29 gen.	2010	99	14,1	−1,1	Cancro
3 mar.	2012	101	13,9	−1,2	Leone
8 apr.	2014	93	15,1	−1,4	Vergine

Marte è un pianeta piccolo, di soli 6720 km di diametro. È più lontano dal Sole rispetto a noi: il suo "anno" dura 687 giorni terrestri, o 669 giorni marziani (detti anche "sol"), poiché il periodo di rotazione è quasi identico al nostro, 24h 37,5m. L'inclinazione assiale è circa la stessa della Terra, quindi le "stagioni" sono essenzialmente dello stesso tipo, per quanto naturalmente molto più lunghe. Il periodo sinodico è di 780 giorni: quindi Marte raggiunge l'opposizione solo in anni alterni.

Non tutte le opposizioni sono ugualmente favorevoli, perché Marte ha un'orbita decisamente eccentrica: la distanza dal Sole va da oltre 246 milioni di chilometri all'afelio a solo 206 milioni di chilometri al perielio. Ovviamente, Marte è nella posizione ottimale per l'osservazione quando l'opposizione si verifica con il pianeta vicino al perielio.

29 Agosto

Marte al telescopio

Le piccole dimensioni di Marte implicano che può essere studiato bene solo per pochi mesi prima e dopo l'opposizione: quindi, l'osservatore deve trarre il massimo dalle sue limitate opportunità. È necessario usare al telescopio un elevato ingrandimento, e per un lavoro utile è essenziale un telescopio di almeno 10 cm, per quanto le caratteristiche principali, le calotte polari e le maggiori aree scure, possano essere viste anche con strumenti più piccoli.

Marte ha una tenue atmosfera composta principalmente da anidride carbonica, e la pressione al suolo è ovunque inferiore a 10 millibar, troppo bassa per supportare forme di vita avanzate simili alla nostra. Possono formarsi nubi, ma in generale l'atmosfera è trasparente a meno che non siano in corso tempeste di polvere.

Gran parte della superficie è desertica. Esistono comunque importanti differenze tra i deserti marziani e quelli terrestri: le aree marziane sono ricoperte di minerali rossastri, anziché di sabbia, e c'è un freddo pungente anziché un caldo cocente. Il materiale che i venti sollevano dai deserti può produrre grandi tempeste di polvere, alcune delle quali possono a volte coprire l'intero pianeta e durare per settimane.

Le calotte polari sono ghiacciate, anche se non sono simili alle nostre: il ghiaccio d'acqua sottostante è ricoperto da ghiaccio di anidride carbonica, che scompare quando, nella primavera marziana, sopraggiunge un clima più caldo. Le aree scure sono invece permanenti: ritenute una volta antichi fondali marini riempiti di vegetazione, sappiamo adesso che sono semplici effetti dell'albedo, cioè luoghi in cui il materiale rossiccio è stato portato via lasciando esposta la superficie sottostante meno riflettente.

Entrambi i satelliti, Phobos e Deimos, sono veri nani, di forma irregolare e tempestati di crateri. Il diametro maggiore di Phobos è inferiore a 32 km, quello di Deimos inferiore a 16 km, quindi essi sono invisibili con un piccolo telescopio anche quando Marte è in posizione ottimale per l'osservazione. Phobos ha un periodo orbitale di 7h 39m, cioè meno di un giorno marziano: quindi, per un osservatore sulla superficie del pianeta esso sorge a ovest, galoppa attraverso il cielo e tramonta a est 4,5 ore dopo. Nessuno dei due satelliti sarebbe molto luminoso la notte; Deimos, in effetti, sembrerebbe solo una debole stella. Entrambi sono probabilmente asteroidi catturati, piuttosto che autentici satelliti.

30 Agosto

L'osservazione di Marte

Nel 1877 l'astronomo italiano G.V. Schiaparelli disegnò una mappa di Marte utilizzando un bel rifrattore di 23 cm. I "canali" che registrò si dimostrarono poi inesistenti (erano illusioni ottiche), ma i nomi che egli diede alle aree scure e brillanti sono ancora in uso, anche se le regioni sono state modificate in seguito ai dati delle navicelle spaziali.

La formazione più prominente di Marte è la scura Syrtis Major a forma di "V": oggi sappiamo che si tratta di un grande altopiano anziché di una depressione. Più a nord si trova la cuneiforme Acidalia Planitia (inizialmente chiamata Mare Acidalium). Una delle regioni brillanti più spettacolari è Hellas, una zona circolare a sud di Syrtis Major; una volta si riteneva che fosse un altopiano ricoperto di neve, ma si è scoperto che si tratta di un profondo bacino, spesso sovrastato da nubi. A volte somiglia moltissimo a una calotta polare aggiuntiva.

Se osservate Marte per circa mezz'ora, lo spostamento delle formazioni principali attraverso il disco a causa della rotazione del pianeta risulterà abbastanza evidente. Poiché il periodo di rotazione è 37,5m più lungo del nostro, ogni formazione giungerà al meridiano centrale 37,5m più tardi ogni notte.

Quando vi preparate a fare un'osservazione, vi conviene cominciare a disegnare la superficie tratteggiando le formazioni principali, utilizzando un ingrandimento relativamente basso. Passate poi a un ingrandimento maggiore e aggiungete i dettagli più fini, prestando particolare attenzione alle calotte polari e alle nubi o tempeste di polvere che possono essere presenti. Marte è sempre capace di sorprendere, e l'osservatore ben equipaggiato può realizzare un lavoro valido tenendolo sotto controllo.

Anniversario

1745: Nascita di Johann Hieronymus Schröter, il primo dei grandissimi osservatori della Luna e dei pianeti. Stabilì il suo Osservatorio a Lilienthal, vicino a Brema, in Germania, equipaggiandolo con buoni telescopi, incluso uno costruito da William Herschel. Effettuò eccellenti osservazioni dei corpi del Sistema Solare; i suoi disegni di Marte, per esempio, erano decisamente i migliori dell'epoca. Sfortunatamente molte delle sue osservazioni furono distrutte nel 1813, quando l'Osservatorio fu saccheggiato dalle truppe francesi. Schröter morì tre anni dopo.

Anniversario

1913: Nascita di Sir Bernard Lovell, il grande radioastronomo che fu l'artefice della costruzione del telescopio di 82,5 m di Jodrell Bank, che adesso porta il suo nome.

1992: Scoperta di 1992 QB1, un corpo delle dimensioni di un asteroide che orbita nelle regioni esterne del Sistema Solare. Ha un diametro di circa 280 km e un periodo orbitale di 296 anni; la sua distanza dal Sole va da 6080 a 7040 milioni di chilometri, ben oltre Nettuno. Da allora sono stati scoperti altri corpi simili e si ritiene che esista un'intera "fascia" che li contiene, ora chiamata Fascia di Kuiper in onore dell'astronomo olandese G.P. Kuiper che per primo ne ipotizzò l'esistenza. La magnitudine di 1992 QB1 è solo 22,8.

31 Agosto

Vista ravvicinata di Marte

Molte navicelle spaziali sono ormai state spedite su Marte, ma gran parte dei risultati scientifici provengono dalle missioni americane, poiché, per quanto riguarda Marte, i russi furono parecchio sfortunati. Oggi abbiamo mappe dettagliate dell'intera superficie: ci sono crateri, valli, montagne e imponenti vulcani, uno dei quali, il Mons Olympus, è alto tre volte il nostro Everest. Tutte queste formazioni sono naturalmente oltre la portata dei normali strumenti terrestri, con l'esclusione dell'*Hubble Space Telescope*.

Nel 1976, due sonde *Viking* hanno effettuato atterraggi controllati su Marte e intrapreso la ricerca di forme di vita, senza trovare tracce definite di organismi viventi. Poi, nel 1996, fu annunciato che alcune meteoriti trovate in Antartide erano state scaraventate via da Marte in seguito a un violento impatto, e che contenevano tracce di un'antica vita primitiva. L'annuncio suscitò un grandissimo interesse.

Grazie alle più recenti missioni, abbiamo raccolto immagini di quelli che, quasi certamente, sono letti di fiumi ormai prosciugati, nel qual caso deve esserci stata anticamente acqua liquida con un'atmosfera abbastanza densa. Comunque è improbabile che sul pianeta si siano mai sviluppate forme di vita elevate, e certamente non ne esistono attualmente. I futuri esploratori purtroppo non avranno la possibilità di essere ricevuti da un comitato di accoglienza marziano! La sonda *Pathfinder* è atterrata su Marte nel 1997 (si veda il 4 luglio) e l'orbitante *Mars Global Surveyor* ha raggiunto il pianeta nel settembre 1997. Due veicoli mobili, *Spirit* e *Opportunity*, sono atterrati nel gennaio 2003 con il compito di esplorare il terreno locale in dettaglio. In seguito si è aggiunta la *Mars Odyssey,* e nel 2006 ha iniziato la sua esplorazione anche la *Mars Reconnaissance Orbiter.*

Settembre

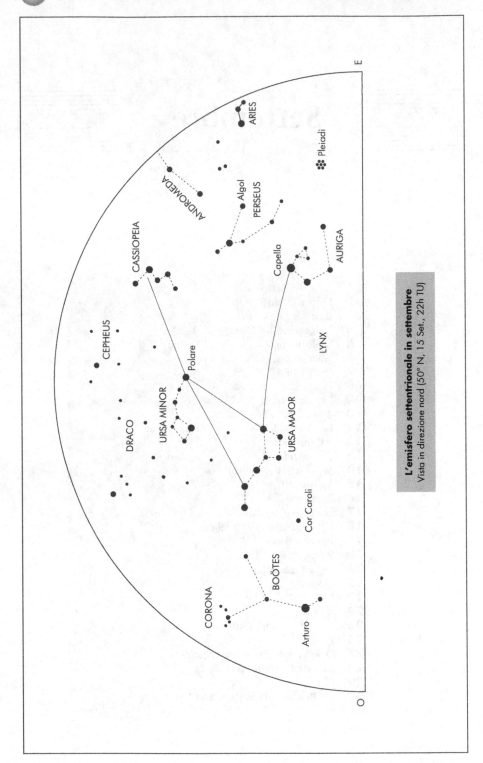

L'emisfero settentrionale in settembre
Vista in direzione nord (50° N, 15 Set., 22h TU)

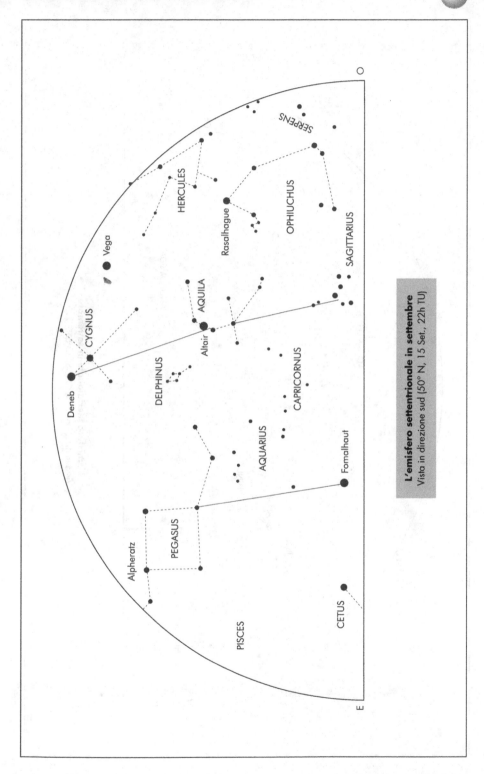

L'emisfero settentrionale in settembre
Vista in direzione sud (50° N, 15 Set., 22h TU)

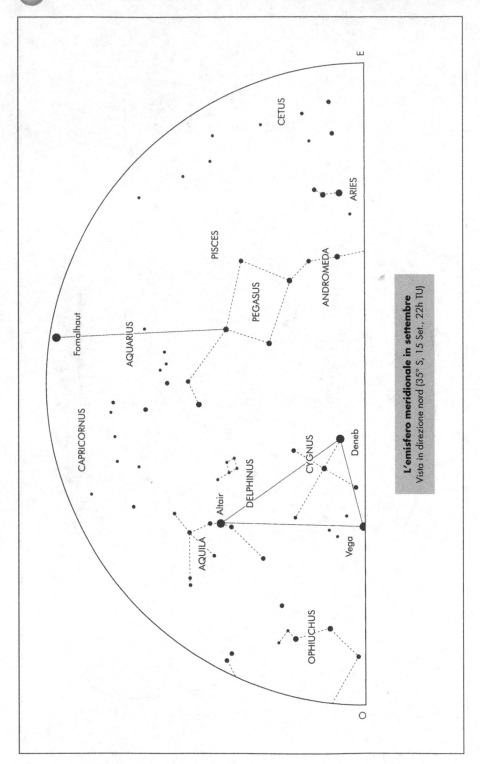

L'emisfero meridionale in settembre
Vista in direzione nord (35° S, 15 Set., 22h TU)

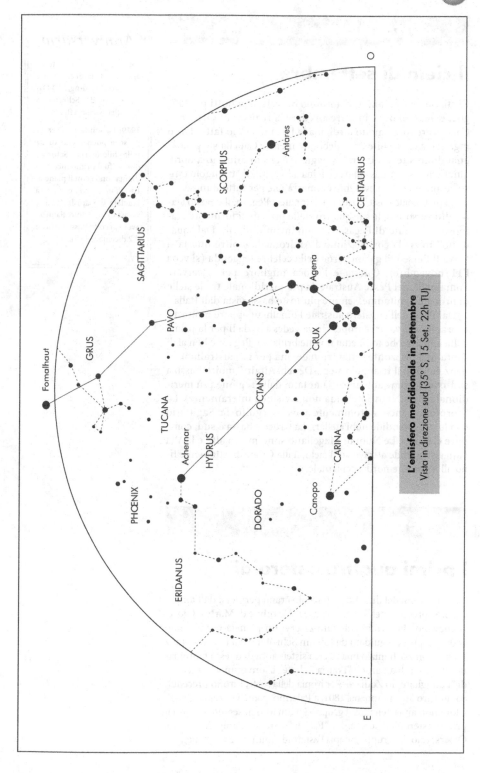

L'emisfero meridionale in settembre
Vista in direzione sud (35° S, 15 Set., 22h TU)

1 Settembre

Il cielo di settembre

Anniversario

1804: Scoperta del terzo asteroide, Giunone, da parte di Karl Harding, all'Osservatorio di Schröter a Lilienthal, vicino a Brema.

1979: La sonda *Pioneer 11* passò a poco meno di 21 mila chilometri da Saturno: questo fu il primo incontro di una sonda con il pianeta. La *Pioneer 11* era stata lanciata il 5 aprile 1973, e prima di incontrare Saturno aveva già oltrepassato Giove il 2 dicembre 1974.

Ci stiamo avvicinando all'autunno boreale, con notti più lunghe, e possiamo già iniziare a vedere la regione di Orione: il Cacciatore sorge molto tardi, ma le Pleiadi hanno fatto il loro ingresso a est seguite da Aldebaran, mentre Capella sta guadagnando in altezza. L'Orsa Maggiore è al suo minimo a nord, quindi la "W" di Cassiopea è vicina allo zenit. Il "triangolo estivo" è ancora molto evidente e rimarrà tale per tutto il mese.

La principale costellazione autunnale è Pegaso, il cavallo alato, alto verso sud; le sue quattro stelle principali formano il famoso "quadrato di Pegaso" e sono inconfondibili. Dal "quadrato" inizia la costellazione d'Andromeda e oltre questa si trova il Perseo, il galante eroe della celebre leggenda (si veda l'11 novembre). Questa è l'epoca migliore per osservare Fomalhaut, nel Pesce Australe, la più meridionale tra le stelle di prima magnitudine, sempre piuttosto bassa vista dall'Italia.

Dai Paesi dell'emisfero australe Fomalhaut appare molto alta, e agli osservatori europei che la vedessero da lì per la prima volta apparirebbe inaspettatamente brillante. Pegaso è ben al di sopra dell'orizzonte settentrionale, ma per gli australiani e i neozelandesi il triangolo Vega-Deneb-Altair è molto basso a sud-ovest (come abbiamo già notato, dalla regione più meridionale della Nuova Zelanda non è visibile interamente). Lo Scorpione è ancora prominente a ovest, seguito dal Sagittario con le sue splendide nubi stellari. La Croce è bassa a sud, come pure Canopo. Le Nubi di Magellano sono molto alte e la Via Lattea si estende attraverso il cielo, dalla Croce direttamente fino all'orizzonte nord-occidentale.

2 Settembre

I primi quattro asteroidi

Gli astronomi del diciottesimo secolo erano perplessi dall'ampio "vuoto" presente nel Sistema Solare tra le orbite di Marte e Giove: ritenevano che avrebbe dovuto esservi un pianeta e, nell'anno 1800, un gruppo guidato da Johann Schröter e dal barone Franz Xavier von Zuch iniziò una ricerca sistematica di questo fantomatico pianeta; chiamarono "Polizia Celeste" il loro gruppo e decisero di "pattugliare" lo Zodiaco. Per ironia della sorte, furono preceduti da un altro astronomo: nel 1801, a Palermo, padre Giuseppe Piazzi, allora non appartenente al gruppo (si unì loro in seguito) scoprì il primo asteroide, Cerere. La "Polizia" non si scoraggiò affatto: Olbers, uno del gruppo, scoprì l'asteroide numero 2 (Pallade), nel

I primi quattro asteroidi					
Nome	Diometro (km)	Magnitudine media all'opposizione	Periodo orbitale (anni)	Periodo di rotazione (ore)	Distanza media dal Sole (milioni di km)
Cerere	930	7,4	4,61	9,08	411,2
Pallade	520	8,0	4,62	7,81	411,8
Giunone	250	8,7	4,36	7,21	396,5
Vesta	500	6,5	3,63	6,50	350.9

1802, e poi giunse il successo di Harding con Giunone, il 1° settembre 1804. In seguito, nel 1807, venne anche Vesta, un'altra scoperta di Olbers . Non sembrava che vi fossero altre scoperte imminenti, e la "Polizia" si disperse in seguito alla distruzione dell'Osservatorio di Schröter per mano dei francesi. L'asteroide successivo, Astrea, fu scoperto solo nel 1845.

I quattro asteroidi originali erano soprannominati i "Quattro Grandi" ed è vero che Cerere, Pallade e Vesta sono i membri più grandi della Fascia Principale; Giunone, invece, non compare neanche tra i primi dodici. Le caratteristiche principali dei quattro asteroidi sono indicate in tabella.

Cerere e Vesta hanno una forma abbastanza regolare, a differenza di Pallade e Giunone. Quest'ultimo è un cosiddetto asteroide di tipo S e la sua composizione sembra molto simile a quella delle meteoriti note come *condriti*.

Giunone non è mai visibile a occhio nudo; in realtà, dei quattro asteroidi, solo Vesta può raggiungere la soglia di visibilità. Al binocolo saranno ovviamente osservabili i "Quattro Grandi" e molti altri, ma appariranno come semplici puntini luminosi.

Una volta si riteneva che gli asteroidi rappresentassero i detriti di un antico pianeta che esplose, oppure che venne distrutto dalle collisioni con altri corpi, ma oggi si reputa più probabile che nessun pianeta abbia mai potuto formarsi in questa parte del Sistema Solare a causa della potente influenza distruttiva di Giove.

3 Settembre

Il paesaggio marziano

Torniamo brevemente a Marte. Dopotutto oggi è un anniversario: il *Viking 1* atterrò nella "pianura dorata" di Chryse il 19 giugno1976 e il *Viking 2* lo seguì scendendo su Utopia il 3 settembre.

Entrambe le sonde inviarono moltissimi dati. In particolare, vennero effettuate analisi sull'atmosfera, che si dimostrò composta da anidride carbonica per oltre il 95%; il resto era prevalentemente azoto, con lo 0,03% di vapore acqueo. Il clima è decisamente freddo: la temperatura misurata dalle sonde *Viking* variava da circa –30 °C intorno alla culminazione del Sole fino a –86 °C prima dell'alba. La pressione atmosferica è inferiore a 10 millibar. Anche la missione *Pathfinder* del luglio 1997 fu coronata da successo, e il veicolo mobile *Sojourner* analizzò varie rocce, a cui vennero dati soprannomi curiosi quali Barnacle Bill, Yogi e Soufflé. Fu confermato che la Ares Vallis era stata anticamente un impetuoso torrente di acqua. Il *Sojourner* funzionò per diversi giorni marziani, o "sol", misurando temperature variabili da –22 °C al mezzogiorno marziano fino a –76 °C la notte, mentre i venti erano leggeri e provenienti da ovest. Nelle sue foto, la tonalità rosa del cielo diurno accresceva la misteriosa bellezza del paesaggio marziano.

4 Settembre

La leggenda del Delfino

Abbiamo speso molto tempo con il "triangolo estivo", ma dobbiamo anche prestare qualche attenzione alle costellazioni più piccole della regione, che sono ancora visibili in serata nell'emisfero settentrionale, e ancora non si sono perse completamente nel crepuscolo dall'emisfero meridionale.

La prima è il Delfino, che è piccola ma certamente non insignificante; si trova vicino all'Aquila (si veda il 5 agosto), non ha stelle brillanti, ma i suoi astri principali sono molto vicini: l'aspetto complessivo non è dissimile da quello di un ammasso stellare, e un osservatore avventato potrebbe confonderlo con le Pleiadi. Le stelle principali sono elencate in tabella.

Esse compongono la struttura principale insieme con la *delta* (magnitudine 4,4) e la *epsilon* (4,0). I nomi propri attribuiti alla *alfa* e alla *beta* hanno un'origine curiosa: furono assegnati da Niccolò Cacciatore, un astronomo dell'Osservatorio di Palermo. La versione latinizzata del suo nome è Nicolaus Venator: leggete queste parole al contrario e capirete perché la *alfa* e la *beta* Delphini sono chiamate così!

Il Delfino è una costellazione antica ed esiste una leggenda a essa collegata. Arione, noto come un grande cantante, viveva alla corte di Periandro, sovrano di Corinto. Una volta andò in Sicilia per partecipare a una gara musicale e, come era prevedibile, vinse tutti i premi. Stava navigando verso casa quando l'equipaggio della nave decise di ucciderlo per impadronirsi dei premi. Arione fu gettato in mare e sarebbe annegato se non fosse stato per l'inter-

Delfino					
Lettera greca	Nome	Magnitudine	Luminosità (Sole=1)	Distanza (anni luce)	Tipo spettrale
α alfa	Svalocin	3,8	60	170	F5
β beta	Rotanev	3,5	46	108	B9
γ gamma	–	3,9	4,5	75	G5+F8

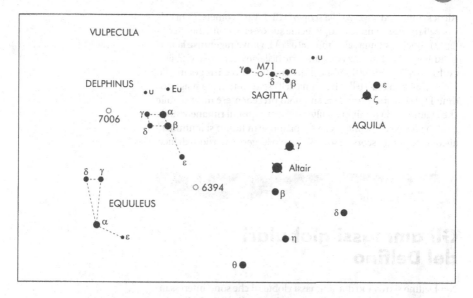

vento di un benevolo delfino, che lo prese sul dorso e lo portò a riva. Anni dopo, quando il delfino, molto vecchio, morì, fu riportato in vita e posto in cielo in segno di gratitudine.

Anniversario

1977: Lancio del *Voyager 1*, che oltrepassò Giove nel 1977 e Saturno nel 1981. Adesso sta uscendo dal Sistema Solare.

5 Settembre

Stelle doppie e variabili nel Delfino

Il Delfino ha molti oggetti interessanti. La *beta* è una binaria stretta: le magnitudini sono 4,0 e 4,9, ma la separazione non supera mai i tre decimi di secondo d'arco, quindi è impossibile da risolvere con un modesto telescopio (si veda il 19 settembre). La *gamma* è una doppia molto più facile: le magnitudini sono 4,5 e 5,5, con una separazione di circa 10". Le due stelle si spostano insieme nello spazio e sono certamente associate, ma sono molto lontane tra loro: almeno 300 Unità Astronomiche. Le stime di colore delle due componenti sono diverse da osservatore a osservatore, ma in generale vengono descritte come leggermente giallastre.

Ci sono due brillanti variabili nel Delfino, U Delphini e EU Delphini. Entrambe sono semiregolari, quindi i loro periodi sono molto approssimativi: 110 e 59 giorni rispettivamente. La EU è la più luminosa delle due, con un intervallo di magnitudini da 5,8 a 6,9; la U oscilla invece tra 7,6 e 8,9. Entrambe hanno spettri di tipo M, quindi sono rosse.

Una nova molto interessante (HR Delphini) è esplosa in questa costellazione nel 1967. Fu scoperta dall'astrofilo inglese G.E.D.

Alcock, piuttosto avvezzo alla scoperta di novæ e comete. (Tra l'altro, egli non usava un telescopio per le sue osservazioni, ma un potente binocolo su una salda montatura.) La nova raggiunse la magnitudine 3,3; a differenza di gran parte delle novæ, rimase visibile a occhio nudo per molti mesi e il declino fu lento e irregolare. Fu identificata con una stella che prima dell'esplosione aveva magnitudine 11,9 ed è ora ritornata al suo stato precedente; è improbabile che la luminosità diminuisca ulteriormente: quindi rimane visibile con un piccolo telescopio. Non sappiamo se in futuro si illuminerà ancora; negli anni scorsi vi sono state solo leggere variazioni di luce.

6 Settembre

Gli ammassi globulari del Delfino

Nel Delfino si trovano due ammassi globulari che sono interessanti da localizzare: uno è NGC 6394 (C47), AR 20h 34m, declinazione +07° 24'. È situato a sud della *epsilon* e supera la magnitudine 9.

Il secondo è NGC 7006 (C42), AR 21h 05m, declinazione +16° 11', vicino alla *gamma*. È abbastanza debole (magnitudine 10,6) e piccolo, con un diametro apparente non superiore a 2,8 primi d'arco, ed è incredibilmente lontano. Secondo alcune stime può trovarsi addirittura a 150 mila anni luce da noi, e potrebbe anche essere uno dei pochi "vagabondi intergalattici" noti. Dopotutto, non c'è motivo per cui non dovrebbero esistere ammassi globulari nello spazio intergalattico; potrebbero esservi pure singole stelle, anche se sarebbero molto difficili da identificare. Sotto altro aspetto, NGC 7006 sembra un normale ammasso globulare.

7 Settembre

Il Cavallino

La nostra seconda piccola costellazione è il Cavallino, che confina con l'Aquila e il Delfino. Mitologicamente si dice che rappresenti il puledro dato da Mercurio a Castore, uno dei "gemelli celesti" (si veda il 6 febbraio), ma non ci sono racconti ben definiti a esso associati. Le tre stelle principali sono la *alfa* (magnitudine 3,9), la *gamma* (4,7) e la *delta* (4,5); esse formano un piccolo triangolo, ma non hanno niente di peculiare. Kitalpha, il vecchio nome proprio della *alfa*, viene dal nome arabo dato all'intera costellazione.

La *epsilon* Equulei è un'ampia doppia; le magnitudini sono 6 e 7,1 e la separazione è di 10". La componente più brillante è a sua volta una doppia stretta: si tratta di un sistema binario con un periodo di 102 anni; la separazione non supera mai 1 secondo d'arco.

La *delta* Equulei era nota come la più vicina binaria visuale, ma il suo record è stato superato da molto tempo. Le due componenti hanno quasi la stessa magnitudine (pari a 5) e il periodo orbitale è di soli 5,7 anni. Poiché la separazione non supera mai i tre decimi di secondo d'arco, *delta* rappresenta un oggetto di test per un grande telescopio (si veda il 19 settembre). La separazione reale è un po' inferiore a quella tra il Sole e Giove.

8 Settembre

La Freccia

La prossima piccola costellazione è la Freccia, direttamente a nord di Altair. (È davvero minuscola: occupa solo 80 gradi quadrati; soltanto la Croce del Sud è più piccola.) Le stelle più brillanti sono la *gamma* (magnitudine 3,5) e la *delta* (3,8), che insieme alla *alfa* (4,4) e alla *beta* (anch'essa 4,4) compongono la forma della "freccia". Anche in questo caso esistono solo vaghe associazioni mitologiche, per quanto la Freccia sia una delle 48 costellazioni originali di Tolomeo. Una versione del mito dice che rappresenti la freccia scagliata da Apollo contro i Ciclopi; in seguito, fu identificata con quella di Cupido.

Ci sono diverse stelle variabili nella costellazione. La U Sagittæ è una binaria a eclisse di tipo Algol; AR 19h 19m, declinazione +19° 37'. Il periodo è di 3,4 giorni e l'intervallo di magnitudini va da 6,6 a 9,2: quindi è un buon soggetto per chi possiede un piccolo telescopio. Accanto si trova la rossa, semi-regolare X Sagittæ, il cui spettro è di tipo N; AR 20h 05m, declinazione +20° 39'; l'intervallo di magnitudini va da 7,9 a 8,4, con un periodo approssimativo di 196 giorni. Maggiormente degna di nota è la WZ Sagittæ (AR 20h 08m, declinazione +17° 42'), vicino alla *gamma*; è solitamente molto debole, sotto la magnitudine 15, ma occasionalmente si illumina fino a rendersi visibile al binocolo, come ha fatto nel 1913, nel 1946 e nel 1978. Conviene tenere d'occhio la regione, perché le novæ ricorrenti sono piuttosto rare.

L'ammasso M71 (AR 19h 54m, declinazione +18° 47') è facile da individuare, poiché si trova tra la *delta* e la *gamma*. È al limite della visibilità binoculare, ma con un piccolo telescopio si vede facilmente. Non è ancora del tutto chiaro se si tratta di un ammasso aperto molto compatto o di un globulare molto sparso; in ogni caso è molto lontano, con una distanza stimata di 18 mila anni luce da noi.

9 Settembre

La Volpetta

La nostra ultima costellazione minore in questa regione è la Volpetta, che si trova tra il Delfino e il Cigno. Originariamente era nota come "la Volpetta e l'Oca", ma quest'ultima è sparita da tempo dal cielo.

La Volpetta non ha stelle più brillanti della *alfa*, di magnitudine 4,4, una stella molto rossa di tipo M che forma un'ampia coppia ottica con 8 Vulpeculae, di magnitudine 5,8. La coppia merita di essere osservata al binocolo semplicemente per il contrasto di colore.

L'oggetto più notevole della costellazione è M27, considerato solitamente la più bella nebulosa planetaria di tutto il cielo. È appena visibile al binocolo e si trova nello stesso ampio campo della *gamma* Sagittae, ma per osservarla bene è necessario un telescopio. A differenza della famosa Nebulosa Anello, M57, nella Lira (si veda il 30 luglio), non è simmetrica: merita il soprannome di "Manubrio", e la "barra" può essere vista persino con un telescopio di 15 cm di apertura. È distante 975 anni luce e il diametro attuale è di 2,5 anni luce; come tutte le planetarie, si sta espandendo (ricordate che una nebulosa planetaria è semplicemente una vecchia stella che ha espulso i propri strati più esterni). La stella centrale di M27 è molto debole: è una calda nana bianco-bluastra di magnitudine 14.

10 Settembre

Il Mare della Tranquillità

Anniversario

1967: Atterraggio sulla Luna della sonda americana *Surveyor 5*, alla latitudine 1°,4 S e longitudine 23°,2 E, nel Mare Tranquillitatis. Inviò a Terra 18 mila immagini e analizzò il terreno. Il contatto radio fu mantenuto fino al 16 dicembre.

Il Mare Tranquillitatis della Luna è stato il sito di molti atterraggi. Il primo fu quello dello sfortunato *Ranger 6*, il 2 febbraio 1964: a causa di un malfunzionamento dell'apparato di trasmissione non venne ricevuta alcuna immagine. Poi giunsero le riuscite missioni *Ranger 7* (28 luglio 1964), *Ranger 8* (febbraio 1965), e *Surveyor 5*, (10 settembre 1967); infine, la prima missione con equipaggio il 19 luglio 1969, con Neil Armstrong e Buzz Aldrin.

Il Mare Tranquillitatis è uno dei mari principali dell'emisfero lunare rivolto verso la Terra: occupa 435 mila chilometri quadrati e si trova nella metà orientale del disco, quindi può essere visto quando la Luna ha un'età compresa tra 5 e 15 giorni circa. È collegato a diversi altri mari: il Mare Serenitatis, il Mare Nectaris, il Mare Fecunditatis e la Palus Somnii. Il Mare Nectaris è chiaramente un bacino separato, unito al Mare Tranquillitatis da una "lingua di terra" relativamente stretta; la stessa cosa accade per il Mare Fecunditatis, mentre la Palus Somnii è un'area colorata in modo curioso che si allontana in direzione del separato Mare Crisium. Sullo stretto tra Tranquillitatis e Serenitatis, tra i due capi di Acherusia e Argæus, fa da sentinella il magnifico cratere Plinius.

Non esistono confini montuosi alti e continui per il Mare Tranquillitatis, né vi sono grandi crateri sul fondo, piuttosto omogeneo per gli standard lunari. Un'area molto particolare è quella di Arago, nella parte occidentale del Mare e non lontano dall'estremità, dove si trova un superbo sistema di domi lunari.

È interessante confrontare al telescopio il Mare Tranquillitatis con il Mare Serenitatis: il primo è molto più chiaro e chiazzato e di profilo più irregolare.

11 Settembre

Localizzare lo Zodiaco: continuazione

In precedenza (si veda il 2 maggio) abbiamo tracciato una parte del cammino dell'eclittica attraverso il cielo; adesso, con l'avvicinarsi dell'autunno boreale, è utile continuare.

Come abbiamo visto, l'eclittica va dallo Scorpione a Ofiuco e nel Sagittario; quest'ultimo è il più meridionale dei gruppi zodiacali, e da esso l'eclittica passa nel Capricorno, che non ha un profilo realmente caratteristico né alcuna stella più brillante della *delta* (magnitudine 2,9). L'eclittica passa attraverso la costellazione poco a nord della *theta* (4,1) e abbastanza a nord della *delta*.

Entra poi nell'Acquario, che copre una vasta area, ma ancora una volta è una costellazione poco caratteristica. L'eclittica manca di poco la stella *lambda* Aquarii (magnitudine 3,7), vicino a un piccolo gruppo di stelle chiamate tutte *psi*, e passa poi nei Pesci, un asterismo ancora più oscuro consistente in una lunga linea di deboli stelle a sud del "quadrato" di Pegaso. Nei Pesci si trova l'equinozio di primavera (si veda il 29 settembre), in una zona senza stelle a nord della *omega* Piscium (magnitudine 4,0). Prima di raggiungere l'Ariete, l'eclittica passa accanto all'estremità della Balena, senza entrarvi, ma a una distanza così esigua che la costellazione può spesso ospitare pianeti. Passa poi abbastanza a sud del trio di stelle che contraddistingue l'Ariete ed entra quindi nel Toro (si veda il 10 dicembre), passando tra le Pleiadi e Aldebaran.

È sempre interessante seguire la linea dell'eclittica; per molti versi è un peccato che non vi siano stelle brillanti che la rendano più facilmente identificabile.

12 Settembre

Il Capricorno

Per gli osservatori settentrionali il Capricorno è ora a sud-ovest dopo il tramonto; dall'emisfero meridionale non è molto lontano dallo zenit. Occupa più di 400 gradi quadrati, ma non è affatto prominente. Era naturalmente uno dei gruppi originali elencati da Tolomeo, ma le sue associazioni mitologiche non sono affatto chiare. Rappresenta una "capra di mare", una capra con la coda di pesce: la leggenda narra che il dio-capra Pan si gettò nel Nilo per

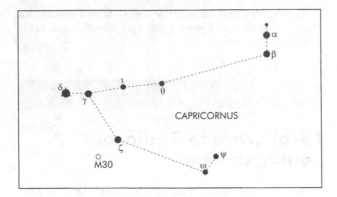

sfuggire al mostro Tifone e, solo per la parte del corpo sott'acqua, fu trasformato in pesce.

La stella più brillante, la *delta,* ha solo magnitudine 2,9. La costellazione non è comunque difficile da individuare: si trova approssimativamente tra Altair (si veda il 7 agosto) e il Pesce Australe (2 ottobre), indicata dal prolungamento della linea di tre stelle con Altair al centro. Le stelle principali sono elencate in tabella.

La *delta* Capricorni è in realtà una binaria a eclisse. La variazione in magnitudine è inferiore a 0,1 e quindi non può essere rivelata senza speciali strumenti, chiamati *fotometri;* il periodo è solo poco più di un giorno e le componenti non distano più di 3,2 milioni di chilometri.

È interessante notare che il punto in cui Nettuno fu individuato per la prima volta da Galle e D'Arrest nel 1846 (si veda il 4 agosto) era circa 4° a nord-est della *delta* Capricorni.

13 Settembre

Il volo di *Luna 2*

Guardate la Luna (se il cielo è limpido e la fase favorevole!) e vedrete il vastissimo Mare Imbrium, che è ben definito e abbastanza regolare; è delimitato in parte dagli Appennini e dalle Alpi lunari e occupa un'area pari a quella di Francia e Gran Bretagna insieme. Vi si trovano alcuni maestosi crateri, tra cui Archimedes, largo 80 km e con fondo scuro, che forma un superbo trio con i suoi vicini

Capricorno					
Lettera greca	Nome	Magnitudine	Luminosità (Sole=1)	Distanza (anni luce)	Tipo spettrale
α alfa	Al Giedi	3,6	60	117	G9
β beta	Dabih	3,1	2	104	F8
γ gamma	Nashira	3,7	28	65	F0
δ delta	Deneb al Giedi	2,9	13	49	A5
ζ zeta	Yen	3,7	5200	1470	G4

più piccoli, Eudoxus e Aristillus. Fu in questa zona che *Luna 2* atterrò il 13 settembre 1959.

Non era il primo tentativo dell'Unione Sovietica di inviare una sonda sulla Luna. In precedenza *Luna 1* aveva oltrepassato il nostro satellite e inviato dati utili. *Luna 2* però atterrò effettivamente, anche se non trasmise niente dalla superficie e venne distrutta dall'impatto: fu a ragione considerato un successo e inaugurò una nuova era.

Non sappiamo se la sonda avrebbe dovuto effettuare un atterraggio morbido o meno: in quell'epoca i russi erano decisamente riservati. In ogni caso precipitò, e non possiamo essere sicuri della posizione in cui ciò avvenne, ma si ritiene che fosse nei pressi di Archimedes. Furono ricevuti segnali dalla sonda al radiotelescopio di Jodrell Bank, come pure in quella che era allora l'Unione Sovietica, ma cessarono improvvisamente quando la sonda urtò la Luna. Senza dubbio i frammenti sono ancora lì, che aspettano di essere recuperati. Certamente *Luna 2* ha il suo posto nella storia: è stata la prima navicella spaziale in assoluto ad atterrare su un altro mondo.

14 Settembre

Beta e *alfa* Capricorni

Due delle stelle principali del Capricorno sono doppie. La *beta* ha una compagna di sesta magnitudine a una separazione di 205", quindi è virtualmente risolvibile con ogni telescopio; le due stelle si muovono insieme nello spazio, quindi esiste tra loro una reale associazione.

La *alfa*, o Al Giedi, è diversa. È una coppia visibile a occhio nudo; le magnitudini sono 3,6 e 4,2 (può generare confusione il fatto che la stella più brillante sia ufficialmente *alfa-2* e la più debole *alfa-1*) e la separazione è di 378", ma in questo caso abbiamo a che fare con un semplice allineamento ottico. *Alfa-2* è 40 volte più luminosa del Sole e distante 117 anni luce, ma *alfa-1*, che è solo poco più di mezza magnitudine più debole, potrebbe eguagliare più di 600 Soli e dista 700 anni luce da noi. È giallastra come il Sole, ma è una gigante e non una nana.

Entrambe le componenti hanno deboli compagne, ma sono visibili solo con telescopi abbastanza grandi.

Nell'antichità le due *alfa* erano più vicine di adesso: il moto proprio della stella più prossima a noi l'ha distanziata dall'altra, ma pare che solo nel diciassettesimo secolo la separazione sia diventata abbastanza grande da riuscire a separare la coppia a occhio nudo.

15 Settembre

Messier 30

Dobbiamo dire che oltre a essere piuttosto debole e priva di struttura, la costellazione del Capricorno è anche decisamente carente di oggetti interessanti. Uno comunque è l'ammasso globulare M30, che è situato vicino alla *zeta* alla posizione AR 21h 40m, declinazione –23° 11'. A meno di 1° dalla *zeta* si trova la stella di quinta magnitudine 41 Capricorni, e M30 è nello stesso campo binoculare della 41 Cap.

L'ammasso fu scoperto da Messier nel 1764 e fu da lui descritto come "rotondo; non contiene stelle". Certamente il nucleo dell'ammasso è piccolo e compatto e complessivamente non è un globulare facile da risolvere. Dista circa 41 mila anni luce da noi.

M30 è al limite della visibilità binoculare; la magnitudine integrata è 8,5, quindi se riuscite a vederlo al binocolo è un ottimo risultato. Naturalmente è un oggetto facile per un modesto telescopio.

16 Settembre

Pegaso

È tempo di rivolgere la nostra attenzione a Pegaso, che, come abbiamo detto, è la principale costellazione dell'autunno boreale. Non è molto lontana dall'equatore celeste, quindi è ben visibile

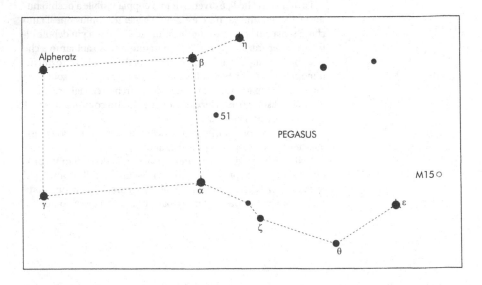

dall'Australia e persino dalla Nuova Zelanda, mentre la confinante costellazione di Andromeda è sempre vista molto bassa dai Paesi australi.

Esiste una celebre leggenda legata a Pegaso, il cavallo alato montato dall'intrepido eroe Bellerofonte nell'impresa che lo portò a combattere un mostro sputa-fuoco particolarmente feroce, la Chimera. È comunque giusto dire che non c'è niente di equino nel Pegaso celeste, e le quattro stelle che formano il "quadrato" costituiscono la struttura principale della costellazione. Una di esse, Alpheratz, era nota come *delta* Pegasi, ma adesso è stata trasferita in Andromeda come *alfa* Andromedae. Decisione totalmente illogica! Le stelle principali di Pegaso sono elencate in tabella.

Alpheratz, Markab, Scheat e Algenib formano il "quadrato", con Enif a una certa distanza nella direzione dell'Aquila. Le mappe, per come vengono disegnate, tendono a dare l'impressione che il "quadrato" sia più piccolo e brillante di quanto non sia realmente in cielo.

17 Settembre

La curva di luce di *beta* Pegasi

Se guardate una dopo l'altra le quattro stelle del "quadrato" di Pegaso, al binocolo o persino a occhio nudo, noterete subito che mentre tre sono bianche, la quarta, Scheat, o *beta* Pegasi, è decisamente arancione. Essa ha uno spettro di tipo M ed è quindi una stella evoluta che ha esaurito gran parte del proprio "carburante" (si veda l'8 ottobre).

Come moltissime giganti rosse, la *beta* Pegasi è variabile. L'intervallo non è ampio, dalla magnitudine 2,3 alla 2,9 circa, ma lo è abbastanza per essere percepibile, in particolare perché sono disponibili eccellenti stelle di confronto: Alpheratz (magnitudine 2,1), *alfa* Pegasi (2,5) e *gamma* Pegasi (2,8). La *beta* ha un periodo di circa 38 giorni, ma è una stella semiregolare, quindi non esistono due cicli identici.

Pegaso					
Lettera greca	Nome	Magnitudine	Luminosità (Sole=1)	Distanza (anni luce)	Tipo spettrale
(α Andromedae	Alpheratz	2,1	96	72	A0)
α *alfa*	Markab	2,5	60	100	B9
β *beta*	Scheat	2,3–2,9	310	176	M2
γ *gamma*	Algenib	2,8	1320	490	B2
ε *epsilon*	Enif	2,4	5000	520	K2
ζ *zeta*	Homan	3,4	82	156	B8
η *eta*	Matar	2,9	200	173	G2
θ *theta*	Biham	3,5	26	82	A2
ι *iota*	–	3,8	3.8	39	F5
μ *mu*	Sadalbari	3,5	60	147	K0

È interessante tracciare una curva di luce riportando in grafico la magnitudine della stella in funzione della data. Se la osservate per un periodo di alcune settimane vi accorgerete presto che esiste un "ritmo" definito nel modo in cui cambia la luminosità della stella. (Ricordate naturalmente di tenere conto dell'estinzione: si veda il 15 gennaio.) Con un po' di pratica non è difficile effettuare stime accurate almeno fino al decimo di magnitudine.

18 Settembre

Epsilon Peg: è una variabile?

Esistono alcune stelle brillanti che non sono riconosciute ufficialmente come variabili, ma sulle cui possibili fluttuazioni esistono forti indizi. Una di esse è Enif, o *epsilon* Pegasi, la stella più brillante della costellazione (se escludiamo Alpheratz, passata ad Andromeda; si veda il 16 settembre); il suo nome deriva dall'arabo *al Anf*, il naso. È molto luminosa e, con il suo spettro di tipo K, decisamente arancione.

È stato asserito che Enif mostra variazioni di magnitudine a breve termine: un osservatore tedesco del diciannovesimo secolo, Schwabe, giunse a sostenere che aveva un periodo di 25,7 giorni. Questo non è mai stato confermato, ed ecco allora un eccellente progetto di ricerca per un osservatore a occhio nudo: confrontare la *epsilon* con le stelle del "quadrato". Essa dovrebbe essere poco più brillante della *alfa* Pegasi, molto più brillante della *gamma* Pegasi e poco più debole della *alfa* Andromedae. Una volta tenuto conto dell'estinzione (si veda il 15 gennaio) dovrebbe essere possibile ottenere una stima affidabile.

Probabilmente non vi sono variazioni reali, ma è utile controllare.

19 Settembre

La separazione delle doppie

Mentre osserviamo Pegaso abbiamo la possibilità di effettuare un utile test: ci sono due stelle doppie non lontane dal "quadrato". Una di esse, la *eta*, ha componenti di magnitudini 2,9 e 9,9, e poiché la separazione è di 108" è una coppia facile anche se la secondaria è piuttosto debole. Le componenti della *kappa* Pegasi hanno magnitudini 4,7 e 5,0, ma la separazione è di soli tre decimi di secondo d'arco: quindi, quale apertura telescopica è necessaria per separarla?

È sempre difficile dare risposte precise a domande di questo tipo, ma comunque esiste una regola, che possiamo fare nostra. Le magnitudini limite e le minime separazioni rilevabili sono le seguenti, assumendo che per la stella doppia le componenti non siano troppo diverse in magnitudine.

Magnitudine limite e separazione

Apertura del telescopio (cm)	Magnitudine limite	Minima separazione (secondi d'arco)
5,0	9,1	2,5
7,5	9,9	1,8
10,0	10,7	1,3
12,5	11,2	1,0
15,0	11,6	0,8
25,0	12,8	0,5
30,0	13,2	0,4
38,0	13,8	0,3

Ecco quindi alcuni oggetti di test visibili stanotte.

Test su stelle doppie

Stella	Separazione (secondi d'arco)	Magnitudini	
zeta 80 Ursae Majoris (Mizar/Alcor)	708	2,3; 4,0	
alfa-8 Vulpeculae	414	4,4; 5,8	
alfa Capricorni	371	3,5; 4,2	
epsilon Lyrae	207	4,7; 5,1	
beta Capricorni	205	3,1; 5,0	
eta Pegasi	91	2,9; 9,9	
nu Draconis	62	4,8; 4,9	
zeta Lyrae	44	4,3; 5,9	
beta Cygni	34,4	3,1; 5,1	
kappa Herculis	28,4	5,3; 6,5	
zeta Piscium	23	5,6; 6,5	
alfa Canum Venaticorum	19,4	2,9; 5,5	
alfa Ursae Minoris	18,4	2,0; 9,0	Polare
zeta Ursae Majoris	14,4	2,1; 4,8	Mizar
eta Cassiopeiae	12,2	3,4; 7,5	
gamma Andromedae	9,8	2,3; 4,8	
gamma Arietis	7,8	4,7; 4,8	
zeta Cancri	5,7	5,0; 6,2	
rho Herculis	4,2	4,6; 5,6	
eta Sagittarii	3,6	3,2; 7,7	
epsilon Draconis	3,1	3,8; 7,4	
rho Ophiuchi	3,1	5,3; 6,0	
gamma Virginis	3,0	3,5; 3,5	
epsilon Bootis	2,8	2,5; 4,9	
iota Trianguli	2,3	5,4; 7,0	
zeta Aquarii	2,0	4,3; 4,5	
alfa Piscium	1,9	4,2; 5,1	
epsilon Arietis	1,4	5,2; 5,5	
zeta Herculis	1,1	2,9; 5,5	
zeta Bootis	1,0	4,5; 4,6	
nu Scorpi	0,9	4,2; 6,8	
alpha Ursae Majoris	0,7	1,9; 4,8	Dubhe
lambda Cassiopeiae	0,5	5,3; 5,6	
beta Delphini	0,3	4,0; 4,9	
delta Equulei	0,3	5,2; 5,3	
kappa Pegasi	0,3	4,7; 5,0	
zeta Sagittarii	0,2	3,3; 3,4	
epsilon Ceti	0,1	5,7; 5,8	

Provate a osservarli per vedere quanto riuscite a scendere lungo la lista!

20 Settembre

I pianeti di 51 Pegasi

Consideriamo adesso una stella dall'aspetto molto ordinario, 51 Pegasi: ha magnitudine 5,5, si trova a AR 22h 57m, declinazione +20° 45', appena fuori dal "quadrato" e circa a metà strada tra la *alfa* e la *beta*. Per massa e luminosità non differisce molto dal Sole; è di tipo spettrale G3 e la distanza è stata stimata in 42 anni luce, seppure con qualche incertezza.

La 51 Pegasi fece notizia nell'ottobre 1995, quando due astronomi dell'Osservatorio di Ginevra, M. Mayor e G. Queloz, annunciarono che misurando piccole variazioni nella sua velocità avevano scoperto che era accompagnata da un corpo secondario: non una stella, ma un pianeta massiccio circa come Giove. Essi affermarono che l'orbita del pianeta era praticamente circolare, con un periodo orbitale di soli 4,2 giorni. Questo implicherebbe una distanza tra la stella e il pianeta di soli 6,88 milioni di chilometri, mentre la temperatura superficiale del pianeta toccherebbe i 1000 °C.

L'idea di un pianeta massiccio che orbita così vicino a una stella sembrava davvero sorprendente, ma seguirono altre scoperte, e nel 2006 erano oltre 200 i pianeti extrasolari noti. Sono in gran parte giganti, più simili a Giove che alla Terra, ma alcuni non sono più massicci di Urano.

21 Settembre

Oggetti remoti in Pegaso

Conviene spendere un'altra notte con Pegaso prima di spostarsi. L'oggetto più interessante, che finora non abbiamo discusso, è l'ammasso globulare M15, che è allineato con la *theta* e la *epsilon* alla posizione AR 21h 30m, declinazione +12° 10'. È un ammasso bello e brillante, con una magnitudine integrata di 6,3, quindi non è molto al di sotto della visibilità a occhio nudo e risulta molto facile da osservare al binocolo. Ha un centro compatto, mentre le regioni esterne non sono difficili da risolvere; dista circa 50 mila anni luce. Fu scoperto il 7 settembre 1746 dall'astronomo italiano G. Maraldi, che all'epoca non stava cercando nebulose, ma una cometa.

Ancora in Pegaso, sebbene troppo deboli per essere viste con un piccolo telescopio, si trovano cinque galassie che formano il cosiddetto Quintetto di Stephan. Esse sembrano "allineate" e associate l'una all'altra, ma le osservazioni spettroscopiche mostrano che una di esse è molto più vicina delle altre, il che sembra decisamente strano. Come abbiamo visto, le distanze vengono misurate in base agli spostamenti delle righe spettrali. Alcuni astronomi (come H.C. Arp e lo scomparso Sir Fred Hoyle) ritengono che questo metodo non sia affidabile. Se avessero ragione, molte delle nostre teorie attuali dovrebbero essere modificate drasticamente, e certamente il Quintetto di Stephan pare fornire un "motivo di preoccupazione".

Infine, controllate quante stelle riuscite a contare entro i confini del "quadrato", prima a occhio nudo e poi con il binocolo: potreste esserne davvero sorpresi.

22 Settembre

L'equinozio

In marzo il Sole attraversa l'equatore celeste spostandosi da sud a nord (si veda il 20 marzo). Adesso, sei mesi dopo, è nuovamente all'equatore, questa volta spostandosi da nord a sud, quindi abbiamo l'*equinozio autunnale*, o primo punto della Bilancia, che, grazie alla precessione, è ora situato nella Vergine, tra la *beta* e la *eta* Virginis (si veda il 22 gennaio).

Anche in questo caso la data non è proprio costante a causa della natura irregolare del nostro calendario (è un peccato che la Terra impieghi 365,25 giorni per completare un'orbita intorno al Sole, invece che esattamente 365!). La data dell'equinozio autunnale varia quindi leggermente. Per esempio, nel periodo 2007-2010 le date sono:

2007	23 settembre, 04h
2008	22 settembre, 16h
2009	22 settembre, 21h
2010	23 settembre, 03h

Il polo sud inizia ora la propria notte di sei mesi: questo è importante perché là si sta costruendo un importante Osservatorio, e ci saranno notevoli vantaggi nell'avere un prolungato periodo di oscurità seguito da un uguale periodo di luce. Le condizioni di *seeing* sono buone, e da tempo gli astronomi di vari Paesi (fra cui l'Italia) stanno appunto progettando di installare un Osservatorio astronomico stabile in Antartide.

23 Settembre

L'Acquario

Anniversario

1846: Scoperta di Nettuno da
parte di J. Galle e H. D'Arrest
(si veda il 4 agosto).

Dal brillante Pegaso passiamo a una costellazione zodiacale estesa
ma piuttosto debole, l'Acquario. Naturalmente è una delle costellazioni originali di Tolomeo, e probabilmente rappresenta
Ganimede, il coppiere degli dei dell'Olimpo. Un'antica descrizione dell'Acquario da parte dello scrittore romano Manilio recita:
"Egli tiene in mano una coppa o un piccolo bricco, inclinato verso
il basso, e sta sempre versando, come in effetti dovrebbe fare, per
essere in grado di far nascere da una fonte così piccola quel fiume
che vedete scorrere ai suoi piedi e percorrere un tragitto così esteso in tutta questa parte del globo". Il nome proprio della *alfa*
Aquarii, Sadalmelik, deriva dall'arabo *al Sa'd al Malik*, "stella fortunata del re". Le stelle principali sono elencate nella tabella della
pagina seguente.

L'Acquario non ha una forma particolare; è attraversato
dall'equatore celeste, ma si trova quasi interamente nell'emisfero
celeste meridionale; occupa gran parte dello spazio tra Pegaso e
Fomalhaut, la stella di prima magnitudine del Pesce Australe (si
veda il 2 ottobre).

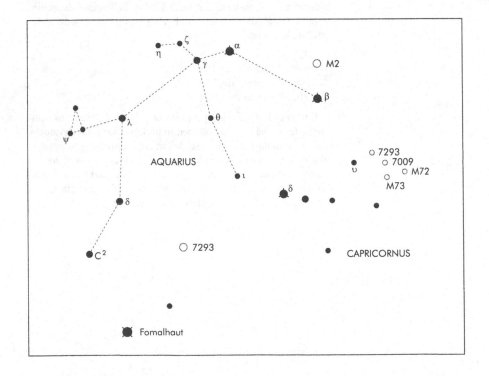

Acquario					
Lettera greca	Nome	Magnitudine	Luminosità (Sole=1)	Distanza (anni luce)	Tipo spettrale
α alfa	Sadalmelik	3,0	5250	945	G2
β beta	Sadalsuud	2,9	5250	980	G0
γ gamma	Sadachiba	3,8	50	91	A0
δ delta	Scheat	3,3	105	99	A2
ε epsilon	Albali	3,8	28	107	A1
ζ zeta		3,6	50	98	F2+F2
λ lambda		3,7	120	256	M2

24 Settembre

Zeta Aquarii

Arriviamo adesso a una binaria molto bella della costellazione, *zeta* Aquarii. Fa parte di un piccolo e ben definito asterismo che include anche la *gamma* e la *eta*, spesso chiamato "urna".

La *zeta* splende come una stella di magnitudine 3,6, ma un telescopio mostra che è doppia: le componenti hanno magnitudine quasi uguale (4,3 e 4,5) e sono separate di 2". Entrambe le stelle sono subgiganti di tipo F; la separazione reale è circa 100 volte la distanza Terra-Sole.

Il periodo orbitale è di 856 anni. Attualmente la separazione sta gradualmente diminuendo perché stiamo osservando la coppia da un angolo meno favorevole che in passato: nel 1781, William Herschel vedeva una separazione superiore a 4". A causa del lungo periodo orbitale, le alterazioni sono molto lente, e la *zeta* Aquarii rimarrà un eccellente oggetto da osservare nell'immediato futuro. Si trova a soli 73" dall'equatore celeste ed è quindi visibile ugualmente bene da entrambi gli emisferi terrestri.

Anniversario

1644: Nascita di Ole Roemer, l'astronomo danese che fu il primo a misurare la velocità della luce (osservando le eclissi dei satelliti di Giove nell'ombra del pianeta). Nel 1681 divenne direttore dell'Osservatorio di Copenhagen e diede molti importanti contributi alla ricerca, inventando, in particolare, il cerchio meridiano. Morì nel 1710.

25 Settembre

La Luna del raccolto

Tutti sanno che la Luna sorge ogni notte più tardi poiché si muove verso est rispetto alle stelle. Lo sfasamento temporale del sorgere della Luna tra due giorni successivi è noto come "ritardo", ma non ha un valore costante nel corso dell'anno: è minimo intorno all'epoca dell'equinozio autunnale, perché l'eclittica ha allora la minima inclinazione rispetto all'orizzonte. Il disegno dovrebbe chiarire questo punto: la Luna impiega lo stesso tempo (per esempio un giorno) in ciascun caso per spostarsi da 1 a 2, ma a destra potete vedere che la differenza in

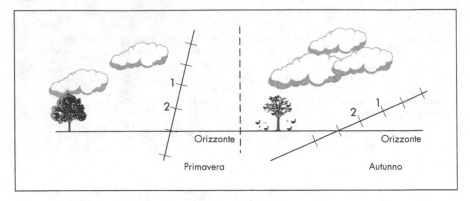

altezza tra le due posizioni lunari è inferiore che a sinistra, e così il ritardo. Non è corretto dire (come si trova in alcuni libri) che allora la Luna Piena sorge alla stessa ora per diverse notti successive, ma il ritardo può spesso ridursi fino a un quarto d'ora (indipendentemente dalla fase lunare).

La Luna Piena più vicina all'equinozio autunnale è chiamata "Luna del raccolto", perché si diceva che la luce aggiuntiva aiutasse i contadini durante il raccolto.

La Luna Piena successiva alla "Luna del raccolto" è nota come "Luna della caccia".

26 Settembre

Lune blu

Il 26 settembre 1950 fu osservato uno spettacolo veramente strano: per alcune ore ci fu veramente una Luna blu. La Luna brillava di "un pallido splendore blu elettrico, totalmente diverso dal normale", come scrissi all'epoca.

Naturalmente, ciò non aveva alcun legame diretto con la Luna: la causa era la polvere presente negli strati superiori dell'atmosfera terrestre, sollevata da alcuni grandi incendi che infuriavano nelle foreste canadesi. Di tanto in tanto sono state viste altre "Lune blu", tutte essenzialmente per lo stesso motivo.

Esiste però un altro tipo di "Luna blu", benché non vi sia una ragione ovvia per questo nome. Poiché l'intervallo tra una Luna Piena e la successiva è di 29,5 giorni, è possibile avere due Lune Piene nello stesso mese: per esempio, nel gennaio 1999, quando c'è stata Luna Piena il 2 e il 31. In questo caso la seconda Luna Piena è chiamata "Luna blu", o in inglese "*Blue Moon*", come la canzone.

È stato affermato anche che la Luna Piena appare più grande quando è vicina all'orizzonte rispetto a quando è alta in cielo. Questa è una ben nota illusione ottica: davvero un'illusione e niente di più, come dimostrano le misure. La causa è stata dibattuta animatamente, ma dipende dal fatto che solo quando la Luna è bassa può essere confrontata con gli oggetti vicini o sul terreno (alberi e case, per esempio).

27 Settembre

Oggetti di Messier nell'Acquario

Ritorniamo adesso all'Acquario. Nella costellazione si trovano tre oggetti di Messier, i numeri 2, 72 e 73. M2 forma un triangolo con la *alfa* e la *beta* e si trova a nord di quest'ultima: è un bell'ammasso globulare (AR 21h 33m, declinazione −00° 49') che alcuni riescono a vedere a occhio nudo; è magnifico al binocolo. Fu scoperto da Maraldi nel 1746 durante una ricerca cometaria: egli scrisse che era "rotondo, ben delimitato e più brillante al centro... non una sola stella intorno per una distanza abbastanza grande. Inizialmente ho scambiato questa nebulosa per una cometa". Non è troppo facile da risolvere in stelle e dista 55 mila anni luce.

M72, un altro globulare, fu scoperto nel 1780 da Pierre Méchain. È molto meno brillante di M2; si trova approssimativamente tra la *epsilon* Aquarii e la *theta* Capricorni, alla posizione AR 20h 53m, declinazione −12° 32'. Non è straordinario, né facile da risolvere; dista 62 mila anni luce e la magnitudine integrata è inferiore a 9.

Molto vicino a M72, in direzione della *nu* Aquarii, si trova M73, che non è affatto un oggetto nebulare, ma consiste semplicemente di alcune deboli stelle. Messier disse che conteneva "una certa nebulosità", ma non è vero e le stelle del gruppo non sono associate l'una all'altra. M73 resta incluso nel catalogo, ma dobbiamo convenire con l'ammiraglio Smyth quando scrisse che lo è "per rispetto alla memoria di Messier". La sua posizione è: AR 21h 59m, declinazione −12° 38'.

A occhio nudo o al binocolo è interessante osservare il piccolo gruppo di stelle che include la *psi-1,* di magnitudine 4,2: gli astri sono vicini e in buona parte arancioni. Possono persino dare l'impressione di formare un ammasso molto sparso, ma non è così perché non sono realmente associati l'uno all'altro.

28 Settembre

La nebulosa Saturno e l'Elica

L'Acquario contiene due delle più belle nebulose planetarie del cielo, ed è sorprendente che nessuna di esse compaia nel catalogo di Messier. NGC 7009 (C55) si trova vicino alla *nu* Aquarii; fu scoperta da William Herschel nel 1792, e nel 1848 Lord Rosse le diede il soprannome di Nebulosa Saturno, commentando che la banda oscura di materia opaca che la attraversa la rende vagamente simile al pianeta. È incredibilmente bella vista con un grande telescopio, mentre un'apertura piccola non ne mostra bene la forma. La posizione è: AR 21h 04m, declinazione –11° 22'. Poiché la magnitudine integrata è soltanto poco inferiore a 8, è un oggetto relativamente semplice da localizzare.

La Nebulosa Elica, NGC 7293 (C63), è la planetaria più vicina e brillante; il suo diametro apparente è circa la metà di quello lunare. La magnitudine integrata è compresa tra 6 e 7, quindi è visibile al binocolo, anche se è necessario un grande telescopio per evidenziare la forma "ad anello", non troppo dissimile da quella di M57 nella Lira (si veda il 30 luglio). La stella centrale è di magnitudine 13,5. L'*Hubble Space Telescope* ha acquisito splendide immagini della nebulosa, che mostrano giganteschi oggetti a forma di "girini" che sono stati espulsi dalla stella morente. La distanza dalla Terra è di soli 450 anni luce e la posizione è: AR 22h 30m, declinazione -20° 48', circa a metà strada tra Fomalhaut e la stella di quarta magnitudine *iota* Aquarii.

29 Settembre

I Pesci

Abbiamo ancora un'altra costellazione zodiacale abbastanza estesa ma decisamente debole, i Pesci, che si trova a sud del "quadrato" di Pegaso e occupa gran parte della regione tra Pegaso e l'Acquario. Possiamo infatti utilizzare Pegaso come riferimento: le due stelle occidentali del "quadrato", la *beta* e la *alfa*, puntano verso sud attraverso i Pesci e l'Acquario fino ad arrivare a Fomalhaut nel Pesce Australe, che è la stella di prima grandezza più meridionale visibile dall'Italia, pur essendo adesso piuttosto bassa sull'orizzonte meridionale. (Per gli osservatori australiani è quasi allo zenit.) Ritorneremo a Fomalhaut in seguito (si veda il 2 ottobre); nel frattempo concentriamoci sui Pesci, che contengono l'equinozio di primavera. La costellazione raffigura due pesci legati da un nodo, che rappresentano forse quelli in cui si tramutarono Venere e Cupido per evitare le attenzioni indesiderate del mostro Tifone.

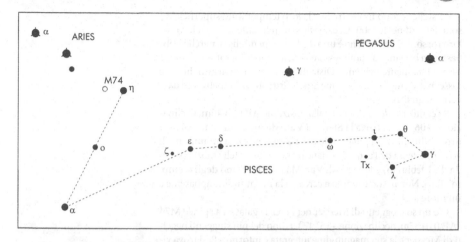

Pesci					
Lettera greca	Nome	Magnitudine	Luminosità (Sole=1)	Distanza (anni luce)	Tipo spettrale
α alfa	Al Rischa	3,8	26	98	A2
γ gamma	–	3,7	58	156	A7
η eta	Alpherg	3,6	58	133	G8
ω omega	–	4,0	45	85	F4

La costellazione dei Pesci consiste essenzialmente in una lunga linea di deboli stelle che si snoda a sud di Pegaso. Le stelle principali sono elencate in tabella.

La *alfa* Piscium è una bella doppia; le componenti hanno magnitudini 4,2 e 5,1 e una separazione di 1",9; è una binaria con un lungo periodo orbitale (933 anni). La stella ha diversi nomi: Al Rischa, Kaïtain o Okda. Scegliete voi!

Un'altra doppia facile è la *zeta* (AR 01h 24m, declinazione +07° 35'); le magnitudini sono 5,6 e 6,5, e la separazione è superiore a 23", quindi è risolvibile praticamente con ogni telescopio.

30 Settembre

TX Piscium e la Stella di Van Maanen

Una caratteristica dei Pesci è il piccolo quadrilatero di stelle non lontano da *alfa* Pegasi: la *gamma,* la *iota,* la *theta* e la *lambda.* Accanto ad esse, e in effetti nello stesso campo binoculare con la *iota* e la *lambda,* si trova una delle stelle più rosse, TX Piscium (AR 23h 46m, declinazione +03° 29'). Lo spettro è di tipo N ed è variabile, con un intervallo di magnitudini che va da 6,9 a 7,7; non sembra identificabile un periodo.

Le stelle N sono molto fredde: la loro temperatura superficiale è solo dell'ordine di 2500 °C, e questo naturalmente spiega il loro colore rosso. TX Piscium ne è uno degli esempi migliori, perché è abbastanza brillante da poter essere vista al binocolo, e il suo colore è immediatamente evidente. Dista diverse centinaia di anni luce: se fosse, per esempio, vicina come Sirio offrirebbe uno spettacolo davvero magnifico.

Accanto alla *delta* Piscium, alla posizione AR 00h 46m, declinazione +06° 09', si trova la Stella di Van Maanen, una nana bianca probabilmente non più grande della Terra ma circa un milione di volte più densa dell'acqua. Le nane bianche sono stelle morte (si veda il 21 febbraio) e la Stella di Van Maanen ne è uno degli esempi migliori. Non perdete tempo a cercarla: la magnitudine apparente è inferiore a 12.

C'è un solo oggetto di Messier nei Pesci: la galassia a spirale M74 (AR 01h 37m, declinazione +15° 47'). È uno dei più sfuggenti oggetti di Messier e la sua magnitudine integrata è intorno a 8; si trova vicino alla *eta*, e non ha niente di particolare; la distanza è dell'ordine di 78 mila anni luce.

Ottobre

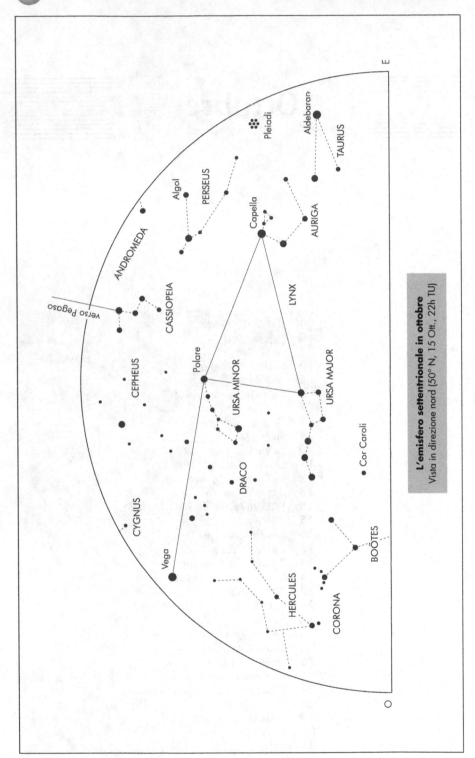

L'emisfero settentrionale in ottobre
Vista in direzione nord (50° N, 15 Ott., 22h TU)

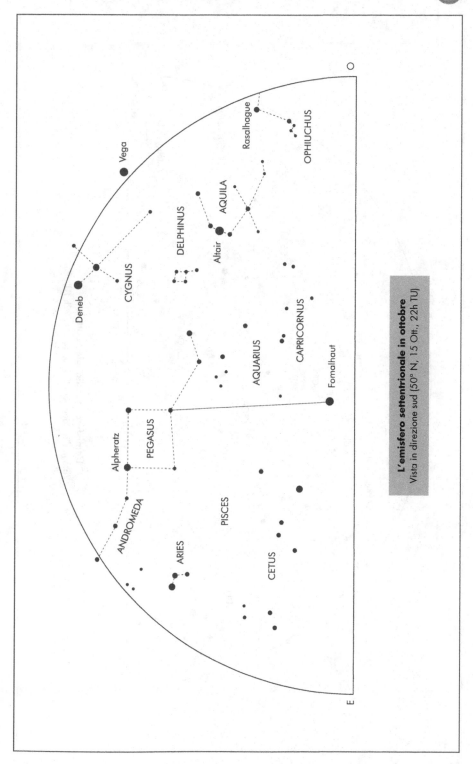

L'emisfero settentrionale in ottobre
Vista in direzione sud (50° N, 15 Ott., 22h TU)

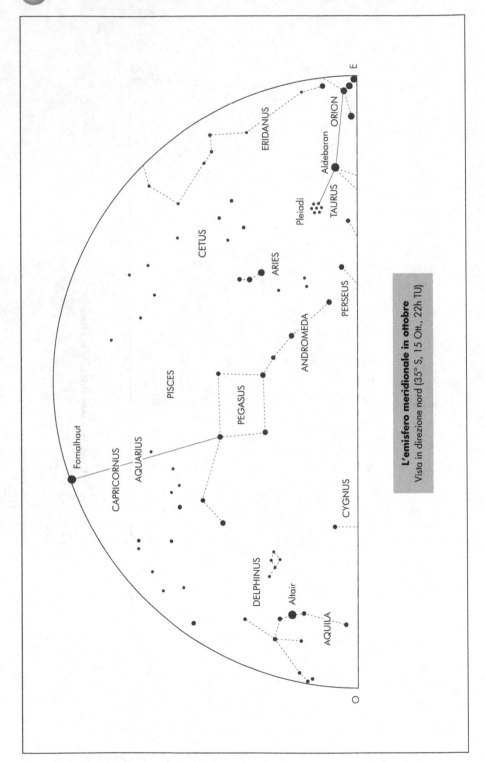

L'emisfero meridionale in ottobre
Vista in direzione nord (35° S, 15 Ott., 22h TU)

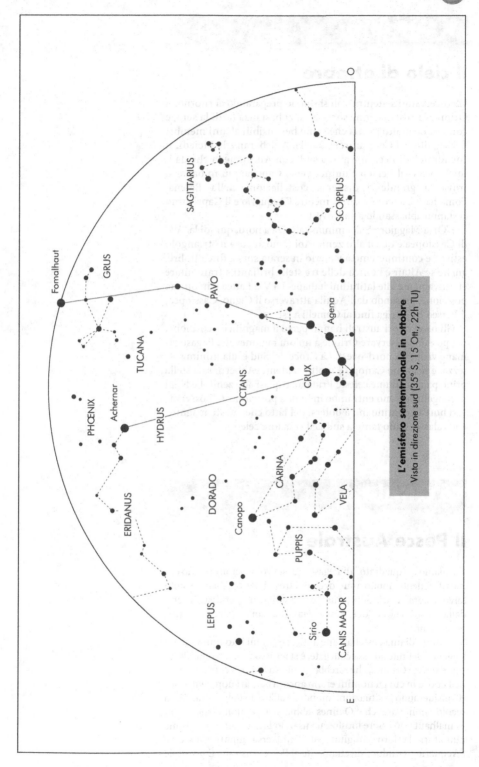

L'emisfero settentrionale in ottobre
Vista in direzione sud (35° S, 15 Ott., 22h TU)

1 Ottobre

Il cielo di ottobre

Gli osservatori settentrionali si stanno preparando al ritorno di Orione: la costellazione sorge a est abbastanza tardi la sera, e comunque molto prima che siano ben visibili alcuni membri del seguito del Cacciatore: Capella, Aldebaran e le Pleiadi. Il "quadrato" di Pegaso è alto a sud, con Andromeda che da lì inizia, verso il Perseo e quindi verso Capella; più in basso si trova la grande e dispersa costellazione della Balena. Fomalhaut è ancora visibile, mentre l'Acquario e il Capricorno si stanno abbassando a sud-ovest.

L'Orsa Maggiore è alla minima altezza a nord, quindi la "W" di Cassiopea è quasi allo zenit. Abbiamo ancora il "triangolo estivo" e continueremo a vederlo in serata sino a fine ottobre, anche se Altair è l'unica delle tre stelle brillanti a tramontare effettivamente alle latitudini italiane. La Via Lattea è in ottima posizione, passando dall'Aquila attraverso il Cigno, Cassiopea, il Perseo e l'Auriga fino ai Gemelli a est.

Gli osservatori australi hanno perso il magnifico Scorpione, ma possono osservare Orione a un'ora ragionevole; Pegaso rimane visibile a nord-ovest. La Croce del Sud è alla minima altezza, e neanche Canopo è molto evidente. Achernar, la stella principale del fiume celeste Eridano, è quasi allo zenit. Le Nubi di Magellano sono entrambe in buona posizione. Gli osservatori boreali continuano a dolersi del fatto che queste magnifiche galassie siano tanto a sud dell'equatore celeste.

2 Ottobre

Il Pesce Australe

Torniamo al "quadrato" di Pegaso, questa volta per utilizzarlo come riferimento: molto a sud di esso si trova il Pesce Australe, noto talvolta come Piscis Solitarius, "pesce solitario", per distinguerlo dalla costellazione dei Pesci. Ha una sola stella brillante, Fomalhaut.

Si tratta di una costellazione antica, e per quanto non vi siano leggende definite ad essa collegate, è stata associata talvolta al diopesce siriano Oannes, che sarebbe giunto sulla Terra come maestro nell'epoca in cui gli uomini erano ancora barbari non civilizzati. (Considerando la situazione mondiale all'inizio del ventunesimo secolo, non pare che Oannes abbia avuto molto successo.) Fomalhaut può essere localizzata usando *beta* e *alfa* Pegasi come puntatori: la loro congiungente attraversa infatti i Pesci e l'Acquario e conduce direttamente al Pesce Australe. È possibile

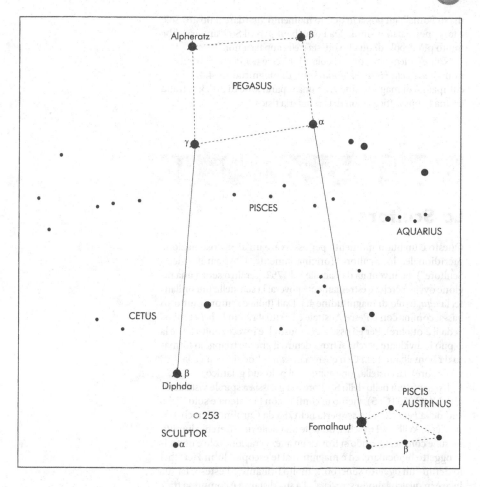

confonderla semmai solo con Diphda, o *beta* Ceti, che è approssimativamente allineata con le altre due stelle del "quadrato",
Alpheratz e *gamma* Pegasi; ma Diphda è sempre più alta di
Fomalhaut vista dall'Italia, e molto meno brillante (si veda il 5 ottobre).

Come abbiamo già notato, Fomalhaut è la stella di prima grandezza più meridionale visibile dall'Italia: la sua declinazione è in cifra tonda –30°, quindi non sorgerà mai da alcun luogo a nord della
latitudine +60° e sarà circumpolare a sud della latitudine –60°. È
una stella bianca di tipo A, 13 volte più luminosa del Sole e distante
solo 22 anni luce. È particolarmente interessante perché nel 1983
fu studiata dal satellite IRAS (*Infra-Red Astronomical Satellite*) che
la scoprì circondata da una nube di materia fredda, forse associata
alla formazione di pianeti, analoga a quella di Vega (si veda il 27 luglio).

Sarebbe certamente prematuro affermare che Fomalhaut è il
centro di un sistema planetario, poiché non ne abbiamo assolutamente alcuna prova; possiamo comunque dire che ciò è possibile e
non possiamo scartare del tutto l'idea che un astronomo nel siste-

ma di Fomalhaut possa in questo momento guardare il nostro Sole e fare speculazioni simili. Da Fomalhaut però il Sole apparirebbe molto più debole di quanto questa stella appaia a noi.

Non c'è nient'altro di particolare interesse nel Pesce Australe, se non che la *beta* (*Fum el Samarkah*), di magnitudine 4,4, ha una compagna di magnitudine 7,9 a una separazione di 30",3; si tratta di una coppia ottica e non di una binaria fisica.

3 Ottobre

Lo Scultore

Questo è un buon momento per osservare un'altra costellazione meridionale, lo Scultore (originariamente l'"Apparato dello Scultore"). Fu inventata da Lacaille nel 1752, peraltro senza una ragione ovvia, perché è estremamente povera: la sua stella più brillante, la *alfa*, è solo di magnitudine 4,3. Dall'Italia è sempre piuttosto bassa; confina con il Pesce Australe ed è situata sotto la *beta* Ceti (si veda il 2 ottobre). Per gli osservatori australi è invece molto alta e la si può individuare perché si trova dentro il grande triangolo formato da Fomalhaut, *beta* Ceti e Ankaa, o *alfa* Phoenicis (si veda il 27 novembre). La costellazione contiene il polo sud galattico.

L'oggetto più bello dello Scultore è la galassia a spirale vista di taglio NGC 253 (C65), vicino al confine con la Balena e solo 7°,5 a sud della *beta* Ceti. Fu scoperta nel 1783 da Caroline Herschel, la sorella di William Herschel, durante una delle sue ricerche di *routine* sulle comete. Quando si trova a un'altezza ragionevole è un facile oggetto binoculare, ed è magnifico al telescopio. John Herschel lo definì "un oggetto superbo… molto brillante ed esteso. La sua luce è in qualche modo screziata". La sua distanza è compresa tra 7 e 8 milioni di anni luce, quindi non è molto lontana dal nostro Gruppo Locale. Sempre nello Scultore si trova una seconda galassia vista di taglio, NGC 55 (C72), accanto al confine con la Fenice e a meno di 4° da Ankaa. Anche questa galassia è visibile al binocolo in buone condizioni, ma la sua declinazione è superiore a –39°, quindi dall'Italia è sempre bassa sull'orizzonte.

4 Ottobre

L'inizio dell'era spaziale

Oggi ricorre uno dei più importanti anniversari scientifici: il 4 ottobre 1957 nacque l'era spaziale, non con un vagito, ma con grande fragore. Gli scienziati di quella che era allora l'Unione Sovietica lanciarono lo *Sputnik 1*, un pionieristico satellite arti-

---

Anniversario

1957: Lancio del satellite *Sputnik 1*, con cui iniziò l'era spaziale.

Anniversario

1959: Lancio di *Luna 3*, la navicella spaziale che girò intorno alla Luna inviando le prime immagini dell'emisfero a noi nascosto (si veda il 26 ottobre).

ficiale. Era piccolo e trasportava solo un radiotrasmettitore che emetteva un semplice segnale, ma ebbe una profonda importanza per l'umanità.

L'evento non era totalmente inaspettato: era noto che i sovietici stavano lavorando a un lancio del genere, come d'altra parte gli americani; la Casa Bianca aveva annunciato il progetto di lanciare un satellite artificiale durante il cosiddetto Anno Geofisico Internazionale, quando gli scienziati di tutte le nazioni collaborarono nello studio della Terra e del suo ambiente. La tempestività dei russi fu uno *shock* per l'Occidente, e dagli Stati Uniti giunsero anche commenti astiosi e inopportuni: un generale pluridecorato descrisse lo Sputnik come "un grosso pezzo di ferro vecchio che praticamente chiunque avrebbe potuto lanciare". In realtà, il programma americano era in difficoltà, e fu solo quando fu data piena libertà al gruppo capeggiato da Wernher von Braun, che durante la guerra aveva lavorato alla base missilistica tedesca di Peenemünde, che il primo satellite americano, l'*Explorer 1*, si alzò in volo il 31 gennaio 1958.

Da allora sono state lanciate molte migliaia di satelliti, ma lo *Sputnik 1* resta qualcosa di indimenticabile. Rimase in orbita per mesi, bruciando infine nell'atmosfera nel gennaio 1958.

5 Ottobre

La Balena

Abbiamo già citato Diphda, o *beta* Ceti, una stella di seconda magnitudine allineata con due delle stelle del "quadrato" di Pegaso, Alpheratz e Algenib. La Balena è una costellazione molto grande; solitamente si immagina che rappresenti un'innocua balena, ma è anche stata identificata con il mostro marino della leggenda di Perseo (si veda l'11 novembre). Si estende fino all'estremità del Toro ed è così vicina all'eclittica che i pianeti possono attraversarla. È tagliata dall'equatore celeste, anche se si trova per la maggior parte nell'emisfero meridionale celeste. Le stelle principali sono elencate nella tabella della pagina seguente.

La testa della Balena, non lontana da Al Rischa, nei Pesci (si veda il 29 settembre), è formata dalla *alfa*, dalla *gamma*, dalla *mu* (magnitudine 4,3) e dalla *xi* (4,4); il "corpo" va da qui fino a Diphda. La costellazione include la variabile a lungo periodo Mira (si veda il 6 ottobre): sappiamo che può giungere alla magnitudine 1,7, ma per lo più resta sotto la soglia di visibilità a occhio nudo. Qui troviamo anche la *tau* Ceti, una delle stelle più vicine a noi e candidata promettente come centro di un sistema planetario, e anche una delle pochissime stelle visibili a occhio nudo che siano meno luminose del Sole.

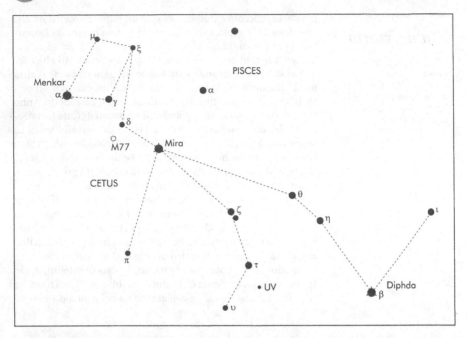

Balena					
Lettera greca	Nome	Magnitudine	Luminosità (Sole=1)	Distanza (anni luce)	Tipo spettrale
α alfa	Menkar	2,5	120	130	M2
β beta	Diphda	2,0	60	68	K0
γ gamma	Alkaffalljidhina	3,5	26	75	A2
δ delta	–	4,1	1320	850	B2
ζ zeta	Baten Kaitos	3,7	96	190	K2
η eta	–	3,4	96	117	K2
θ theta	–	3,6	60	114	K0
ι iota	Baten Kaitos Shemali	3,6	96	160	K2
τ tau	–	3,5	0,45	11,8	G8

6 Ottobre

La "stella meravigliosa"

La Balena contiene una delle più famose stelle del cielo: Mira, la "stella meravigliosa" (un soprannome suggerito da Hevelius). Essa ha dato il suo nome a un'intera classe di variabili ed è stata la prima stella variabile a essere riconosciuta come tale.

L'intervallo di magnitudini va dalla visibilità a occhio nudo fino alla magnitudine 10, quindi è osservabile senza ausilio ottico soltanto per poche settimane all'anno. Comunque non possiamo mai esserne sicuri: sappiamo che in occasione di alcuni massimi ha raggiunto la magnitudine 1,7; nel febbraio 1987 ho stimato la sua ma-

Anniversario

1732: Nascita di Nevil Maskelyne, che fu Astronomo Reale dal 1765 fino alla sua morte nel 1811. Si occupò particolarmente delle problematiche della navigazione in mare e fu il fondatore del *Nautical Almanac*.

1990: Lancio della navicella *Ulysses* per studiare i poli solari.

gnitudine pari a 2,3, ma in altri massimi supera appena la magnitudine 4. È naturalmente molto rossa, con uno spettro di tipo M; si ritiene che la distanza sia circa 220 anni luce. Se questo è corretto, il diametro di Mira è dell'ordine di 560 milioni di chilometri, quindi il suo enorme globo potrebbe contenere comodamente l'intera orbita di Marte intorno al Sole. La posizione è: AR 02h 19m, declinazione –02° 59'.

Poiché il periodo medio è inferiore a 11 mesi, talvolta accade che Mira raggiunga il massimo due volte in un anno: è accaduto, per esempio, il 13 gennaio e l'11 dicembre 1998. Mira ha una compagna binaria, scoperta nel 1923 da R.G. Aitken con il rifrattore di 91,4 cm dell'Osservatorio di Lick, negli Stati Uniti. La separazione era allora di 0",9, ma poi è diminuita: era 0",8 nel 1940, 0",7 nel 1950, 0",4 nel 1980 e solo 0",1 nel 2000, dopodiché è nuovamente aumentata. Al momento, quindi, Mira è una binaria dall'osservazione difficile. Il periodo orbitale è di 400 anni. La compagna è una stella nana a *flare* (si veda il 9 ottobre), che talvolta si illumina improvvisamente rispetto alla normale magnitudine di 9,5; anch'essa è classificata come variabile, ed è denominata VZ Ceti.

È consigliabile memorizzare la posizione di Mira quando è brillante, in modo da poterla ritrovare quando scende sotto la soglia di visibilità a occhio nudo. Accanto c'è una piccola e bella doppia, la 66 Ceti.

7 Ottobre

Tau Ceti: una nostra vicina

È interessante osservare con attenzione la *tau* Ceti, nella regione meridionale della Balena. L'aspetto è abbastanza ordinario: ha magnitudine 3,5 ed è quindi facile da identificare; per gli standard stellari è molto vicina, solo 11,8 anni luce, ed è una nana, con solo il 45% della luminosità solare. Il suo spettro è di tipo G e quindi non è troppo dissimile dal Sole, per quanto molto più debole.

La *tau* Ceti è stata considerata il possibile centro di un sistema planetario, e fu una delle due stelle scelte nel 1960 come obiettivi del progetto Ozma, nel quale il grande radiotelescopio di Green Bank, in West Virginia, fu utilizzato per "ascoltare" le due stelle ad alcune precise lunghezze d'onda, nell'esile speranza di rilevare un segnale che potesse essere classificato come artificiale. (Il nome del progetto deriva dal famoso romanzo di Frank Baum *Il mago di Oz*). Non sorprende che i risultati furono negativi. Da allora sono stati effettuati ulteriori tentativi, sempre senza successo, ma non si sa cosa potrà accadere in futuro.

8 Ottobre

Giganti e nane celesti

Anniversario

1873: Nascita di Ejnar Hertzsprung, l'astronomo danese che si rese conto dell'esistenza di stelle giganti e stelle nane. Lavorò a Copenhagen, Gottinga e Monte Wilson prima di diventare direttore dell'Osservatorio di Leiden nel 1935. Morì nel 1967.

Ejnar Hertzsprung era molto interessato alla classificazione e all'evoluzione delle stelle e nel 1905 giunse a una conclusione interessante. Le stelle rosse erano divise in due gruppi distinti: le giganti, di grande potenza e luminosità, e le piccole e deboli nane; non esistevano stelle rosse con emissione simile a quella solare. Tale dicotomia era ancora evidente per le stelle arancione e, in misura minore, per le stelle gialle, ma non per quelle bianche o bluastre. In seguito, la stessa conclusione fu raggiunta da H.N. Russell, in America, e il risultato fu la costruzione del cosiddetto *diagramma di Hertzsprung-Russell*, o HR, in cui le stelle sono riportate in grafico in base ai loro tipi spettrali e alle loro luminosità. Un tipico diagramma HR è mostrato qui sotto, e la divisione in giganti e nane è netta. Gran parte delle stelle si distribuisce sulla Sequenza Principale, che va dall'estremità in alto a sinistra del grafico fino a quella in basso a destra (fascia grigia). Originariamente si pensava

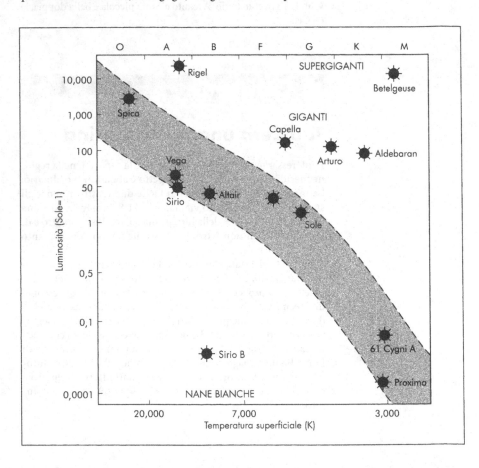

che il diagramma rappresentasse una sequenza evolutiva, con una stella che iniziava trovandosi in alto a destra, che poi entrava nella Sequenza Principale e infine scivolava giù per estinguersi in basso a destra. Oggi sappiamo che questo non è corretto, ma il diagramma mantiene comunque la sua importanza.

Stanotte sono visibili sia stelle giganti che nane. Osservate per esempio una gigante rossa (*alfa* Ceti), una nana rossa (61 Cygni), una gigante arancione (*beta* Ceti), una nana arancione (*tau* Ceti), una gigante gialla (Capella), una nana gialla (*gamma* Delphini) e anche una stella bianca come Altair. Le nane bianche, invece, si trovano in una categoria a sé e non sono semplicemente normali stelle bianche di bassa luminosità (si veda il 21 febbraio).

Anniversario

1873: Nascita di Karl Schwarzschild, importante astronomo tedesco che fu un pioniere nei campi della fotometria stellare e dell'astrofisica teorica. Fu direttore dell'Osservatorio di Gottinga (1901-9) e poi di quello di Potsdam. Morì nel 1916 prestando servizio militare durante la I Guerra Mondiale.

9 Ottobre

Stelle a *flare*

Non lontano dalla *tau* Ceti, alla posizione AR 01h 39m, declinazione –17° 58', si trova la notevole stella UV Ceti. È una nana rossa molto debole, o meglio una coppia di nane rosse: le loro luminosità sono rispettivamente 0,00006 e 0,00004 volte quella del Sole, quindi sono vere lucciole cosmiche. Sono deboli, anche se le vediamo dalla distanza di soli 8,4 anni luce: stanno ben al di sotto della magnitudine 12.

La componente secondaria, UV Ceti B, è una stella a *flare*: può illuminarsi improvvisamente (*flare* = brillamento) e aumentare rapidamente di diverse magnitudini, per poi declinare nuovamente alla luminosità normale. Per esempio, il 24 settembre 1952 è passata dalla magnitudine 12,3 alla 6,8 in circa 21 secondi: solo un brillamento può spiegare questo tipo di comportamento. Il nostro Sole mostra brillamenti, ma sono molto blandi e non modificano l'emissione solare di una quantità misurabile. Le cose sono molto diverse per la UV Ceti B. Conosciamo molte altre stelle a *flare*, tra cui Proxima, la stella più vicina al Sole: sono tutte nane rosse e non possiamo mai prevedere quando si verificherà il prossimo brillamento.

10 Ottobre

Le meteore Draconidi

Stanotte cade il massimo della pioggia meteorica delle Draconidi, talvolta chiamata pioggia delle Giacobinidi perché la cometa progenitrice è la Giacobini-Zinner, che impiega 6,5 anni a completare un'orbita intorno al Sole; scoperta originariamente nel 1900 da

Giacobini, fu ritrovata nel 1913 da Zinner, da cui il doppio nome. Non è mai molto brillante, anche se a volte sviluppa una coda.

Le Draconidi sono imprevedibili: molto spesso la pioggia è così scarsa da non poter essere nemmeno notata, ma ogni tanto si verificano grandi "tempeste", come nel 1933, nel 1946 e nel 1972; durante quella del 1946 lo ZHR (si veda il 4 gennaio) superò il valore di 30 mila per un breve periodo. Per una volta gli osservatori boreali sono avvantaggiati, perché il radiante della pioggia meteorica è vicino alla *gamma* Draconis, nella testa del Drago (si veda il 15 ottobre).

Cercate le Draconidi stanotte, e anche il 9 e l'11 del mese: molto probabilmente vedrete poche stelle cadenti, o persino nessuna, ma non si sa mai!

11 Ottobre

Gli oggetti nella Balena

Ritornando alla Balena, osserviamone la testa, la cui stella più brillante è la *alfa*, o Menkar, una gigante rossa di tipo M. (Nello stesso campo a basso ingrandimento si trova una stella bluastra di quinta magnitudine, la 93 Ceti: non esiste un'associazione fisica, ma la coppia è interessante da osservare a causa del contrasto di colore.) *Gamma* Ceti è una bella doppia: le magnitudini sono 3,5 e 7,3 con separazione di 2'',2. Le componenti si spostano insieme nello spazio, ma il periodo orbitale deve essere lunghissimo. È stato affermato che la primaria è gialla e la secondaria blu, ma ammetto di non essere mai stato in grado di vedere colori in alcuna delle due.

Accanto alla *delta*, alla posizione AR 02h 43m, declinazione –00° 01', si trova la galassia a spirale M77, con un nucleo compatto e bracci poco evidenti; le spirali di questo tipo sono note come sistemi di Seyfert e sono spesso molto attive. M77 dista oltre 50 milioni di anni luce; gli studi dei moti stellari al suo interno hanno suggerito che possa contenere un massiccio buco nero centrale. Al telescopio, M77 non è molto appariscente, con una magnitudine integrata di solo 8,8, ma è una galassia eccezionalmente massiccia.

Prima di lasciare la Balena osservate Diphda, a sud del "quadrato" di Pegaso: la magnitudine è 2,0, ma è stato suggerito che sia in qualche modo variabile. Sfortunatamente è una stella difficile da seguire a occhio nudo, perché non c'è alcuna stella di confronto vicina.

12 Ottobre

La Fornace Chimica

Mentre siamo in questa regione, chi se la sente può cercare un'altra oscura costellazione, la Fornace, originariamente la "Fornace Chimica": è ancora un'altra delle costellazioni aggiunte al cielo da Lacaille nel 1752.

Essa confina con la Balena e con l'Eridano (si vedano il 30 gennaio e il 2 novembre) e si trova molto a sud dell'equatore. La stella più brillante, la *alfa,* ha magnitudine 3,9 e declinazione −29°, circa la stessa di Fomalhaut, ma dalle latitudini italiane quest'ultima è facile da localizzare a causa della sua luminosità; la *alfa* Fornacis è molto più difficile, specialmente perché non ci sono riferimenti ovvi intorno ad essa. Dista 46 anni luce ed è una stella di tipo F8, quattro volte più luminosa del Sole.

La Fornace contiene molte galassie deboli, ed è quindi di grande interesse per gli osservatori del profondo cielo, ma non c'è molto da osservare per chi possiede un piccolo telescopio. È presente comunque una galassia degna di nota, la "Nana della Fornace", che dista 420 mila anni luce da noi, molto più vicina della spirale di Andromeda, ma molto piccola: solo 7000 anni luce di diametro. Se fosse più lontana non sarebbe stata identificata come un sistema stellare separato, ed è molto debole anche quando la paragoniamo ai componenti più importanti del Gruppo Locale; contiene pochissima o nessuna nebulosità. Queste galassie nane sono molto comuni, ma ovviamente possiamo vedere solo quelle che sono relativamente vicine a noi.

13 Ottobre

Il cratere Linneo

È passato un po' di tempo da quando abbiamo parlato della Luna l'ultima volta, quindi volgiamo di nuovo brevemente la nostra attenzione al nostro fedele satellite e diciamo qualcosa sullo strano caso di un cratere sparito.

In primo luogo, com'è la Luna stanotte? Ecco la situazione per i prossimi anni in questo giorno:

2007 Due giorni dopo la Luna Nuova. Sottile falce crescente.
2008 Un giorno prima della Luna Piena.
2009 Due giorni dopo l'Ultimo Quarto. Falce mattutina.
2010 Un giorno prima del Primo Quarto. Posizione ideale
2011 Un giorno dopo la Luna Piena.
2012 Tre giorni prima della Luna Nuova.
      Sottile falce mattutina.

Si dice solitamente che la Luna è un mondo immutabile, e in generale questo è abbastanza vero; nessun grande cratere può essersi formato da almeno un miliardo di anni. Ma nel diciannovesimo secolo una notizia suscitò un grande interesse: si disse che il piccolo cratere Linneo nel Mare Serenitatis era scomparso.

Il Mare Serenitatis è uno dei mari lunari più prominenti; ha un profilo regolare con un fondo relativamente omogeneo su cui si trova un importante cratere, Bessel, largo 19 km. (Il nome deriva da F.W. Bessel, il primo uomo a misurare la distanza di una stella.) Nel 1838 due osservatori tedeschi, Wilhelm Beer e Johann von Mädler, tracciarono una splendida mappa della Luna che mostrava Bessel e anche un altro cratere, Linneo, descritto come distinto e profondo.

Nel 1866 un altro tedesco, Julius Schmidt, osservò la regione e riferì che, invece di essere un cratere, Linneo era adesso una macchia bianca. Furono molte le ipotesi per spiegare questo fenomeno: sismi lunari, smottamenti del terreno e simili, ma sembra ora certo che non sia mai accaduto niente: Mädler stesso disse che Linneo nel 1868 aveva lo stesso aspetto che nel 1838. È oggi un piccolo cratere circondato da un "alone" bianco, come hanno mostrato le immagini delle sonde spaziali, ma il suo aspetto può variare notevolmente a seconda dell'angolo sotto cui viene colpito dalla luce del Sole. Possiamo quindi accantonare l'idea di ogni reale cambiamento in Linneo.

14 Ottobre

William Lassell
e il suo telescopio

Anniversario

1846: Scoperta di Tritone, il maggiore satellite di Nettuno, da parte di William Lassell.

William Lassell fu uno dei grandi astronomi dilettanti dell'epoca vittoriana. Nacque nel 1799 e, divenuto maggiorenne, prese il controllo dell'impresa di famiglia, ma il suo interesse principale era l'astronomia; egli costruì un bel riflettore di 61 cm e lo montò nella sua casa di Liverpool. Si concentrò sulle osservazioni planetarie: non appena fu annunciata la scoperta di Nettuno (si veda il 4 agosto) puntò il suo telescopio nella regione individuandolo immediatamente. Poche settimane dopo, il 14 ottobre, scoprì Tritone. Fu anche lo scopritore di due satelliti di Urano (Ariel e Umbriel) e, indipendentemente, di Iperione, il settimo satellite di Saturno.

Lassell morì nel 1880. Il suo telescopio fu smantellato, ma le ottiche e i progetti rimasero e nel 1996 lo strumento fu ricostruito con le ottiche originali. (Ho avuto l'onore di essere invitato a presiedere la cerimonia di apertura.) È adesso pienamente funzionante al Liverpool Museum ed è utilizzato per lavori scientifici, oltre ad essere un reperto del museo. Sicuramente William Lassell approverebbe.

15 Ottobre

Il Drago

Il Drago è una delle costellazioni più estese, occupando più di 1000 gradi quadrati di cielo, ma non ha stelle eccezionalmente brillanti: la principale, la *gamma,* è sotto la seconda magnitudine. Thuban, la stella cui è assegnata la lettera *alfa,* è circa 1,5 magnitudini più debole (in epoca antica era la "stella polare" dell'emisfero settentrionale).

Il Drago si estende disordinatamente da una posizione compresa tra i puntatori del Grande Carro e la Stella Polare fino ai dintorni di Vega. Dalle latitudini italiane è circumpolare; la declinazione della *gamma* è +51°. Non è difficile distinguere la contorta linea di stelle che forma il corpo del rettile; la parte più prominente della costellazione è la "testa", composta dalla *gamma,* dalla *beta,* dalla *xi* (magnitudine 3,7) e dalla *nu,* che è una doppia molto ampia: entrambe le componenti sono bianche e di magnitudine 4,9. Poiché sono separate di oltre 30″, possono essere risolte con un buon binocolo, e persino senza alcun ausilio ottico da persone con la vista molto acuta. *Mu* Draconis è una doppia più stretta: le componenti hanno entrambe magnitudine 5,7, ma la separazione è di soli 1″,9. Questa è una binaria lenta, con un periodo orbitale di poco meno di 500 anni. Anche la *eta* e la *epsilon* hanno deboli compagne che sono facili oggetti telescopici.

La nebulosa planetaria NGC 6543 (C6) si trova tra la *delta* e la *zeta*; la sua magnitudine integrata è 9, quindi è piuttosto facile da localizzare con un piccolo telescopio, per quanto probabilmente sia oltre la portata di un normale binocolo. Fu tra l'altro il primo og-

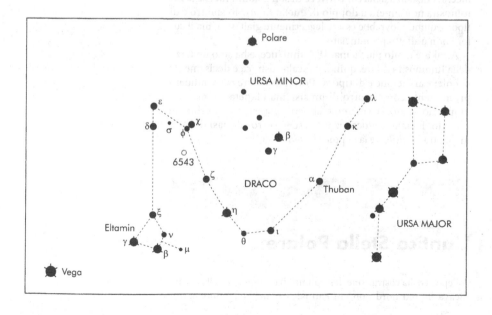

Drago					
Lettera greca	Nome	Magnitudine	Luminosità (Sole=1)	Distanza (anni luce)	Tipo spettrale
α alfa	Thuban	3,6	130	230	A0
β beta	Alwoid	2,8	600	270	G2
γ gamma	Eltamin	2,2	110	101	K5
δ delta	Taïs	3,1	60	117	G9
ε epsilon	Tyl	3,8	58	166	G8
ζ zeta	Aldibah	3,2	500	316	B6
η eta	Aldhibain	2,7	110	81	G8
ι iota	Edasich	3,3	96	156	K2
χ chi	–	3,6	2	25	F7

getto nebulare di cui sia stato osservato lo spettro da Sir William Huggins, nel 1864. Pare che il suo diametro reale sia circa un terzo di anno luce.

16 Ottobre

Le stelle vicine al Drago

Il Drago contiene due stelle visibili a occhio nudo che sono tra quelle più vicine a noi: sono la *sigma* (Alrakis) e la *chi*, che non ha mai avuto l'onore di un nome proprio; quindi localizziamole.

La *chi* è facile: forma un'ampia coppia con la *phi*, che è una normale stella di tipo A e magnitudine 4,2, distante 100 anni luce. La distanza della *chi* è invece di soli 25 anni luce, e la luminosità non supera il doppio di quella solare; lo spettro è di tipo F, quindi dovrebbe essere leggermente giallastra, ma il colore non è affatto pronunciato.

Alrakis è molto più vicina, 18,5 anni luce, e ha solo un terzo della luminosità solare, quindi su scala cosmica è decisamente debole; è arancione e di tipo K. Potrebbe essere un candidato promettente come centro di un sistema planetario, ma non sappiamo ancora se vi siano realmente pianeti che le orbitano intorno. È facile da localizzare perché si trova quasi direttamente tra la *epsilon* e la coppia *chi-phi*.

17 Ottobre

L'antica Stella Polare

All'epoca della costruzione delle piramidi d'Egitto, la stella che indicava il polo nord non era l'attuale Polare, ma Thuban, *alfa*

Draconis. Prima di discutere della sua perdita del ruolo di "polare", analizziamo la stella in sé.

Thuban è situata tra Alkaid, nel Grande Carro, e Kocab, nell'Orsa Minore: la sua magnitudine è 3,65 e, poiché è piuttosto isolata, è molto facile da identificare. È una binaria spettroscopica con un periodo orbitale di 51,4 giorni; la distanza effettiva tra le componenti è dell'ordine di 320 milioni di chilometri e la stella più brillante ha uno spettro peculiare, con linee molto intense del silicio.

Per quanto le sia stata assegnata la lettera *alfa,* Thuban è solo l'ottava stella del Drago in ordine di luminosità e, come abbiamo visto, è circa 1,5 magnitudini più debole della *gamma*, nella testa del Drago. È stata sospettata di variabilità: Bayer infatti nel 1603 la considerò più brillante della *gamma*, e forse per questo le diede la prima lettera dell'alfabeto greco. Non è probabile che vi sia stato qualche reale cambiamento, ma può essere utile confrontarla occasionalmente con la *lambda* Draconis (Giansar), che è una stella rosso-arancio di tipo M. La magnitudine della *lambda* è 3,8, quindi è solo poco più debole di Thuban.

Thuban dista 230 anni luce e attualmente si sta avvicinando a noi alla velocità di 16 km/s, anche se naturalmente non continuerà così indefinitamente, e certamente non corriamo il rischio di una futura collisione.

18 Ottobre

Il Polo in movimento

Circa 4800 anni fa, nell'era dell'Antico Regno d'Egitto, la stella che indicava il polo nord era Thuban nel Drago; nel 2830 a.C. si trovava alla minima distanza da esso, meno di 10 primi d'arco, e ci sono stati molti studi sulla relazione tra la posizione del polo e l'allineamento delle piramidi.

I poli celesti non rimangono esattamente nelle stesse posizioni: ciascun polo descrive infatti un piccolo cerchio in cielo, con un periodo di circa 26 mila anni. Adesso il polo nord si è spostato in un punto vicino alla *alfa* UMi, la nostra Polare, e la distanza tra la stella e il vero polo sta ancora decrescendo: sarà meno di mezzo grado nel 2100. Nell'anno 4000, però, il polo nord si sarà portato abbastanza vicino alla *gamma* Cephei, o Alrai (si veda il 27 gennaio), e nell'anno 10.000 si troverà nella regione della brillante Deneb, nel Cigno (si veda il 17 agosto). Raggiungerà poi i dintorni di Vega nel 14.000, e allora avremo una stella polare davvero brillante, dopodiché passerà attraverso il Drago avvicinandosi di nuovo a Thuban prima di tornare alla Polare nel 26.000. Nel frattempo, il polo sud celeste effettuerà un movimento simile, e quando l'emisfero boreale avrà Vega come stella polare, quello australe avrà la ancora più splendente Canopo.

La ragione di questo spostamento, chiamato *precessione*, è che la Terra non è una sfera perfetta: il diametro misurato all'equatore è di 12.683 km, ma è solo di 12.640 km se lo misuriamo ai poli. Il Sole e la Luna esercitano la loro influenza gravitazionale sul rigonfiamento equatoriale e fanno "tremolare" leggermente la Terra, come la trottola di un bambino quando sta rallentando e iniziando a rovesciarsi. La trottola ha una precessione in solo una manciata di secondi, mentre la Terra impiega molte migliaia di anni. Naturalmente, il movimento del polo coinvolge anche l'equatore, e questo è il motivo per cui il primo punto d'Ariete si è ora spostato nei Pesci (si veda il 22 gennaio).

19 Ottobre

Gamma Draconis e l'aberrazione

Eltamin, o *gamma* Draconis, nella testa del Drago, è una normale stella di tipo K un po' sotto la seconda magnitudine; ha però un posto nella storia dell'astronomia, perché osservandola si giunse a una scoperta molto importante.

James Bradley, uno dei principali astronomi inglesi del diciottesimo secolo, era ansioso di misurare le distanze delle stelle con il metodo della parallasse, e all'inizio si concentrò su *gamma* Draconis perché passa proprio allo zenit della latitudine di Kew, alla periferia di Londra, dove Bradley aveva sistemato i propri strumenti, ed era quindi particolarmente facile da misurare. Bradley sapeva che gli spostamenti di parallasse sarebbero stati molto piccoli, ma i suoi risultati lo lasciarono perplesso: c'erano davvero degli spostamenti, eppure non erano dovuti alla parallasse. La *gamma* Draconis sembrava muoversi in un piccolo cerchio, tornando alla propria posizione iniziale dopo un periodo di un anno. Bradley controllò altre stelle, trovando che si comportavano tutte nello stesso modo.

Secondo un famoso aneddoto, che potrebbe anche essere vero, Bradley trovò la risposta un giorno in cui stava navigando sul Tamigi: notò che quando veniva cambiata la direzione della barca, la banderuola in cima all'albero si spostava leggermente, anche se il vento non cambiava. Egli si rese subito conto che qualcosa di analogo spiega il comportamento della *gamma* Draconis. La luce non viaggia a velocità infinita: come aveva scoperto l'astronomo danese Ole Roemer, essa sfreccia alla velocità di 300 mila chilometri al secondo. Anche la Terra è in movimento, orbitando intorno al Sole alla velocità media di 29,6 km/s, e la sua "direzione" di moto cambia continuamente. Se immaginiamo che la barca rappresenti la Terra e il vento la luce incidente, allora la situazione diventa chiara: si vedrà sempre lo spostamento apparente di una stella verso la direzione in cui la Terra si sta muovendo in quel particolare momento. Questo fenomeno è chiamato *aberrazione*.

Potrete provare l'aberrazione la prossima volta che vi troverete a camminare nella pioggia tenendo un ombrello: se vorrete mantenervi asciutti dovrete inclinare l'ombrello davanti a voi mentre camminate.

20 Ottobre

Andromeda

Per gli osservatori dell'emisfero settentrionale il "quadrato" di Pegaso rimane alto in cielo nel corso della serata per tutto ottobre, ed è un buon momento per seguire le variazioni della *beta* Pegasi, o Scheat (si veda il 17 settembre). Se la osservate in ogni notte serena sarete in grado di disegnare una curva di luce. Ricordate di tenere conto dell'estinzione quando la confrontate con la *alfa* o la *gamma* Pegasi; Alpheratz è un po' troppo brillante per essere usata comodamente come stella di confronto.

Alpheratz è la stella scippata a Pegaso: la *delta* Pegasi è diventata la *alfa* Andromedae. La costellazione di Andromeda consiste principalmente in una catena di stelle di media luminosità che si allontana dal "quadrato". Gli astri principali sono elencati in tabella.

Alpheratz è una binaria spettroscopica; il periodo orbitale è di soli 97 giorni e la distanza reale tra le componenti è dell'ordine di 64 milioni di chilometri. La *beta*, o Mirach, è chiaramente arancione. La *gamma*, o Almaak, è una delle doppie più belle: le magnitudini sono 2,3 e 4,8; la primaria è arancione ed è stato affermato che la secondaria appare verde per contrasto, anche se quasi tutti gli osservatori la definiscono bianca. La secondaria è a sua volta una binaria stretta con un periodo orbitale di 561 anni, ma poiché la separazione non supera mai il mezzo secondo d'arco si tratta di un oggetto di test abbastanza difficile. La componente più brillante della coppia è a sua volta una binaria spettroscopica: quindi, complessivamente, il sistema di *gamma* Andromedæ è quadruplo.

A una certa distanza a nord di Alpheratz si trova la *theta* Andromedae, di magnitudine 4,6 e, vicino ad essa, alla posizione AR 00h 24m, declinazione +38° 35', la variabile tipo Mira catalogata come R Andromedae, che ha un'ampia escursione di magnitudini, da 5,8 a 14,9: quindi, mentre al minimo è un oggetto molto debole, al massimo può raggiungere la visibilità a occhio nudo, ed è facile al binocolo; il periodo è di 409 giorni.

Andromeda

Lettera greca	Nome	Magnitudine	Luminosità (Sole=1)	Distanza (anni luce)	Tipo spettrale
α *alfa*	Alpheratz	2,1	96	72	A0
β *beta*	Mirach	2,1	115	88	M0
γ *gamma*	Almaak	2,1	95	121	K2+A0
δ *delta*	–	3,3	105	160	K3

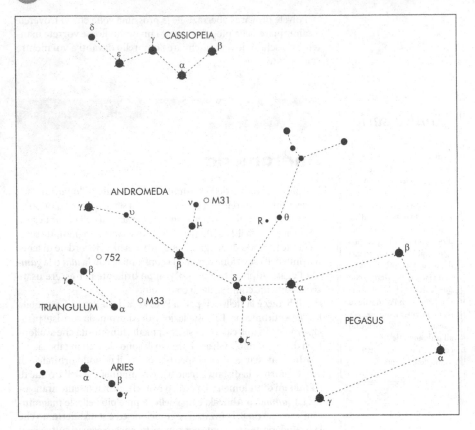

21 Ottobre

Le Orionidi e la cometa di Halley

Questa notte si dovrebbe verificare la massima attività della pioggia meteorica delle Orionidi, che inizia intorno al 16 ottobre e finisce il 27 con un picco il 21; è relativamente ricca e quindi dovrebbero esserci molte meteore per diverse notti consecutive. La posizione del radiante è a nord di Orione, a AR 6h 24m, declinazione +15°. Il tipico ZHR è intorno a 25 ed è normalmente superato solo da quello delle Quadrantidi di gennaio (si veda il 4 gennaio), dalle Eta Aquaridi di maggio, dalle Perseidi di agosto (11 agosto) e dalle Geminidi di dicembre (13 dicembre).

Le meteore Orionidi sono solitamente rapide, con belle scie. Ne conosciamo la cometa progenitrice: è nientemeno che la Halley.

La cometa di Halley, che prende il nome da Edmond Halley, il primo a capire che essa ritornava regolarmente nei pressi del Sole, ha un periodo di 76 anni. Alla sua massima distanza dal Sole si allontana ben oltre l'orbita di Nettuno, ma ha sparso detriti lungo tutto il suo cammino; tali detriti originano sia le Eta Aquaridi che le Orionidi. Gli ultimi passaggi della cometa sono avvenuti nel

1835, nel 1910 e nel 1986; in quest'ultimo caso, la posizione non era ideale e la cometa non è mai diventata molto brillante, ma ai passaggi precedenti fu bellissima e si dice che nell'anno 837 addirittura proiettava le ombre degli oggetti. Tornerà nel 2061, ma sarà nuovamente in una posizione scomoda ; osservatela nel 2137 e sarà magnifica! Almeno sappiamo di cosa è composta: nel 1986 la navicella spaziale europea *Giotto* attraversò direttamente la chioma della cometa inviando immagini del nucleo ghiacciato e scuro.

22 Ottobre

La grande spirale

L'oggetto più famoso in Andromeda è M31, la "grande spirale", la più vicina galassia veramente grande; si distingue anche per essere l'oggetto più remoto chiaramente visibile a occhio nudo.

È nota fin da tempi molto antichi: nel 964 l'astronomo arabo Al-Sûfi la descrisse come "una piccola nube". Curiosamente non è citata da Tycho Brahe, il maggiore tra gli osservatori pre-telescopici; il primo resoconto telescopico di M31 si deve a Simon Marius, che la osservò il 15 dicembre 1612 e la descrisse come "simile alla fiamma di una candela vista attraverso un corno", o "una nube composta da tre raggi; biancastra, debole e irregolare; più brillante verso il centro". Lord Rosse, nel 1845, ritenne correttamente che potesse essere risolta in singole stelle, mentre Sir William Huggins (si veda il 7 febbraio) scoprì che lo spettro era abbastanza diverso da quello delle nebulose gassose come M42 nella Spada di Orione.

Per individuarla, partite dalla *beta* e dalla *gamma* Andromedæ (Mirach e Almaak) e localizzate due stelle più deboli, la *mu* e la *nu*, di magnitudini 3,9 e 4,5 rispettivamente: M31 è situata vicino alla *nu*. Per vederla a occhio nudo è necessaria una notte buia e limpida e persino in questo caso è molto debole, ma il binocolo la evidenzia bene e non è possibile confonderla, anche se non presenterà alcuna struttura e apparirà semplicemente come una spettrale macchia di luce. Un piccolo telescopio mostrerà anche le sue galassie compagne, M32 e NGC 205.

23 Ottobre

Anniversario

1822: Nascita di F.G.W. Spörer, pionieristico osservatore del Sole.

Spörer e la sua legge

Finora non abbiamo detto molto del Sole e oggi è un buon momento per ritornarvi, perché è l'anniversario della nascita di Friedrich Wilhelm Gustav Spörer, uno dei grandi pionieri degli studi sul Sole. Egli nacque a Berlino il 23 ottobre 1822 e studiò all'Università di Berlino; divenne docente e costruì un Osservatorio privato dedicandosi principalmente allo studio del Sole. Nel 1874 divenne assistente astronomo all'Osservatorio di Potsdam dove continuò le sue ricerche. Morì il 7 luglio 1895.

Come abbiamo visto, le macchie solari sono zone più scure sulla brillante superficie del Sole, o *fotosfera*; esse sono un migliaio di gradi più fredde delle aree adiacenti, e questo è il motivo per cui appaiono nerastre (non lo sono realmente). Ovviamente non sono permanenti: ogni 11 anni circa il Sole raggiunge il picco di attività, con molte macchie e brillamenti, mentre alle epoche del minimo (come nel 1996) possono esservi molti giorni consecutivi senza macchie.

Spörer scoprì che le prime macchie di un nuovo ciclo di attività appaiono ad alte latitudini solari; mentre il ciclo progredisce, si formano nuove macchie sempre più vicine all'equatore, anche se non appaiono mai precisamente all'equatore. Quando finiscono di comparire le macchie del vecchio ciclo, a latitudini più elevate appaiono le prime del ciclo successivo. Questo fenomeno è noto come "legge di Spörer" e fu scoperto indipendentemente da Richard Carrington (si veda il 26 maggio). Dobbiamo ammettere che anche oggi la nostra conoscenza del funzionamento dettagliato del Sole è lungi dall'essere completa, ma senza dubbio la legge di Spörer è di fondamentale importanza.

Ricordate di non guardare mai direttamente il Sole attraverso alcuno strumento ottico. Non mi scuso per la continua ripetizione di questo avviso, perché è di vitale importanza.

24 Ottobre

La distanza di M31

Torniamo alla spirale di Andromeda. I piccoli telescopi non vi evidenziano alcuna struttura, ma gli strumenti più grandi mostrano che è risolvibile in stelle. Quindi qual è la sua natura? I primi osservatori non ne erano sicuri: non potevano stabilire se facesse parte della nostra Galassia o fosse qualcosa di molto più importante. Il grande osservatore William Herschel credeva che fosse "la più vicina delle nebulose", a una distanza non più di 200 volte quella di Sirio. Lord Rosse non era d'accordo e si chiedeva se potesse essere un sistema esterno.

La questione fu affrontata all'inizio degli anni '20 da Edwin Hubble, che aveva il vantaggio di poter utilizzare il telescopio di 2,54 m di Mount Wilson, allora decisamente il più potente al mondo. Il suo metodo consisteva nell'usare le variabili Cefeidi, che come abbiamo visto (si veda il 28 gennaio) "rivelano" la loro distanza nel modo in cui cambiano di luminosità. Hubble trovò alcune Cefeidi in M31 e comprese subito che erano di gran lunga troppo lontane per appartenere alla nostra Galassia. Stimò la distanza in 900 mila anni luce, poi rivista in 750 mila; fu solo nel 1952 che

Walter Baade trovò un errore nella scala delle Cefeidi e aumentò la distanza di M31 a 2.200.000 anni luce.

Un anno luce è pari a 9,5 milioni di milioni di chilometri, quindi M31 è davvero ben distante da noi; anche così, è la più vicina delle grandi galassie, e solo le Nubi di Magellano e alcuni sistemi nani sono più prossimi. M31 inoltre è notevolmente più grande della nostra Galassia e contiene più stelle dei nostri 100 miliardi.

25 Ottobre

La forma di M31

Alcune galassie sono oggetti molto belli a forma di girandola; tale è M51, il "Vortice" nei Cani da Caccia (si veda il 24 marzo), non lontana da Alkaid nell'Orsa Maggiore. Sfortunatamente, la spirale di Andromeda è poco inclinata nella nostra direzione, quindi perdiamo la sua piena bellezza.

Edwin Hubble, che fu il primo a stabilire che le "nebulose stellari" erano in realtà galassie esterne, elaborò un sistema di classificazione che è in uso ancora oggi, anche se da allora sono stati proposti sistemi più complessi. Per le spirali erano presenti tre classi: Sa (consistente, spesso con bracci strettamente avvolti che si diramano da un nucleo ben definito), Sb (bracci più sparsi, nucleo meno compatto) e Sc (bracci molto sparsi, nucleo non appariscente). Sappiamo adesso che la nostra Galassia è di tipo Sb (ma potrebbe anche essere una spirale barrata; si veda più avanti); pure M31 viene classificata come Sb, ma è molto più grande della nostra, con una massa circa una volta e mezza quella della Galassia. È circondata da oltre 300 ammassi globulari, è una radiosorgente (per quanto non intensa) e ruota intorno al proprio nucleo; come avviene per quasi tutte le spirali, i bracci "rimangono indietro".

Altri tipi di galassie sono le cosiddette "spirali barrate", con i bracci che si estendono dalle estremità di una struttura a barra che attraversa il nucleo: anche per queste abbiamo tre classi, SBa, SBb e SBc. Esistono anche galassie ellittiche, senza alcuna struttura a spirale: sono classificate da E7 (molto appiattite) fino a E0 (virtualmente sferiche, simili ad ammassi globulari, per quanto vi sia un'enorme differenza nella massa). Infine, esistono alcune galassie di forma piuttosto irregolare.

Anniversario

1959: Ricevute le prime immagini dell'altra faccia della Luna.

---

26 Ottobre

L'altra faccia della Luna

Oggi è un altro anniversario lunare: per la prima volta vennero ricevute informazioni precise su quelle parti della superficie che non possiamo mai vedere.

Per ricapitolare: la Luna gira intorno alla Terra, o più precisamente intorno al centro di massa, in 27,3 giorni. Impiega esattamente lo stesso tempo a ruotare sul proprio asse, quindi mantiene sempre la stessa faccia rivolta verso di noi, a parte le leggere oscillazioni chiamate *librazioni*; complessivamente il 41% della Luna è permanentemente inosservabile dalla Terra. Inoltre, le aree di librazione sono molto schiacciate per effetto prospettico e quindi difficili da rappresentare su una mappa. (Io ho speso molti anni nello studio di queste regioni, ed è stato gratificante sapere che i miei risultati vennero utilizzati dai sovietici per collegare le regioni invisibili con l'emisfero visibile.)

Le immagini dell'emisfero nascosto provenivano dalla missione automatica *Luna 3* (o *Lunik 3*), che fu lanciata il 4 ottobre 1959, esattamente due anni dopo il volo epico di *Sputnik 1* (si veda il 4 ottobre). *Luna 3* effettuò un giro della Luna: mentre sorvolava l'emisfero nascosto fece alcune fotografie e il 26 ottobre le inviò a Terra con tecniche televisive. Devo essere stato tra i primi a vederle: i sovietici me le spedirono e arrivarono mentre stavo trasmettendo in diretta sulla BBC.

L'emisfero nascosto si dimostrò altrettanto montuoso e costellato di crateri quanto le regioni che abbiamo sempre osservato, ma esistono differenze nei dettagli; in particolare, vi è un numero inferiore di ampi mari e solo uno di essi, il grande Mare Orientale, si estende dalla parte visibile a quella nascosta.

Il destino ultimo di *Luna 3* è ignoto, perché il contatto con la sonda fu perso abbastanza presto. Probabilmente è bruciata nella parte superiore dell'atmosfera terrestre, ma è possibile che sia ancora in orbita, silenziosa e morta. In ogni caso, ha portato a termine egregiamente il suo compito. Le sue immagini sono di qualità molto scarsa per gli standard moderni, e oggi abbiamo mappe dettagliate dell'intera superficie, ma fu *Luna 3* a indicarci la strada.

27 Ottobre

La baronessa e la supernova

Sono state osservate molte novæ nella spirale di Andromeda, dove nel 1885 è anche esplosa una supernova. Come abbiamo visto (si veda il 24 febbraio), le supernovæ sono colossali esplosioni che liberano tanta luce quanto tutte le stelle di una normale galassia combinate insieme. La storia della supernova del 1885, chiamata adesso S Andromedæ, è piuttosto interessante e coinvolge una baronessa ungherese.

Nel 1885, la baronessa de Podmaniczky stava tenendo una festa nel suo castello. Era disponibile un piccolo telescopio e con esso la baronessa e i suoi ospiti guardarono M31: vi osservarono una "stella", ma naturalmente non capirono cosa fosse, per quanto un astronomo, il dottor de Kovesligethy, fosse tra gli ospiti. Si trattava ovviamente della supernova, che raggiunse la magnitudine 6, quindi era al limite della visibilità a occhio nudo; declinò poi rapidamente, e all'inizio del 1890 era già notevolmente affievolita. Fu infine persa, anche se i suoi resti adesso sono stati identificati. Bisogna poi dire che la baronessa non fu la prima a vederla: era stata osservata il 20 agosto da Hartwig all'Osservatorio di Dorpat in Estonia, ed egli fu il primo a capire che si trattava di qualcosa di molto inusuale.

Nel 1885 le supernovæ non erano state ancora riconosciute come tali, e nessuno sapeva con certezza se S Andromedæ appartenesse realmente a M31: è un peccato che sia apparsa prima che gli astronomi avessero imparato abbastanza per approfittarne. La situazione era ben diversa quando un'altra supernova esplose nel 1987 nella Grande Nube di Magellano (si veda il 24 febbraio). Non possiamo dire quando M31 ci fornirà una seconda supernova: può accadere questa settimana, o non accadere per un tempo davvero lunghissimo.

28 Ottobre

I compagni di M31

Osservate la galassia di Andromeda con un buon binocolo e vedrete accanto ad essa una macchia di luce molto più debole: si tratta di un'altra galassia, la numero 32 nella lista di Messier, che è una compagna di M31.

M32 non presenta una struttura pronunciata e non è facile da risolvere; è un sistema ellittico di tipo E2 (si veda il 25 ottobre). Fu scoperta dall'astronomo francese G. Legentil nel 1749: nel 1764 Messier la definì "una piccola nebulosa rotonda senza una stella". Il suo diametro effettivo è dell'ordine di 8000 anni luce.

I telescopi mostrano un'altra galassia compagna, NGC 205. Presumibilmente non fu inclusa nel *catalogo di Messier* perché non c'era il rischio di confonderla con una cometa. Alcuni osservatori successivi l'hanno "aggiunta" al *catalogo di Messier* come M110, ma ciò non sembra essere stato universalmente accettato. È un'ellittica di tipo E6, decisamente più debole di M32, ma piuttosto notevole vista in un telescopio con apertura di 10 cm o più. Pare che Messier la vide per la prima volta nel 1773; dieci anni dopo fu scoperta indipendentemente da Caroline Herschel.

29 Ottobre

L'Ariete

A una certa distanza a sud della linea di stelle che caratterizza Andromeda troverete l'Ariete, ancora considerata la prima costellazione dello Zodiaco anche se l'equinozio di primavera si è adesso spostato nei Pesci (si veda il 22 gennaio). Le stelle principali dell'Ariete sono elencate in tabella.

La *alfa*, la *beta* e la *gamma* formano un piccolo e notevole trio: la tonalità rossastra della *alfa* è molto evidente. La *gamma* è una bella e ampia doppia: le componenti sono praticamente di pari luminosità e la separazione è di 7",8, quindi la coppia è molto facile da risolvere. Quasi certamente le due stelle sono fisicamente associate, ma la distanza tra di esse è molto grande. C'è stato un piccolo spostamento relativo da quando, nel 1664, fu effettuata la prima osservazione della stella da parte di Robert Hook, che ne scoprì per caso la natura doppia, mentre stava cercando una cometa.

Esiste una terza stella di magnitudine 9 a una distanza di 221". È una binaria molto stretta, ma non pare associata realmente alla coppia di Mesartim, perché ha un diverso moto nello spazio, anche se nei cataloghi è ancora classificata come *gamma* Arietis C.

Ariete

Lettera greca	Nome	Magnitudine	Luminosità (Sole=1)	Distanza (anni luce)	Tipo spettrale
α alfa	Homal	2,0	96	85	K2
β beta	Sheraton	2,6	11	46	A5
γ gamma	Mesartim	3,9	60+56	117	A0+B9
c	Nair al Botein	3,6	105	117	88

30 Ottobre

Il Triangolo

Tra Andromeda e l'Ariete si trova la piccola costellazione del Triangolo, uno dei pochi gruppi il cui aspetto giustifica il nome. Cercatelo direttamente tra Almaak in Andromeda e Hamal in Ariete. Le tre stelle del triangolo sono elencate in tabella.

Si tratta di una costellazione originale, nonostante le sue piccole dimensioni, ed esiste una leggenda piuttosto vaga su di essa che coinvolge Proserpina, la figlia della dea della Terra Cerere, che fu rapita da Plutone, re degli Inferi, ansioso di sposarla. Fu infine raggiunto un accordo: Proserpina avrebbe trascorso sei mesi

Triangolo

Lettera greca	Nome	Magnitudine	Luminosità (Sole=1)	Distanza (anni luce)	Tipo spettrale
α alfa	Rasalmothallah	3,4	10	59	F6
β beta	–	3,0	58	114	A5
γ gamma	–	4,0	45	150	A0

Anniversario

1656: Nascita di Edmond Halley, uno dei maggiori astronomi inglesi. Per quanto sia ricordato prevalentemente per la sua predizione del ritorno della cometa che porta il suo nome, questo fu soltanto uno dei suoi molti successi, e certamente non il più importante. Halley catalogò le stelle dell'emisfero meridionale da Sant'Elena, studiò ammassi stellari e nebulose e scoprì i moti propri di alcune stelle brillanti. Fu Astronomo Reale a Greenwich dal 1720 fino alla sua morte, nel 1742, e realizzò un'ampia e importante serie di osservazioni dei movimenti lunari. I suoi esperimenti scientifici si estesero in molti altri campi: sperimentò persino un rudimentale scafandro da palombaro.

Anniversario

1937: Passaggio ravvicinato dell'asteroide Hermes, a 776 mila chilometri, un record di avvicinamento per l'epoca, ma superato spesso da allora. Hermes era piccolo (non più di 2-3 km di larghezza). Dopo essere stato perso per 66 anni, è stato rivisto nell'ottobre 2003 e pare essere doppio.

all'anno con Plutone e gli altri sei "sopra la terra". Come regalo di nozze le fu donata l'isola di Sicilia, che è rappresentata in cielo dal Triangolo.

Subito a sud del Triangolo si trovano tre stelle di quinta magnitudine circa (la 6, la 10 e la 12 Trianguli) che furono raggruppate da Hevelius nel 1690 in una costellazione separata, il "Triangolo Minore", che comunque non è sopravvissuta alle revisioni fatte in epoche più moderne.

31 Ottobre

La Girandola

Il Triangolo contiene un oggetto importante: M33, una galassia a spirale nota come Girandola. È un membro del nostro Gruppo Locale e dista circa 2.300.000 anni luce, leggermente più della grande spirale in Andromeda.

M33 non è difficile da individuare con il binocolo; si dice che sia visibile a occhio nudo, e senza dubbio le persone dalla vista acuta possono intravederla, ma io certamente no. Con un normale binocolo 7x si trova nello stesso campo della *alfa* Trianguli. A partire da questa stella, guardate grosso modo nella direzione di Mirach, la *beta* Andromedae: a circa un terzo della distanza, spostata un poco verso ovest, vedrete la debole nebulosità di M33. È abbastanza strano, ma può risultare molto più difficile localizzarla con un telescopio, a causa della sua bassa luminosità superficiale. È di tipo Sc, quindi come spirale è molto più "aperta" della nostra Galassia o di M31, ma è vista molto più "di fronte" rispetto ad Andromeda ed è quindi un bell'oggetto da fotografare o da osservare con un telescopio davvero potente.

È relativamente piccola, con un diametro di circa 60 mila anni luce; la massa non supera 1/5 di quella della nostra Galassia, ma contiene oggetti di tutti i tipi, e vi sono state viste diverse novæ. Prevedibilmente è circondata da ammassi globulari. Quando la cercate non utilizzate un ingrandimento troppo alto: è consigliabile individuarla prima al binocolo.

Novembre

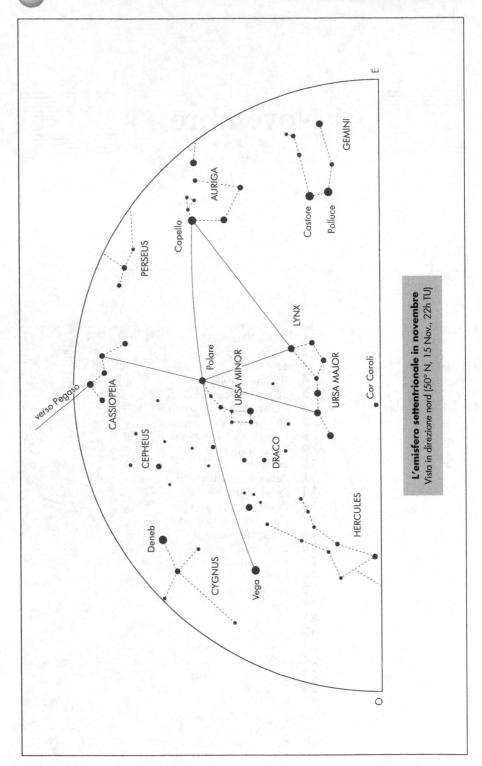

L'emisfero settentrionale in novembre
Vista in direzione nord (50° N, 15 Nov., 22h TU)

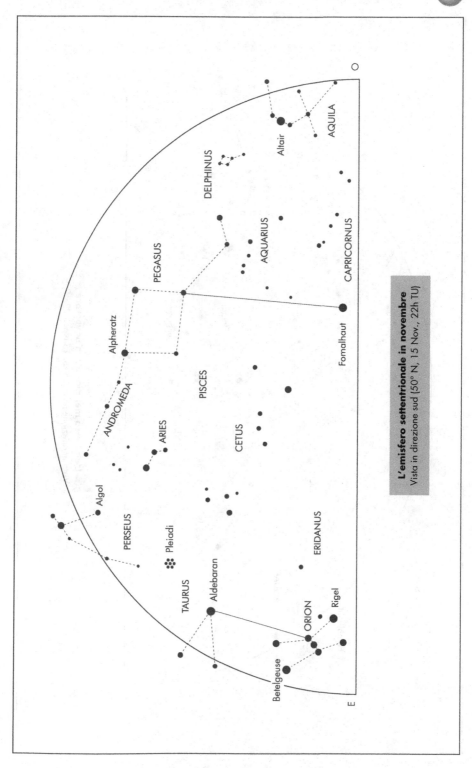

L'emisfero settentrionale in novembre
Vista in direzione sud (50° N, 15 Nov., 22h TU)

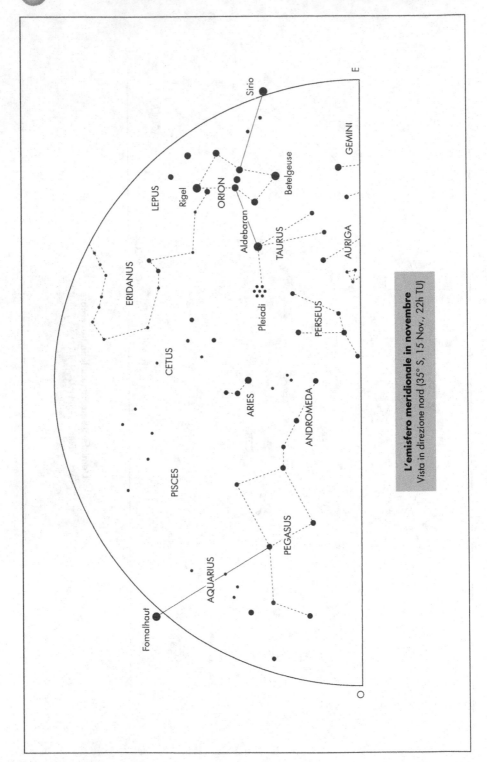

L'emisfero meridionale in novembre
Vista in direzione nord (35° S, 15 Nov., 22h TU)

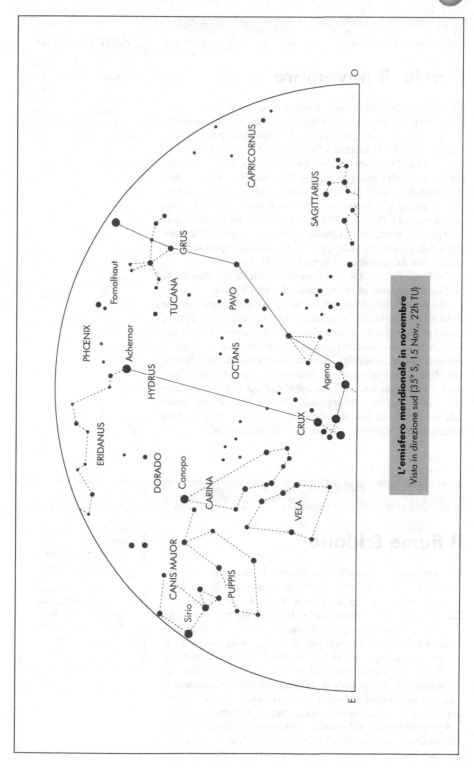

L'emisfero meridionale in novembre
Vista in direzione sud [35°S, 15 Nov., 22h TU]

1 Novembre

Il cielo di novembre

Anniversario

1962: Lancio della prima sonda interplanetaria, *Mars I*, effettuato dai sovietici. Il contatto radio fu perso a 105 mila chilometri dalla Terra, quindi non sapremo mai cosa ne è stato.

Gli osservatori dell'emisfero boreale possono vedere nuovamente Orione, che sorge a metà serata anche se non è osservabile al meglio fin dopo mezzanotte. È visibile gran parte del suo seguito: Capella, Aldebaran, i Gemelli, ma Sirio appare solo più tardi. L'Orsa Maggiore è ancora bassa a nord e Arturo è scomparsa; la "W" di Cassiopea è quasi allo zenit. Stiamo perdendo il "triangolo estivo" come asterismo dominante e Altair tramonta prima di mezzanotte. Pegaso è ancora visibile, con Andromeda e il Perseo; la Balena ed Eridano si estendono nello scenario meridionale. Questa è una buona epoca dell'anno per localizzare la Via Lattea, partendo dal Cigno, passando direttamente dallo zenit e giù verso i Gemelli a est.

Dai Paesi australi questo è il momento ideale per studiare le Nubi di Magellano, che sono quasi allo zenit. Orione è di nuovo con noi e Sirio splende brillantissima a est; Canopo è alta in cielo ed è interessante confrontare le due stelle. Sirio appare molto più luminosa e dobbiamo usare l'immaginazione per capire che a confronto con Canopo impallidisce: secondo i dati del catalogo di Cambridge, quest'ultima ha infatti una luminosità oltre 7500 volte maggiore. Achernar è alta e la Croce ancora piuttosto bassa a sud. Il "quadrato" di Pegaso sta tramontando a nord-est, ma Andromeda rimane osservabile bassa sull'orizzonte. La Balena è ben visibile, come pure l'intero Eridano, dalla regione di Orione fino all'estremo sud.

2 Novembre

Il fiume Eridano

Anniversario

1885: Nascita di Harlow Shapley, l'astronomo americano che fu il primo a fornire una stima precisa delle dimensioni della Galassia, dando anche molti importanti contributi all'astrofisica teorica. Dal 1921 fu direttore dell'Osservatorio dell'Harvard College. Morì nel 1972.

Come nostra prima costellazione di novembre è conveniente considerare l'Eridano, il fiume celeste, che è immensamente lungo e "scorre" dalla regione di Orione fino al "profondo sud". Dall'Australia o dalla Nuova Zelanda è interamente visibile, ma dall'Italia è in buona parte sotto l'orizzonte. Nel dare l'elenco delle stelle principali nella tabella di pag. 302 abbiamo aggiunto le declinazioni: per vedere se una stella è osservabile sottraete la vostra latitudine da 90°. Supponiamo così che vi troviate alla latitudine 42° N (Roma); 90−42=48; tutte le stelle con declinazione minore di −48° non sorgeranno mai sopra il vostro orizzonte; quindi, la *epsilon* Eridani (declinazione −10°) sorge, mentre Achernar −57° no.

Quest'ultima (la *alfa*) è la stella brillante più vicina al polo sud celeste: il suo nome significa "l'ultima nel fiume", ma è stato suggerito che questo nome dovrebbe in realtà essere dato alla *theta*, che è

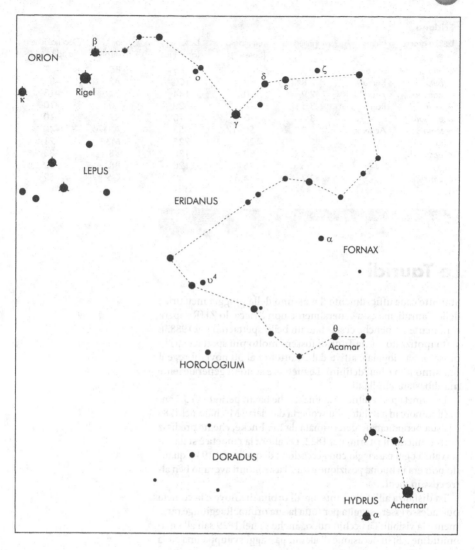

una bella doppia, con magnitudini 3,4 e 4,5 e separazione di 8",2.
Nella regione settentrionale del "fiume" notate la *epsilon* Eridani,
che è una delle due stelle vicine abbastanza simili al Sole e centro di
un sistema planetario; la *tau* Ceti è l'altra (si veda il 7 ottobre).
Notate anche la piccola coppia della *omicron-1* (Beid), di magnitudine 4,0, e la *omicron-2* (Keid), di magnitudine 4,4. Esse non sono
associate fisicamente: Beid è una normale stella di tipo F distante
oltre 250 anni luce, mentre Keid è una binaria formata da una nana
rossa e una nana bianca. Quest'ultima coppia dista solo 16 anni luce, e infatti la *omicron-2B* è la più brillante nana bianca del cielo. La
separazione supera i 7" e il periodo orbitale è di 248 anni.

Eridano

Lettera greca	Nome	Magnitudine	Luminosità (Sole=1)	Distanza (anni luce)	Tipo spettrale	Declinazione (gradi)
α alfa	Achernar	0,5	400	85	B5	–57
β beta	Kursa	2,8	82	100	A3	–05
γ gamma	Zaurok	2,9	110	144	M0	–13
δ delta	Rana	3,5	3	29	K0	–10
ε epsilon	–	3,7	0,3	10,7	K2	–10
θ theta	Acamar	2,9	50+17	55	A3+A2	–40
τ tau	–	3,7	120	225	M3	–21
ν upsilon⁴	–	3,6	82	130	B8	–33
φ phi	–	3,6	105	120	B8	–52
ξ chi	–	3,7	4,5	49	G5	–52

3 Novembre

Le Tauridi

Stanotte cade ufficialmente il massimo della pioggia meteorica delle Tauridi, ma essa generalmente non è ricca: lo ZHR supera raramente 10, benché ci sia stato un bello spettacolo nel 1988. È stato ipotizzato che le Tauridi fossero molto più spettacolari in passato. La pioggia è attiva dal 20 ottobre al 30 novembre, e il massimo non è ben definito. Le meteore sono in generale lente ma abbastanza brillanti.

La cometa progenitrice è la Encke, che ha un periodo di 3,3 anni (il minore in assoluto). Fu scoperta da Pierre Méchain nel 1786 e la sua periodicità fu determinata da J.F. Encke, che ne predisse correttamente il ritorno nel 1822. Da allora la cometa è stata osservata a ogni passaggio con l'eccezione di quello del 1944, quando non era in buona posizione e molti astronomi avevano ben altre cose in mente.

La distanza all'afelio è interna all'orbita di Giove e la cometa può adesso essere seguita per tutta la sua orbita. Raggiunge raramente la visibilità a occhio nudo, anche se nel 1829 salì alla magnitudine 3,5; in occasione di alcuni passaggi sviluppa una coda pronunciata.

4 Novembre

Il polo sud celeste

Gli osservatori boreali hanno un'eccellente "stella polare": la Polare, appunto, nell'Orsa Minore (si veda il 7 gennaio); quelli australi non sono così fortunati: il polo sud si trova in una regione molto povera di stelle e non c'è alcun astro brillante nei dintorni. Il modo migliore di localizzare l'area del polo è quello di guardare a metà strada tra Achernar (si veda il 2 novembre) e la Croce del Sud.

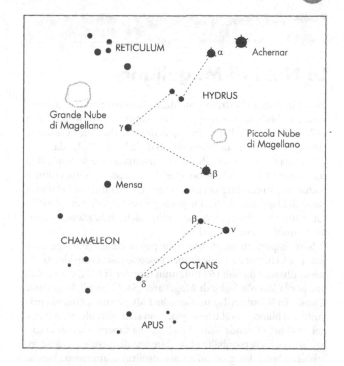

La costellazione del polo è l'Ottante, che è poco prominente. La sequenza di lettere greche qui è molto disordinata: la stella più brillante della costellazione è l'arancione *nu* (magnitudine 3,8), seguita dalla *beta* (4,2) e dalla *delta* (4,3). La *alfa* Octantis è sotto la quinta magnitudine.

La stella più vicina al polo sud, la *sigma* Octantis, ha magnitudine 5,5; la sua posizione è: AR 21h 8m 45s, declinazione –88° 57' 21", quindi è più lontana dal polo sud celeste di quanto non sia la nostra Polare rispetto al polo nord. È una stella di tipo A, distante 121 anni luce e 7 volte più luminosa del Sole. Sfortunatamente, la sua scarsa luminosità la rende difficile da identificare: fa parte di un triangolo di stelle di quinta magnitudine (la *chi*, la *sigma* e la *tau*) approssimativamente tra la *delta* Octantis e la *beta* Hydri.

La stella più vicina al polo sud che sia ragionevolmente brillante è la *beta* Hydri. L'Idra Maschio (Hydrus, da non confondere con Hydra, l'Idra Femmina) contiene tre stelle sopra la quarta magnitudine e pochi oggetti interessanti, ma non è troppo difficile da localizzare perché la *alfa* Hydri è vicina ad Achernar; la *gamma* è chiaramente di colore rosso-arancio.

Idra maschio					
Lettera greca	Nome	Magnitudine	Luminosità (Sole=1)	Distanza (anni luce)	Tipo spettrale
α alpha		2,8	7	36	F
β beta		2,8	3	20	G
γ gamma		3,2	115	160	M

5 Novembre

Le Nubi di Magellano

Prima di lasciare l'estremo sud del cielo, devo chiedere agli osservatori boreali di avere pazienza mentre racconto qualcosa sulle Nubi di Magellano, che sono ora alte durante la notte se viste dalle latitudini dell'Australia o della Nuova Zelanda.

Si tratta di galassie satelliti della nostra, ma ancora di dimensioni considerevoli: entrambe sono oggetti molto prominenti, visibili a occhio nudo; neanche il chiaro di Luna riesce a offuscare la Grande Nube di Magellano (LMC, *Large Magellanic Cloud*). Sono classificate come sistemi irregolari, ma esiste qualche indicazione di struttura a spirale almeno per la LMC.

Sono importanti per gli astronomi perché contengono oggetti di tutti i tipi, che per ogni fine pratico possono essere considerati alla stessa distanza da noi: 169 mila anni luce per la LMC e un po' di più per la Piccola Nube di Magellano (SMC, *Small Magellanic Cloud*). La Nebulosa Tarantola, nella LMC, è uno spettacolo magnifico al binocolo o al telescopio; sono state viste alcune novæ, e nel 1987 nella Grande Nube è esplosa una supernova, dando così agli astronomi la possibilità di studiare una di queste esplosioni colossali da breve distanza (sulla scala cosmica). L'ammasso globulare 47 Tucanæ è più o meno in direzione della SMC, ma in primo piano: appartiene infatti alla nostra Galassia.

Anniversario

1964: Lancio della *Mariner 3*, la prima sonda inviata dagli americani su Marte. Sfortunatamente il contatto fu perso subito dopo il lancio da Cape Canaveral. Senza dubbio la *Mariner* è ancora in orbita intorno al Sole, ma non ha inviato dati. La *Mariner 4*, che l'ha seguita il 28 novembre, rappresentò invece un grande successo.

6 Novembre

Venere nel cielo mattutino

Quando Venere è visibile al meglio, supera di gran lunga in splendore ogni altra stella o pianeta. Nel 2007 raggiungerà l'elongazione occidentale il 28 ottobre e sarà brillante nel cielo mattutino all'inizio di novembre. Comunque, a causa degli effetti dell'atmosfera densa ed estesa del pianeta, la "dicotomia" (il Quarto di Venere) teorica e quella osservata sono solitamente sfasate di alcuni giorni: nelle elongazioni serali la dicotomia è anticipata, in quelle mattutine è ritardata. Questo fatto fu notato per la prima volta da J.H. Schröter, e molti anni fa l'ho soprannominato *"effetto Schröter"*, un termine che è divenuto ora di uso generale.

Dobbiamo ammettere che telescopicamente Venere non è un oggetto entusiasmante: per massa e dimensioni è quasi un gemello della Terra, ma la somiglianza finisce qui. L'atmosfera, densa e piena di nuvole, nasconde totalmente la superficie: prima dell'era spaziale la nostra conoscenza delle condizioni al suolo era minima. Alcuni astronomi immaginavano un infuocato e cocente deserto di polvere, mentre altri sostenevano che potessero esservi ampi oceani che permettevano la presenza di forme di vita acquatiche. Fu solo con il volo della *Mariner 2* nel 1962 che le misure di temperatura mostrarono che il pianeta era davvero troppo caldo perché vi esistessero forme di vita simili alla nostra: un termometro indicherebbe una temperatura di circa 540 °C. L'atmosfera, inoltre, è composta principalmente da anidride carbonica e le nubi sono ricche di acido solforico.

7 Novembre

La rotazione di Venere

Prima dei voli delle sonde spaziali furono fatti molti tentativi di misura del periodo di rotazione di Venere osservando qualche particolare superficiale. Così si fa per Marte o anche per Giove; ma su Venere le ombre scure che si vedono di tanto in tanto sono così vaghe e discontinue da non fornire alcuna reale informazione. Le stime andavano da meno di 24 ore fino a 225 giorni! Quest'ultimo valore è uguale a quello del periodo orbitale di Venere, quindi avrebbe implicato una rotazione sincrona, con il pianeta che teneva rivolto al Sole sempre lo stesso emisfero.

I radar hanno mostrato che la rotazione deve essere lenta, ma le misure infrarosse provarono poi che la parte buia del pianeta è molto più calda di quanto non sarebbe se non ricevesse mai alcuna radiazione solare. Il periodo ritenuto più probabile era "circa un mese terrestre". Infine, un radar trasportato da una sonda risolse il mistero: Venere ruota in 243,1 giorni terrestri. Quindi su Venere un "giorno sidereo" (il periodo di rotazione rispetto alle stelle) è più lungo dell'"anno" del pianeta che è di 224,7 giorni. (Il "giorno solare" è pari invece a 118 giorni terrestri.) Inoltre, Venere ruota da est a ovest e non, come la Terra, da ovest a est; quindi se poteste osservare dalla sua superficie, il Sole sorgerebbe a ovest e tramonterebbe a est. Non che questo sia mai possibile da vedere: su Venere non esiste un giorno con cielo limpido, senza nubi.

La ragione della rotazione retrograda di Venere non è nota e la teoria più accreditata, che cioè nella sua primitiva evoluzione il pianeta sia stato colpito e rovesciato da un corpo massiccio, non sembra plausibile: abbiamo incontrato un analogo problema con Urano (si veda il 24 agosto).

L'inclinazione orbitale di 3° 23' 40" implica che i transiti sul disco del Sole sono rari; quelli del 2004 e del 2012 saranno seguiti da un'altra coppia di transiti solo nel 2117 e nel 2125. Mercurio, che pure ha un'inclinazione orbitale superiore a 7°, è più vicino al Sole e perciò effettua transiti molto più spesso, ma è troppo piccolo per essere visto a occhio nudo durante un transito, mentre Venere appare come un bel dischetto nero. Il transito di Venere dell'8 giugno 2004 è stato osservato bene; dall'Italia è stato visibile dall'inizio alla fine. Quello del 2012 sarà visibile da alcune regioni dell'emisfero australe.

8 Novembre

Venere: il satellite fantasma

Venere e la Terra differiscono sotto un altro aspetto importante: Venere non ha satelliti. Eppure poco più di un secolo fa si credeva ancora diffusamente che un satellite esistesse.

Nel 1686, il famoso astronomo italiano G.D. Cassini, allora a Parigi, annunciò la scoperta di un satellite con circa un quarto del diametro del pianeta stesso. Nel 1730 la presenza di un satellite fu proclamata da James Short, un esperto costruttore di telescopi, e durante il transito del 1761 un osservatore tedesco, A. Scheuten, riferì di un piccolo disco nero che seguiva Venere attraverso il disco del Sole. Vi furono analoghi resoconti nel 1761 da parte di Montaigne a Limoges e nel 1764 da parte di Horrebow a Copenhagen. Fu calcolata l'orbita del satellite e in seguito gli fu persino dato un nome, Neith.

In realtà, gli osservatori non stavano vedendo nient'altro che "fantasmi" del telescopio: la brillante luce di Venere evidenzia infatti ogni eventuale piccola imperfezione dello strumento. Neith non esiste, né è mai esistito. Se Venere avesse un satellite di dimensioni apprezzabili, ormai sarebbe stato certamente scoperto

Anniversario

1711: Nascita di Mikhail Lomonosov, il primo astronomo russo; suo padre era un pescatore. Ebbe una carriera movimentata, e una volta fu arrestato per avere insultato i colleghi; era anche poeta e farmacista. Tracciò la prima mappa accurata dell'impero russo e fu un sostenitore della teoria copernicana e della gravitazione newtoniana. Fu lui che durante il transito di Venere del 1761 concluse che il pianeta aveva una densa atmosfera. Morì nel 1765.

9 Novembre

La catena di Tolomeo

Prima di lasciare definitivamente Venere, torniamo brevemente alla Luna: dopotutto questo è un "anniversario lunare". Abbiamo già parlato del Sinus Medii, o Baia Centrale, sito di due atterraggi delle missioni *Surveyor*: la numero 4 (che fallì) e la numero 6 (che riuscì). Un po' a sud della Baia Centrale si trova una "catena" di tre enormi strutture particolarmente interessanti: Ptolemæus, Alphonsus e Arzachel.

Ptolemæus, la maggiore e più settentrionale delle tre piane delimitate da pareti, ha un diametro di 147 km e un fondo piuttosto scuro e relativamente omogeneo che la rende identificabile sotto ogni angolo di illuminazione; non ha un picco centrale, ma la piana contiene un profondo cratere, Ammonius, di 8 km. Le pareti di Ptolemæus sono abbastanza continue, con picchi che si elevano in alcuni punti fino a 2970 m.

Anniversario

1967: Atterraggio della *Surveyor 6* sulla Luna, alla latitudine 0°,5 N, longitudine 1°,4 W (nel Sinus Medii). Inviò 29 mila immagini, trasmettendo fino al 14 dicembre.

Al confine sud si trova Alphonsus, largo 128 km, con un fondo più chiaro, che mostra una piccola montagna centrale, molti dettagli fini e un sistema di canali. Fu qui che N. Kozyrev nel 1958 osservò uno strano bagliore rosso, forse indicatore di una modesta attività lunare. Sempre qui si trovano i resti della sonda *Ranger 9*. Ancora più a sud è situato Arzachel, largo 96 km, con alte pareti che arrivano a 4455 m, una prominente montagna centrale e un profondo cratere; vi sono anche alcuni canali.

È interessante notare le graduali differenze nelle proprietà di queste tre pianure chiuse: è difficile dubitare che siano state formate dallo stesso processo, anche se le loro età sono diverse. Appena fuori da questa catena si trova Alpetragius, largo 43 km, con alte pareti terrazzate e un'enorme e rotonda montagna centrale con due cavità simmetriche in cima. Questa area è affascinante da studiare anche con un piccolo telescopio.

10 Novembre

Le condizioni su Venere

Le fotografie di Venere effettuate con un normale telescopio non mostrano praticamente niente a parte la caratteristica fase. Le ombre che talvolta si possono osservare visualmente sono quasi impossibili da catturare fotograficamente senza l'utilizzo di filtri, e anche in quel caso sono molto vaghe.

Le immagini ottenute dalla superficie dalle navicelle sovietiche e le misure radar delle sonde americane mostrano che l'ambiente di Venere è profondamente ostile. Un'enorme pianura copre oltre il 60% della superficie; ci sono due grandi altopiani, Ishtar e Aphrodite, alte montagne che si innalzano almeno di 8000 m rispetto al terreno circostante, valli, crateri e vulcani che sono quasi certamente attivi. Le velocità dei venti alla superficie sono basse, per quanto in quella densa atmosfera, con una pressione al suolo 90 volte maggiore di quella dell'aria terrestre al livello del mare, anche un vento fiacco svilupperebbe una forza tremenda.

Perché Venere e la Terra sono così diversi? La ragione deve risiedere sicuramente nella maggiore distanza della Terra dal Sole. Si ritiene che nel primo periodo dopo la formazione del Sistema Solare il Sole fosse meno luminoso di adesso, e in questo caso Venere e la Terra potrebbero avere iniziato a evolversi in modo simile. Ma poi il Sole divenne più potente: gli oceani di Venere si prosciugarono, i composti del carbonio si liberarono dalle rocce e in un arco di tempo relativamente breve (astronomicamente parlando) Venere si trasformò da un mondo potenzialmente fertile in un ambiente simile a una fornace, notevolmente vicino alla tradizionale immagine dell'inferno. Qualunque tipo di vita potesse mai essere apparsa lì, venne inesorabilmente annientata. Fa riflettere il fatto che se la Terra fosse stata solo 40 milioni di chilometri più vicina al Sole avrebbe subito la stessa sorte, e voi non stareste leggendo questo libro.

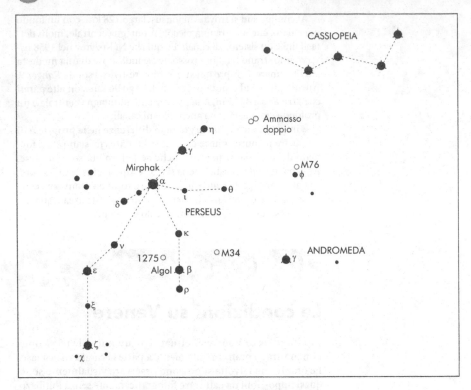

11 Novembre

Perseo e il mostro marino

È tempo di tornare al cielo settentrionale, quindi concentriamoci su Perseo, che è ben visibile durante le notti di novembre;
gli australiani dovranno accontentarsi di vederlo molto basso
sull'orizzonte. La costellazione si trova tra Andromeda e
Capella ed è inconfondibile, benché non contenga alcuna stella
di prima magnitudine.

Esiste una famosa leggenda a essa associata: Perseo era un
eroe galante di ritorno da una missione pericolosa; indossava i

Perseo					
Lettera greca	Name	Magnitudine	Luminosità (Sole=1)	Distanza (anni luce)	Tipo spettrale
α alpha	Mirphak	1,8	6000	620	F5
β beta	Algol	2,1 (max)	105	95	B8
γ gamma	–	2,9	58	110	G8
δ delta	–	3,0	650	326	B5
ε epsilon	–	2,9	2600	680	B0
ζ zeta	Atik	2,8	16.000	1100	B1
ρ rho	Gorgonea Terti	3,2 (max)	120	196	M4

calzari alati che il dio Mercurio gli aveva gentilmente prestato, ed era stato impegnato a decapitare un'orribile gorgone chiamata Medusa, che aveva corpo di donna e serpenti per capelli, e il cui sguardo poteva tramutare in pietra ogni creatura vivente. Sul suo cammino Perseo scorse la principessa Andromeda incatenata a una roccia, dove era stata lasciata per essere divorata da un mostro marino che stava devastando il regno. Perseo non perse tempo: fece vedere al mostro la testa di Medusa, cosicché la bestia fu immediatamente pietrificata. Nella migliore tradizione, Perseo sposò Andromeda e vissero felici per sempre. Questa è una delle poche leggende mitologiche con un lieto fine!

Le stelle principali di Perseo sono elencate nella tabella della pagina precedente.

Perseo ha un profilo abbastanza simile all'immagine speculare della lettera greca *lambda* (λ). La Via Lattea è qui molto ricca ed è interessante esplorare l'intera area con il binocolo.

12 Novembre

La "stella del diavolo"

Una delle più famose stelle del cielo è Algol, o *beta* Persei, conosciuta come "stella del diavolo", che corrisponde alla testa della gorgone Medusa. Per gli astrologi era la stella più nefasta del cielo, e certamente si comporta in modo molto insolito, per quanto apparentemente nessuno lo avesse notato prima dell'astronomo italiano G. Montanari nel 1669.

Per gran parte del tempo, Algol splende come una stella di magnitudine 2,1, ma ogni 2,9 giorni inizia a declinare; in quattro ore la sua magnitudine scende a 3,4 e rimane tale per venti minuti prima di iniziare a risalire. Questo fenomeno si ripete con assoluta regolarità. Nel 1782 John Goodricke, un giovane astronomo inglese di origine olandese, ne comprese il motivo. Algol non è affatto una vera variabile: è una binaria, con una componente molto più calda dell'altra. Quando la stella più fredda passa davanti alla primaria, Algol si affievolisce. C'è un calo molto più lieve anche quando viene nascosta la stella più fredda, ma per rivelarlo sono necessari gli strumenti adatti. Tecnicamente Algol è una cosiddetta *binaria a eclisse,* anche se sarebbe più corretto definirla "binaria a occultazione".

La stella primaria è oltre 100 volte più luminosa del Sole; la secondaria è più grande ma meno luminosa; le eclissi non sono totali. La separazione reale è dell'ordine di 10,4 milioni di chilometri.

13 Novembre

La curva di luce di Algol

Anniversario

1971: il *Mariner 9* entrò in orbita intorno a Marte. Inviò 7329 immagini, tra cui le prime dei suoi giganteschi vulcani. Il contatto fu mantenuto fino al 27 ottobre

Algol è un obiettivo particolarmente buono per chi osserva a occhio nudo, perché è possibile seguire un intero ciclo nel corso di una notte e le variazioni sono evidenti persino in pochi minuti. Le epoche dei minimi sono fornite negli almanacchi annuali e nelle riviste di astronomia, quindi l'osservatore sa sempre cosa aspettarsi.

Fortunatamente non mancano le stelle di confronto. Durante il calo di luminosità abbiamo la *zeta* Persei, o Atik (magnitudine 2,8), e la *epsilon* (2,9); quando Algol è al minimo abbiamo la *kappa* Persei, o Misam (3,8), per quanto Algol non scenda mai a una magnitudine così bassa. Vicino al massimo usate la *alfa* Persei, o Mirphak (1,8), e anche la *gamma* Andromedæ (2,1). La stella da evitare è la *rho* Persei, che è allineata con la *kappa* e Algol stessa, perché è una rossa variabile semi-regolare con un'escursione di magnitudini da 3,2 a 4 e un periodo molto approssimativo di circa 40 giorni. (Naturalmente vale la pena di seguire anche la *rho*: la *kappa* è una stella di confronto ideale.) È interessante tracciare una curva di luce; con la pratica, possono essere effettuate stime a occhio nudo fino alla precisione di un decimo di magnitudine.

14 Novembre

L'ammasso doppio del Perseo

Rimanendo ancora nel Perseo, il nostro prossimo obiettivo è l'oggetto che alcuni chiamano l'"elsa della spada", da non confondere assolutamente con la "spada" di Orione: quest'ultima è caratterizzata dalla grande nebulosa gassosa M42, mentre l'oggetto nel Perseo è un doppio ammasso, non elencato nel *Catalogo di Messier* ma inserito nell'NGC con i numeri 884 e 869. Nel *Caldwell Catalogue* i due ammassi, noti anche come *chi* e *acca* Persei, sono inseriti insieme come C14.

Il modo migliore per individuarli è utilizzare la "W" di Cassiopea prolungando la congiungente delle stelle *gamma* e *delta* (si veda il 23 gennaio). Gli ammassi sono visibili a occhio nudo, ma facilmente confondibili con le ricche aree adiacenti della Via Lattea. Il binocolo o il telescopio li mostrano magnificamente: essi si trovano nello stesso campo a basso ingrandimento e tra loro è situata una stella rossastra. Ciascun ammasso ha un diametro di circa 70 anni luce e una distanza dell'ordine di 8000 anni luce.

Per quanto siano indubbiamente associati, non sono gemelli identici: NGC 869 potrebbe essere un po' meno evoluto ed è anche leggermente più vicino, poche centinaia di anni luce. Non c'è niente di simile a questa bella coppia in cielo e vale la pena studiarla; è inoltre un soggetto ideale per l'astrofotografia.

15 Novembre

Oggetti in Perseo

Non abbiamo ancora finito con il Perseo, che è eccezionalmente ricco di oggetti interessanti. Ci sono per esempio alcune belle stelle doppie. La *eta* (magnitudine 3,8), a una certa distanza da Mirphak in direzione di Cassiopea, ha una compagna di magnitudine 8,5, con una separazione di 28", quindi si tratta di una coppia facile. Anche la *epsilon* ha una compagna di ottava magnitudine a 8",8. Ci sono "squarci" scuri nella Via Lattea e due oggetti di Messier, M34 e M76, più NGC 1275 (C24).

M34 (AR 2h 42m, declinazione +42° 47') è un ammasso aperto scoperto da Messier nel 1764; forma un triangolo con Algol e la *rho* Persei ed è situato appena all'esterno della congiungente di Algol con la *gamma* Andromedae. È facile da trovare al binocolo e può essere intravisto a occhio nudo; contiene ben oltre 60 stelle e dista 1450 anni luce.

M76 è il più debole oggetto di Messier; fu scoperto da Méchain nel 1780 e confermato da Messier poco tempo dopo. È una nebulosa planetaria soprannominata "Piccola Dumbbell" ma molto meno simmetrica della più famosa M27, la Dumbbell (il "Manubrio") nella Volpetta (si veda il 9 settembre). Si trova accanto alla stella di quarta magnitudine *phi* Persei, circa a metà strada tra la *gamma* Andromedae e la *delta* Cassiopeiae nella "W". È distante 8200 anni luce e decisamente sfuggente, ma poiché Méchain e Messier la individuarono con i loro piccoli telescopi, senza dubbio i moderni osservatori possono fare altrettanto. La posizione è: AR 1h 42m, declinazione +51° 34'.

NGC 1275 (C24) è alla posizione AR 3h 20m, declinazione +41° 31': è una galassia inusuale, probabilmente distante almeno 300 milioni di anni luce; è una radiosorgente nota come Perseus A e anche una sorgente X. Con una magnitudine integrata di 11,6, non è facile da localizzare, ma vale la pena cercarla.

16 Novembre

Localizzare l'equatore

Mentre aspettiamo le Leonidi, può essere interessante localizzare ancora una volta l'equatore celeste; per un osservatore nell'emisfero settentrionale possiamo iniziare da ovest, dove il "triangolo estivo" sta calando e Altair è già tramontata, supponendo di osservare abbastanza tardi in serata. Naturalmente l'equatore passa attraverso i Pesci, a sud del "quadrato" di Pegaso e a sud della *alfa* Piscium (si veda il 29 settembre). Taglia attraverso la Balena, tra Menkar e Mira, quasi sfiorando

la stella di quarta magnitudine *delta* Ceti, di declinazione +0°
20' (si veda il 5 ottobre). Attraversa una regione priva di stelle
ed entra poi in Orione, passando accanto a Mintaka nella
Cintura (–0° 18') prima di attraversare la Via Lattea nell'Unicorno;
passa poi 5° circa a sud di Procione prima di entrare nell'Idra
Femmina, a sud della testa del serpente, e manca di poco la stella
rossastra di quarta magnitudine *iota* Hydrae (–1° 9'). Questo è più
o meno il massimo a cui possiamo giungere stanotte nel seguire
con facilità l'equatore celeste.

17 Novembre

La notte delle Leonidi

Il 17 novembre segna il picco della pioggia meteorica delle
Leonidi. Solitamente lo sciame non è spettacolare, con uno
ZHR molto basso, ma ogni 33 anni tendono a esservi fenomeni
splendidi (così accadde nel 1799, nel 1833 e nel 1866): sono gli
anni in cui la cometa progenitrice, la Tempel-Tuttle, ritorna al
perielio, come è successo nel 1999.

Fu la grande tempesta di meteore del 1833 che portò
all'identificazione di piogge meteoriche definite. Negli Stati
Uniti, H.A. Newton ricostruì la storia passata delle osservazioni delle Leonidi risalendo fino al 902 d.C., e predisse un'altra
pioggia di comparabile magnificenza nel 1866, che puntualmente ebbe luogo. L'anno precedente, E. Tempel e H. Tuttle
avevano scoperto indipendentemente la cometa che ora porta i
loro nomi, e diversi astronomi, tra cui G.V. Schiaparelli, com-
presero che doveva essere questa cometa la progenitrice delle
Leonidi.

A causa delle perturbazioni planetarie non ci sono state
grandi tempeste nel 1899 e nel 1933, ma nel 1966 le Leonidi sono tornate: per un certo tempo lo ZHR ha raggiunto quota 60
mila! Le piogge meteoriche sono state abbastanza ricche dal
2000 al 2002, ma non ci sono state "tempeste" pari a quelle del
passato.

18 Novembre

Canopo

Per quanto riguarda le Leonidi, gli osservatori boreali sono avvantaggiati, ma non si può negare che le stelle dell'estremo sud siano
più brillanti di quelle dell'estremo nord del cielo. In particolare, gli

italiani sono inesorabilmente privati dello spettacolo della grande nave Argo, con la sua brillante stella principale, Canopo.

Argo, che porta il nome della nave che condusse Giasone e i suoi compagni alla ricerca del Vello d'Oro, era una delle 48 costellazioni originali, ma era così immensa che fu infine "smantellata" in quattro parti: la chiglia (Carena), la Poppa, le Vele e l'Albero; quest'ultimo è scomparso, ma la chiglia, la poppa e le vele rimangono. Da gran parte dell'Europa o dagli Stati Uniti settentrionali non si vede quasi niente della vecchia nave, benché una parte della Poppa sporga brevemente sull'orizzonte italiano.

Canopo – anticamente nota come *alfa* Argus, ora come *alfa* Carinae – è alta in cielo per gli osservatori australi nelle notti di novembre. La sua magnitudine è –0,7, quindi è più brillante di ogni altra stella eccetto Sirio, ma, a differenza di quest'ultima, deve la sua prominenza alla grande luminosità intrinseca: secondo il catalogo di Cambridge (che sto seguendo qui) splende come 200 mila Soli, alla distanza di 1200 anni luce. Altri cataloghi riducono un po' questi valori, ma in ogni caso è indubbio che Canopo sia un vero faro cosmico. Ha uno spettro di tipo F, e quindi in teoria dovrebbe essere leggermente giallastra, ma io non vi ho mai visto traccia di colore: a me (e sospetto a molti) appare del tutto bianca.

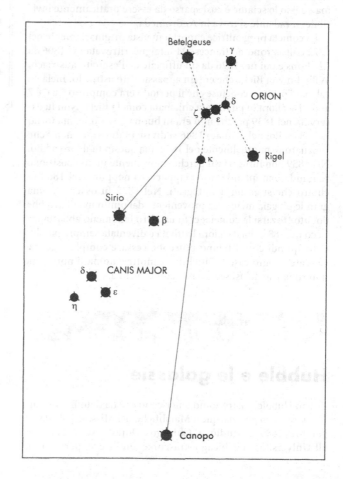

I diametri stellari sono difficili da misurare. Secondo la migliore stima disponibile, Canopo è larga circa 115 milioni di chilometri ed è ovviamente molto massiccia. Sta dissipando la sua energia a un ritmo elevatissimo, e non può assolutamente continuare a splendere tanto a lungo quanto sarà invece in grado di fare il nostro tranquillo Sole.

La declinazione di Canopo è $-52°\ 42'$: può essere vista da Alessandria d'Egitto, dove Claudio Tolomeo visse e compilò il suo famoso catalogo stellare, ma non sorge mai su Atene. Questa fu una delle prime prove del fatto che la Terra è un globo e non una superficie piatta.

19 Novembre

Le meteore Andromedidi

Oltre alle Leonidi c'è (o c'era) un'altra interessante pioggia meteorica in novembre: il massimo è atteso il 19 o il 20 del mese, ma adesso lo sciame è così sparso da essere praticamente invisibile. Il radiante si trova in Andromeda.

La cometa progenitrice è morta: fu vista originariamente nel 1772 dall'astronomo francese Montaigne, ritrovata nel 1806 da J.L. Pons e poi nel 1826 da un ufficiale dell'esercito austriaco, Wilhelm von Biela, che era un appassionato astrofilo. Biela ne calcolò l'orbita e concluse che il periodo era compreso tra 6 e 7 anni. Da allora in poi è stata chiamata cometa Biela. Non fu osservata nel 1839 perché non era in buona posizione, ma tornò nel 1845. Poi nel gennaio 1846 si divise in due frammenti che ritornarono puntualmente nel 1852, ma questo fu il loro addio. Nel 1859 non furono visti perché nuovamente in una posizione scomoda, ma quando non riapparvero neppure nel 1866 fu chiaro che si erano disintegrati. Nel 1872 fu osservata una grande pioggia meteorica proveniente dal punto in cui avrebbe dovuto trovarsi la cometa; ci fu un altro fenomeno abbastanza ricco nel 1886, ma da allora l'attività è diventata sempre più debole, quindi con il tempo potrebbe cessare completamente. Cercate in ogni caso le "Bielidi" stanotte e domani notte, ma non rimanete delusi se non ne vedrete alcuna.

> ### Anniversario
>
> 1969: L'*Apollo 12* atterrò sulla Luna trasportandovi gli astronauti Charles Conrad e Alan Bean. Il sito di atterraggio si trovava alla latitudine 3° 11' S, longitudine 23° 23' O, nell'Oceanus Procellarum. Gli astronauti furono in grado di camminare fino alla vecchia sonda *Surveyor 3*, che era atterrata nel 1967, e riportarne dei pezzi sulla Terra per analizzarli.

20 Novembre

Hubble e le galassie

> ### Anniversario
>
> 1889: Nascita di Edwin Powell Hubble.

Edwin Hubble, l'astronomo americano che ha dato il nome allo *Space Telescope,* nacque a Marshfield, nel Missouri, il 20 novembre 1889 e studiò a Chicago. Dopo essersi laureato all'Università di Chicago trascorse un breve periodo in

Inghilterra all'Università di Oxford e poi tornò negli Stati Uniti, dove esercitò per alcuni mesi la professione di avvocato prima di accettare un posto come ricercatore all'Osservatorio di Yerkes.

Nel 1917 si arruolò nell'esercito americano prestando servizio fino al 1919, quando venne assunto all'Osservatorio di Monte Wilson. Qui utilizzò il riflettore Hooker di 2,5 m per osservare le variabili Cefeidi nelle "nebulose a spirale", dimostrando che queste ultime erano in realtà galassie indipendenti (si veda il 24 ottobre). Misurò gli spostamenti verso il rosso (*redshift*) nei loro spettri e stabilì che tutte le galassie al di fuori del nostro Gruppo Locale si stanno allontanando da noi, e che quindi l'intero Universo è in espansione. Hubble classificò inoltre le galassie e durante le sue rassegne del cielo scoprì anche molte nebulose gassose. È giusto dire che tutta la ricerca cosmologica successiva si è basata sul lavoro di Hubble. Hubble, morì in California il 28 settembre 1953.

21 Novembre

L'Auriga

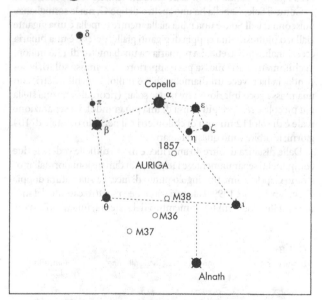

Durante le notti estive, Vega è quasi allo zenit vista dall'Italia. Durante le serate invernali questa posizione è occupata da Capella, nell'Auriga. Non dovete temere di confonderle, anche se hanno praticamente la stessa luminosità: Vega è blu e Capella gialla, e inoltre quest'ultima ha accanto un caratteristico piccolo triangolo di stelle più deboli (i "Capretti").

L'Auriga è una costellazione prominente, le cui stelle principali formano un quadrilatero. Alnath, ora conosciuta ufficialmente come *beta* Tauri, era anticamente chiamata *gamma*
Aurigæ. Questo era certamente più logico, poiché essa fa chiaramente parte dell'asterismo dell'Auriga. Escludendo Alnath,
le stelle principali della costellazione sono elencate in tabella.

L'Auriga fa parte del seguito di Orione: nella mitologia rappresenta Erittonio, figlio di Vulcano (il fabbro degli dei), che
divenne re di Atene e, tra l'altro, inventò il cocchio a quattro
cavalli.

Non dovreste avere problemi a identificare l'Auriga: a parte
la luminosità di Capella, il quadrilatero formato da Capella, *beta*, *theta* e *iota* è inconfondibile.

22 Novembre

Capella

Capella è la stella di prima magnitudine più settentrionale: alla sua
declinazione di +46° è circumpolare per l'Italia e può essere vista
praticamente da ogni Paese abitato; solo dalla parte più meridionale
della Nuova Zelanda e dalle Isole Falkland rimane sotto l'orizzonte.

Come il Sole, Capella ha uno spettro di tipo G, ma le somiglianze
finiscono qui. Il Sole è una nana gialla mentre Capella è una gigante
gialla, o piuttosto una coppia di giganti gialle, perché è una binaria
eccezionalmente stretta. La primaria ha un diametro di 17,6 milioni
di chilometri e una massa poco superiore a tre masse solari; la secondaria ha invece un diametro di 9,6 milioni di chilometri, con
una massa poco inferiore a tre masse solari (ricordate che una stella
più piccola è sempre più densa di una più grande). La separazione
reale è di soli 112 milioni di chilometri e il periodo orbitale di 104
giorni; le orbite sono quasi circolari.

Dalla distanza di oltre 40 anni luce è molto difficile vedere le due
componenti separatamente, e i telescopi di dimensioni normali mostrano Capella come un singolo punto di luce. La sua natura doppia
fu evidenziata nel 1899 dalle variazioni nello spettro causate dal moto orbitale. Esiste un terzo membro del sistema, una debole nana

| **Auriga** | | | | | |
Lettera greca	Nome	Magnitudine	Luminosità (Sole=1)	Distanza (anni luce)	Tipo spettrale
α alpha	Capella	0,1	90+70	43	G8
β beta	Menkarlina	1,9	50	46	A2
δ delta	–	3,7	60	163	K0
ε epsilon^2	Almaaz	3,0 (max)	200.000	4600	F0
ζ zeta	Sadatoni	3,7 (max)	700	520	K4
η eta	–	3,2	450	200	B3
θ theta	–	2,6	75	82	A0
γ gamma	Hassaleh	2,7	700	267	K3

rossa che è a sua volta doppia; dista oltre un decimo di anno luce dalla coppia principale e non è troppo facile da localizzare.

Capella e Vega si trovano da parti opposte rispetto alla Stella Polare e circa alla stessa distanza da essa: quindi, quando Vega è alta in cielo, Capella è bassa e viceversa. Quando sono circa alla stessa altezza, come nelle sere di aprile, è interessante confrontarle: i colori sono chiaramente diversi, ma a occhio nudo è impossibile stabilire quale sia più brillante, una volta tenuto conto dell'estinzione.

23 Novembre

Il "Capretto misterioso"

Il nostro obiettivo stanotte è una stella veramente molto strana: si trova vicino a Capella ed è conosciuta ufficialmente come *epsilon* Aurigae; il suo vecchio nome proprio, Almaaz, non viene quasi mai usato.

Il piccolo triangolo di stelle accanto a Capella è noto come "Haedi", o Capretti: la *epsilon* Aurigae è all'apice; le altre stelle sono la *eta* (magnitudine 3,2) e la *zeta*, che è molto più debole.

La *epsilon* sembra una stella normale ma non lo è: è eccezionalmente luminosa e lontana, e può eguagliare Canopo in luminosità intrinseca; il colore è leggermente "bianco-sporco", benché alcuni la definiscano gialla.

Ogni 27 anni inizia a declinare scendendo alla magnitudine 3,8 e rimanendo al minimo per oltre un anno prima di risalire. Questo è accaduto l'ultima volta molti anni fa ormai: il declino iniziò il 22 luglio 1982, il minimo durò dall'11 gennaio 1983 al 16 gennaio 1984, e l'intera sequenza si concluse solo il 25 giugno 1984. Chiaramente, una compagna invisibile sta passando davanti alla stella eclissandola, ma non è mai stata osservata; non la si evidenzia dallo spettro e non è rivelabile neanche a lunghezze d'onda ultra-violette, infrarosse o radio. Un tempo si credeva che fosse una stella enorme e rarefatta ancora non abbastanza calda da risplendere, ma adesso si ritiene più probabile che sia una stella calda e più piccola circondata da un guscio di polvere opaca. Il prossimo declino è atteso per il 2009, con un minimo tra il 2011 e il 2012; in quell'occasione potremo comprenderla meglio, ma fino ad allora lo strano Capretto continuerà a nascondere bene i suoi segreti.

24 Novembre

Zeta Aurigae

È una pura coincidenza che la *zeta* Aurigae, o Sadatoni, il più debole dei Capretti, sia un'altra insolita binaria a eclisse. È molto meno estrema della *epsilon* e ne sappiamo molto di più.

Non c'è alcuna relazione tra le due stelle: la *zeta* dista solo 500 anni luce circa, mentre la *epsilon* è nove volte più lontana.

Per la *zeta* l'intervallo tra le diminuzioni di luminosità è di 972 giorni e possiamo vedere lo spettro di entrambe le componenti. La primaria è una luminosa gigante rossa di tipo K, mentre la secondaria è blu, più piccola e più calda. Quando la stella blu inizia a passare dietro alla compagna, per un breve periodo la sua radiazione ci giunge dopo avere attraversato gli strati esterni della gigante rossa, e da questo possiamo comprendere molte cose. Il minimo dura 38 giorni, invece che oltre un anno come per la *epsilon*. L'intervallo di magnitudini va da 3,7 a 4,1, quindi le variazioni sono lente e relativamente piccole.

25 Novembre

Ammassi nell'Auriga

L'Auriga è una costellazione ricca, attraversata dalla Via Lattea. Contiene un certo numero di ammassi aperti alla portata di un binocolo, e tre di essi sono nella lista di Messier: M36, M37 e M38. Si trovano su una linea leggermente curva; M38 è circa a metà strada tra due delle stelle del quadrilatero, la *theta* e la *iota*.

M37 (AR 5h 52m, declinazione +32° 33') è il più brillante . La sua magnitudine integrata è 5,6 e non è lontano dalla congiungente di *theta* Aurigae e *beta* Tauri; lo scoprì Messier nel 1764 e dista 3600 anni luce. È necessario un binocolo potente per risolverlo in singole stelle.

M36 (AR 5h 36m, declinazione +34° 08') è meno esteso e luminoso; Lord Rosse lo definì "un ammasso sgraziato".

M38 (AR 5h 29m, declinazione +35° 50') è grande quasi quanto M37 e più sparso; l'ammiraglio Smyth lo descrisse come "una croce obliqua con una coppia di grandi stelle in ciascun braccio e un'unica cospicua stella al centro". Quasi sulla stessa linea si trova un altro ammasso aperto, NGC 1857, che non è presente nei cataloghi di Messier; la sua posizione è: AR 5h 20m, declinazione +39° 21'. È molto più piccolo dei tre oggetti di Messier ma abbastanza facile da localizzare. Certamente l'appassionato di ammassi stellari troverà nell'Auriga molti motivi di interesse.

26 Novembre

La Gru

Scusandomi con gli osservatori dell'emisfero settentrionale, è ora di "andare a sud" ancora una volta e parlare della Gru, decisamente il più imponente dei quattro "uccelli meridionali" (gli altri sono il Pavone, la Fenice e il Tucano). Sono tutti invisibili dalle latitudini italiane, ma in quest'epoca dell'anno sono molto alti visti da Paesi come l'Australia. Francamente questa è una regione di cielo piuttosto confusa ed è necessario impegnarsi per riconoscere gli asterismi, ma almeno la Gru è facilmente distinguibile. Le sue stelle principali sono elencate in tabella.

Con un po' di immaginazione possiamo dire che il profilo della Gru evoca l'immagine di un uccello in volo. Alnair e Al Dhanab offrono un buon contrasto di colore: Alnair è biancobluastra, Al Dhanab è di un caldo arancio. La *mu* e la *delta*, tra la *gamma* e Al Dhanab, sembrano ampie doppie, ma in nessun caso si tratta di associazioni reali. La Gru è ricca di galassie, tutte però sotto la decima magnitudine.

Al confine della Gru si trova la piccola costellazione del Microscopio: non contiene alcuna stella più brillante della magnitudine 4,6 ed è del tutto insignificante.

Gru

Lettera greca	Nome	Magnitudine	Luminosità (Sole=1)	Distanza (anni luce)	Tipo spettrale
α alfa	Alnair	1,7	230	100	B5
β beta	Al Dhanab	2,1	600	173	M3
γ gamma	–	3,0	250	228	B8

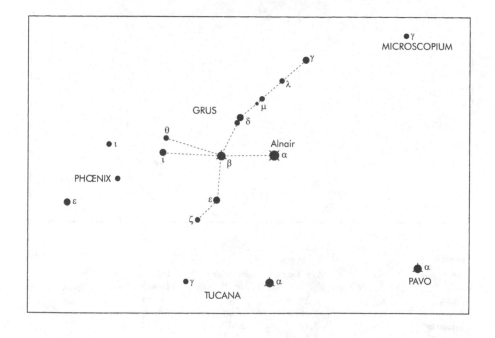

27 Novembre

La Fenice

Il secondo degli "uccelli meridionali" è la Fenice, anch'essa invisibile dall'Italia, aggiunta al cielo da Bayer nel 1603. La costellazione evoca un uccello mitologico che periodicamente muore tra le fiamme, risorgendo come nuovo dalle proprie ceneri. È meno caratteristica della Gru e ha solo una stella abbastanza brillante, l'arancione *alfa* (Ankaa), che si trova poco lontano dal punto centrale della congiungente di Fomalhaut, nel Pesce Australe, e Achernar, in Eridano (si veda il 2 novembre). Le stelle principali della Fenice sono elencate in tabella.

Ankaa è così vicina alla *kappa* (magnitudine 3,9) che possono essere scambiate per un'ampia doppia, ma non c'è alcuna reale associazione. Accanto si trova un triangolo formato dalla *beta*, dalla *gamma* e dalla *delta* (magnitudine 3,9). La *beta* è una buona doppia: le componenti sono quasi ugualmente brillanti, con magnitudini 4,0 e 4,2, e la separazione è di 1",4.

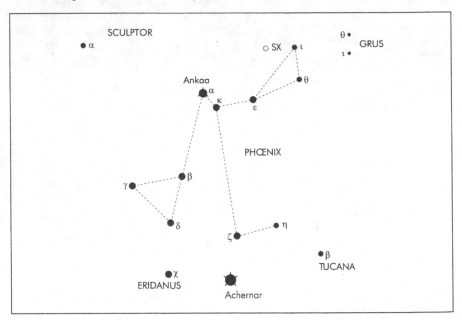

Fenice					
Lettera greca	Nome	Magnitudine	Luminosità (Sole=1)	Distanza (anni luce)	Tipo spettrale
α alfa	Ankaa	2,4	60	78	K0
β beta	–	3,3	58	130	G8
γ gamma	–	3,4	5000	910	K5
ζ zeta	–	3,6 (max)	105	220	B8

La *zeta* Phoenicis, vicina ad Achernar, è una binaria a eclisse di tipo Algol; l'intervallo di magnitudini va da 3,6 a 4,1, quindi può essere seguita a occhio nudo; buone stelle di confronto sono la *delta* (magnitudine 3,9), la *eta* (4,4) e la *epsilon* (3,9). Il periodo è di 1 giorno e 16 ore: come per Algol (si veda il 13 novembre), un intero ciclo può essere seguito in una notte di osservazioni. Ancora in questa costellazione si trova SX Phoenicis, una variabile pulsante con un periodo notevolmente corto: 79 minuti. L'intervallo va dalla magnitudine 6,8 alla 7,5 ed è interessante guardare il fenomeno: un binocolo sarà sufficiente, anche se un telescopio ad ampio campo è più utile. Naturalmente è necessaria una buona mappa di confronto. La posizione è: AR 23h 47m, declinazione –41° 35', vicino alla *iota*, di magnitudine 4,7.

28 Novembre

Il Pavone e l'Indiano

L'uccello successivo è il Pavone. La stella più brillante, *alfa* Pavonis, è sopra la seconda magnitudine e non ha mai avuto un nome proprio, anche se si tende a chiamarla semplicemente "Pavone". Il modo migliore di localizzarla è partire dalla *alfa* Centauri, tracciare una linea immaginaria verso la rossa *alfa* Trianguli Australis (si veda il 18 aprile) e continuare attraverso una regione piuttosto povera finché non si giunge alla *alfa* Pavonis. La *alfa* è infatti abbastanza distaccata dal resto della costellazione, che consiste principalmente in una linea di stelle di magnitudini comprese tra 3 e 4. Le stelle principali sono elencate in tabella.

La *delta*, nella "linea", dista meno di 19 anni luce, e per dimensioni, massa, temperatura e luminosità è molto simile al nostro Sole; non sappiamo se abbia o meno un sistema planetario. La *kappa* è una variabile a corto periodo con un intervallo di magnitudini da 3,9 e 4,8 e un periodo di 9,1 giorni; è una cosiddetta Cefeide di tipo II o una stella W Virginis, molto meno luminosa di una classica Cefeide con lo stesso periodo. Buone stelle di confronto per essa sono la *zeta* (magnitudine 4,0), la *pi* (4,4) e la *nu* (4,6). Il Pavone contiene un brillante ammasso globulare, NGC 6752 (C93), alla posizione AR 19h 11m, declinazione –59° 59', che forma un triangolo con la *alfa* e la *beta*.

Pavone					
Lettera greca	Nome	Magnitudine	Luminosità (Sole=1)	Distanza (anni luce)	Tipo spettrale
α alfa	–	1,9	700	230	B3
β beta	–	3,4	28	100	A5
δ delta	–	3,6	1	19	G5
η eta	–	3,6	82	162	K1
κ kappa	–	3,9 (max)	500	544	F5

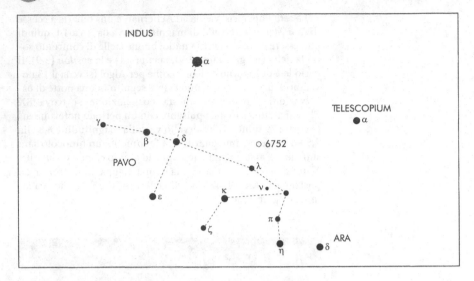

L'Indiano confina con il Pavone: è una costellazione molto debole e senza forma, che occupa gran parte del triangolo formato dalla *alfa* Pavonis, da Alnair nella Gru e dalla *alfa* Tucanae. Il principale oggetto degno di nota è la *epsilon* Indi, che è molto vicina (11,3 anni luce). È una nana rossa con luminosità pari solo al 14% di quella solare, ed è quindi la stella intrinsecamente più debole visibile a occhio nudo. Esistono forti indizi che sia accompagnata da un corpo planetario.

29 Novembre

Il Tucano

Dobbiamo completare la nostra rassegna degli "uccelli meridionali" prima di spostarci, ed è rimasto adesso solo il Tucano, che contiene la Piccola Nube di Magellano, nonché due magnifici ammassi globulari. La costellazione confina con la Gru, il Pavone e Achernar, in Eridano, e possiede una stella abbastanza brillante, la *alfa* (magnitudine 2,9) con uno spettro di tipo K, quindi decisamente arancione. Dista 114 anni luce e potrebbe eguagliare 105 Soli. La *beta* è invece una facile doppia molto ampia.

Abbiamo già parlato della Piccola Nube (si veda il 28 gennaio): quasi "proiettato" contro di essa si trova 47 Tucanæ, il più bell'ammasso globulare con l'eccezione di Omega Centauri; è persino stato definito il più imponente dei due perché può essere visto interamente in un semplice campo telescopico, a differenza di Omega Centauri. L'ammasso dista 15 mila anni luce, contro i circa 190 mila della Nube; osservatelo al binocolo e vedrete che la sua luminosità superficiale è molto maggiore di quella della Nube. La sua posizione è: AR 0h 24m, declinazione –72° 5'. Non lontano da

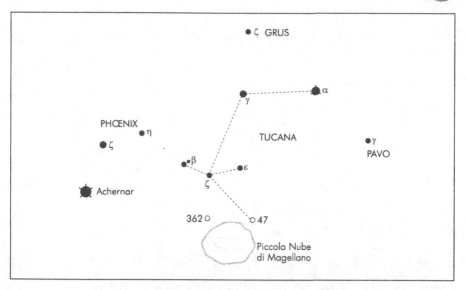

esso si trova NGC 362 (C104), alla posizione AR 1h 3m, declinazione –70° 51', che non gli è troppo inferiore, anche se sotto la soglia di visibilità a occhio nudo, meno compatto e meno facile da risolvere in stelle.

30 Novembre

Il più brillante cratere lunare

Quando la Luna è Piena o quasi, persino un grande cratere può quasi scomparire alla vista, semplicemente a causa dell'assenza di ombre. Ci sono comunque alcune formazioni che si distinguono sempre: una di esse è Aristarchus, nell'Oceanus Procellarum. Ha un diametro di soli 37 km, ma ha pareti brillanti e un picco centrale, quindi è sempre inconfondibile; può essere visto anche quando è illuminato solo dallo splendore della Terra, o quando la Luna è totalmente eclissata. Nientemeno che sir William Herschel una volta lo scambiò per un vulcano lunare attivo.

Aristarchus è degno di nota anche per un altro motivo: quasi ogni osservatore lunare di lunga data ha visto occasionalmente oscuramenti locali o bagliori, che indicano un'attività molto blanda; essi sono noti come "fenomeni lunari transienti" (TLP, *Transient Lunar Phenomena*). In Aristarchus o nei suoi dintorni ne sono stati osservati più che in ogni altra zona della Luna.

Vicino ad Aristarchus si trova un cratere di dimensioni analoghe, Herodotus. I due non sono simili: Herodotus non è così brillante e ha un fondo molto più grigio. Da esso si estende una valle lunga e tortuosa, scoperta da J.H. Schröter e a cui è stato quindi dato il suo nome. Complessivamente, tutta questa regione è una delle più affascinanti dell'intera superficie lunare.

Dicembre

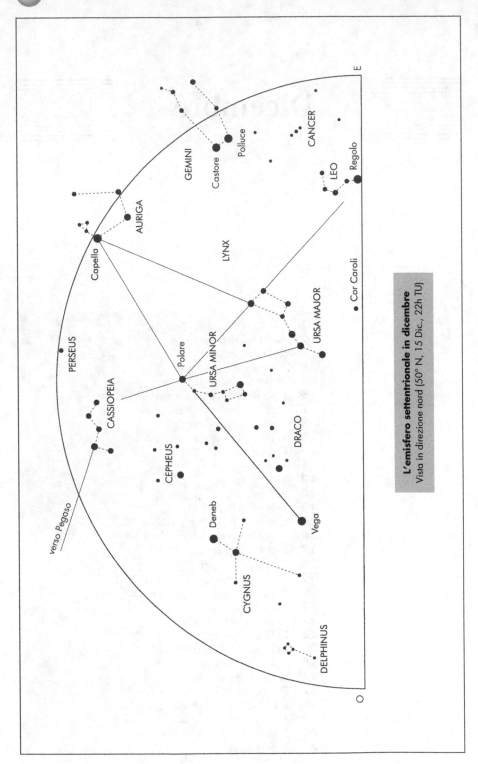

L'emisfero settentrionale in dicembre
Vista in direzione nord (50° N, 15 Dic., 22h TU)

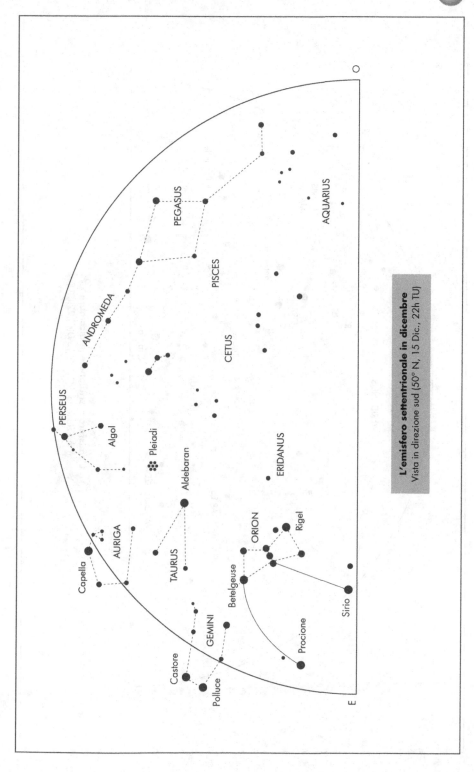

L'emisfero settentrionale in dicembre
Vista in direzione sud (50° N, 15 Dic., 22h TU)

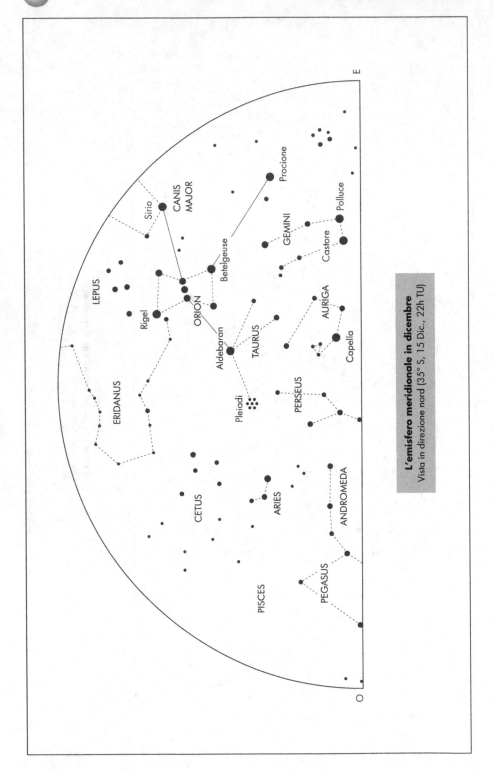

L'emisfero meridionale in dicembre
Vista in direzione nord (35° S, 15 Dic., 22h TU)

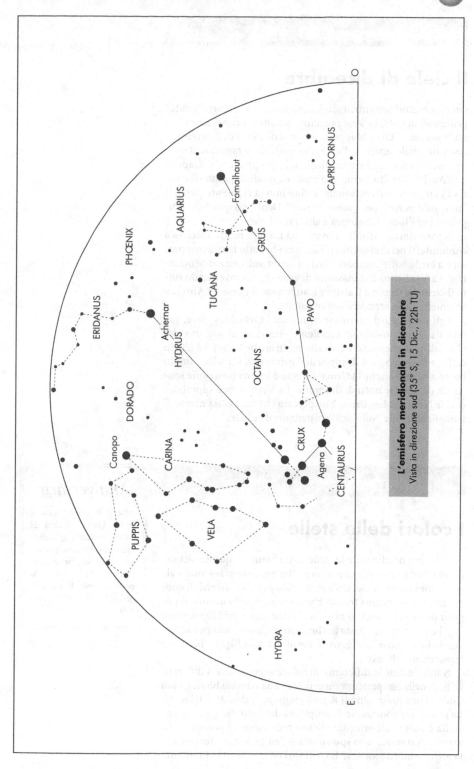

L'emisfero meridionale in dicembre
Vista in direzione sud (35° S, 15 Dic., 22h TU)

1 Dicembre

Il cielo di dicembre

Gli osservatori settentrionali hanno entrambe le loro "guide" principali in vista: Orione raggiunge un'altezza considerevole a metà serata e l'Orsa Maggiore è ben al di sopra dell'orizzonte nord-orientale, anche se l'orsa (l'animale delle rappresentazioni antiche) non appare in piedi sulla propria coda. Capella nell'Auriga è molto vicina allo zenit, e quindi Vega sta sfiorando l'orizzonte settentrionale, e abbiamo certamente perso il "triangolo estivo", per quanto in realtà Deneb sia quasi circumpolare per l'Italia. Cassiopea è alta a nord-ovest.

Pegaso rimane visibile a ovest, ma tra non molto inizierà a confondersi nel crepuscolo serale. Sirio ha fatto la sua comparsa, e a tarda notte compare anche il Leone sull'orizzonte orientale. La Via Lattea è al massimo di visibilità, attraversando tutto il cielo dal Cigno a Cassiopea, attraverso il Perseo, l'Auriga e i Gemelli fino a scendere sull'orizzonte.

Agli osservatori meridionali manca l'Orsa Maggiore, ma Orione è in posizione eccellente, insieme al seguito del Cacciatore; Achernar è vicina allo zenit; anche Canopo è alta in cielo, e Pegaso ben al di sopra dell'orizzonte. Capella è molto bassa a nord e anche la Croce del Sud è in una posizione scomoda durante le notti di dicembre. La Via Lattea è superba, e così le Nubi di Magellano: è un peccato che non vi sia niente di paragonabile alle Nubi nell'emisfero nord celeste.

2 Dicembre

I colori delle stelle

Molti pensano che tutte le stelle siano bianche: questo sicuramente non è vero. Alcune sono giallastre, altre arancione e altre ancora molto rosse. Un modo ovvio per convincersi di questo fatto è osservare Orione, che domina il cielo notturno per gran parte dell'inverno boreale: le due stelle principali sono Rigel e Betelgeuse, e basta anche una rapida occhiata per accorgersi che mentre Betelgeuse è rosso-arancio Rigel è bianca o leggermente bluastra.

Naturalmente le differenze di colore sono dovute a differenze reali nella temperatura superficiale: una fiamma bianca è più calda di una rossa, quindi Rigel è molto più calda di Betelgeuse. La situazione comunque è complicata dal fatto che quando una stella è bassa sull'orizzonte la sua radiazione ci giunge dopo avere attraversato uno spesso strato dell'atmosfera terrestre, e la stella sembra emettere luce di vari colori. Sirio è il migliore

Anniversario

1974: Il *Pioneer 11* passò a 46.144 km di distanza da Giove, inviando splendide immagini. Proseguì poi per incontrare Saturno nel settembre 1979. Il contatto fu perso nel 1996 e la sonda sta ora uscendo dal Sistema Solare.

esempio di questo fenomeno: è bianca, ma quando è bassa pare davvero far balenare i vari colori dell'arcobaleno.

3 Dicembre

Stelle di tanti tipi

I colori di alcune stelle sono fantastici, ma è vero che a occhio nudo tutte le stelle, eccetto le più brillanti, appaiono di colore bianco o rosso-arancio. Tra le stelle di prima magnitudine, solo Vega appare distintamente azzurrina.

Un ausilio ottico evidenzia i colori molto più decisamente, e dobbiamo dire che a questo scopo un riflettore è molto più affidabile di un rifrattore, perché uno specchio riflette tutti i colori nello stesso modo.

È istruttivo, oltre che divertente, effettuare una rassegna osservativa di stelle selezionate di vari colori, prima a occhio nudo e poi utilizzando il binocolo o il telescopio. Dicembre è un buon mese per iniziare, quindi ecco alcuni suggerimenti per le stelle da scegliere:

Stella	Costellazione	Colore
Sirio	Cane Maggiore	Bianco
Betelgeuse	Orione	Rosso-arancio
Procione	Cane Minore	Bianco
Aldebaran	Toro	Arancione
Capella	Auriga	Giallo
Vega	Lira	Bianco.azzurra
Castore	Gemelli	Bianco
Polluce	Gemelli	Arancione
Polare	Orsa Minore	Bianco
Kocab	Orsa Minore	Arancione
Alpheratz	Andromeda	Bianco
Scheat	Pegaso	Arancione

Quanto al cielo meridionale, Canopo è magnifica: si dice che sia leggermente giallastra, ma ammetto di non essere mai stato in grado di vedervi alcun colore. Verificatelo anche voi la prossima volta che avrete l'opportunità di ammirarla!

Il mistero di Sirio

Per quanto la rifrazione atmosferica faccia "scintillare" Sirio, essa è in realtà bianca. Tuttavia alcuni osservatori dell'antichità la descrissero come rossa, e questo è decisamente un fatto intrigante.

Le stelle evolvono, cambiando colore, ma il processo è davvero molto lento e dura semmai milioni di anni piuttosto che pochi secoli. Quindi come può Sirio essere stata rossa in epoche antiche?

Sirio è una stella stabile della Sequenza Principale, e un consistente cambiamento di colore sembra essere fuori questione. Ha una debole compagna, una nana bianca, che un tempo dev'essere passata per lo stadio di gigante rossa, ma di nuovo la sequenza temporale è completamente sbagliata. Pare oggi che le antiche descrizioni di una "Sirio rossa" siano da attribuire a errori nelle osservazioni. In ogni caso, dobbiamo ammettere che tutto ciò rimane in qualche modo un mistero.

4 Dicembre

Alcune stelle rosse o arancioni

Mentre parliamo dei colori delle stelle brillanti, cerchiamone in giro alcune altre che sono decisamente rosse o arancioni. Ecco una bella lista (l'asterisco indica che la stella non è visibile dall'Italia):

Stella	Costellazione	Colore
Arturo	Boote	Arancione chiaro
Antares	Scorpione	Rosso fiammeggiante
Dubhe	Orsa Maggiore	Arancione
Avior*	Carena	Arancione
Gamma Crucis*	Croce del Sud	Rosso-arancio
Alphard	Idra Femmina	Arancione
Hamal	Ariete	Arancione

Non c'è dubbio che Antares sia la più rossa tra le stelle brillanti: il suo nome significa infatti "la rivale di Ares", essendo Ares il dio greco della guerra, corrispondente a Marte, il "pianeta rosso".

5 Dicembre

Pianeti scintillanti?

È facile vedere che una stella scintilla di meno quando è alta in cielo rispetto a quando è bassa: la sua radiazione attraversa in quel caso uno strato più sottile di atmosfera. I pianeti scintillano di meno per una buona ragione: mentre una stella è una sorgente di luce puntiforme, un pianeta mostra un disco di dimensioni finite. Questo significa che gli effetti della "scintillazione" dovuti all'emissione di diverse parti del disco tendono a cancellarsi a vicenda, e il risultato è una luce più stabile.

Comunque, questo non è sempre vero: Mercurio può scintillare abbastanza distintamente, ma naturalmente non viene mai osservato contro un fondo cielo davvero buio.

6 Dicembre

Le dimensioni delle costellazioni

Orione è così brillante e caratteristica che molti credono sia una delle costellazioni più estese. Non è così, perché copre meno di 600 gradi quadrati di cielo. La costellazione più grande di tutte, l'Idra Femmina, occupa più di 1300 gradi quadrati. Ecco le aree di alcune costellazioni espresse in gradi quadrati:

Centauro	1060
Drago	1083
Pegaso	1121
Eridano	1138
Ercole	1225
Balena	1232
Orsa Maggiore	1280
Vergine	1295
Idra Femmina	1303

Solo tre costellazioni occupano meno di 100 gradi quadrati: la Freccia (80), il Cavallino (72) e la Croce del Sud (68). È sorprendente scoprire che la Croce del Sud è la costellazione più piccola di tutto il cielo!

Anniversario

1905: Nascita di Gerard P. Kuiper.

---

7 Dicembre

Un pioniere dello spazio

Abbiamo parlato delle varie sonde interplanetarie. È quindi opportuno fermarci un momento per rendere omaggio a uno dei grandi pionieri di questo tipo di ricerche, Gerard Peter Kuiper, che nacque in Olanda il 7 dicembre 1905. Divenne assistente astronomo all'Università di Leiden, ma nel 1933 emigrò negli Stati Uniti, dove rimase per il resto della sua vita. Nel 1960, dopo avere lavorato presso l'Osservatorio di Yerkes e quello di Mount Wilson, andò all'Università dell'Arizona per dirigere il Lunar and Planetary Laboratory, rimanendo in carica fino alla sua morte, nel 1973.

Kuiper fu profondamente coinvolto in tutti i primi programmi spaziali americani, e fornì validi contributi. Fu all'avanguardia anche nella costruzione dei telescopi ad alta quota, e dobbiamo a lui la fondazione del grande Osservatorio sul Mauna Kea, alle Hawaii. È un peccato che sia morto prematuramente, prima di vedere i risultati di tanto suo lavoro. Il primo cratere a essere identificato su Mercurio porta il suo nome.

8 Dicembre

Serie di occultazioni

Abbiamo già notato (si veda il 31 maggio) che tra le stelle di prima grandezza solo Antares, Aldebaran, Regolo e Spica possono essere occultate dalla Luna.

Una serie di occultazioni di Antares è iniziata il 7 gennaio 2005 e finirà il 7 febbraio 2010. Una serie di Regolo si estende dal 7 gennaio 2007 al 12 maggio 2008. Una serie di Spica è cominciata il 7 settembre 2005 e proseguita fino all'11 gennaio 2007.

Tutti e quattro i pianeti giganti, Giove, Saturno, Urano e Nettuno, subiscono anch'essi occultazioni da parte della Luna durante questo periodo.

9 Dicembre

Plutone: un pianeta o no?

La Fascia di Kuiper si è dimostrata molto più popolosa di quanto Gerard Kuiper stesso avrebbe potuto immaginare. Alcuni dei suoi membri, inoltre, sono piuttosto grandi: uno, Quaoar, ha un diametro pari a più di metà di quello di Plutone. Un altro corpo, Sedna, scoperto nel 2004 e denominato come una dea marina Inuit, è particolarmente notevole: ha un diametro superiore a 1600 km e orbita lontano dal Sole con un periodo di oltre 12 mila anni. Un altro ancora, Eris, noto in precedenza con il nome ufficioso di Xena, ha un diametro di circa 2400 km ed è quindi più grande di Plutone (sebbene non di molto).

Considerato tutto questo, può Plutone stesso essere classificato come un pianeta? Negli anni passati l'ipotesi che non sia altro che un oggetto della Fascia di Kuiper ha trovato sempre maggiore sostegno. È d'altra parte più piccolo della nostra Luna, e dobbiamo ricordare anche che lontano, nelle regioni più remote del Sistema Solare, potrebbero trovarsi altri corpi considerevolmente più grandi di Plutone. La loro distanza implica che sarebbero molto deboli, ma se esistono senza dubbio verranno scoperti prima o poi, nell'immediato futuro. Anche per questo motivo, per non estendere cioè a dismisura con le scoperte future il numero di pianeti del Sistema Solare, la questione della sua classificazione è stata recentemente affrontata e risolta dall'Unione Astronomica Internazionale: Plutone è stato "retrocesso" alla nuova categoria dei "pianeti nani" (alla quale appartengono anche Eris e l'asteroide Cerere); quindi i veri pianeti del Sistema Solare sono tornati ad essere otto.

Dicembre 10

Il Toro

Il Toro, la seconda costellazione dello Zodiaco, è uno dei gruppi più cospicui, per quanto non abbia una forma caratteristica e non somiglia certamente a un toro. Tra il 4000 e il 2000 a.C. ospitava l'equinozio di primavera, quindi se in quel periodo fossero stati stilati documenti di tipo astronomico potremmo oggi parlare del primo punto del Toro invece che d'Ariete.

Nella mitologia il Toro rappresenta il toro bianco in cui si tramutò Giove quando decise di rapire Europa, figlia del re di Creta, per i soliti disdicevoli motivi. La costellazione è facile da individuare perché il suo astro principale, la stella arancione di

Toro					
Lettera greca	Nome	Magnitudine	Luminosità (Sole=1)	Distanza (anni luce)	Tipo spettrale
α alfa	Aldebaran	0,8	90	68	K5
β beta	Alnath	1,6	400	130	B7
ζ zeta	Alheka	3,0	1300	490	B2
η eta	Alcyone	2,9	400	238	B7
λ lambda	–	3,3 (max)	450	330	B3

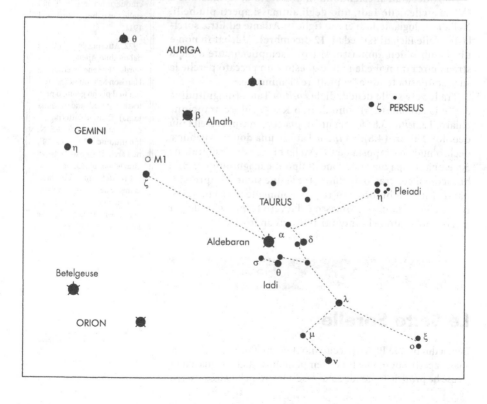

prima grandezza Aldebaran, è allineata con la Cintura di Orione. Le stelle principali del Toro sono elencate nella tabella della pagina precedente.

È interessante confrontare Aldebaran con Betelgeuse in Orione. La prima è praticamente costante, mentre Betelgeuse è variabile, rimanendo quasi sempre la più brillante delle due; quando le confrontate ricordatevi sempre di tenere conto dell'estinzione.

Alnath era originariamente inclusa nell'Auriga come la *gamma* Aurigae (si veda il 21 novembre). Il Toro è degno di nota principalmente per tre oggetti: due magnifici ammassi aperti, le Iadi e le Pleiadi, e il resto di supernova noto come Nebulosa Granchio (si veda il 16 dicembre).

11 Dicembre

Le Iadi

Aldebaran è ora molto prominente nel cielo notturno, sia dall'emisfero boreale che da quello australe. Somiglia moltissimo a Betelgeuse, anche se in realtà è di gran lunga meno lontana e potente.

Da Aldebaran si estendono in una sorta di formazione a "V" le stelle delle Iadi, uno degli ammassi aperti più belli. Nella mitologia, le Iadi erano figlie di Atlante ed Etra, sorellastre delle Pleiadi (si veda il 12 dicembre). Aldebaran non è un membro dell'ammasso: si trova semplicemente a metà strada circa tra noi e le Iadi, e questo è un peccato perché la sua luminosità tende a "sopraffare" l'ammasso.

Tra le vere stelle delle Iadi, la *epsilon* Tauri (magnitudine 3,5) e la *gamma* (3,6) sono di tipo K e di colore arancione chiaro. La *delta* (3,8) forma un'ampia coppia con la stella più debole 64 Tauri (4,8). La *theta* Tauri è una doppia visibile a occhio nudo, composta da una stella bianca di magnitudine 3,4 e una compagna arancione di tipo K e magnitudine 3,8; al binocolo il contrasto di colore tra le due stelle è impressionante. Infatti il binocolo offre probabilmente la vista migliore delle Iadi, poiché l'ammasso è davvero troppo grande per essere contenuto nel campo ristretto di un telescopio.

12 Dicembre

Le Sette Sorelle

Senza dubbio, le Pleiadi occupano il posto d'onore tra gli ammassi aperti: sono note fin da tempi molto antichi, e quasi ogni Paese ha proprie leggende su di esse. Omero nell'*Odissea* scrive

Anniversario

1863: Nascita di Annie Jump Cannon, una delle migliori astronome americane. Lavorò all'Osservatorio dell'Harvard College, principalmente sulla classificazione degli spettri stellari: l'attuale sistema è in gran parte dovuto a lei. Scoprì anche cinque novæ e più di 300 stelle variabili. Morì nel 1941.

1972: Atterraggio sulla Luna del modulo *Apollo 17*, con a bordo Eugene Cernan e Harrison Schmitt (quest'ultimo fu il primo geologo professionista ad andare sulla Luna). Il sito di atterraggio era a latitudine 20° 12' N, longitudine 30° 45' E, nell'area di Taurus Littrow. Grazie alle profonde conoscenze di Schmitt, questa fu la missione Apollo con il più alto ritorno scientifico. È stata anche l'ultima spedizione lunare con equipaggio.

che Ulisse "si mise al timone e non dormì mai, tenendo gli occhi fissi sulle Pleiadi", e vi sono tre citazioni nella *Bibbia*, come: "Puoi tu stringere i dolci legami delle Pleiadi, o allentare le catene di Orione?" (*Giobbe* 38: 31).

La principale leggenda mitologica segue una struttura abbastanza convenzionale: le Pleiadi erano sette bellissime fanciulle che stavano passeggiando nei boschi quando furono notate dal cacciatore Orione, che le inseguì; le sue intenzioni erano tutt'altro che onorevoli, così Giove intervenne tramutando le fanciulle in stelle e lanciandole in cielo, senza dubbio con grande disappunto di Orione.

Il soprannome di Sette Sorelle per l'ammasso indica che a occhio nudo dovrebbero essere visibili sette stelle, e questo è vero per persone con una vista media, ma chi ha la vista acuta può distinguerne di più (si dice che il record sia di diciannove, apparentemente detenuto dall'astronomo tedesco del diciannovesimo secolo Eduard Heis). Se potete scorgerne una dozzina, state andando davvero molto bene. Come per le Iadi, le Pleiadi sono forse osservate al meglio con il binocolo.

13 Dicembre

Le Geminidi

Questa è la notte del picco della pioggia meteorica annuale delle Geminidi. Il radiante si trova vicino a Castore, il più debole dei Gemelli.

In generale, le meteore si osservano meglio dopo la mezzanotte, quando l'emisfero buio della Terra è la parte avanzante e le meteore si "infrangono" nell'atmosfera a velocità maggiore, ma per le Geminidi l'attività di picco è tipicamente intorno alle 22h TU del 13 dicembre: quindi conviene tenerle d'occhio tutta la notte.

Solitamente offrono un bello spettacolo: il massimo ZHR è intorno a 75, ma può arrivare persino a 90, per quanto si debba convenire che non sono spettacolari come le Perseidi di agosto. Hanno una velocità mediamente elevata e sono presenti molti bolidi. La pioggia è stata eccezionalmente ricca nel 1990 e di nuovo nel 1991.

Non è nota alcuna cometa progenitrice, ma l'orbita è molto simile a quella del piccolo asteroide (3200) Fetonte, che ha solo 4,8 km di diametro. Al perielio si muove fino a meno di 21 milioni di chilometri dal Sole (all'interno dell'orbita di Mercurio), all'afelio si allontana fino a circa 190 milioni di chilometri, oltre l'orbita terrestre; il suo periodo è di 1,43 anni. Se Fetonte è davvero il progenitore delle Geminidi, deve trattarsi di una cometa che ha perso tutto il proprio materiale volatile.

14 Dicembre

Le stelle delle Pleiadi

Anniversario

1962: La *Mariner 2* passò a 33.037 km da Venere e inviò i primi dati affidabili acquisiti da breve distanza. Il contatto fu mantenuto fino al 4 gennaio 1963.

Il membro più brillante dell'ammasso delle Pleiadi è Alcione, o *eta* Tauri, di magnitudine 2,9. Per una qualche ragione Johann von Mädler, l'astronomo tedesco che, con il suo collega Beer, tracciò la prima buona mappa della Luna, avanzò l'idea che Alcione fosse la stella centrale della Galassia. Pochi gli credettero.

Le successive in ordine sono Elettra, Atlante, Merope, Maia, Taygete, Celeno, Pleione e Asterope: abbiamo in totale nove stelle con nomi propri. Atlante e Pleione comunque sono molto vicine tra loro; la seconda è un po' variabile, mentre la prima è al limite della visibilità a occhio nudo per persone dalla vista normale. Tutte queste stelle sono calde e bianco-bluastre, e per la maggior parte in rapida rotazione; Pleione infatti ruota circa 100 volte più velocemente del Sole e deve avere una forma ovale. L'ammasso è giovane, con un'età stimata di solo pochi milioni di anni.

Complessivamente vi sono almeno 500 stelle nell'ammasso, dove è presente anche un'estesa nebulosità, molto difficile da vedere al telescopio ma sorprendentemente facile da fotografare.

Non ci si può mai stancare di guardare le Pleiadi: è senza paragoni il più bello tra gli ammassi aperti. È stato incluso nel catalogo di Messier come M45 ed è il numero 1432/5 nel catalogo NGC.

15 Dicembre

Lambda Tauri

Anniversario

1970: Prime immagini ricevute direttamente dalla superficie di Venere dalla navicella russa *Venera 7*.

La più brillante binaria a eclisse di tipo Algol è la stessa Algol (si veda il 12 novembre). La successiva in ordine è la *lambda* Tauri, che può essere seguita anch'essa a occhio nudo ed è ben visibile durante le notti di dicembre. Non è troppo lontana dall'equatore (declinazione +12°,5) e quindi si trova a un'altezza comoda da entrambi gli emisferi terrestri.

Per individuarla usate le stelle delle Iadi come una sorta di "testa di freccia": vi mostreranno la via per la *lambda* Tauri che, sorprendentemente, non ha mai avuto l'onore di un nome proprio. La magnitudine al massimo è 3,3; ogni 3,95 giorni scende fino a 3,8 e risale dopo un minimo molto breve. L'intervallo è solo di mezza magnitudine, inferiore a quello di Algol, e anche qui le eclissi sono parziali, con solo il 40% circa della primaria nascosto dalla componente secondaria. Al minimo meno profondo, quando la secondaria è eclissata dalla primaria, l'intervallo è inferiore al decimo di magnitudine.

Sono disponibili buone stelle di confronto: è facile usare la *gamma* Tauri (magnitudine 3,6), la *xi* (3,7), la *nu* (3,9) e la *mu* (4,3).

La distanza della *lambda* Tauri è di 330 anni luce. La stella è più luminosa di Algol, e la massa combinata delle due componenti è 8 volte quella del Sole. La separazione reale è di soli 13,6 milioni di chilometri.

Anniversario

1857: Nascita di Edward Emerson Barnard, l'astronomo americano che lavorò agli Osservatori di Lick e di Yerkes. Era un eccellente osservatore; scoprì diverse comete, come pure Amaltea, il quinto satellite di Giove; identificò la stella vicina che adesso porta il suo nome e si specializzò negli studi delle nebulose oscure. Morì nel 1923.

---

16 Dicembre

La Nebulosa Granchio

Prima di abbandonare il Toro dobbiamo concentrarci su M1, la Nebulosa Granchio, che probabilmente è stata studiata più intensamente di ogni altro oggetto del cielo. In realtà, non è affatto una vera nebulosa: è il resto di una brillante supernova comparsa nell'anno 1054 e descritta principalmente dagli astronomi cinesi e coreani; diventò brillante come Venere ed era visibile a occhio nudo in piena luce diurna. Rimase visibile per più di un anno, ma poi declinò sotto la soglia di visibilità a occhio nudo. I suoi resti furono ritrovati nel 1731 da un astrofilo inglese, John Bevis, e confermati nel 1758 da Messier, che commentò: "Non contiene stelle; è una luce biancastra, allungata come la fiamma di una candela". Il soprannome fu dato alla nebulosa nel 1846 da Lord Rosse, mentre la osservava con il proprio riflettore di 183 cm a Birr Castle, in Irlanda (si veda il 17 giugno).

Molti libri affermano che sia invisibile al binocolo. Non è vero: un potente binocolo la mostra come una debole macchia vicina alla zeta Tauri. È comunque necessario un telescopio per vederla bene, e per distinguerne l'incredibile complessità è essenziale usare la fotografia o gli strumenti elettronici. Visualmente è francamente una delusione.

Gli astronomi hanno identificato il vero residuo della supernova: è una pulsar, profondamente immersa nella nebulosità, una stella di neutroni, con una rotazione di 30 giri al secondo; questa è la vera "fonte di energia" della nebulosa. La Nebulosa Granchio emette inoltre radiazione in ogni regione dello spettro elettromagnetico, dalle lunghe onde radio agli ultracorti raggi gamma. È in espansione, come tutti i resti di supernova, e le fotografie prese nel corso degli anni mostrano notevoli cambiamenti nella sua struttura.

È decisamente consigliabile tentare di fotografarla; molti astronomi la considerano il più importante oggetto celeste quanto agli studi teorici che l'hanno avuta per protagonista. Dista 6000 anni luce da noi.

17 Dicembre

Il pianeta inanellato

Saturno, il più esterno dei pianeti noti in epoca antica, dista in media 1,4 miliardi di chilometri dal Sole; si muove lentamente e nei prossimi anni giungerà all'opposizione tra gennaio e aprile. Saturno rimane sempre nell'emisfero settentrionale del cielo (fino all'agosto 2009, per esempio, è nel Leone, con declinazione sempre maggiore di +50°).

Sotto alcuni aspetti, per quanto assolutamente non tutti, Saturno ricorda Giove. È notevolmente più piccolo, con un diametro equatoriale di 119.862 km, e ruota rapidamente (il periodo di rotazione medio è di 10h 14m), quindi è appiattito ai poli; per quanto abbia un volume 744 volte maggiore della Terra, è soltanto 95 volte più massiccio, e la densità media del globo è inferiore a quella dell'acqua. La sua composizione interna non è dissimile da quella di Giove, ma il nucleo è più piccolo e freddo. Il periodo orbitale è di 29,5 anni.

Come su Giove, ci sono bande e macchie, ma Saturno è un mondo molto meno attivo e non c'è niente di lontanamente paragonabile alla Grande Macchia Rossa di Giove.

A occhio nudo Saturno sembra una stella brillante; al massimo può raggiungere la magnitudine −0,3: è quindi più luminoso di qualunque stella, eccetto Sirio e Canopo. Il binocolo può mostrare che c'è qualcosa di insolito nella sua forma, ma per apprezzarne pienamente la bellezza avrete bisogno di un telescopio.

18 Dicembre

Gli anelli di Saturno

Ciò che contraddistingue Saturno da ogni altro oggetto del cielo è il suo sistema di anelli. È vero anche Giove, Urano e Nettuno hanno sistemi di anelli, ma sono scuri e opachi, e impallidiscono davanti a quelli di Saturno.

Gli anelli sono molto estesi: da una parte all'altra misurano circa 272 mila chilometri, e tuttavia sono spessi meno di 1,5 km, e questo significa che quando sono visti di taglio quasi scompaiono; persino i grandi telescopi li riveleranno solo come sottilissime linee di luce. Ciò è accaduto l'ultima volta nel 1995, e la prossima presentazione di taglio non avverrà prima del 2009. Prima di allora, il polo sud del pianeta è scoperto, mentre gli anelli nascondono una parte dell'emisfero settentrionale.

Essi possono sembrare solidi, ma nessun anello solido o liquido potrebbe resistere a quella distanza dal pianeta: l'attrazione gravitazionale di Saturno lo farebbe subito a pezzi. Gli anelli sono formati da miriadi di piccole particelle ghiacciate, che orbitano intorno a Saturno come satelliti nani. Possono essere i residui di un'antica luna ghiacciata che si è avvicinata troppo ed è stata smembrata, ma è più probabile che siano stati prodotti da materiale che non si è mai condensato in un satellite.

Esistono tre anelli principali. I due esterni, A e B, sono separati da una divisione chiamata con il nome di G.D. Cassini, l'astronomo italiano che la scoprì nel 1675; nell'anello A c'è una divisione più piccola, quella di Encke, che non è difficile da vedere quando il sistema è in buona posizione. Più vicino al pianeta si trova l'anello C, chiamato *Crêpe* o "Anello Scuro", scoperto da Bond nel 1850; con un telescopio di 10 cm sarà visibile, ma è semitrasparente e può essere sfuggente. Esistono diversi altri deboli anelli fuori dal sistema principale, ma non sono visibili con un telescopio normale.

Un telescopio di 7,5 cm offrirà una buona osservazione degli anelli, e nessuno che li veda per la prima volta può evitare di esserne affascinato. Niente può competere con la gloria di Saturno.

19 Dicembre

Tempeste su Saturno

Gli anelli di Saturno sono così straordinari che tendono a deviare l'attenzione dell'osservatore dal globo del pianeta. È un peccato, perché, anche se Saturno è un mondo molto più tranquillo di Giove, può talvolta sorprenderci con violente eruzioni.

Una di esse si è verificata nell'agosto 1933, quando una brillante macchia bianca vicino all'equatore fu scoperta dall'astrofilo inglese W.T. Hay. Divenne cospicua e indicava chiaramente una risalita di materia dalla regione sottostante allo strato di nubi principale; infine, si allungò in una striscia bianca e quindi scomparve. Un'analoga macchia bianca fu scoperta nel settembre 1990 da un astrofilo americano, S. Wilber, e si comportò praticamente nello stesso modo. Ne furono acquisite belle immagini dall'*Hubble Space Telescope*, e per un certo tempo è stata davvero spettacolare. Anche la sonda Cassini ha fotografato alcune tempeste, benché non così imponenti come queste. Non possiamo prevedere quando se ne verificherà una nuova, quindi conviene sempre tenere bene Saturno sotto controllo.

Il pianeta ha un campo magnetico 1000 volte più intenso di quello terrestre, benché ancora 20 volte inferiore a quello di Giove, né le zone di radiazione sono altrettanto "pericolose". Ovviamente Saturno è una sorgente di emissione radio.

20 Dicembre

Le missioni spaziali verso Saturno

Finora Saturno è stato sorvolato da quattro navicelle spaziali. La prima è stata la *Pioneer 11*, che nel settembre 1979 passò a una distanza di 21 mila chilometri inviando a Terra dati utili, ma l'incontro fu in qualche modo un "ripensamento" della NASA: ci si rese conto che dopo l'incontro con Giove la sonda aveva ancora abbastanza riserve di carburante per farla proseguire nel Sistema Solare avvicinandola a Saturno. Seguirono il *Voyager 1* nel novembre 1980 e il *Voyager 2* nell'agosto 1981; entrambi passarono a una distanza di 100 mila chilometri. Le immagini acquisite erano spettacolari ma anche sorprendenti: gli anelli erano molto più complessi del previsto; c'erano migliaia di stretti anellini e divisioni minori, ed erano presenti anelli sottili persino nella Divisione di Cassini. Nell'anello più brillante, il B, si vedevano strane "raggiere" di materiale più scuro, e questo avremmo dovuto aspettarcelo, poiché si possono vedere anche con i più potenti telescopi terrestri. Furono osservati anche gli anelli più deboli al di fuori del sistema principale: uno di essi, l'anello F, è stranamente disomogeneo e "attorcigliato".

Oggi l'*Hubble Space Telescope* è in grado di ottenere immagini ottime e dettagliate di Saturno e del suo sistema, ma è giusto dire che esistono ancora alcuni aspetti del sistema di anelli che sono decisamente enigmatici. La missione più recente, la Cassini, frutto della collaborazione tra la NASA, l'ESA e l'Agenzia spaziale Italiana, attualmente in orbita attorno al pianeta, ha raggiunto il sistema di Saturno nel 2004 trasportando una sonda più piccola: la *Huygens*, di costruzione europea, si è staccata dalla navicella madre il 25 dicembre 2004 effettuando un atterraggio controllato sul satellite Titano il 14 gennaio 2005.

21 Dicembre

I satelliti di Saturno

Il sistema di satelliti di Saturno differisce da quello di Giove: c'è una grande luna, Titano, e diverse altre di medie dimensioni, insieme a un gran numero di satelliti nani scoperti dalle missioni Voyager (in totale, sono più di trenta) e dalla Cassini. I satelliti "storici", noti prima di queste missioni, sono elencati nella tabella della pagina seguente.

Titano può essere visto con un qualunque telescopio e persino con un potente binocolo. Un telescopio di 7,5 cm mostrerà anche Giapeto, Rea e, seppure con qualche difficoltà, Dione e Teti; gli altri richiedono aperture maggiori. Febe ha un moto retrogrado ed è quasi certamente un asteroide catturato. Si verificano eclissi, transiti e occultazioni, come per i satelliti di Giove, ma sono molto più difficili da osservare, anche nel caso di Titano.

Le immagini delle missioni *Voyager* mostrano che, a parte Titano,

> ## *Anniversario*
>
> 1968: Lancio dell'*Apollo 8*, il primo veicolo a portare un equipaggio (Borman, Lovell e Anders) in orbita intorno alla Luna.

i satelliti sono ghiacciati e costellati di crateri, ma non sono simili: Mima, per esempio, ha un enorme cratere, Encelado ha regioni omogenee e quasi prive di crateri, e Iperione ha una forma un po' simile a quella di un hamburger e un periodo orbitale diverso da quello di rivoluzione. Giapeto ha un emisfero brillante e uno scuro; è sempre più brillante quando si trova a ovest di Saturno e la zona più riflettente è rivolta verso di noi. A quanto pare qualche tipo di materiale scuro è scaturito dall'interno del satellite, ma la sua esatta natura è ignota. Forse l'aspetto più interessante nell'osservazione dei satelliti di Saturno è vedere quanti se ne riesce a contare.

Satelliti di Saturno

Nome	Distanza media da Saturno (migliaia di km)	Periodo orbitale g	h	m	Diametro maggiore (km)	Magnitudine
Mima	185,5	0	22	37	398	12,9
Encelado	238,0	1	8	53	498	11,8
Teti	294,6	1	21	18	1060	10,3
Dione	377,4	2	17	41	1120	10,4
Rea	527,0	4	12	25	1528	9,7
Titano	1222	15	22	41	5150	8,3
Iperione	1481	21	6	38	370 x 280	14,2
Giapeto	3561	79	7	56	1436	10 (max)
Febe	12.952	550	10	50	230	16,5

22 Dicembre

La missione *Cassini*

Prima di salutare Saturno dobbiamo certamente dire qualcosa di più su Titano, che è uno dei più affascinanti membri del Sistema Solare.

L'*Hubble Space Telescope* vi ha rilevato delle macchie, ma ora sappiamo qualcosa di più della superficie di Titano: sappiamo che è molto fredda, con una temperatura di circa –180 °C, e dal 2006, da quando è iniziata l'esplorazione per mezzo del radar della navicella Cassini, che ci sono larghe pianure coperte da dune, ramificati sistemi di fiumi e canali ora asciutti, e che potrebbero esistere ampi bacini che ospitano sostanze liquide, soprattutto ai poli: non acqua, ma metano o etano.

Abbiamo anche ricevuto alcune immagini del suolo, perché la sonda *Huygens*, portata fino a Saturno dalla navicella Cassini, è scesa su Titano il 14 gennaio 2005. Titano ha ancora molte sorprese in serbo per noi.

23 Dicembre

Le Ursidi e la cometa Tuttle

Stanotte è il massimo della pioggia meteorica delle Ursidi: il loro radiante è nell'Orsa Minore, non lontano da Kocab (si veda il 7 gennaio), decisamente il radiante più settentrionale di tutti gli sciami ufficiali. Solitamente, non è una pioggia ricca: il normale ZHR non supera 5, anche se occasionalmente possono esservi spettacoli davvero belli, come nel 1945 e nel 1986.

Conosciamo la progenitrice dello sciame: è la cometa Tuttle, scoperta originariamente da Pierre Méchain nel 1790. Fu calcolata un'orbita con un periodo di 13 anni, ma la cometa non fu rivista fino al 1858, quando venne ritrovata da Horace Tuttle dall'Osservatorio dell'Harvard College. Da allora è stata osservata a ogni ritorno con l'eccezione di quello del 1953, quando era in una pessima posizione; il periodo attuale è di 13,5 anni. Non è mai abbastanza brillante da poter essere vista a occhio nudo, e raramente sviluppa una coda.

È interessante che Horace Tuttle sia stato coinvolto nella scoperta di tre comete associate a sciami meteorici: le altre sono la Swift-Tuttle (Perseidi) e la Tempel-Tuttle (Leonidi). Era un personaggio straordinario: fu un eroe della guerra di indipendenza americana e un esperto astronomo, ma fu anche congedato a un certo punto dalla marina americana per appropriazione indebita di fondi. Certamente non mancano tra gli astronomi personalità pittoresche.

Anniversario

1966: Atterraggio sulla Luna della sonda russa *Luna 13*, alla latitudine 18°,9 N, longitudine 63° O (nell'Oceanus Procellarum). Furono inviate immagini ed effettuate analisi chimiche. Il contatto fu perso il 27 dicembre.

24 Dicembre

La meteorite di Barwell

Poco prima delle 16h 15m del 24 dicembre 1965 gli abitanti di alcune regioni del Leicestershire (Gran Bretagna) videro un raro fenomeno: una meteorite attraversò rapidamente il cielo splendendo brillantemente ed emettendo suoni, prima di infrangersi e spargere frammenti intorno al villaggio di Barwell.

Un pezzo consistente atterrò nel viale d'accesso di una casa scavando una grande buca; un altro colpì il cofano di un'auto e il conducente, pensando che qualche ragazzo avesse lanciato una pietra, gettò via il frammento. Un altro pezzo però entrò in una casa da una finestra aperta e fu trovato in seguito in un vaso di fiori artificiali. Nessuno rimase contuso; in effetti non esistono casi dimostrati di qualcuno che sia stato seriamente ferito da una meteorite in caduta, ma se un frammento avesse colpito un essere umano le conseguenze sarebbero state certamente gravi.

La meteorite di Barwell era di natura rocciosa, come moltissime altre, e sicuramente proveniva dalla fascia degli asteroidi. Sembra che la sua massa totale fosse intorno a 46 chilogrammi. Dal 1965 in Gran Bretagna sono cadute solo altre due meteoriti riconosciute.

Anniversario

1761: Nascita di Jean Louis Pons, la cui prima mansione all'Osservatorio di Marsiglia fu quella di custode. Era un autodidatta e si concentrò sulla scoperta di comete: ne trovò 36 in tutto e finì la propria carriera come direttore della Specola annessa al Regio Museo di Fisica e Storia Naturale di Firenze. Morì nel 1831.

1965: Caduta della meteorite di Barwell, nel Leicestershire.

Anniversario

1642: Nascita di Isaac Newton, forse il più grande matematico e fisico di tutti i tempi.

25 Dicembre

La stella di Betlemme

Ancora una volta è arrivato Natale, e ogni anno viene fatta la stessa domanda: cosa era la stella di Betlemme? Ha una spiegazione scientifica?

Sfortunatamente abbiamo pochi elementi che possano farci da guida. La stella è citata solo una volta, nel *Vangelo* di Matteo; gli astronomi contemporanei non ci danno suggerimenti, e inoltre non siamo affatto certi delle nostre date. L'unica cosa che sappiamo con certezza è che Cristo non nacque il 25 dicembre dell'anno −1. Le nostre date sono calcolate in base ai conti di un monaco romano, Dionysius Exiguus (Dionigi il Piccolo), che morì nel 556. Egli stimò che la nascita di Cristo fosse avvenuta 754 anni dopo la fondazione di Roma, e la data è ormai così universalmente accettata che non verrà certo modificata adesso, anche se è sicuramente sbagliata: Cristo infatti nacque qualche anno prima di quanto immaginasse Dionigi. Inoltre, il 25 dicembre non fu mai festeggiato come ricorrenza della Natività fino al quarto secolo; la data effettiva della nascita di Cristo non la sappiamo, quindi anche il nostro Natale è una convenzione.

Consideriamo quindi brevemente le varie interpretazioni che sono state suggerite. La "stella" era:

(1) Venere. Questa spiegazione può essere subito scartata: i movimenti dei pianeti erano ben noti, e se i magi fossero stati ingannati da Venere non sarebbero stati bravi magi. Per gli stessi motivi possiamo scartare anche Giove, Marte o una qualunque altra stella o pianeta.

(2) Una congiunzione planetaria, ossia la stretta vicinanza in cielo di due pianeti, come Giove e Saturno. Anche questa idea è poco soddisfacente. Una tale congiunzione non sarebbe stata spettacolare, sarebbe durata per un certo tempo e tutti l'avrebbero vista.

(3) Una cometa. Di nuovo, essa sarebbe stata visibile per un certo tempo; non si sarebbe spostata nel modo descritto da Matteo e sarebbe stata sicuramente citata da qualche altra parte. La cometa di Halley comunque era passata al perielio troppi anni prima (nel 12 a.C.) per essere accettabile come candidata.

(4) Una nova o supernova. Questa è stata considerata una possibilità, ma di nuovo non si sarebbe mossa e ne avremmo trovato cenno in qualche altra fonte.

Varie altre ipotesi sono ancora meno plausibili (è stata suggerita anche un'occultazione di Giove da parte della Luna!), ma se vogliamo trovare una soluzione che si adatti ad almeno alcuni degli eventi descritti nel *Vangelo*, pare che si debbano considerare due meteore, viste in epoche differenti ma in moto nella stessa direzione. Questo almeno spiegherebbe perché siano state viste solo dai magi e perché si muovessero rapidamente attraverso il cielo.

Altrimenti è meglio ammettere che non sappiamo cosa fu la Stella di Betlemme e che probabilmente non lo sapremo mai.

26 Dicembre

La "falsa croce"

Dobbiamo fare un'altra visita al "profondo sud" prima della fine dell'anno. Durante le notti di dicembre, Canopo è quasi allo zenit da Paesi come l'Australia; ma ci sono molti altri oggetti interessanti nelle parti adesso separate della vecchia nave Argo. La Carena, le Vele e la Poppa sono tutte ricche costellazioni; c'è anche il Compasso, che ha sostituito il vecchio Albero. Le stelle principali sono elencate in tabella.

Notate la "falsa croce", formata dalle *epsilon* e *iota* Carinae e dalle *kappa* e *delta* Velorum. Viene spesso confusa con la Croce del Sud, ma è più grande e simmetrica, e non così brillante. Come per la vera Croce, comunque, tre delle sue stelle sono bianche e la quarta, in questo caso la *epsilon* Carinæ, rosso-arancio.

La Via Lattea attraversa questa regione, e ci sono molti ammassi e nebulose: vale dunque la pena di esplorarla con il binocolo. Le due piccole costellazioni del Pesce Volante e del Pittore confinano con la Carena.

Carena, Vele e Poppa					
Lettera greca	Nome	Magnitudine	Luminosità (Sole=1)	Distanza (anni luce)	Tipo spettrale
Carena					
α alfa	Canopo	–0,7	200.000	1200	F0
β beta	Miaplacidus	1,7	130	85	A0
ε epsilon	Avior	1,9	600	200	K0
θ theta	–	2,8	3800	750	B0
ι iota	Tureis	2,2	7500	800	F0
υ upsilon	–	3,0	520	320	A7
Vele					
γ gamma	Regor	1,8	3800	520	WC7
δ delta	Koo She	2,0	50	68	A0
κ kappa	Markeb	2,5	1320	390	B2
λ lambda	Al Suhail al Wazn	2,2	5000	490	K5
μ mu	–	2,7	58	98	G5
Poppa					
ζ zeta	Suhail Hadar	2,2	60.000	2400	05.8
π pi	–	2,7	110	130	K5
ρ rho	Turais	2,8	525	300	F6
τ tau	–	2,9	60	82	K3

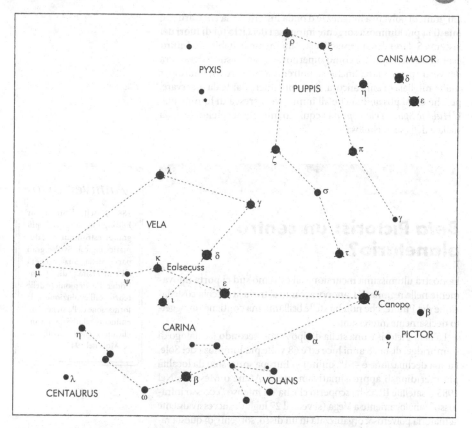

27 Dicembre

Eta Carinae

Se state osservando da una latitudine sufficientemente a sud, guardate stanotte verso la regione di una delle stelle più peculiari in assoluto, *eta* Carinæ, nella Carena. La sua declinazione è –60°, quindi dovrete trovarvi a sud della latitudine 30° N: questo esclude tutta l'Europa.

Si trova in una zona molto ricca, vicino alla "falsa croce" (si veda il 26 dicembre). La sua magnitudine attuale è inferiore a 6, ma è un'irregolare stella variabile, e per un periodo tra il 1830 e il 1850 superò in luminosità persino Canopo. Telescopicamente appare come una piccola macchia arancione, abbastanza diversa da una normale stella, ed è associata a nebulosità. La distanza è di circa 6400 anni luce, e al suo massimo può essere stata milioni di volte più luminosa del Sole, cioè una delle stelle più potenti che si conoscano. Attualmente è ancora molto potente, ma è avvolta da nubi di polvere, quindi la sua radiazione viene assorbita e poi riemessa dai grani di polvere a lunghezze d'onda infrarosse: la *eta* Carinæ è infatti la più luminosa sorgente infrarossa del cielo (al di fuori del Sistema Solare). È supermassiccia e altamente instabile; in futuro esploderà sicuramente come supernova: quando succederà, sarà davvero spettacolare, anche se potremmo dovere aspettare per molte migliaia di anni ancora. È sempre interessante da osservare, perché c'è la possibilità che all'improvviso cresca di luminosità. L'*Hubble Space Telescope* ha acquisito immagini splendide della stella e della sua nebulosa.

28 Dicembre

Beta Pictoris: un centro planetario?

La nostra ultimissima incursione all'estremo sud ci porta nuovamente nella regione di Canopo: accanto si trova la piccola costellazione del Pittore, che non ha stelle brillanti, ma contiene un oggetto decisamente interessante.

La *beta* Pictoris è una stella di tipo A che, secondo il catalogo di Cambridge, dista 78 anni luce ed è 68 volte più luminosa del Sole. La sua declinazione è −51°, quindi in Europa sorge solo da località più meridionali approssimativamente di Atene o Messina. Nel 1983 il satellite IRAS ha scoperto che ha un intenso "eccesso infrarosso", analogamente a Vega (si veda il 27 luglio); successivamente la materia polverosa, organizzata in un disco, sorgente di questa radiazione è stata rivelata anche in ottico da R. Terrile e B. Smith all'Osservatorio di Las Campanas in Cile.

Naturalmente non possiamo esserne sicuri, ma la *beta* Pictoris è un candidato eccezionalmente promettente come centro di un sistema planetario. Solo per questo motivo è interessante identificarla, anche se ha un aspetto ordinario. Fa abbastanza riflettere il fatto che in questo stesso istante qualche astronomo nel sistema di *beta* Pictoris potrebbe puntare il suo telescopio verso la debole stella gialla che noi conosciamo come Sole.

Anniversario

1882: Nascita di Sir Arthur Eddington, uno dei più grandi astronomi e matematici inglesi. Svolse gran parte della sua carriera all'Università di Cambridge. Fu un pioniere delle teorie sull'evoluzione e la formazione delle stelle, e un eminente relativista. Fu anche un eccellente divulgatore. Morì nel 1945.

29 Dicembre

Teniamo d'occhio il Sole

Al termine di questo libro mi accorgo che il Sole è stato piuttosto trascurato, per quanto siano stati discussi argomenti quali il ciclo solare (si veda il 14 febbraio) e la legge di Spörer (23 ottobre). Esiste comunque un progetto interessante che può essere intrapreso praticamente con un qualunque telescopio. Può non avere alcun reale valore scientifico, ma dà una grande soddisfazione personale: consiste nel compilare il proprio personale diagramma dell'attività solare in funzione del tempo.

L'entità dell'attività è misurata dal cosiddetto "numero di Wolf" (o "di Zurigo"), elaborato originariamente da E. Wolf a Zurigo nel 1852: dipende dal numero di macchie e di gruppi di macchie visibili, e la formula è molto semplice: $R = k (10g + f)$, dove R è il numero di Wolf, g il numero di gruppi di macchie osservati, f il numero totale di macchie individuali e k una costante dipendente dalla strumentazione e dal sito di osservazione (k non è solitamente molto diversa da 1, quindi per i nostri fini attuali può tranquillamente essere ignorata). Il numero di Wolf può variare da 0, quando il disco è privo di macchie, fino a oltre 200, vicino al massimo di attività.

L'ultimo minimo si è verificato nel 1996, quando abbiamo avuto molti giorni senza macchie. Il massimo successivo si è verificato nel 2001. Se effettuate giornalmente il conteggio delle macchie, vedrete presto come evolverà il vostro diagramma.

Ricordate comunque di non guardare mai direttamente il Sole attraverso alcun tipo di telescopio, neanche con l'aggiunta di un filtro scuro; se volete osservare le macchie solari utilizzate il metodo della proiezione. Non mi dispiace ripetere questo avvertimento fin quasi alla nausea: per quanto riguarda il Sole, anche un solo errore può essere pagato caro.

30 Dicembre

Un ultima occhiata

Poiché siamo alla fine della nostra escursione, sembra opportuno dare un'ultima occhiata al cielo notturno, questa volta dall'emisfero settentrionale, dove abbiamo entrambi i nostri "indicatori" principali, Orione e l'Orsa Maggiore. Orione è dominante. Controllate la luminosità di Betelgeuse: ne abbiamo parlato in precedenza (si veda il 15 gennaio), ma non possiamo mai essere sicuri di come si comporterà, e potrebbe essere adesso notevolmente più debole o più brillante di come era all'inizio dell'anno. Sirio scintilla dalla sua bassa posizione a sud: per quanto possa essere bianca, sembra lampeggiare con colori diversi. Capella è quasi allo zenit; controllate Algol nel Perseo per vedere se sta attraversando uno dei suoi minimi. Tornate a guardare Mizar nell'Orsa e lo splendore del Præsepe nel Cancro, e soprattutto non mancate di guardare ancora le Pleiadi, diverse da ogni altro oggetto celeste.

C'è moltissimo da vedere. E un altro anno sta per cominciare.

31 Dicembre

La fine del secolo

L'anno vecchio è quasi finito: domattina saluteremo l'anno nuovo. Questa è sempre un'occasione speciale, ma lo è stata particolarmente alla fine del 2000, perché abbiamo dato il benvenuto non solo all'anno nuovo ma anche al nuovo secolo, anzi al nuovo millennio.

C'è stata una certa confusione su questo punto, perché è stato spesso affermato che il primo giorno del ventunesimo secolo è stato il 1° gennaio 2000, ma non è vero: è stato il 1° gennaio 2001.

Per capire perché debba essere così, guardate indietro nella storia. Il nostro calendario è decisamente caotico ed è stato rivisto diverse volte, ma c'è un fatto indiscutibile: non è esistito un anno 0. L'anno 1 a.C. fu seguito immediatamente dall'anno 1 d.C.; il nuovo secolo è iniziato quindi il primo giorno dell'anno 1 d.C., e se pensate a questo è facile vedere perché il primo giorno del secolo attuale sia stato il 1° gennaio 2001.

Non che sia realmente importante: e infatti entrambe le date sono state festeggiate in modo appropriato. È impossibile guardare avanti e prevedere cosa questo secolo iniziato da poco abbia in serbo per noi: possiamo solo sperare che abbia più pace del secolo a cui abbiamo detto addio.

I miei migliori auguri a tutti voi.

Le 88 costellazioni

Nome latino	Nome italiano	Stelle di prima grandezza
Andromeda	Andromeda	
Antlia	Macchina Pneumatica	
Apus	Uccello del Paradiso	
Aquarius	Acquario	
Aquila	Aquila	Altair
Ara	Altare	
Aries	Ariete	
Auriga	Auriga (o Cocchiere)	Capella
Boötes	Boote (o Bifolco)	Arturo
Cælum	Bulino	
Camelopardalis	Giraffa	
Cancer	Cancro	
Canes Venatici	Cani da Caccia	
Canis Major	Cane Maggiore	Sirio
Canis Minor	Cane Minore	Procione
Capricornus	Capricorno	
Carina	Carena	Canopo
Cassiopeia	Cassiopea	
Centaurus	Centauro	*alfa* Cen, Agena
Cepheus	Cefeo	
Cetus	Balena	
Chamæleon	Camaleonte	
Circinus	Compasso	
Columba	Colomba	
Coma Berenices	Chioma di Berenice	
Corona Australis	Corona Australe	
Corona Borealis	Corona Boreale	
Corvus	Corvo	
Crater	Coppa	
Crux	Croce del Sud	Acrux, *beta* Cru

Nome latino	Nome italiano	Stelle di prima grandezza
Cygnus	Cigno	Deneb
Delphinus	Delfino	
Dorado	Pesce Spada (o Dorado)	
Draco	Drago	
Equuleus	Cavallino	
Eridanus	Eridano	Achernar
Fornax	Fornace	
Gemini	Gemelli	Polluce
Grus	Gru	
Hercules	Ercole	
Horologium	Orologio	
Hydra	Idra Femmina	
Hydrus	Idra Maschio	
Indus	Indiano	
Lacerta	Lucertola	
Leo	Leone	Regolo
Leo Minor	Leone Minore	
Lepus	Lepre	
Libra	Bilancia	
Lupus	Lupo	
Lynx	Lince	
Lyra	Lira	Vega
Mensa	Mensa (o Tavola)	
Microscopium	Microscopio	
Monoceros	Unicorno	
Musca	Mosca	
Norma	Squadra	
Octans	Ottante	
Ophiuchus	Ofiuco	
Orion	Orione	Rigel, Betelgeuse
Pavo	Pavone	
Pegasus	Pegaso	
Perseus	Perseo	
Phoenix	Fenice	
Pictor	Pittore	
Pisces	Pesci	
Piscis Australis	Pesce Australe	Fomalhaut
Puppis	Poppa	
Pyxis	Bussola	
Reticulum	Reticolo	
Sagitta	Freccia	
Sagittarius	Sagittario	
Scorpius	Scorpione	
Sculptor	Scultore	
Scutum	Scudo [di Sobieski]	
Serpens	Serpente	
Sextans	Sestante	
Taurus	Toro	Aldebaran
Telescopium	Telescopio	
Triangulum	Triangolo	
Triangulum Australe	Triangolo Australe	
Tucana	Tucano	
Ursa Major	Orsa Maggiore	
Ursa Minor	Orsa Minore	
Vela	Vele	
Virgo	Vergine	Spica
Volans	Pesce Volante	
Vulpecula	Volpetta	

Glossario

Acromatico, obiettivo. Un **obiettivo** che è stato corretto in modo da eliminare il più possibile l'**aberrazione cromatica.**

Afelio. La distanza orbitale massima di un pianeta o di un altro corpo dal Sole.

Albedo. Il potere riflettente di un pianeta o di un corpo non luminoso. La Luna è un corpo scarsamente riflettente: la sua albedo media è appena del 12%.

Altazimutale, montatura. La più semplice delle montature, che permette di ruotare il telescopio separatamente in altezza o in azimut.

Altezza. La distanza angolare di un corpo celeste sopra l'orizzonte.

Angolo di posizione. La direzione apparente di un oggetto rispetto a un altro, misurata dalla direzione nord verso est, sud e ovest.

Ångström. La centomilionesima parte di un centimetro.

Anno. (1) Siderale: periodo impiegato dalla Terra per completare un'orbita attorno al Sole (365,26 giorni). (2) Tropico: intervallo fra due passaggi successivi del Sole all'equinozio vernale (365,24 giorni). (3) Anomalistico: intervallo fra due passaggi successivi della Terra al perielio (365,26 giorni; poco meno di 5 minuti più lungo dell'anno siderale, perché la posizione del perielio si muove lungo l'orbita della Terra di circa 11 secondi d'arco ogni anno). (4) Calendariale: lunghezza media dell'anno secondo il calendario gregoriano (365,24 giorni, o 365g 5h 49m 12s).

Anno luce. La distanza percorsa dalla luce in un anno: 9,4607 milioni di milioni di chilometri.

Apogeo. Il punto dell'orbita della Luna più distante dalla Terra.

Ascensione retta. La distanza angolare di un corpo celeste dall'**equinozio** di primavera (primo punto d'Ariete), misurata verso est. È di solito data in ore, minuti e secondi di tempo, cosicché l'ascensione retta è la differenza di tempo fra la **culminazione** dell'equinozio di primavera e quella dell'oggetto.

Asteroidi. Detti anche pianetini, sono una famiglia di corpi minori del Sistema Solare.

Astrolabio. Antico strumento impiegato nella navigazione per mare e dagli astronomi per misurare l'altezza dei corpi celesti.

Aurora polare. Le aurore sono luci polari: aurora boreale (a nord) e aurora australe (a sud). Si manifestano nell'alta atmosfera della Terra, e sono causate dalle particelle cariche emesse dal Sole.

Baily, grani di. Punti brillanti visti lungo il bordo della Luna appena prima e subito dopo un'eclisse totale di Sole. Sono causati dalla luce solare che filtra attraverso le valli del lembo lunare.

Binaria spettroscopica. Sistema binario le cui componenti sono troppo vicine per essere viste individualmente, ma che può essere studiato per mezzo dell'analisi spettroscopica.

Binaria, stella. Un sistema stellare costituito da due stelle fisicamente legate che orbitano attorno al loro comune centro di massa. I periodi di rivoluzione variano da milioni di anni per coppie visuali con separazione molto ampia, fino a meno di mezz'ora per coppie le cui componenti sono quasi in contatto l'una con l'altra. Le componenti di coppie molto vicine non possono essere risolte al telescopio, ma possono essere rivelate con metodi spettroscopici.

BL Lacertæ, oggetti del tipo. Oggetti variabili che sono potenti emettitori di radiazione infrarossa, molto luminosi e lontani. Hanno natura simile ai quasar.

Bolide. Meteora molto brillante.

Brillamenti solari (*flare*). Brillanti eruzioni nella parte esterna dell'atmosfera del Sole. Normalmente possono essere rivelati solo con tecniche spettroscopiche (o equivalenti), sebbene alcuni siano stati visti in luce bianca. In un brillamento vengono emesse particelle cariche che possono raggiungere la Terra, producendo tempeste magnetiche e originando **aurore polari**. I brillamenti sono in generale, anche se non sempre, associati a gruppi di macchie solari.

Buco nero. Corpo celeste collassato, che sviluppa attorno a sé un poderoso campo gravitazionale, dal quale non può fuggire nemmeno la luce.

Cassegrain, riflettore. Telescopio riflettore in cui lo specchio secondario è convesso; la luce riflessa dal secondario passa poi attraverso un foro nel primario. Il suo principale vantaggio è la maggiore compattezza rispetto alla configurazione newtoniana.

Cefeide. Stella variabile dal comportamento molto regolare; deve il suo nome alla stella prototipo, *delta* Cephei. Le

Cefeidi sono importanti, perché esiste una legge precisa che ne collega i periodi di variazione alle luminosità intrinseche, cosicché le loro distanze sono ottenibili direttamente dalle osservazioni del periodo.

Cerchio massimo. Una circonferenza sulla superficie di una sfera che giace su un piano passante per il centro della sfera stessa.

Cinerea, luce. La debole luminosità del lato notturno della Luna, osservata frequentemente quando la Luna è in fase crescente. È dovuta alla luce riflessa sulla Luna da parte della Terra.

Circumpolare. Stella o costellazione che non tramontano mai per una data posizione geografica. Per esempio, l'Orsa Maggiore è circumpolare per le latitudini italiane; la Croce del Sud è circumpolare per la Nuova Zelanda.

Congiunzione. (1) Un pianeta è in congiunzione con una stella, o con un altro pianeta, quando i due corpi sono apparentemente vicini in cielo. (2) Per i pianeti interni, Mercurio e Venere, la congiunzione inferiore si verifica quando il pianeta è approssimativamente fra la Terra e il Sole, quella superiore quando il pianeta si trova dalla parte opposta del Sole e i tre corpi sono di nuovo allineati. I pianeti esterni per ovvie ragioni non possono mai trovarsi in congiunzione inferiore.

Corona. La parte più esterna dell'atmosfera solare, composta da gas estremamente rarefatto. È visibile a occhio nudo solo durante un'eclisse totale di Sole.

Cosmologia. Lo studio dell'Universo nel suo insieme.

Crepuscolo. La condizione d'illuminazione che si ha quando il Sole è sotto l'orizzonte per meno di 18°.

Cromosfera. La parte dell'atmosfera del Sole che si trova immediatamente sopra la **fotosfera.**

Culminazione. L'altezza massima raggiunta da un corpo celeste sopra l'orizzonte.

Declinazione. La distanza angolare di un corpo celeste a nord o a sud dell'equatore celeste. Corrisponde alla latitudine terrestre.

Diagramma di Hertzsprung-Russell (o diagramma H-R.) Diagramma in cui le stelle vengono posizionate in base al loro tipo spettrale e alla loro **magnitudine assoluta.**

Dicotomia. La fase della Luna o di un **pianeta inferiore** in cui è visibile esattamente metà disco.

Doppia, stella. Una stella con due componenti, che possono essere o realmente associate (sistema binario) o semplicemente allineate per caso (coppia ottica).

Doppler, effetto. L'apparente cambiamento in lunghezza d'onda della luce di un sorgente luminosa in moto relativo rispetto all'osservatore. Per un oggetto in avvicinamento la lunghezza d'onda è apparentemente accorciata, e le righe spettrali sono spostate verso il blu della banda spettrale; per un oggetto in allontanamento si osserva uno spostamento verso il rosso, perché la lunghezza d'onda è apparentemente allungata.

Eclisse lunare. Il passaggio della Luna attraverso l'ombra proiettata nello spazio dalla Terra. Le eclissi lunari possono essere totali o parziali. Per alcune eclissi la totalità può approssimativamente durare un'ora e tre quarti, ma nella maggior parte dei casi è più breve.

Eclisse solare. L'oscuramento del disco solare da parte della Luna, quando la Luna si frappone fra la Terra e il Sole. Le eclissi totali possono durare oltre 7 minuti, ma solo in circostanze eccezionalmente favorevoli. In un'eclisse parziale il Sole è coperto in maniera incompleta. Si ha un'eclisse anulare quando la Luna è in prossimità dell'apogeo, cosicché il suo disco appare angolarmente più piccolo di quello del Sole: un anello di luce solare circonda allora il disco scuro della Luna. Tecnicamente parlando, un'eclisse solare è l'**occultazione** del Sole da parte della Luna.

Eclittica. Il tragitto annuo apparente del Sole fra le stelle sulla volta celeste. Più precisamente, è la proiezione dell'orbita terrestre sulla sfera celeste.

Eliaca, levata. Il sorgere di una stella o di un pianeta un attimo prima del Sole, anche se il termine è generalmente usato per indicare il momento in cui un oggetto diventa visibile nella luce dell'alba.

Elongazione. La distanza angolare di un pianeta dal Sole, o di un satellite dal suo pianeta.

Equatore celeste. La proiezione dell'equatore terrestre sulla **sfera celeste**.

Equatoriale, montatura. Montatura in cui il telescopio può ruotare attorno a un asse parallelo a quello terrestre. Questo significa che è sufficiente un solo movimento (da est a ovest) per mantenere una stella nel campo di vista.

Equinozio. Gli equinozi sono i due punti in cui l'**eclittica** interseca l'**equatore celeste**. L'equinozio di primavera, o primo punto d'Ariete, ora si trova nella costellazione dei Pesci; il Sole lo attraversa ogni anno intorno al 21 marzo. L'equinozio autunnale è noto come primo punto di Bilancia; il Sole lo raggiunge annualmente intorno al 22 settembre.

Estinzione. La riduzione apparente di luminosità di una stella o di un pianeta quando è basso nel cielo, cosicché la maggior parte della sua luce è assorbita dall'atmosfera terrestre. Per una stella situata 1° sopra l'orizzonte, l'estinzione ammonta a 3 magnitudini.

Facole. Piccole macchie brillanti di breve durata che compaiono sulla superficie del Sole.

Fasi. I cambiamenti apparenti di forma della Luna e dei pianeti inferiori da nuovi a pieni. Tra i pianeti superiori, Marte può mostrare una **fase gibbosa**, ma gli altri non hanno fasi apprezzabili osservati dalla Terra.

Flare, **stelle a.** Deboli stelle nane rosse che mostrano improvvisi aumenti di luminosità di breve durata, dovuti probabilmente a intensi brillamenti sulla loro superficie.

Fotosfera. Lo strato atmosferico del Sole dal quale riceviamo la luce. Impropriamente, talvolta si parla di "superficie" del Sole.

Fuga, velocità di. La minima velocità che un corpo deve avere per sfuggire dalla superficie di un pianeta, o di un altro corpo celeste, vincendo la sua forza di gravità.

Galassia. Il sistema di cui il nostro Sole è membro. Contiene circa 100 miliardi di stelle ed è una spirale piuttosto allargata.

Galassie. Sistemi composti da stelle, nebulose e materia interstellare. Molte, ma non tutte, sono di forma a spirale.

Gegenschein. Parola tedesca che indica il debole bagliore del cielo in direzione opposta al Sole e molto difficile da osservare. È causato dal materiale interplanetario fine e diffuso.

Gibbosa, fase. La fase della Luna o di un pianeta compresa fra un quarto e la fase piena.

Gregoriano, riflettore. Telescopio in cui lo specchio secondario è concavo e posto oltre il fuoco dello specchio principale. L'immagine ottenuta è diritta. Attualmente sono in uso pochi telescopi gregoriani.

Gruppo Locale. Il gruppo di una quarantina di galassie di cui fa parte anche la nostra **Galassia**. Il membro più grande del Gruppo Locale è la spirale di Andromeda, M31.

HI e HII, regioni. Nubi di idrogeno nella Galassia. Nelle regioni HI l'idrogeno è neutro. In quelle HII è ionizzato, e la presenza di stelle calde al loro interno le fa brillare come nebulose.

Herscheliano, riflettore. Tipo obsoleto di telescopio in cui lo specchio primario è inclinato, il che elimina la necessità di un secondario.

Hubble, costante di. Il tasso di aumento della velocità di recessione di una galassia all'aumentare della sua distanza dalla Galassia.

Infrarosso. Radiazione con lunghezza d'onda maggiore di quella della luce visibile (circa oltre 750 nm).

Interferometro stellare. Strumento per la misura dei diametri stellari. Si basa sul principio dell'interferenza della luce.

Keplero, leggi di. Leggi sul moto dei pianeti enunciate da Johannes Kepler dal 1609 al 1618. Sono: (1) i pianeti si muovono su orbite ellittiche, con il Sole che occupa uno dei fuochi, (2) il raggio vettore, una linea immaginaria che congiunge il centro del pianeta al centro del Sole, spazza aree uguali in tempi uguali, (3) il quadrato del periodo siderale di un pianeta è proporzionale al cubo della sua distanza media dal Sole.

Librazione. L'apparente "inclinazione" della Luna vista dalla Terra. Ci sono tre tipi di librazione: in latitudine, in longitudine e diurna. L'effetto complessivo è che in diversi momenti un osservatore può vedere dalla Terra il 59% della superficie totale della Luna, anche se naturalmente non più del 50% in ogni momento.

Lunazione. L'intervallo di tempo (conosciuto anche come Mese Sinodico) compreso fra due Noviluni successivi: 29g 12h 44m.

Magnetosfera. La regione interessata dal campo magnetico di un pianeta o di un altro corpo celeste. Nel Sistema Solare, tra i pianeti, soltanto Venere e Marte non hanno una magnetosfera rivelabile.

Magnitudine apparente. La luminosità apparente di un corpo celeste. Più bassa è la magnitudine, più brillante è l'oggetto: così il Sole è circa a –27, la Stella Polare a +2 e le più deboli stelle rivelabili con le moderne tecniche attorno a +30.

Magnitudine assoluta. La **magnitudine apparente** che avrebbe una stella se potesse essere osservata dalla distanza standard di 10 **parsec** (32,6 anni luce).

Maksutov, telescopio. Telescopio astronomico che comprende sia specchi che lenti.

Meridiano celeste. Il cerchio massimo della **sfera celeste** che passa dallo **zenit** e da entrambi i poli celesti.

Meridiano fondamentale (o primo meridiano). Il meridiano sulla superficie della Terra che passa attraverso lo strumento dei transiti di Airy nell'Osservatorio di Greenwich. Per convenzione ha longitudine 0°.

Meteora. Una particella di natura friabile e tipicamente più piccola di un granello di sabbia che si rende visibile quando entra nell'alta atmosfera terrestre e viene distrutta dall'attrito. Le meteore sono per lo più polveri, residui cometari.

Meteorite. Una meteora di dimensioni e consistenza tali che può cadere al suolo senza venire distrutta nell'alta atmosfera. I corpi progenitori delle meteoriti sono prevalentemente gli **asteroidi**.

Micrometeorite. Particella molto piccola di materiale interplanetario, troppo piccola per causare un effetto luminoso quando entra nell'alta atmosfera della Terra.

Micrometro. Strumento di misura usato insieme a un telescopio per determinare distanze angolari molto piccole, come le separazioni fra le componenti delle stelle doppie.

Moto proprio (stellare). Il movimento individuale di una stella sulla sfera celeste.

Moto retrogrado. Movimento orbitale o rotazionale nel senso opposto a quello della Terra.

Motore orario. Meccanismo che fa ruotare un telescopio a una velocità tale da compensare la rotazione assiale della Terra, in modo che l'oggetto osservato rimanga fisso nel campo di vista.

Nana bianca. Stella molto piccola e densa che ha terminato il suo combustibile nucleare e si trova in uno stadio molto avanzato della propria evoluzione.

Nebulosa. Una nube di gas e polvere nello spazio. Le galassie erano conosciute un tempo come "nebulose a spirale" o "nebulose extragalattiche". Sono però di natura del tutto diversa.

Nebulosa planetaria. Una piccola nebulosità che avvolge una stella densa e calda. Il nome è fuorviante, perché le nebulose planetarie non hanno niente a che vedere con i pianeti.

Neutrone. Particella fondamentale priva di carica elettrica, con massa praticamente uguale a quella del **protone**.

Neutroni, stella di. Il resto di una stella molto massiccia esplosa come **supernova**. Le stelle di neutroni possono essere sorgenti di emissioni radio rapidamente pulsanti, e sono per questo chiamate "pulsar".

Newtoniano, riflettore. Telescopio riflettore in cui la luce è raccolta da uno specchio principale, riflessa verso uno specchio piano più piccolo inclinato di 45° e da questo riflessa a lato del tubo.

Nodi. I punti in cui l'orbita della Luna, di un pianeta o di una cometa interseca il piano dell'**eclittica**, da sud a nord (nodo ascendente) o da nord a sud (nodo discendente).

Nova. Una stella che si illumina improvvisamente superando di molte volte la sua normale luminosità, restando brillante per un periodo di tempo relativamente breve, prima di tornare nuovamente nell'oscurità.

Novæ nane. Termine talvolta impiegato per le stelle variabili del tipo U Geminorum (o SS Cygni).

Obiettivo. La lente principale di un telescopio rifrattore o lo specchio principale di un telescopio riflettore.

Obliquità dell'eclittica. L'angolo compreso fra l'eclittica e l'equatore celeste: 23°,5 circa.

Occultazione. Il passaggio di un corpo celeste davanti a un altro.

Oculare. La lente, o la combinazione di lenti, all'estremità del telescopio a cui viene posto l'occhio.

Opposizione. La posizione in cielo di un pianeta quando è esattamente opposto al Sole; il Sole, la Terra e il pianeta sono allora praticamente allineati.

Orbita. Il percorso di un corpo celeste.

Orizzonte. Il cerchio massimo sulla sfera celeste che è ovunque a 90° dallo zenit dell'osservatore.

Parallasse trigonometrica. Lo spostamento apparente di un oggetto quando è osservato da due differenti posizioni.

Parsec. La distanza a cui una stella avrebbe una **parallasse** esattamente pari a 1 secondo d'arco: 3,26 **anni luce**, 206.265 **Unità Astronomiche** o 30,8 milioni di milioni di chilometri.

Perielio. Il punto dell'orbita di un pianeta o di un altro oggetto alla minima distanza dal Sole.

Perigeo. Il punto dell'orbita della Luna alla minima distanza dalla Terra.

Pianeti inferiori. Mercurio e Venere, le cui distanze dal Sole sono inferiori a quella della Terra.

Pianeti superiori (o esterni). Tutti i pianeti del Sistema Solare che si trovano oltre l'orbita della Terra (cioè, tutti i pianeti principali, tranne Mercurio e Venere).

Poli celesti. I punti nord e sud della sfera celeste.

Popolazioni stellari. Sono due i principali tipi di popolazioni stellari: I (stelle relativamente giovani) e II (stelle generalmente evolute e povere di elementi pesanti).

Precessione. Il lento movimento apparente dei **poli** celesti. Tale movimento comporta anche uno spostamento dell'equatore celeste, e quindi degli equinozi; l'**equinozio di primavera** si muove annualmente di 50″. La precessione è causata dall'attrazione che la Luna e il Sole esercitano sul rigonfiamento equatoriale della Terra.

Protone. Particella fondamentale con carica elettrica positiva. Il nucleo dell'atomo d'idrogeno è composto da un singolo protone.

Protuberanze. Masse di gas incandescente che si sollevano dalla "superficie" del Sole. Sono principalmente composte da idrogeno.

Quadrante. Antico strumento astronomico usato per misurare le posizioni apparenti dei corpi celesti.

Quadratura. La posizione di un pianeta che forma un triangolo rettangolo con la Terra e il Sole (angolo retto sul Sole).

Quasar. Oggetto lontanissimo e super-luminoso. Adesso sappiamo che i quasar sono nuclei di galassie molto attive.

Radiante. Il punto del cielo da cui sembrano provenire le meteore di un particolare sciame.

Raggi gamma. Radiazione di lunghezza d'onda estremamente corta.

Raggio cosmico. Particelle ad alta velocità che raggiungono la Terra dallo spazio esterno. I raggi cosmici più pesanti vengono frammentati al loro ingresso nell'alta atmosfera.

Raggio verde. Improvvisa, breve luce verde vista nel momento in cui l'ultima frazione di Sole sparisce sotto l'orizzonte. È un effetto dovuto esclusivamente all'atmosfera terrestre.

Saros. Il periodo dopo il quale Terra, Luna e Sole tornano ad assumere quasi le stesse posizioni relative: 18 anni, 11,3 giorni. Il Saros può essere usato per prevedere le eclissi, poiché solitamente un'eclisse è seguita da un'altra simile dopo esattamente un ciclo Saros.

Schmidt, camera (o **telescopio Schmidt**). Strumento che raccoglie la luce per mezzo di uno specchio sferico; una lastra correttrice è posta all'ingresso del tubo. È uno strumento essenzialmente fotografico.

Scintillazione. Lo scintillìo di una stella; è causato dall'atmosfera della Terra.

Sequenza principale. Una fascia lungo il **diagramma H-R** che include la maggior parte delle stelle normali, ad eccezione delle giganti.

Sestante. Strumento usato un tempo in mare per misurare l'altezza di un oggetto celeste.

Sfera celeste. Sfera immaginaria che avvolge la Terra, il cui centro è lo stesso del globo terrestre.

Siderale, periodo. Il periodo di rivoluzione di un pianeta attorno al Sole, o di un satellite attorno al suo pianeta.

Siderale, tempo. Il tempo locale determinato in base alla rotazione apparente della **sfera celeste**. Quando l'**equinozio** di primavera attraversa il **meridiano** dell'osservatore, il tempo siderale è 0 ore.

Sinodico, periodo. L'intervallo fra due successive **opposizioni** di un **pianeta superiore**.

Sole medio. Sole immaginario che viaggia verso est lungo l'equatore celeste a una velocità pari a quella media del Sole reale lungo l'eclittica.

Solstizi. Gli istanti in cui il Sole raggiunge la sua massima **declinazione**, pari circa a 23°,5: intorno al 22 giugno (solstizio estivo, con il Sole nell'emisfero boreale del cielo) e al 22 dicembre (solstizio d'inverno, con il Sole nell'emisfero australe).

Speculum. Lega particolare di rame e stagno con cui venivano anticamente realizzati gli specchi primari dei telescopi riflettori.

Spettroeliografo. Strumento usato per fotografare il Sole soltanto nella luce di una particolare lunghezza d'onda. L'equivalente visuale dello spettroeliografo è lo spettroelioscopio.

Supernova. Violenta esplosione stellare, che implica (1) la totale distruzione della nana bianca componente di un sistema binario, o (2) il collasso di una stella molto massiccia.

Terminatore. Il confine fra l'emisfero diurno e quello notturno della Luna o di un pianeta.

Transito. (1) Il passaggio di un corpo celeste al meridiano dell'osservatore. (2) La proiezione di Mercurio o di Venere sul disco del Sole.

Transiti, strumento dei. Telescopio montato in maniera tale da potersi muovere solo in **declinazione**; è tenuto puntato sul meridiano, ed è usato per prendere i tempi dei passaggi delle stelle al meridiano. Gli strumenti dei transiti erano un tempo alla base di tutti i procedimenti pratici di misura del tempo.

Unità Astronomica. La distanza media fra la Terra e il Sole. Vale 149.598.500 km.

Van Allen, Fasce di. Regioni di particelle cariche attorno alla Terra. Ci sono due fasce principali: quella esterna (composta principalmente da elettroni) e quella interna (composta principalmente da protoni).

Variabile a eclisse (o **binaria a eclisse**). Un **sistema binario** in cui una componente è regolarmente occultata dall'altra, cosicché la luce totale che riceviamo dal sistema è ridotta. Il prototipo delle variabili a eclisse è Algol (*beta* Persei).

Variabili, stelle. Stelle che cambiano di luminosità in brevi periodi di tempo. Ce ne sono di vari tipi.

Velocità radiale. Il movimento di un corpo celeste in avvicinamento o in allontanamento da un osservatore: positivo se in allontanamento, negativo se in avvicinamento.

Vento solare. Flusso di particelle emesso costantemente dal Sole in tutte le direzioni.

Zenit. Il punto esattamente sopra la testa dell'osservatore (altezza 90°).

Zodiacale, luce. Cono di luce che si solleva dall'orizzonte e si estende lungo l'eclittica; visibile solo quando il Sole è appena sotto l'orizzonte. È dovuto a materiale interplanetario finemente diffuso in prossimità del piano principale del Sistema Solare.

Zodiaco. Fascia che attraversa tutto il cielo, larga 8° da ciascuna parte dell'eclittica, in cui in qualunque momento si trovano il Sole, la Luna e i principali pianeti. (Il pianeta nano Plutone e molti asteroidi possono invece abbandonare tale fascia, a causa delle loro orbite molto inclinate rispetto all'eclittica.)

L'alfabeto greco

Le 24 lettere dell'alfabeto greco classico sono le seguenti:

Nome	Minuscolo	Maiuscolo
alfa	α	Α
beta	β	Β
gamma	γ	Γ
delta	δ	Δ
epsilon	ε	Ε
zeta	ζ	Ζ
eta	η	Η
theta	θ	Θ
iota	ι	Ι
kappa	κ	Κ
lambda	λ	Λ
mu	μ	Μ
nu	ν	Ν
xi	ξ	Ξ
omicron	ο	Ο
pi	π	Π
rho	ρ	Ρ
sigma	σ	Σ
tau	τ	Τ
upsilon	υ	Υ
phi	φ	Φ
chi	χ	Χ
psi	ψ	Ψ
omega	ϖ	Ω

Indice analitico